高性能精量排种理论与技术

王金武　唐　汉 等 著

科 学 出 版 社

北　京

内 容 简 介

种植机械化作为现代农业生产最核心环节之一，是提高作物单产水平的重要保证。目前我国主粮作物种植机械化程度达到较高水平，但仍存在诸多“卡脖子”技术瓶颈。快速突破机械化种植短板的核心在于突破高性能精量排种系统基础理论和高效设计方法，研发系列先进适用的机械化、智能化精量播种装备及关键部件，实现关键核心技术自主化突破与应用。本书介绍了主粮作物机械化精量播种农艺要求及发展趋势、玉米单粒精量排种技术、水稻高精度排种技术、精量排种智能监测技术等，为提高粮食作物机械化生产水平，保障国家粮食生产安全和农业可持续发展提供了重要参考。

本书可作为农业工程和作物学等学科研究人员的参考书籍，可供从事粮食作物生产，特别是在种植装备领域进行科研、设计及生产的工程技术人员参考使用，也可供相关院校农业工程类专业师生参阅。

图书在版编目（CIP）数据

高性能精量排种理论与技术/王金武等著. —北京：科学出版社, 2023.6
ISBN 978-7-03-074079-3

Ⅰ. ①高… Ⅱ.①王… Ⅲ. ①粮食作物–农业机械化–研究 Ⅳ.①S23

中国版本图书馆 CIP 数据核字(2022)第 231849 号

责任编辑：李秀伟　赵小林 / 责任校对：严　娜
责任印制：赵　博 / 封面设计：刘新新

科学出版社出版
北京东黄城根北街 16 号
邮政编码：100717
http://www.sciencep.com
涿州市般润文化传播有限公司印刷
科学出版社发行　各地新华书店经销
*
2023 年 6 月第 一 版　开本：B5 (720×1000)
2024 年 3 月第二次印刷　印张：22 1/2
字数：453 000

定价：298.00 元
(如有印装质量问题，我社负责调换)

前　言

玉米和水稻是中国最主要的粮食作物，其生产对保障国家粮食安全产能、构建和完善粮食安全体系具有重要意义。随着国家对主粮作物产量及品质要求的不断提高，在种植面积无法大幅增加的背景下，主粮作物高质高效生产已逐渐转变为以种植为主、管理为辅的模式。种植机械化作为现代农业生产最核心环节之一，是提高作物单产水平的重要保证。当前中国农业现代化加速发展，农村土地规模经营、农业劳动力大量转移、农业结构调整，技术供给与需求的矛盾更加凸显，农机产品技术创新促进产业升级、转变农业发展方式的任务更加迫切。因此，亟须开展基础理论与关键技术研究，建立集约化、标准化、专业化的模式规程，完善系统的技术模式、机器系统与技术体系，提升产业可持续支撑能力与市场竞争力。

精量播种是提高种植机械化水平的主推技术，是将定量种子以所需穴行距有序播入种床土壤预定位置的先进技术，从而保证植株获得合理生长空间、相近根系尺寸和充足阳光及水分营养。此项技术可有效节约播量且一次完成多项工序，同时有利于后续田间管理及收获等作业。近些年，随着国家深入推进农业供给侧结构性改革，提升产业可持续发展能力，为现代农业产业的提质增效和转型升级奠定了良好基础。国家重点研发计划“化学肥料和农药减施增效综合技术研发”“粮食丰产增效科技创新”“智能农机装备”等专项的实施及现代农业产业技术体系工作的开展，大幅度提升了主粮作物种植机械化水平。

东北地区是中国最主要的粮食生产基地，其机械化程度代表着中国现代农业机械化、智能化的最高水平，亦标志着绿色优质现代农业的发展水平。“中国人要把饭碗端在自己手里，而且要装自己的粮食”，这是 2018 年 9 月习近平总书记在黑龙江考察时对东北大粮仓的期许，亦肯定了黑土粮仓“压舱石”的战略地位。目前，东北主粮作物各生产环节特别是种植环节已完全实现了机械化作业，但仍无法满足现代农业精量播种智能高速的新需求（如玉米单粒均序指夹式排种方案优化、水稻穴直播高精度排种机理探索等），严重制约了主粮作物全程机械化发展进程。快速突破机械化种植“卡脖子”技术瓶颈在于突破高性能精量排种系统基础理论和高效设计方法，建立多功能协同增效技术体系，实现关键核心技术自主化重大突破。

东北农业大学智能农机装备与技术“双一流”A 类学科团队自 2005 年将主粮

作物精量排种关键共性技术作为农业工程学科重点攻关和研究内容。团队先后承担了国家水稻产业技术体系建设专项资金资助项目（CARS-01-48）、国家自然科学基金项目（31901414）、国家科技支撑计划项目（2014BAD06B04）、黑龙江省优秀青年科学基金项目（YQ2021E003）、黑龙江省重点研发计划重大项目（2022ZX05B02）等工作，并主持建设国家及省水稻产业技术体系机械化研究室、农业农村部高效播种收获重点实验室、农业农村部北方一季稻全程机械化科研基地等创新平台。本书既是上述项目的研究成果，又是近年来著者团队研究成果的总结与凝练。

本书凝结了著者团队集体智慧的结晶，内容综合了玉米和水稻等主粮作物高速精量排种基础理论与关键技术，体现了农机与农艺的深度融合，完善了现代农业装备机械设计理论方法，为突破粮食作物全程机械化智能化技术难题提供借鉴。本书由王金武、唐汉拟出写作提纲、主写、统稿，由王金武最终定稿。团队王金峰、周文琪、王奇、孙小博等老师及多名研究生对本书各章节内容撰写及修改做出积极贡献，作者在此一并表示感谢。

著者团队在项目研究与成果总结中参考了国内外相关著作、文献和技术资料等，在此一并向所有参考文献资料的作者和同仁，包括由于各种原因并未列入文献的作者，表示最诚挚的谢意！

限于著者研究水平和能力，书中难免存在疏漏与不足，恳请同行专家、学者及广大读者批评指正。

著　者

2022年5月

目　　录

第1章 绪 论

1.1 主粮作物生产概况

中国粮食作物种类多、分布广、地域差异大，各类作物生产水平极不平衡，但发展潜力大。中国栽培的较普遍的粮食作物共有20余种，其中部分作物存在春播、夏播、秋种和冬种之分，而每种作物又包含不同的品种，世界各种主要粮食作物几乎都见于中国。中国是世界最重要的粮食生产国家，对保障世界粮食生产安全具有举足轻重的地位[1]。其粮食作物以玉米、稻谷、小麦、马铃薯、大豆等为主，其中玉米、稻谷、小麦分布最广且产量最多，三者合占全国粮食总产量的86%以上。中国粮食作物面积占全部耕地的76.5%，产值约占种植业的70%，粮食使用的劳力和投资亦均占种植业的70%左右。

玉米是一年生草本作物，亦称苞谷、玉蜀黍等，原产于中美洲和南美洲，广泛分布于美国、中国、巴西和其他国家，其生长具有耐旱、耐寒、耐贫瘠等特性，可极好地适应环境且便于种植推广。玉米品种类型众多，根据用途可分为粮用饲用品种、菜用品种（包括糯质型、甜质型、玉米笋型）、加工品种（甜玉米、玉米笋）、爆粒型品种（爆米花专用品种）等。玉米胚具有很高的营养价值，含有大量脂肪、蛋白质、碳水化合物、粗纤维、钙、铁、磷、烟酸等，维生素含量是稻谷和小麦的5～10倍，其营养价值和保健作用是所有粮食作物中最高的。同时，玉米亦可以作为牧业、渔业的饲料原料。中国玉米种植分布广泛，主要集中于东华北春玉米区、黄淮海平原夏播玉米区、西北灌溉玉米区、西南山地玉米区、南方丘陵玉米区、青藏高原玉米区等区域[2]。

水稻是禾本科稻属谷类作物，是稻属粮食中最主要、最悠久的一种，原产于中国和印度，7000年前中国长江流域的先民们便开始种植水稻。水稻所结籽实即稻谷，稻谷脱去颖壳后即糙米，糙米碾去米糠层即大米，大米是世界上近半数人口的粮食来源。水稻除可食用外，亦可作为酿酒及制糖工业原料，其农副产品（稻壳和稻秆）可作为牲畜饲料。中国水稻作物分布广泛，从南到北稻区跨越了热带、亚热带、暖温带、中温带和寒温带5个温度带。受纬度、温度、季风、降雨量、海拔及地形的影响，整体分布呈东南部地区多而集中、西北部地区少而分散、西南部垂直分布、从南到北逐渐减少的格局。南方稻区多为双季稻，以种植杂交籼稻和常规稻为主，而北方稻区大多种植单季稻，以种植粳稻为主[3]。中国水稻播种面积和产量较大的地区包括黑龙江、湖南、江西、广西、广东、江苏、浙江和福建等，其播种面积和产量占全国85%左右。

小麦是小麦属植物统称，是禾本科植物，是一种在世界各地广泛种植的谷类作物，小麦颖果是人类主食之一，磨成面粉后可制作面包、馒头、饼干、面条等食物，发酵后可制成啤酒、酒精、白酒（如伏特加），或生物质燃料。两河流域是世界上最早栽培小麦的地区，原产地在西亚的新月沃地（从地中海延伸到伊朗的广阔地区），中国是世界上较早种植小麦的国家之一[4]。小麦种皮棕黄色，细胞皱缩，内为珠心残余，细胞类方形，隐约可见层状纹理；内胚乳最外层为糊粉层，其余为富含淀粉粒的薄壁细胞。中国小麦分布广泛，主要集中在华北地区（北京、天津、河北、河南、山西、内蒙古部分地区）、华东地区（山东、江苏、安徽北部和中部）、华中地区（江西、湖北）、西北地区（陕西、甘肃、青海、宁夏、新疆）、东北地区（辽宁、吉林、内蒙古部分地区）、西南地区（重庆、四川、贵州）等[5]。

马铃薯是茄科一年生草本植物，亦称洋山芋、洋芋头、香山芋、土豆等，其块茎可供食用，是全球第四大重要粮食作物，仅次于玉米、稻谷和小麦。马铃薯块茎含有大量淀粉，可为人体提供丰富的热量，且富含蛋白质、氨基酸、多种维生素及矿物质，尤其是其维生素含量是所有粮食作物中最全的。在欧美地区特别是北美，马铃薯早就成为第二主食作物。中国是世界上马铃薯总产量最多的国家，其主要分布于内蒙古、贵州、甘肃、四川、云南及重庆等地区[6,7]。

本书重点以中国东北地区种植最广泛的主粮作物玉米和水稻为研究对象，详细阐述其精量播种农艺要求及发展趋势、玉米单粒精量排种技术、水稻高精度排种技术、精量排种智能监测技术等，详细分析各系统工作原理，研究多种机械式和气力式精量播种关键部件及装备基础理论与设计方法，为提高粮食作物机械化生产水平、保障国家粮食生产安全和农业可持续发展提供了重要参考。

1.1.1 世界玉米和水稻生产概况

1. 世界玉米生产概况

世界玉米产业快速发展取决于市场对玉米粮食-饲料-经济作物功能的大量需求，玉米具有生产潜力大、生产成本低且经济效益高等优点，大量应用在食品、饲料及多种工业产业中，世界玉米消费量呈逐年增加趋势。20 世纪 70 年代，世界玉米种植面积平均为 120 238×10^3hm^2，80 年代为 127 776×10^3hm^2，90 年代为 136 345×10^3hm^2，截至 2002 年世界玉米种植面积为 137 461.7×10^3hm^2，90 年代的种植面积比 80 年代增加了 6.7%，比 70 年代增加了 13.4%。20 世纪 70

年代，世界玉米总产量平均为320 664.2万t，80年代为442 747.7万t，90年代达507 347.2万t，2002年世界玉米总产量达到603 538.1万t，90年代的玉米总产量比70年代增加了58.2%。

据2021年联合国粮食及农业组织（FAO）统计数据，在世界范围内玉米种植分布非常广泛，其种植面积最大地区为北美洲，后续依次为亚洲、非洲和南美洲，其中乌克兰中西部玉米带、美国中北部玉米带及中国东北部玉米带组成世界著名的三大“黄金玉米带”，均位于北纬45°附近。全球玉米种植面积为205 807.0×10^3hm^2，产量为121 023.5万t，中国玉米种植面积为43 355.9×10^3hm^2，产量为27 276.2万t。目前，世界玉米总产量排行前五名的国家分别为美国、中国、巴西、阿根廷和乌克兰，总产量增加最快排行前五名的国家分别为中国、印度、墨西哥、巴西和阿根廷。

2021年，中国已成为世界上玉米种植面积最大的国家，但总产量只居世界第二，美国为世界上玉米总产量最多的国家，其总产量为38 394.3万t，占全球产量的34%，中国总产量达到27 276.2万t，占全球产量的22.5%，美国及中国占全球总产量的56.5%，巴西、阿根廷及乌克兰分居第三至第五位。随着世界人口增加，畜牧业和玉米工业的快速发展，世界对玉米需求量亦将大幅度增加。世界玉米生产总发展趋势是种植面积会稳定在现有水平或是略有增加，采用先进的科学技术和完善的管理手段，大力提高单产水平，以满足世界人口增长、畜牧业大发展和玉米工业兴起之需要。

2. 世界水稻生产概况

在世界谷类作物中，水稻种植面积和总产量仅次于小麦，位居第二位，其主要生长区域包括中国、日本、朝鲜半岛、东南亚、南亚、地中海沿岸、美国东南部、中美洲、大洋洲和非洲地区，除南极洲外，大部分地区皆种植水稻。据2021年联合国粮食及农业组织（FAO）统计，全球水稻种植面积为165 250.6×10^3hm^2，产量为78 729.4万t，近50年内全球水稻产量呈逐年稳步上升趋势，印度是世界水稻种植面积最大的国家，2021年种植面积为45 500×10^3hm^2，总产量为35 634.5万t；中国水稻种植面积仅次于印度，中国2021年种植面积为29 920×10^3hm^2，总产量为21 284万t；2021年泰国水稻种植面积为11244.0×10^3hm^2，产量为3358.2万t；2021年孟加拉国水稻种植面积为11700.9×10^3hm^2，产量为5694.5万t；2021年印度尼西亚水稻种植面积为10411.8×10^3hm^2，产量为5441.5万t；2021年越南水稻种植面积为7219.8×10^3hm^2，产量为4385.3万t；2021年日本水稻种植面积为1404.0×10^3hm^2，产量为1052.5万t。

世界水稻生产具有生产集中度较高、单产水平差距大等特点，主要集中种植于东亚、东南亚及南亚季风区。亚洲是世界上唯一具有季风气候的大洲，夏季高温多雨，冬季温和少雨，雨热同期，为水稻种植提供了良好的气候环境。世界水稻种植面积前 10 位的国家分别为印度、中国、印度尼西亚、孟加拉国、泰国、越南、缅甸、尼日利亚、菲律宾和柬埔寨，除尼日利亚外均分布于亚洲，其中印度、中国、印度尼西亚、孟加拉国、泰国、越南和缅甸 7 个国家种植面积均达 1 亿亩[①]以上。在水稻种植面积最大的 10 个国家中，中国单产水平位列前茅，单产高达 7112.4kg/hm^2；除受耕地质量、气候条件和投入成本等影响，最重要因素为熟制差异，南亚国家一年最多可种三季，多数为两熟制。

1.1.2 中国玉米和水稻生长概况

1. 中国玉米生产概况

中国玉米种植遍及全国各省（自治区、直辖市），但总体面积具有较大差异，主要集中于东北、华北及西南三大地区，整体形成了从东北至西南延伸的斜长玉米种植带。根据各地区自然条件和种植制度等因素，可将中国玉米产区划分为六大玉米种植区，即东华北春播玉米种植区、黄淮海平原夏播玉米种植区、西南山区丘陵玉米种植区、南方丘陵玉米种植区、西北内陆灌溉玉米种植区和青藏高原玉米种植区。其中东华北春播玉米种植区、黄淮海平原夏播玉米种植区和西南山区丘陵玉米种植区为中国玉米主产区，其种植面积和总产量占全国的 3/4 以上。

近些年，中国玉米种植产业呈快速增长趋势发展，其种植面积及产量不断增加，对保障国家粮食生产安全发挥了巨大作用，如图 1-1 所示。2003 年，中国玉米种植面积约为 240 928.2×10^{3}hm^2，玉米总产量为 11 599.8 万 t，玉米平均单产

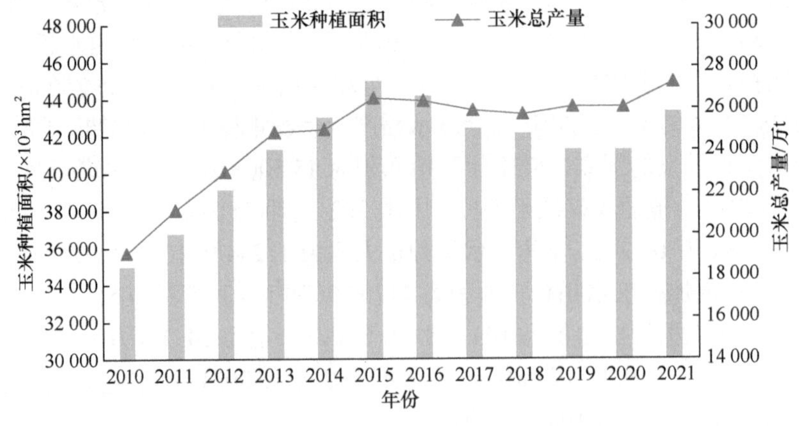

图 1-1　中国玉米种植面积与总产量

① 1 亩≈666.7m^2

为 4.81×10^{3}t/hm^2。至 2021 年中国玉米种植面积整体趋势平稳增长，2021 年中国玉米种植面积达 43 355.9×10^{3}hm^2，较 2003 年增加了 197 604.1×10^{3}hm^2，同比增长 82.0%。至 2022 年，由于受国内消费需求增长速度减缓、代替产品进口冲击及国家玉米收储政策等因素影响，中国玉米产业逐渐出现供大于求的局面，玉米库存大幅增加，导致玉米种植效益降低。

2015 年 11 月，农业部关于《"镰刀弯"地区玉米结构调整的指导意见》，明确提出调减玉米种植面积。至 2016 年，随着农业产品结构调整和供给侧结构性改革的不断推进与深化，中国玉米种植面积下降至 44 177.61×10^{3}hm^2，较 2015 年下降了 791×10^{3}hm^2，且玉米总产量随之下降至 2.63 亿 t，出现了 13 年内首次减少。2020 年中央一号文件强调"粮食生产要稳字当头，稳政策、稳面积、稳产量……推进稻谷、小麦、玉米完全成本保险和收入保险试点。加大对大豆高产品种和玉米、大豆间作新农艺推广的支持力度。"2021 年中央一号文件强调"鼓励发展青贮玉米等优质饲草饲料，稳定大豆生产……扩大稻谷、小麦、玉米三大粮食作物完全成本保险和收入保险试点范围，支持有条件的省份降低产粮大县三大粮食作物农业保险保费县级补贴比例。"

随着国家对玉米种植面积的结构性调整，在一定程度上将影响中国玉米总需求量，不仅需要对玉米品种进行结构性调整及创新育种，对玉米机械化高质量播种具有较高要求，对其机械化播种机具研制开发提出了更高的技术需求，同时也为具有较强科技创新能力的高校院所及企业带来了新的发展机遇。

2. 中国水稻生产概况

水稻是中国主要粮食作物之一，其产量与品质直接影响国家粮食生产安全，对构建和完善粮食安全保障体系具有重要意义。2021 年全国水稻种植面积 29 920× 10^{3}hm^2（占粮食种植面积的 37%），总产量 21 284 万 t（世界第二）。2021 年 10 月 23 日，袁隆平院士团队超级杂交水稻超优千号在河北邯郸永年进行实测，其亩产达到 1326.77kg，标志着中国再创水稻大面积种植单产世界最高纪录[8]。

中国水稻主要分布在热带或亚热带高温多雨地区，根据其种植区域分为华南双季稻作带，位于南岭以南，包括闽、粤、桂、滇南及台湾、海南和南海诸岛全部；华东华中单双季稻作带，东起东海之滨，西至成都平原西缘，南接南岭，北毗秦岭、淮河，是中国最大的稻作区；西北干燥稻作带，位于大兴安岭以西，长城、祁连山与青藏高原以北；华北单季稻作带，位于秦岭、淮河以北，长城以南，关中平原以东，包括京、津、冀、鲁和晋、陕、苏、皖的部分地区；东北早熟稻作带，位于辽东半岛和长城以北，大兴安岭以东及内蒙古东北部；西南高原稻作带，地处云贵高原和青藏高原、黔东湘西高原[9]。其中，三大优势区域为东北平原、长江流域和东南沿海。2010～2021 年中国水稻种植面积及总产量如图 1-2 所示，近十年中国种植面积保持稳中略降的趋势，总体保持在 30 000×$10^3$$hm^2$ 左右，总产量保持在 20 000 万 t 以上。

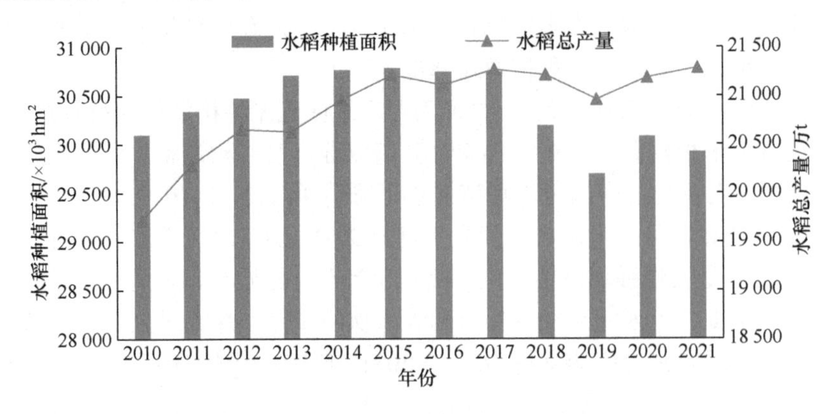

图 1-2 中国水稻种植面积与总产量

近些年，随着中央逐步实施“调结构-转方式”，加大“三农”投入补贴力度，深入推进农业供给侧结构性改革，着力调整优化农业结构，促进绿色可持续发展，支持耕地地力保护和粮食适度规模经营，创建粮食绿色高质高效生产模式，为进行水稻产业的提质增效和转型升级奠定了良好基础[10]。但由于国家粮食安全调控、国内稻谷库存紧张、国外水稻低价进口、自然资源与劳动资源紧缺等因素的综合影响，在外界环境不利因素和世界水稻产业发展的大环境下，中国水稻产业面临着消费量稳定增长、资源约束性增强、灾害性气候和病虫害多发、效益偏低等严峻形势，且其整体仍存在高档优质品种不多、水稻全程机械化水平有待提高、区域特色稻种品牌不强、产业融合度不足等问题。

目前中国水稻产业正由高产稳产向绿色高质方向稳步发展，未来应提升水稻产业综合发展能力，建立集约化、标准化、专业化的产业模式，优化品种结构，提升稻米品质，完善技术模式，加强品牌培育，产前、产中及产后同步推进发展，实施创新驱动提高产业可持续支撑能力与市场竞争力。随着国家深入推进农业供给侧结构性改革，坚持创新、协调、绿色、开放、共享的新发展理念，深入实施创新驱动发展战略，对水稻机械化种植的研究亦是提高水稻全程机械化水平的重要内容。

1.2 主粮作物精量播种农艺模式概况

精量播种是一项涉及整地、施肥、种子处理、播种、化学除草及病虫害防治等多项农艺环节，将传统条播改为穴播或点播的先进综合性技术。此项技术于 20

世纪 80 年代初在中国进行推广，但由于受到种子育种加工技术及病虫害防治技术的制约，初期发展较为缓慢[5]。近些年，随着种子育种加工技术及整体生产水平的提高，精量播种技术已逐渐被人们认识并广泛推广，同时国内农机企业及高校院所通过相继引进国外先进机械化精量播种机械，结合消化吸收再创新的模式，创制出适合于中国主粮作物种植模式及农艺要求的先进适用机具，已成为提高种植机械化水平最主推的技术。

精量播种作业可根据作物种植农艺要求，采用播种机具将定量种子以所需穴行距有序播入种床土壤预定位置，其重点在于保证种床空间内播量、穴距及播深一致，以保证植株获得合理生长空间、相近根系尺寸和充足阳光与水分营养。此项技术已广泛应用于多种作物机械化种植中，可有效节约播量且一次完成多项工序，且利于后续田间管理及收获等作业，实现农机农艺融合的标准化高效生产，对保障其产业发展及生产安全具有重要意义，已在全国多个地区大面积应用推广[11]。以玉米精量播种为例，通过东北多地区实际生产应用分析可知，采用传统玉米条播方式，每亩所需玉米种子 2.5～3.0kg，而精量播种仅需约 1.5kg，根据市场价格优质玉米种子 20～30 元/kg，采用精量播种可节约种费 30～45 元/亩，同时免去人工间苗费 20 元/亩，合计节约费用 50～65 元/亩。

精量播种机械是实现精量播种技术的主要载体，主要由牵引机构、开沟装置、施肥装置、播种单元、传动系统、覆土镇压装置及辅助部件等组成。在精量播种作业过程中，要求机具仿形牵引机构可随地面起伏进行稳定控制，实现后续开沟播种深度一致；要求开沟装置所开沟形整齐且未扰动土层，具有一定防堵及破茬能力；要求播种单元排种单粒均匀，且适应高速条件下高质量作业；覆土镇压装置覆土均匀且压力一致，作业后保证垄台平整，各个部件综合控制以满足不同作物精量播种的农艺要求。其中精量排种器是精量播种机械的核心部件，可将种群分离、定量分种形成均匀有序的种子流，并精准播入土壤，有效控制田间种子穴距，其工作性能直接影响整体作业质量与效率，开发研制适用于不同种植农艺要求的精量排种器对推动精量播种技术发展具有重要意义。

近些年，国内多个地区结合作物种类、地域制度及栽培模式等，以精量播种技术为基础提出了多种衍生技术模式，如玉米精量播种技术、水稻精量穴直播技术等，并在各地区大面积应用推广，种植机械化水平得到了快速提高。

以玉米为代表的旱作粮食作物精量播种农艺模式，主要包括常规播种技术模式、免耕播种技术模式及覆膜播种技术模式等，在东北地区、河南、山东等地大面积应用推广[12]。常规播种技术模式主要包括等行单株直播、大垄双行直播及宽窄行直播。其中，等行单株直播行距相等，每穴单株行距 500～650mm，株距 200～300mm，穴距分布均匀，生长过程中作物可充分利用地力及光照，但后期行间通风透光较差，如图 1-3a 所示；大垄双行直播将常规垄距设置为 1100～1200mm，垄内双行行距 400～450mm，垄间相邻苗行间大行距 700mm，形成大垄内适当加密、大垄间便于耕作、利于通风透光的良性田间态势，如图 1-3b 所示；宽窄行直播宽行行距 800～950mm，窄行行距 350～500mm，株距 250～360mm，窄行以三角错位留苗，有效增加种植密度，保证单位面积内总株数，如图 1-3c 所示。

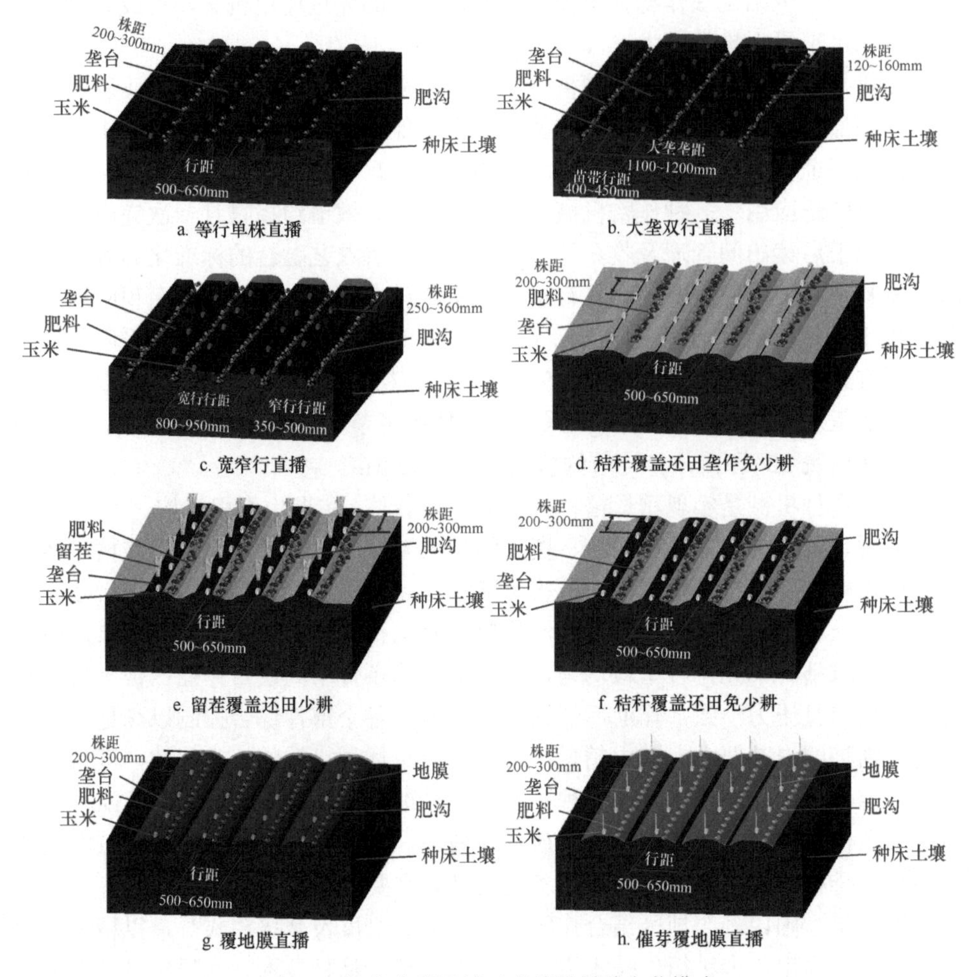

图 1-3　部分典型区域玉米精量播种农艺模式

免耕播种技术模式主要包括秸秆覆盖还田垄作免少耕、留茬覆盖还田少耕、秸秆覆盖还田免少耕等，如图 1-3d～f 所示。此种模式在前茬玉米收获后秸秆全量均匀覆盖地表，次年春季进行垄上少耕、免耕作业。以东北地区玉米保护性耕作为例，其垄台宽度 500～650mm，收获后留 30cm 左右的残茬越冬，次年春播时错开原垄沟顶部的前茬作物根茬进行免耕播种保持原行距，在前茬的行间播种，实现年际交替轮换，均匀行行距一般大于 600mm；亦可机械收获后秸秆集中覆盖于垄沟，次年播种在垄台作业；或玉米收获同时粉碎秸秆，还田覆盖于垄沟，次年在垄台或垄侧进行免耕播种。多年生产实践证明，免耕播种技术模式可有效改善土壤环境、节本增效、提高作物产量，但仍存在连年作业病虫害较为严重等问题。

覆膜播种技术模式应用亦较为广泛，主要包括覆地膜直播和催芽覆地膜直播，如图 1-3g 和图 1-3h 所示。其农艺技术指标与常规播种并无两样，皆采用等行单株种植，行距相等且每穴单株，行距 500～650mm，株距 200～300mm，植株分布均匀，播种时划行器根据种植要求进行划线，并进行开沟、侧深施肥、精量播种等工序，同时需于紧靠种沟两侧开出压膜沟，区别在于覆地膜直播为播种后覆膜镇压，而催芽覆地膜直播则需玉米种子胚芽 1cm 长时进行播种，播后立即覆盖地膜，四周用土压实，保持土壤温度，随着植株长高和气温升高及时破膜放苗，以防烧苗，及时定苗，但需在玉米收获后进行残膜回收，保护农田生态环境。

以水稻为代表的水作粮食作物精量穴直播农艺模式，主要包括水直播技术模式和旱直播技术模式，在黑龙江、广东、广西及新疆等地大面积应用推广。水直播技术模式主要包括开沟起垄精量穴直播、开沟起垄条施肥精量穴直播、开沟起垄喷药/膜精量穴直播及同步开沟起垄穴施肥精量穴直播。结合各区域种植特点，在作业前需精细整地，保证田面整平并作畦，畦面高低相差不超过 3cm，每隔 3m 开一条畦沟作为工作行，以便于施肥喷药等田间管理，各模式特点及差异如图 1-4a～d 所示。相对而言，旱直播技术模式主要包括平整开沟起垄施肥精量穴直播、平整开沟膜下滴灌精量穴直播及破茬免耕开沟施肥精量穴直播，如图 1-4e～g 所示。在旱直播作业前需进行耕整平地，根据区域特点进行开沟、施肥、播种及喷药等，根据畦宽 3.5～4m，开宽 30cm 和深 15～20cm 工作沟，整平畦面后可开出定型种沟。稻种旱直播于田间后，苗期实行旱育一般不灌水，生育中后期利用雨季降水辅以灌溉，满足不同生育时期的基本需水要求，其需选用耐旱水稻品种，保证全苗灭除杂草。水稻旱直播种植在中国北方稻区、南亚、东南亚与欧美等部分国家已普遍应用。

a. 开沟起垄精量穴直播

b. 开沟起垄条施肥精量穴直播

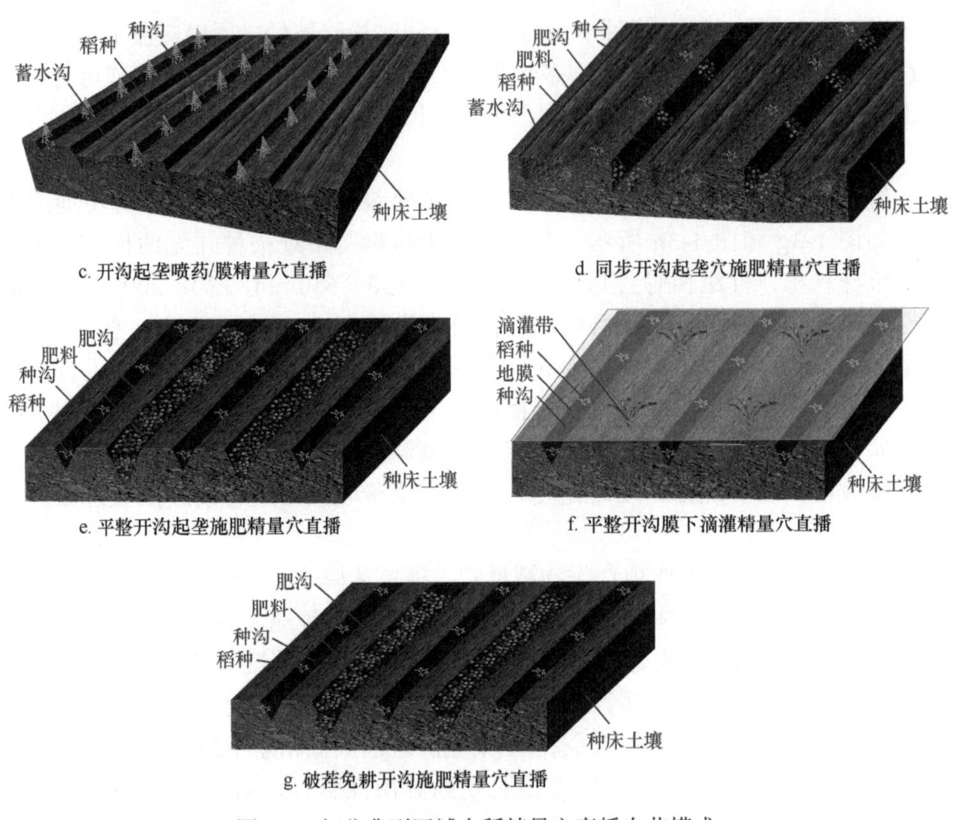

c. 开沟起垄喷药/膜精量穴直播　d. 同步开沟起垄穴施肥精量穴直播

e. 平整开沟起垄施肥精量穴直播　f. 平整开沟膜下滴灌精量穴直播

g. 破茬免耕开沟施肥精量穴直播

图 1-4　部分典型区域水稻精量穴直播农艺模式

1.3　高性能精量播种技术发展趋势

东北地区是中国最主要的粮食生产基地，其机械化程度代表着中国现代农业智能化的最高水平，亦标志着绿色优质现代农业发展水平。“中国人要把饭碗端在自己手里，而且要装自己的粮食”，这是 2018 年 9 月习近平总书记在黑龙江考察时对东北大粮仓的期许，亦肯定了“黑土粮仓压舱石”的战略地位。目前，东北主粮作物各生产环节特别是种植环节已完全实现了机械化作业，但仍无法满足现代农业精量播种智能高速的新需求，所有关键部件及配套机具以类比设计为主，关键科学问题严重弱化，如玉米单粒均序指夹式排种方案优化、水稻穴直播高精度排种机理探索等技术问题仍未突破，严重制约了主粮作物全程机械化发展进程。快速突破机械化种植“卡脖子”技术瓶颈在于突破高性能精量排种系统基础理论和高效设计方法，建立多功能协同增效技术体系，研发系列先进适用的机械化、智能化精量播种装备及关键部件，实现关键核心技术自主化重大突破是提高其整体发展水平重要而迫切的内容[13,14]。

具有代表性及普适性的高性能精量播种关键技术难点在哪？综合分析后，发现其难点在于：①作物品种多样，种子物料特性差异性大，急需筛选适于精量播种的作物品种结构；②种植区域广泛，水旱环境下配套栽培模式复杂多样且差异性大，如玉米单粒播种与水稻成穴直播；③标准化程度低，耕种管收机械化作业环节相对脱节，如玉米旱播管理与水稻直播管理流程存在差异；④传统机具改进选型盲目性大，配套机具以类比设计为主，严重弱化关键核心问题，多地区作业质量及适应性无法保证；⑤高性能且精准可控的精量排种系统研究不足，急需突破精量排种基础理论与关键技术，如玉米单粒均序排种与水稻高精度穴直播排种；⑥精量播种智能监测系统研究较少，传统系统监测质量及效率有待进一步提高；⑦真正有效适推的主粮作物精量播种协同增效体系尚未完全构建完成，影响其综合生产效益快速提升。所综合分析的主粮作物精量播种协同增效技术急需突破实际应用问题与基础科学难题如图 1-5 所示。在此背景下，立足于国家粮食综合生产能力提升重大战略需求，急需突破主粮作物机械化种植“卡脖子”技术瓶颈背后的科学问题，促进基础研究走向应用，加速典型农艺模式及配套装备示范推广，推进机械化种植技术因地制宜发展，助力粮食作物持续稳产增产。

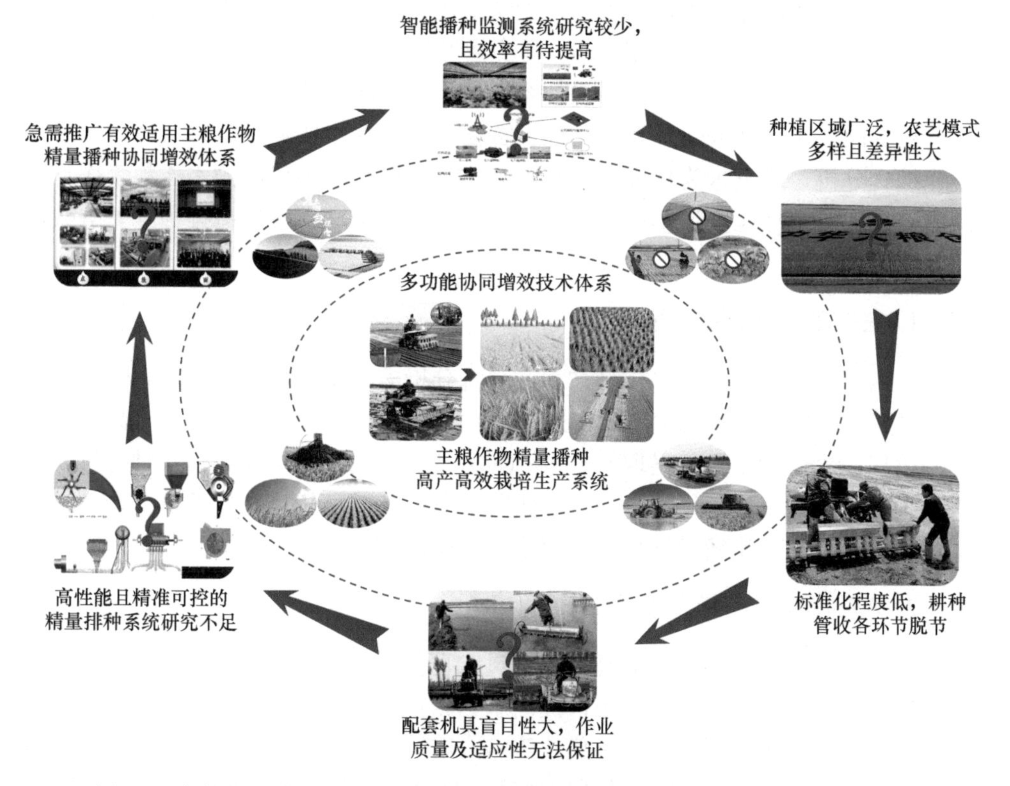

图 1-5　主粮作物精量播种协同增效技术急需突破实际应用问题与基础科学难题

国内外对以播种环节为核心的多种作物精量播种技术的研究极不平衡，仅研发了多种类型机具及核心部件排种系统，并探索配套机械化作业模式，未对复杂的播种作业环境进行考虑研究。例如，旱作种植作物：玉米机械化精量播种技术已较为成熟，配套多种高效播种装备实现应用推广，但目前仍需突破单粒均序定向排种科学技术难题；其他旱作种植作物精量播种研究较少，各类排种系统多以类比设计为主、定性理论分析为辅，对其关键核心科学难题弱化或避重就轻。水作种植作物：水稻机械化精量穴直播模式多样，其所配套的高产高效栽培模式并未梳理总结及进一步优化，所应用的各类机具主要基于常规条播排种系统或较为成熟的玉米和大豆等排种系统改进试制，但其穴距、穴径及播量调节较为单一，无法保证复杂环境下稻种精准播至种床，田间适应性及作业质量有待提高。

深入挖掘主粮作物精量播种实际应用所存在的问题、需求及目标等导向特征，分析其内在关键问题：主粮作物种子机械物理属性差异大，种子-排种部件互作机理不明晰，精量排种串联环节复杂且控制稳定性差，高速作业行穴距精度要求高且易受干扰，核心排种系统基础设计理论和优化方法匮乏，直接导致精量播种与栽培模式配套性差，作业机具创新设计盲目性大，精量播种协同增效技术体系构建不完整。因此，探索主粮作物高性能精量排种基础理论，形成具有代表性、普适性的精量播种方式及其控制策略，是完善智能农机装备设计方法、提高机械化种植水平、缩短机具研发周期和保证系统兼用性和适应性的核心，亦为提升精量播种机具高效化、精准化及智能化提供重要理论支撑和技术保障。

综合分析，以玉米为代表的旱作粮食作物和以水稻为代表的水作粮食作物，急需突破大中型籽粒高速单粒均序排种与小籽粒高精度精量穴播排种等关键共性技术难题。

1. 玉米高速精量播种技术

重点突破高速单粒均序排种技术，系统分析多粒型种子机械物理属性测定方法，探究单粒种子-排种部件互作控制机理，解析多相耦合场种子有效分离及均序控制机理，提出机械夹持/舀取与气吸/气吹组合同步分种、主动柔性导种与气吹弹射投种等结合的模块化设计方案，集成研发系列高速精量排种部件及机具，最终形成科学有效的高速精量排种基础理论与设计优化方法。

2. 水稻高精度精量穴直播技术

重点突破适于不同稻种的高精度精量穴直播技术，阐明复杂稻种时空演化精准控制机理及运移特征表征关系，提出水稻精量穴直播排种系统设计分析理论，创建精量穴直播排种系统多目标优化策略，研究精量穴直播排种系统高质着床投送方法，集成播量调节范围大且适应性好的精量高效水稻穴直播排种部件及机具，建立绿色优质水稻高产高效栽培模式及作业标准。

3. 精量播种智能监测技术

重点突破精量播种智能化测控技术，研究各类传感器技术、控制技术及高效融合技术，开发种肥连续落料等传统系统，开展复杂环境精量播种关键部件和传感器材料、结构和耐用性应用研究，提高多种作物精量播种监测适应性及效率，减少复杂环境监测系统故障率。

针对上述发展趋势，立足于国家粮食综合生产能力提升重大战略需求，著者团队以突破主粮作物（玉米和水稻）精量排种精准控制机理探析、排种系统创新设计、智能监测系统开发等农艺农机相融合的技术瓶颈为目标，围绕其基础理论与优化设计方法开展了农艺模式探索、理论方法研究、关键机理解析、核心部件创新、数值模拟分析、结构特征优化、系统平台开发、台架试验检测、整机集成创制、田间试验示范、技术模式验证及体系构建推广的科学探索研究。著者团队所提出的基础理论及所研发的配套精量播种机具，实现了农艺农机高度融合，可为智能农机装备理论方法突破及高产高效农艺模式探索提供重要参考，亦有助于中国绿色优质主粮作物全程机械化薄弱环节技术水平提升及高端农机新技术新产品应用推广。

本章重点对主粮作物生产现状、精量播种农艺模式及发展趋势进行简要阐述，具体所研究的高性能精量排种基础理论与关键技术详细见后续各章节。根据著者团队长期研究成果，重点对系列机械式与气力式精量排种部件、智能监测系统及高性能播种装备进行介绍，全面深入地展现了系列精量播种装备基础理论、关键技术及试验示范系统研究。

参 考 文 献

[1] 陈学庚, 温浩军, 张伟荣, 等. 农业机械与信息技术融合发展现状与方向[J]. 智慧农业(中英文), 2020, 2(4): 1-16.

[2] 仇焕广, 李新海, 余嘉玲. 中国玉米产业: 发展趋势与政策建议[J]. 农业经济问题, 2021, 7: 4-16.

[3] 方福平, 程式华. 水稻科技与产业发展[J]. 农学学报, 2018, 8(1): 92-98.

[4] 何中虎, 庄巧生, 程顺和, 等. 中国小麦产业发展与科技进步[J]. 农学学报, 2018, 8(1): 99-106.

[5] 贾洪雷, 等. 现代农业机械设计理论与应用[M]. 北京: 科学出版社, 2020.

[6] 李文娟, 秦军红, 谷建苗, 等. 从世界马铃薯产业发展谈中国马铃薯的主粮化[J]. 中国食物与营养, 2015, 21(7): 5-9.

[7] 罗其友, 高明杰, 张烁, 等. 中国马铃薯产业国际比较分析[J]. 中国农业资源与区划, 2021, 42(7): 1-8.

[8] 徐春春, 纪龙, 陈中督, 等. 2021 年我国水稻产业形势分析及 2022 年展望[J]. 中国稻米, 2022, 28(2): 16-19.

[9] 朱德峰, 张玉屏, 陈惠哲, 等. 中国水稻高产栽培技术创新与实践[J]. 中国农业科学, 2015, 48(17): 3404-3414.

[10] 王金武, 唐汉, 等. 水稻田间耕管机械化技术与装备[M]. 北京: 科学出版社, 2020.

[11] 杨进, 吴比, 金松青, 等. 中国农业机械化发展对粮食播种面积的影响[J]. 中国农村经济, 2018, (3): 89-104.

[12] 王金武, 唐汉, 王金峰. 东北地区作物秸秆资源综合利用现状与发展分析[J]. 农业机械学报, 2017, 48(5): 1-21.

[13] 刘成良, 林洪振, 李彦明, 等. 农业装备智能控制技术研究现状与发展趋势分析[J]. 农业机械学报, 2020, 51(1): 1-18.

[14] 潘彪, 田志宏. 中国农业机械化高速发展阶段的要素替代机制研究[J]. 农业工程学报, 2018, 34(9): 1-10.

第 2 章　玉米精量排种技术及装备研究现状

2.1　玉米精量排种技术及研究方法

精量播种是目前玉米种植最主要的方式之一[1]，可有效提高玉米植株田间分布均匀性，最大限度地减小植株间对土壤水分及养分的竞争，是提高玉米单产水平最主要的技术手段，亦是国内外玉米机械化生产应用最广泛的技术。本章将重点分析玉米精量播种技术、农艺方法、配套机具及核心部件排种系统研究现状，探讨玉米精量播种核心系统发展趋势。

自 20 世纪 40 年代开始，国外农机企业及研究单位对精量播种技术开展相关研究，初期研发了多种类型精量播种机具，相关原理或部分结构至今被应用于玉米、水稻及花生等作物精量播种作业中。根据其农艺模式区别，主要分为直接播种、免耕播种及覆膜播种等；以欧美国家为代表的玉米机械化生产以免耕播种为主[2]，即对农田直接实行免耕、少耕作业环节，并通过地表秸秆覆盖减少长期不合理耕作所导致的风蚀和水蚀，提高土壤肥效及控水能力。相对而言，中国玉米精量播种技术较为多样化[3]，对其所开展的研究及研制的机具主要集中于残茬管理、土壤耕作及免少耕播种等方向，根据实际需求进行秸秆粉碎机根茬处理、表土耕作及深松、精量播种、秸秆防堵等功能选配作业。本节结合不同区域、不同熟制、不同品种玉米精量播种农艺模式要求，重点对中国玉米机械化精量播种技术及配套农艺方法应用概况进行梳理阐述分析。

国内多采用模块化思想提高玉米机械化精量播种作业的集成性与高效性，即单次作业同步完成多项工序，各种精量直播技术特点及配套农艺方法亦有所不同。目前，应用较广的玉米机械化精量播种方式主要包括：耕整地后平整土壤环境下的露地直播、宽窄行交替直播和大垄双行直播等；保护性耕作模式下的秸秆覆盖还田免少耕播种、秸秆覆盖还田垄作免少耕播种和留茬覆盖还田免少耕播种；覆膜模式下的直接播种和催芽直接播种等，各作业方式皆根据区域、熟制及品种特性，配套相应农艺流程、管理方法及多功能机具开展精量直播作业。部分典型玉米机械化精量播种技术如表 2-1 所示。

在诸多玉米精量播种农艺模式中，直接精量播种需提前进行耕整作业，以保证得到适宜播种环境。玉米宽窄行播种是将原有行距 65cm 均匀垄改为宽行 90cm 和窄行 40cm，有效提高土地利用率，生产实践证明此种种植方法可降低玉米株高

表 2-1　部分典型玉米机械化精量播种技术

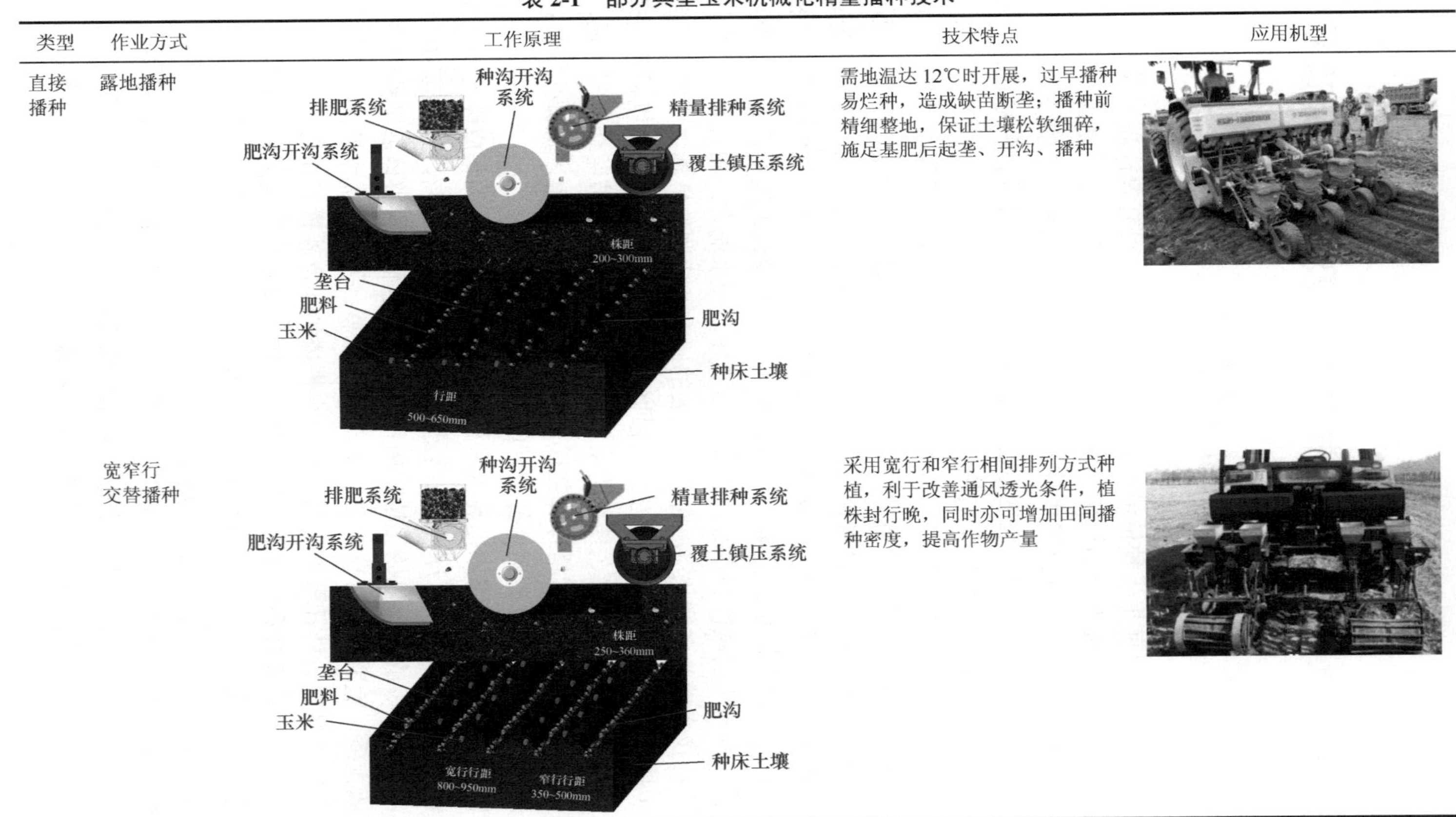

类型	作业方式	工作原理	技术特点	应用机型
直接播种	露地播种		需地温达 12℃时开展，过早播种易烂种，造成缺苗断垄；播种前精细整地，保证土壤松软细碎，施足基肥后起垄、开沟、播种	
	宽窄行交替播种		采用宽行和窄行相间排列方式种植，利于改善通风透光条件，植株封行晚，同时亦可增加田间播种密度，提高作物产量	

续表

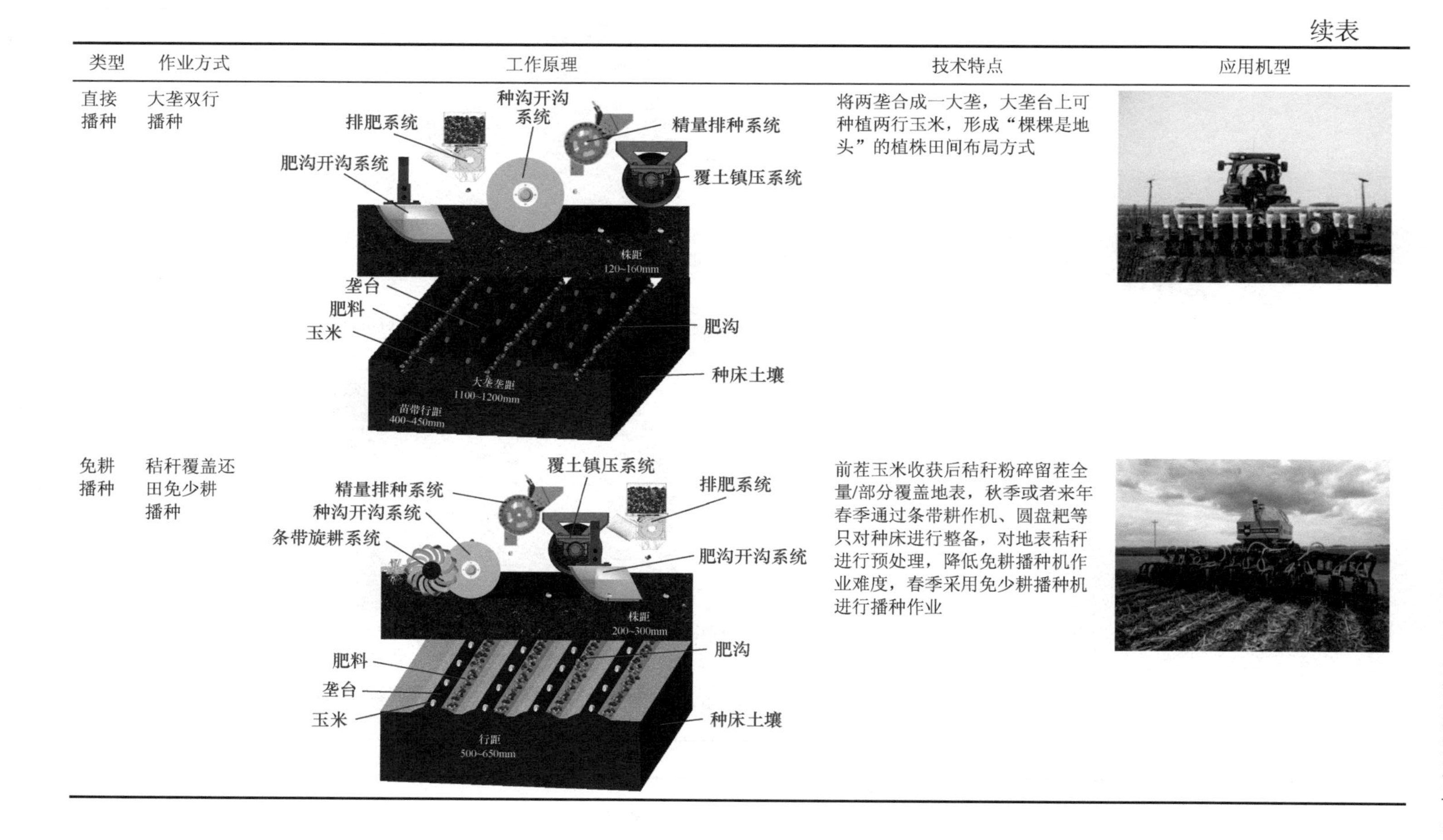

类型	作业方式	工作原理	技术特点	应用机型
直接播种	大垄双行播种		将两垄合成一大垄，大垄台上可种植两行玉米，形成“棵棵是地头”的植株田间布局方式	
免耕播种	秸秆覆盖还田免少耕播种		前茬玉米收获后秸秆粉碎留茬全量/部分覆盖地表，秋季或者来年春季通过条带耕作机、圆盘耙等只对种床进行整备，对地表秸秆进行预处理，降低免耕播种机作业难度，春季采用免少耕播种机进行播种作业	

续表

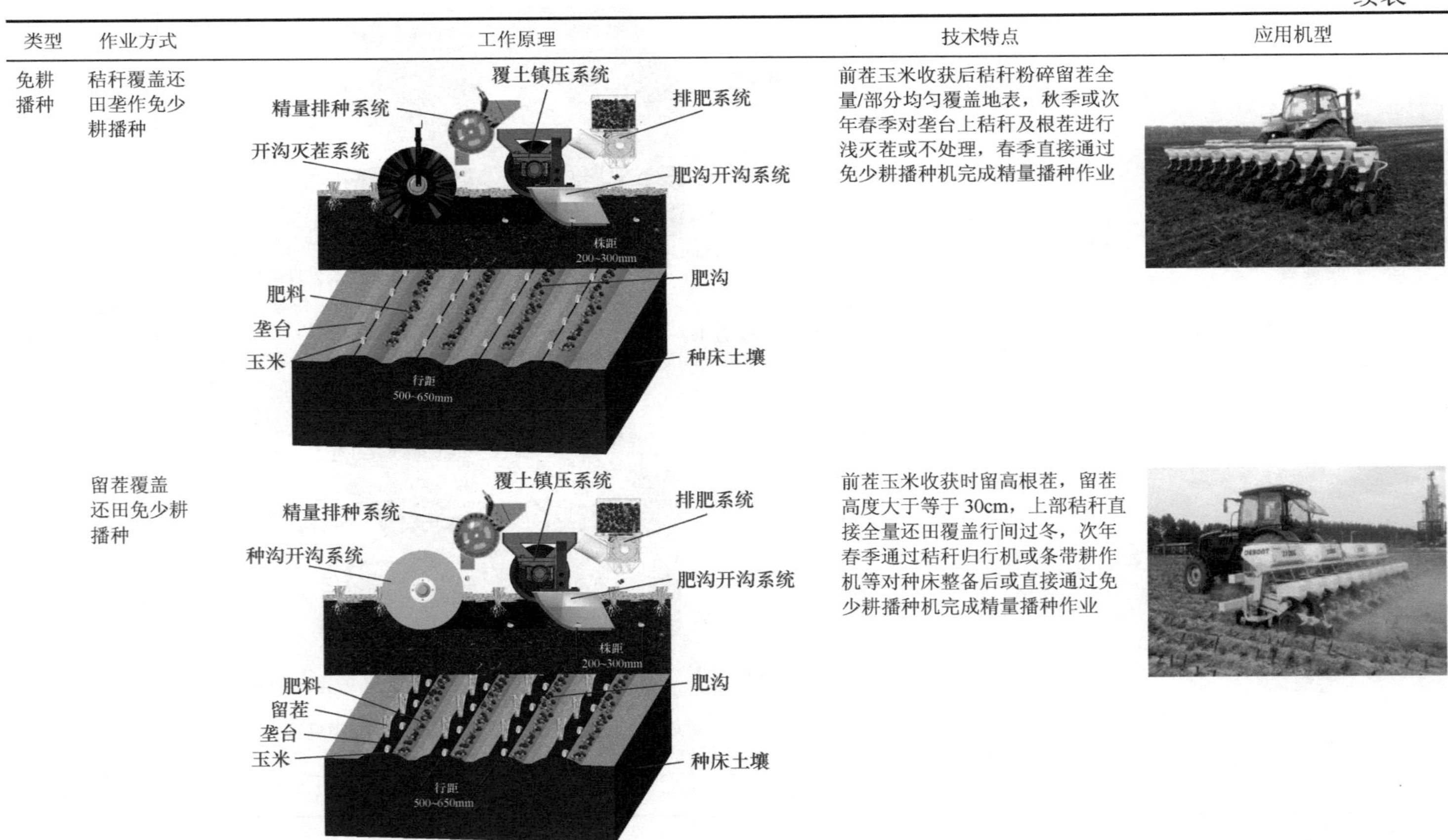

类型	作业方式	工作原理	技术特点	应用机型
免耕播种	秸秆覆盖还田垄作免少耕播种		前茬玉米收获后秸秆粉碎留茬全量/部分均匀覆盖地表，秋季或次年春季对垄台上秸秆及根茬进行浅灭茬或不处理，春季直接通过免少耕播种机完成精量播种作业	
	留茬覆盖还田免少耕播种		前茬玉米收获时留高根茬，留茬高度大于等于30cm，上部秸秆直接全量还田覆盖行间过冬，次年春季通过秸秆归行机或条带耕作机等对种床整备后或直接通过免少耕播种机完成精量播种作业	

续表

类型	作业方式	工作原理	技术特点	应用机型
覆膜播种	覆地膜播种	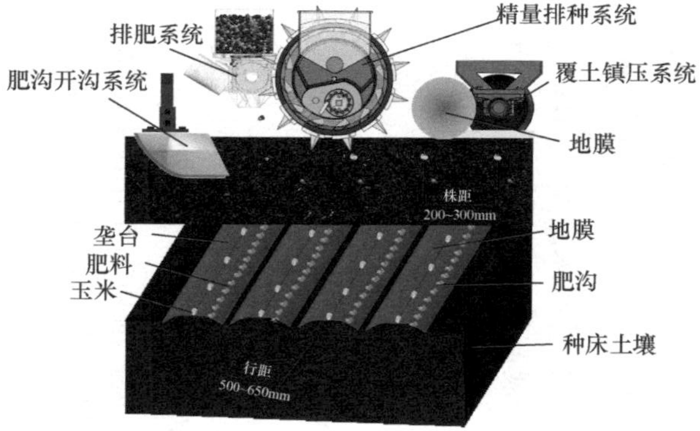	采用划行器根据种植要求进行划线，并进行开沟、侧深施肥、精量播种等工序，同时需于紧靠种沟两侧开出压膜沟，播种后覆膜镇压	
	催芽覆地膜播种	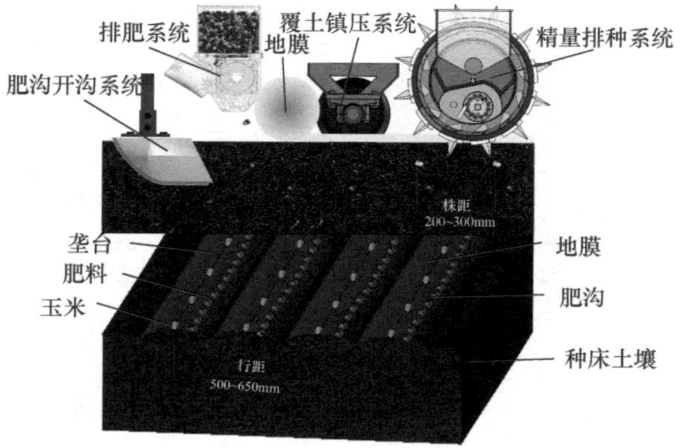	采用划行器根据种植要求进行划线，先开出压膜沟并覆盖地膜，而后根据规定行穴距进行精量播种，其中对幼苗与播种孔错位情况，需及时放苗出膜，且盖严膜孔	

和穗位高宽。近些年，东北地区广泛推广保护性耕作模式，将少耕免耕法与精量播种技术相结合，具有减少土壤侵蚀、改良土壤结构、提高土壤肥力、蓄水保墒、节本增效等优点。实际生产示范表明，玉米免少耕播种可有效减少作业工序2～3次，较传统翻耕及旋耕起垄等方式，其减少地表土壤扰动50%以上，可明显改善耕层土壤结构与肥力，增强土壤蓄水保墒能力，提高玉米产量5%以上，减少黑土层风蚀、水蚀，对于雨养农业为主、干旱频发的东北黑土地至关重要，同时有助于解决秸秆焚烧带来的环境污染与资源浪费等问题。中国农业大学何进等[4]长期开展玉米保护性耕作技术研究，并创制了系列保护性耕作机具，在中国北方多地区大面积应用推广，产生了显著的经济社会生态效益。吉林大学贾洪雷等[5]提出了原茬地垄上组合式灭茬、苗带旋耕旋混式种床整备方案，通过灭茬刀对垄台上的秸秆进行灭茬，旋耕刀随后将粉碎后秸秆根茬与播种带土壤进行混埋，降低秸秆覆盖量的同时疏松种床土壤。东北农业大学侯守印等[6]提出了玉米免耕播种机侧抛式种床整备方案，通过高速旋转的刀齿将播种带上的秸秆清理的同时对根茬进行切削、侧抛于机具的一侧，防止秸秆与根茬残存播种带与播种带土壤混埋，亦可调节抛撒部件转速和抛撒调控装置角度实现对玉米根茬抛送距离的控制，此项技术在黄淮海地区得到了一定应用。

总体而言，玉米精量播种技术已在北方乃至全国多地区应用推广，但整体技术水平仍不高，存在诸多“卡脖子”技术瓶颈，农艺农机融合不够，距高质量、高标准、高效率、智能化的生产目标仍有较大差距。因此，急需完善相关标准及操作规程，加强基础应用研究，开展高性能精量播种核心部件研发攻关，补上短板，强化智能化技术应用，为东北黑土地保护与利用提供更有效的装备技术保障。

2.2 玉米精量播种装备研究及应用现状

随着农业机械化进程的不断发展，为克服精量播种作业速度较低等缺点，国外农机企业相继研发了多种轻简高效的机械式精量播种机具，至20世纪50年代后期，随着精量播种技术的推广发展，国外学者开始将流体力学与机械学相结合研发了多种类型气力式精量播种机，如气吸式、气压式、气吹式及中央集排式等系列精量播种机，其整体通用性、播种精度及效率得到不断提高。中国对玉米精量播种机研究起步较晚，从20世纪70年代开始主要对机械式精量播种机进行开发，农业科技人员及农机生产厂家研制各种工作原理、结构形式及作业特点的播种关键部件，其中以精量排种器为主，但所适应工作速度较低，多局限于理论研究与室内试验，在实际生产中大面积推广应用较少，但仍有部分结构被沿用至今。

近些年，国内外农机企业及高校院所针对不同地区农艺要求，研发了多种类型的播种机具并实现了产业化应用推广，如美国约翰迪尔（John Deere）公司、北京德邦大为科技股份有限公司等企业，相继推广了作业速度可达 14km/h 的气力式精量播种机。同时，随着旱区农田风蚀、水蚀问题严重，国内对黑土地保护及秸秆资源综合利用政策的逐步推进，在东北地区免耕播种技术模式已成为主流作业形式，据统计，截至 2020 年，全国保护性耕作技术推广应用面积突破 1.1 亿亩。系列少耕免耕播种装备有效实现了具有典型代表的精量播种技术推广，如吉林地区“梨树模式”和黑龙江地区“龙江模式”等。部分国内外典型玉米精量播种机具技术特点如表 2-2 所示。

表 2-2　部分国内外典型玉米精量播种机具

类型	代表机型	总体结构	工作原理
国内	DEBONT2605 型免耕播种机（北京德邦大为科技股份有限公司）		作业速度 6～8km/h，作业幅宽达 330～420cm，可同时完成 6 行作业。采用被动残茬条带清理，波纹破茬圆盘依靠播种装置重力破茬作业，单体质量大于 120kg，不适合土壤黏重和残茬量较大的情况，由于免耕地垄顶平面不规整，且残留有玉米根茬，作业行数较多时难以保证实现原位播种
	2BMYFQ 系列气吸式精量播种机（山东大华机械有限公司）		作业速度 6～8km/h，作业幅宽达 300～1200cm，可同时完成 6 行作业。可一次完成开沟、侧施肥、播种、镇压等工序，采用的是电驱或机械驱动方式，广泛适用于玉米、花生、葵花等大中籽粒穴播作物精量播种。采用前后仿行播深调控技术，播深一致性好，可实现垄上播种，播深合格率＞90%
	2BJ-470 型免耕播种机（现代农装科技股份有限公司）		作业速度 6～8km/h，作业幅宽达 280cm，可同时完成 4 行作业。采用单圆盘开沟器与外槽轮式排肥器进行开沟施肥，双圆盘开沟器与指夹式排种器进行开沟落种。可一次性进行开沟施肥、开沟播种等作业，机具不易堵塞，施肥播种精度较高
	2BMJF 系列多功能原茬地免耕覆秸精量播种机（东北农业大学）		作业速度 3～5km/h，作业幅宽达 240cm，可同时完成 4 行作业。采用三点悬挂挂机方式，在玉米、小麦、水稻等原茬地上进行一次作业完成播种、施肥、施药等功能并实现粉碎茎秆并进行覆盖，达到保水、保湿、保温等保护性耕作功效
	2BMQ 系列高性能免耕精量播种机（黑龙江德沃科技开发有限公司）		作业速度 6～8km/h，作业幅宽达 160～280cm。一次进地可完成侧深施肥、清理种床秸秆、整理种床、单粒播种、施口肥、覆土、镇压等工序，可广泛适用于东北、华北、西北等区域播种作业。可适于玉米秸秆全覆盖情况下平作播种、垄作播种、宽窄行播种和一般常规播种作业等情况

续表

类型	代表机型	总体结构	工作原理
国外	Solitair 系列气力式精量播种机（德国 LEMKEN 公司）		作业速度 8～14km/h，作业幅宽达 300～1200cm，可同时完成 8～24 行作业，亦可与驱动耙和整地设备联合作业。采用了电驱动排种系统，在种子分配器下方配备了传感器，可实时监测排种管的堵塞情况
	DV90R 型精量播种机（美国 CASE 公司）		作业速度 6～8km/h，作业幅宽达 315～675cm，可同时完成 9 行作业。配备真空风机排种系统，通过更换不锈钢种盘实现穴距调节。一次完成开沟、固床、播种、覆土、镇压等工序。可配套侧深施肥装置，PVC（聚氯乙烯）肥箱 220L 或不锈钢肥箱 800L
	JD1030 型免耕精量播种机（美国 John Deere 公司）		作业速度 6～8km/h，作业幅宽达 200～340cm，可同时完成 4 行作业。对动力配备要求较低，选用 Max Emerge 播种单元，利用平行四杆机构进行播种单元仿形，播种均匀性较好，种肥间距一致性较高
	NG Plus ME 系列电驱播种机（美国 MONOSEM 公司）		作业效率 2.6～3.7hm²/h，作业幅宽达 240～560cm，可同时完成 8 行作业。采用 Isobus 与 GPS（全球定位系统）融合技术，完成自动导航行驶，采用气力式排种器配合压种板完成精量播种作业，种子用量少，行距株距均匀。配套 Monoshox 单体可快速调整单体对地压力，对地压力最大可达 2500N

国外对玉米精量播种技术研究较早且深入细致，研制开发出多种高速智能精量播种机具，整体应用已十分成熟，朝着智能化、自动化、高速化及精准化方向发展[7]。由于欧美国家玉米种植以规模化生产为主，大规模种植机具作业速度及精度要求较高，因此在国外基本形成了以气力式为主，兼顾机械式改进优化的播种机具应用模式。相对而言，由于中国玉米种植模式较为多样，且生产规模与国外具有较大差异，因此应结合国内玉米产业生产发展水平及实际应用状态进行合理选择研究。国内对精量播种机具及其关键部件研究起步较晚，通过引进消化吸收再创新模式，在短期内快速提高了玉米精量播种装备研发水平。所设计的播种机具多以结构形式改进优化为主，未从本质上有效提高高速播种作业质量与适播范围，加之国内农机企业制造工艺水平较低，限制了玉米精量播种装备发展。

2.3　国内外玉米精量排种器研究现状

精量播种作业主要依靠精量播种机械执行完成，精量排种器作为播种机械核心工作部件，其性能直接影响播种机械整体作业质量及效率。精量排种器工作过程主要由充种、清种、导种及投种等串联环节组成，聚集在充种箱内的种群经排种器分离、定量作用，形成均匀有序的种子流平稳落入种床土壤内，完成整个排种过程[8]。根据作业类型、种植规范及同种中耕作物不同品种间差异，国内外学者对精量排种器进行了深入研究，研制开发了多种类型精量排种器。按其工作原理主要分为两大类，即机械式玉米精量排种器[9,10]和气力式玉米精量排种器[11,12]，由于玉米为典型中耕作物，这两大类皆适用于玉米精量播种作业，如表 2-3 所示。

表 2-3　部分国内外典型玉米精量排种器

类型	典型代表	总体结构	工作原理	特点
机械式	倾斜圆盘式玉米精量排种器		其结构较简单，且对丸粒化种子具有较强适应性，可通过替换排种盘适应不同作物种子类型，但由于型孔形状等因素制约，对扁形种子播种质量较差	可通过更换排种盘实现多种作物的穴播或点播作业；作业速度不超过 6km/h，且对种子形状尺寸要求较高
	窝眼轮式玉米精量排种器		在窝眼轮转动过程中，种子靠自身重力填充入窝眼内，经刮种轮刮去多余的种子，型孔内剩余的单粒种子随型孔沿护种板转至下方，通过自身重力及投种片作用落入种床土壤	结构简单，投种高度低，通过更换不同型孔及孔径窝眼轮点播多种作物；需对种子进行清选分级，易造成种子机械损伤，不适合高速作业
	勺式玉米精量排种器		排种勺进入充种区舀取种子，随排种盘转至上方时在重力及种刷复合作用下清种，种子经过隔板落入存种室内，随导种叶轮旋转至投种区落入种床土壤	结构紧凑，传动简便，排种性能优良，是目前应用最广泛的机械式排种器；易受田间振动及倾斜角度影响，作业速度不超过 7km/h
	指夹式玉米精量排种器		开启时指夹进入种子层充种，关闭后将种子推运至清种区清种，保证夹持单粒种子，经卸种口时将种子投入背面排种室，由排种带运送至投种区落入种床土壤	作业性能较稳定，作业速度达 8km/h，是目前应用较广且先进的机械式排种器；结构相对复杂，对种子形状尺寸要求较高，适应性较差
气力式	气吸式玉米精量排种器	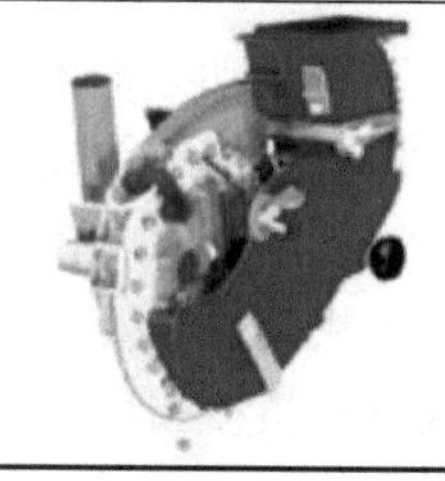	由高速风机产生负压，传至排种器真空室内，排种盘转动时由于负压作用吸附种子，种子随排种盘转动，当种子转出真空室时消除负压作用，依靠自身重力及刮种器落入种床土壤	对种子形状尺寸要求不高，通用性较好，适用于高速作业，广泛应用于大中型精量播种机；风机压力及密封性要求较高

续表

类型	典型代表	总体结构	工作原理	特点
气力式	电机直驱式玉米气吸排种器		Speed Tube 输送带式导种部件配置于电机直驱式气吸排种器，通过单对拨指将排种器投种区种子抛送至输送带，并将运送种子至输送带底部投至种床土壤	可解决高速条件下种子落入种沟弹跳及滚动问题，减小种子在常规导种管内碰撞和种沟内弹跳异位概率，其与播种单体精准配合提高整体播种质量
	气吹式玉米精量排种器		当充有多颗种子的窝眼旋转至气流嘴下方时，气流将窝眼内上部多余种子吹回充种区内，位于窝眼底部的单粒种子在气压差作用下紧附在窝眼孔内，当窝眼进入护种区种子依靠自身重力落入种床土壤	生产效率较高，适用于高速作业，风机压力较气吸式低，种子机械损伤较少；结构复杂，清种过于依赖气流，易发生重播及漏播问题，且气流状态下易磕种或卡死
	气压式玉米精量排种器		采用内充型孔轮式配合气流充种，工作时种子依靠自身重力充入型孔内，种子随型孔脱离充种区，转至清种区种子在重力及种刷作用下清除，经护种区种子依靠自身重力落入种床土壤	充种性能较优，生产效率较高，风机压力较气吸式低，种子机械损伤较少；结构复杂，对形状尺寸不规则种子适应性较差，适应气压范围较窄，精确控制要求较高
	中央集排式玉米精量排种器		利用具有多行型孔的滚筒代替单个排种盘，当种子进入滚筒型孔时被气流通过型孔泄出而产生的压差紧贴于型孔上，排种滚筒上方配置橡胶卸种轮，可阻断型孔气流通过，使型孔内种子落入接种漏斗	改变传统一器一行，解决单个排种器固定于播种单体局限，适用于宽幅大面积作业；结构复杂，易受田间振动影响，供气系统要求较高，未在国内大面积推广应用

机械式玉米精量排种器工作原理：根据玉米种子形状尺寸，利用排种器型孔或勺夹将种子由聚集在充种箱内的种群中分离，其充种、清种及投种皆依靠机械装置及种子自身重力完成。目前国内应用较广的机械式玉米精量排种器主要包括槽轮式、圆盘式、窝眼轮式、勺式、勺夹式及指夹式等。此类排种器结构简单、可靠性好、制造工艺要求不高且造价低廉，在国内中小型精量播种机具中得到广泛应用，但其对各类型玉米种子适播范围较低，在高速作业条件下播种质量有待提高，且易对种子造成机械损伤。

气力式玉米精量排种器工作原理：通过驱动机具动力输出轴带动风机在充种箱内形成空气压力或真空吸力，在不扰动种群情况下将单粒或多粒种子贴附于种孔上，且通过气力或机械形式进行清种作业。目前国内应用较广的气力式玉米精量排种器主要包括气吸式、气吹式、气压式、中央集排式及气力组合机械式等。此类排种器对种子形状尺寸要求不高，会造成种子机械损伤，适应性强且易实现单粒播种，在国内大型高速精量播种机具得到广泛应用，但其工作原理较为复杂，大多需配备高速风机，维修不便且造价成本较高。

由表 2-3 及实际田间应用效果分析可知，机械式玉米精量排种器存在的主要问题为：对种子形状尺寸要求较严格，易造成机械损伤；播种单粒率有待提高，且影响播种质量因素较多，如种子尺寸、前进速度、工作转速及倾斜角度等；作业效率有待提高，总体播种效率为 3～7km/h。气力式玉米精量排种器存在的主要问题为：结构较复杂，需配备高速风机进行气力充种或清种，密封性要求较高；易受田间振动及气压不稳等影响，且影响播种质量因素较多，精确控制要求较高；配备风机的播种机具整体质量加重，灵活性受到一定限制，适用于大型宽幅高速播种机具，但对中小型播种机具适用性受到制约。

除机械式玉米精量排种器和气力式玉米精量排种器外，国内外学者仍创制了多种形式玉米精量排种器，并在小粒种子工厂化育苗方面（振动式和磁吸式）得到应用。综合上述分析，气力式玉米精量排种器对种子适应性较好，机械伤种现象较少，精准度较高，适用于宽幅高速播种机具，但整体结构较为复杂，在作业过程中需要配备风机气源，制约播种机具整体质量及灵活性，增加动力消耗，且使用及维修成本相应增加。机械式玉米精量排种器结构简单、可靠性好、制造工艺要求不高且造价低廉，适用于中小型播种机具，但作业过程中存在播种性能不稳定，难以适应高速作业等问题，在作业面积相对较小的情况下具有较大发挥空间。

国内外学者针对精量排种技术的研究集中于优化设计排种器结构，优选排种器作业参数，分析排种器工作性能，明确排种器结构参数与工作参数对播种质量的影响规律。此外，亦采用理论分析、离散元仿真模拟、高速摄像等方法，探究系列串联排种过程运动过程，分析排种过程对综合性能影响规律。目前，排种器关键技术研究主要集中于：①针对现有排种器的关键结构参数和工作参数进行台架或田间试验，利用统计学分析方法明确影响持种性能的主次因素并选取优化参数组合；②明确排种器参数对播种作业性能的影响。部分排种器参数优化及性能分析研究现状如表 2-4 所示。

表 2-4　部分排种器参数优化及性能分析研究现状

类型	研究内容		研究结果
排种器关键部件参数优化		提出了伸缩指夹式排种作业方式，介绍了其主要工作原理并结合试验结果确定了最优作业参数组合	优化参数组合：夹持力为 0.87N、指夹开启行程 16mm、排种器转速 45r/min，该条件下的株距合格率为 95.4%，漏播率小于 2%

续表

类型	研究内容		研究结果
排种器关键部件参数优化		采用响应面法以排种室压力、型孔直径及排种盘转速为影响因素优化播种机株距均匀性	在排种室压力为5.5kPa、孔径为3mm时，播种株距均匀性最佳，并且随着排种盘转速的降低，排种性能提升
		以平均穴距、排种合格变异系数为优化指标，通过台架试验对型孔直径、型孔锥角、前进速度、排种室压力进行参数优化	优化参数组合：孔径2.5mm、锥角120°、速度0.42m/s、压力2kPa，台架试验中株距变异系数小于10%，但田间试验中株距变异系数为19.1%
		分析集排式玉米精量排种器种子运动过程，结合台架试验确定影响清种性能的主要因素及参数	清种性能受型孔直径影响，最小占比与转速和孔径平方成正比，不同清种距离对重播、漏播指数影响显著
充种性能分析	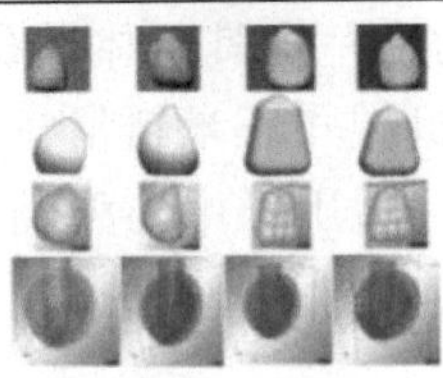	基于离散元法以气压组合孔式排种器为模型，通过仿真模拟分析探究种群扰动与种群间摩擦力和排种器充种性能的影响	种群扰动与种子法向应力不显著相关，与瞬时种子内摩擦力呈负相关，排种器充种性能与排种盘对种群的扰动呈正相关；增加种群扰动可提高充种概率
	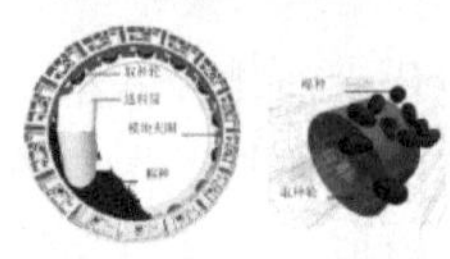	应用离散元仿真软件分析落入型孔的棉种速度的变化趋势，探究棉种瞬时速度与排种器充种性能影响	棉种瞬时速度随着排种轮转速的提高而增加，仿真标记的棉种在充入型孔时的瞬时速度小于取种轮速度，而相对取种轮速度较小的棉种具有更好的充种性能
	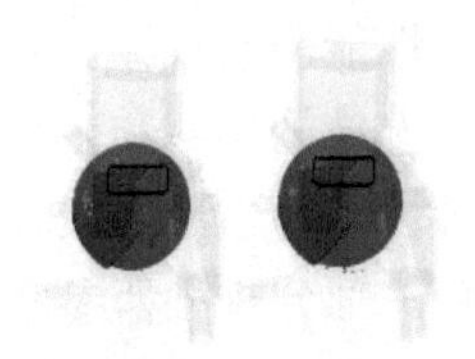	使用EDEM软件模拟分析了不同槽齿型式和槽齿厚度对种群流动性的影响	得出齿厚0.5～1.5mm的直线型槽齿具有较好的辅助充种作用，有助于改善种子流动性和抑制种群拖带
	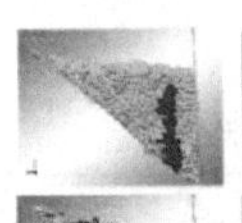 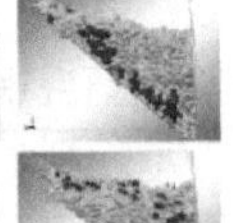	通过EDEM离散元软件仿真分析了种子多次循环重复充种过程和充种效果，并分别分析了型孔带速度、型孔带倾角、种层厚度对充种性能的影响规律	型孔方向角为90°，型孔带倾角为43°，型孔带转速为0.11m/s，种层厚度为50mm时充种合格率为96.4%，多粒率为1.4%，漏充率为2.2%，种子破碎率为0.18%，效果较优
种群运动规律分析	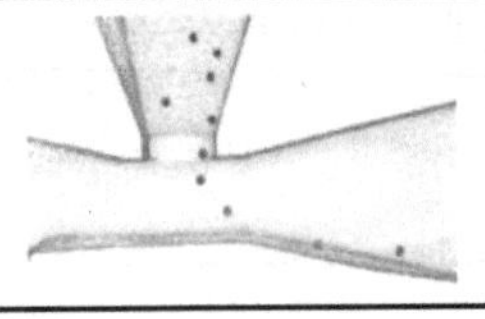	采用离散元和流体动力学耦合方法对油-麦气力排种器投种装置中种子运动过程进行仿真	在投种装置喉部气压下降、气流速度急剧上升，推动种子运动，且喉部面积与气流入口速度显著影响气流场中种子运动

续表

类型	研究内容		研究结果
种群运动规律分析 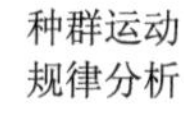	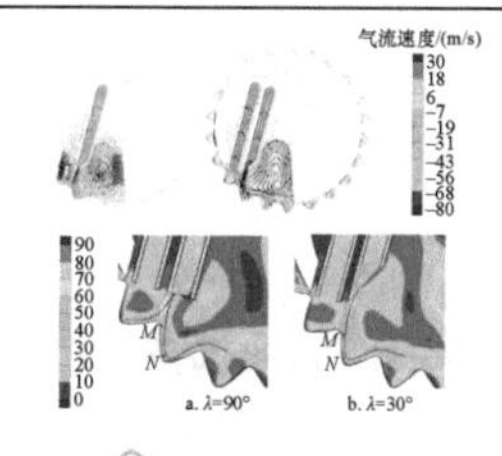	气吹排种时种子受到气压压附，对内充气吹排种器清种气嘴进行流体仿真，并在不同压强下进行扁形、圆形种子的排种试验	台架试验结果表明：同一压强下扁形种子的合格指数优于圆形，当工作压强为 4.5kPa 和 5.0kPa 时，扁形种子播种合格指数达 95%以上
	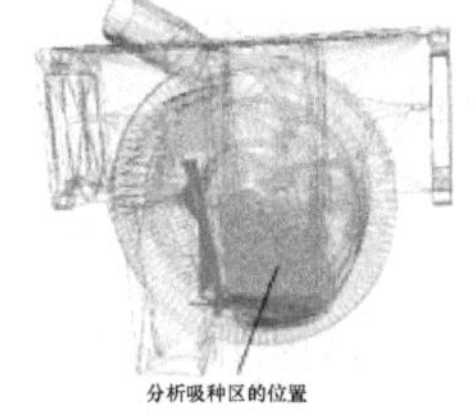	为了明确气吸式排种器在田间作业时振动对玉米种群运动的影响规律，采用离散元法对排种器内种群运动进行模拟仿真	播种机前进速度在 2～7km/h 下排种器主要振动频率为 5～7Hz，振幅从 2.4～7.9mm 线性增加；在 3～5km/h 速度下排种性能最优时的振动幅值取 6mm
	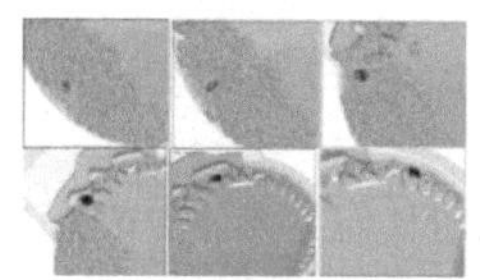	针对驱导辅助充种气吸式排种器田间高速作业时因充种效果不佳造成排种质量下降的问题，采用离散元法对排种器内种群运动进行模拟仿真	结果表明，优化后的排种盘在高速、振动条件下的充种性能有明显提升，当作业速度为 14km/h、随机振动主激励频率为 9.5Hz、自功率谱密度峰值为 $0.428(m/s^2)^2/Hz$ 时，漏充率为 1.26%，充种性能较为稳定
	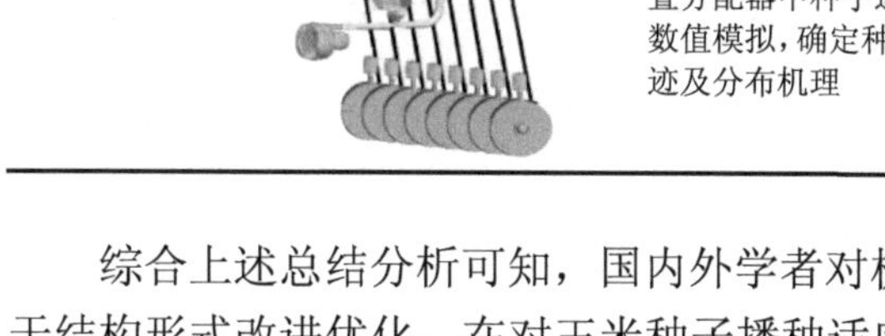	采用离散元和流体动力学耦合方法对集送式排种装置分配器中种子运动进行数值模拟，确定种子运动轨迹及分布机理	当气流入口角 60°、半径 40mm、出口角 120°时种子在分配器中均匀分布，且种子合速度随流速增大而增大，适宜油菜和小麦的气流速度分别为 20～24m/s 和 28m/s

综合上述总结分析可知，国内外学者对机械式玉米精量排种器的研究多集中于结构形式改进优化，在对玉米种子播种适应范围广、种子机械损伤低且高速作业排种均匀性高等要求方面仍存在诸多尚未解决的难题，结合玉米种子机械物理属性特性及排种部件优化设计方法提升此类排种器作业性能，将成为急需突破的重点和难点。国内外学者对气力式玉米精量排种器结构特性、影响因素及性能优化开展了深入研究，但缺乏对排种系统参数匹配研究，气固多相耦合场内种子运移机理尚未揭示，且排种系统设计优化方法系统性有待提高，并未形成针对玉米种子排种系统设计基础理论。

综合国内外多种玉米精量排种器研究进展及应用概况，目前对精量播种器研究多集中于关键部件结构设计与参数优化，研究方法较常规且关联性不高，对玉米种子排种系统设计多以经验或类比为主，缺乏系统的基础理论和现代设计原则方法。著者团队结合国内玉米精量排种技术急需突破的核心问题，开展了完整系统的优化设计与机理研究，提高了系列机械式和气力式玉米精量排种器作业质量与效率，为玉米机械化精量播种机具的创新研发与优化提供了理论支撑和技术参考，同时对提高机械化玉米种植水平、增强玉米综合生产能力和保障国家粮食生产安全具有现实意义。

参 考 文 献

[1] 杨丽, 颜丙新, 张东兴, 等. 玉米精密播种技术研究进展[J]. 农业机械学报, 2016, 47(11): 38-48.

[2] Yang L, Yan B X, Yu Y M, et al. Global overview of research progress and development of precision maize planters[J]. International Journal of Agricultural and Biological Engineering, 2016, 9(1): 9-26.

[3] 尚书旗, 吴秀丰, 杨然兵, 等. 小区育种播种装备与技术研究现状与展望[J]. 农业机械学报, 2021, 52(2): 1-20.

[4] 何进, 李洪文, 陈海涛, 等. 保护性耕作技术与机具研究进展[J]. 农业机械学报, 2018, 49(4): 1-19.

[5] 贾洪雷, 马成林, 刘枫, 等. 秸秆与根茬粉碎还田联合作业工艺及配套机具[J]. 农业机械学报, 2015, (11): 52-55.

[6] 侯守印, 陈海涛, 邹震, 等. 原茬地种床整备侧向滑切清秸刀齿设计与试验[J]. 农业机械学报, 2019, 50(6): 41-51, 217.

[7] 翟长远, 杨硕, 王秀, 等. 农机装备智能测控技术研究现状与展望[J]. 农业机械学报, 2022, 53(4): 1-20.

[8] 廖宜涛, 李成良, 廖庆喜, 等. 播种机导种技术与装置研究进展分析[J]. 农业机械学报, 2020, 51(12): 1-14.

[9] 耿端阳, 张明源, 何珂, 等. 倾斜双圆环型孔圆盘式玉米排种器设计与试验[J]. 农业机械学报, 2018, 49(1): 68-76.

[10] 李玉环, 魏亚男, 杨丽, 等. 扰动促充机械式绿豆精量排种器设计与试验[J]. 农业机械学报, 2020, 51(S1): 43-53.

[11] 高筱钧, 徐杨, 贺小伟, 等. 气送式高速玉米精量排种器导流涡轮设计与试验[J]. 农业机械学报, 2019, 50(11): 42-52.

[12] 李玉环, 杨丽, 张东兴, 等. 气吸式玉米高速精量排种器直线投种过程分析与试验[J]. 农业工程学报, 2020, 36(9): 26-35.

第 3 章　典型玉米物料特性测定与虚拟标定

农业物料特性研究是结合农业工程发展需求形成的一门基础学科，其关键特性参数测定研究是农业机械关键部件优化设计、各环节理论建模及性能分析的重要依据，也是相关虚拟仿真模拟分析设置边界条件的基础依据。玉米种子作为一种典型农业物料，其基本物理参数、摩擦特性参数及力学特性参数的研究是其生产机械装备及关键部件优化设计的主要参考。前人学者对多种玉米种子物料特性参数进行测定，但由于各类型玉米种子形状尺寸不同，其物料特性亦存在较大差异，且对北方寒区种植的典型玉米种子相关参数特性研究鲜有报道，仅通过文献资料及经验无法完全满足机具研制过程中对基础数据通用性的需求。近些年随着计算机技术的发展，将物料参数测定试验与虚拟参数标定相结合[1]，通过对比物料群体间宏观现象，可有效得到物料参数实际范围，为物料特性研究提供了良好的平台与手段。

为准确测定北方寒区种植的典型玉米种子物料特性参数，提高其精准度与合理性，本章选取在黑龙江省寒区广泛种植的典型玉米种子为研究对象，采用试验方法测定各类型玉米种子的几何尺寸分布、含水率、千粒重及密度等基础物理参数[2]；结合高速摄像技术，自主设计搭建农业物料摩擦及力学试验台，测定各类型玉米种子间及玉米种子与多种材料间静摩擦因数、滚动摩擦因数、碰撞恢复系数、玉米种子各方向刚度系数及弹性模量等摩擦特性及力学特性参数；在此基础上，通过虚拟标定方法开展对比分析，验证所测定玉米种子物料特性参数的有效性，为后续排种器优化设计、各环节理论分析及虚拟仿真试验提供可靠基础与数据保障。

3.1　典型寒地玉米供试品种选取

本章重点对适宜于北方寒地种植的各类型玉米种子物料特性参数开展测定研究，调研中国黑龙江地区各积温带广泛玉米品种，采集选取主推种植的 15 种玉米种子作为供试品种，即第一积温带 2700℃以上：先玉 335、中单 909 和翔玉 998；第二积温带 2500～2700℃：先正达 408、京农科 728 和先玉 696；第三积温带 2300～2500℃：绥玉 23、龙单 86 和东农 259；第四积温带 2100～2300℃：东农 254、德美亚 3 号和龙辐玉 9 号；第五、六积温带 2100℃以下：德美亚 1 号、鑫科玉 1 号和克玉 16，如图 3-1 和表 3-1 所示。上述供试品种由东北农业大学、黑龙江省农业科学院及北大荒种业集团有限公司提供。

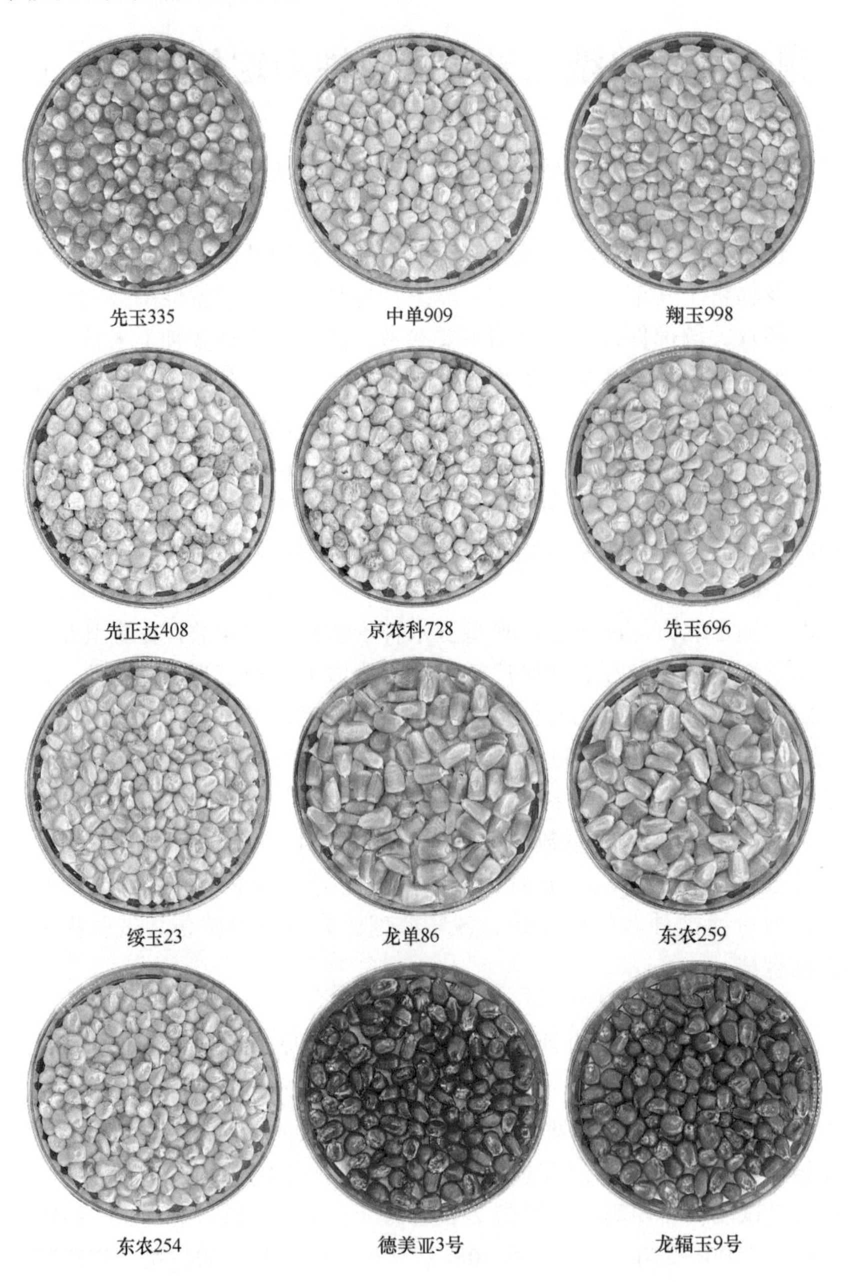

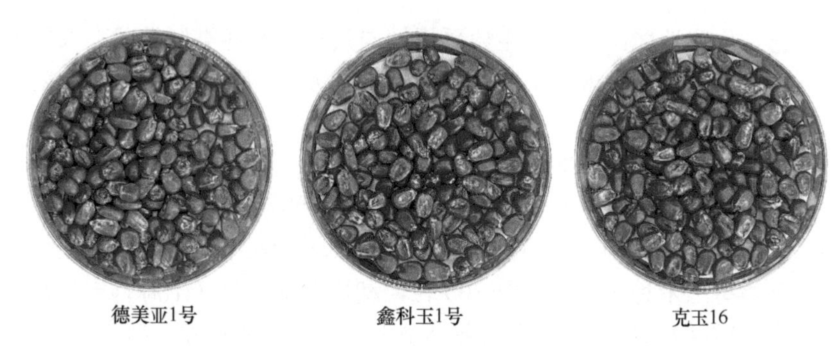

图 3-1　北方寒地广泛种植的各类型玉米供试品种

表 3-1　典型寒地玉米品种选取及编号

标号	寒区积温带	品种名称
1	第一积温带（≥2700℃）	先玉 335
2		中单 909
3		翔玉 998
4	第二积温带（2500～2700℃）	先正达 408
5		京农科 728
6		先玉 696
7	第三积温带（2300～2500℃）	绥玉 23
8		龙单 86
9		东农 259
10	第四积温带（2100～2300℃）	东农 254
11		德美亚 3 号
12		龙辐玉 9 号
13	第五、六积温带（≤2100℃）	德美亚 1 号
14		鑫科玉 1 号
15		克玉 16

3.2　玉米种子基础物理特性测定

玉米种子基础物理特性是研究系列精量排种器优化设计的主要依据，可有效提高排种器整体作业质量与适播范围。本章利用高精度仪器测定其几何尺寸分布、含水率、千粒重及密度等基础物理参数，并统计分析各参数分布稳定性，以期为后续排种器关键部件优化设计、各环节理论建模及虚拟仿真提供可靠基础与数据参考。

3.2.1　玉米种子几何特性

玉米种子几何特性是设计系列排种器关键部件结构参数的主要依据，直接影响排种器稳定作业性能。本研究主要采用轴向尺寸法对各类型供试玉米种子几何特性进行测定，即通过玉米种子三轴尺寸（长度L、宽度W及厚度H）表示其形状及大小，如图 3-2a 所示。以玉米种子质心为坐标原点O，玉米种子长度方向为X轴，玉米种子宽度方向为Y轴，玉米种子厚度方向为Z轴，建立玉米种子三轴尺寸空间坐标系XYZ，分别定义玉米种子长度L、宽度W及厚度H置于空间坐标系X轴、Y轴和Z轴方向。忽略因各类型玉米种子含水率间差异对其尺寸分布影响，对各种类型玉米种子随机选取 100 粒，利用游标卡尺（上海首丰精密仪器有限公司制造，精度 0.01mm）测定其各类型玉米种子几何尺寸，如图 3-2b 所示。

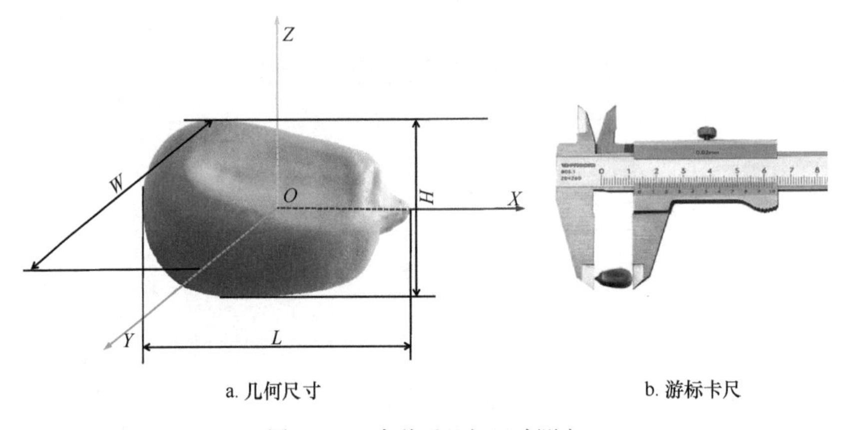

a. 几何尺寸　　b. 游标卡尺

图 3-2　玉米种子几何尺寸测定

所选取的 15 种类型的供试玉米种子尺寸集中分布在不同范围内，但其三轴尺寸皆呈中等偏态分布。玉米种子的长度L、宽度W和厚度H分别主要集中在 7.00～12.30mm、6.00～9.20mm 和 3.50～4.70mm，且标准差较大，玉米种子尺寸分布较分散。在后续排种器关键部件结构参数优化设计过程中，应综合考虑各类型尺寸玉米种子几何特性参数，保证排种器充种、清种及导种性能，提高排种器作业质量与适播范围。

3.2.2　玉米种子含水率

玉米种子含水率为所含水分质量占种子总质量百分比，其是影响玉米种子物理特性的主要因素，且玉米种子物理特性将随其含水率变化而发生较大变化。为测定播种时期玉米种子物理特性，保证种子含水率稳定在合适范围区间，本研究以春季播种时期 15 种类型供试玉米种子为研究对象，采用常压恒温烘干法进行测定，即通过烘干前玉米种子质量与烘干后玉米种子质量的比值进行获取。具体玉米种子含水率计算公式为

$$Q = \frac{m_1 - m_2}{m_1} \times 100\% \tag{3-1}$$

式中，Q——玉米种子含水率，%；

m_1——玉米种子烘干前总质量，g；

m_2——玉米种子烘干后总质量，g。

本文参考国家标准 GB/T 3543.6—1995《农作物种子检验规程水分测试》，采用常压恒温烘干法对各类型玉米种子进行测定。试验仪器主要包括：电热鼓风干燥箱（型号 DHG-9023A，上海印溪仪表有限公司）、电子分析天平（型号 PT0010，上海诺萱科学仪器有限公司，精度 0.001g）、真空干燥样品盒（杭州汇尔仪器设备有限公司）和微型物料粉碎机（型号 FZ102，天津市泰斯特仪器有限公司），如图 3-3 所示。具体试验步骤如下。

（1）分别选取定量 15 种类型玉米种子放入电子分析天平，测定其烘干前总质量 m_1。

（2）利用微型物料粉碎机分别对各类型玉米种子进行高速粉碎，通过筛孔直径 1mm 和 0.5mm 的分选筛进行研磨筛选。

（3）将粉碎后各类型玉米种子放入电热鼓风干燥箱进行预热，并平稳调至 103℃烘干 3～4h。

（4）待各类型玉米种子平稳烘干后，取出重新称重测定其烘干后总质量 m_2。

a. 电热鼓风干燥箱

b. 真空干燥样品盒

c. 微型物料粉碎机

图 3-3　玉米种子含水率测定仪器

在相同条件下采用此方法及步骤，对各类型玉米种子含水率重复测定 3 次，统计其整体平均值及标准差。各类型玉米种子含水率具有一定差距，但整体稳定在 11.0%～13.0%，符合播种时期玉米种子含水率范围。

3.2.3　玉米种子千粒重及密度

玉米种子千粒重为 1000 粒饱满、无杂质且无破损种子的绝对质量，是衡量玉米种子品质的主要指标。本研究以 15 种类型的供试玉米种子为研究对象，将各品种随机分成 10 组，每组 1000 粒，在常温条件下利用电子分析天平（型号 PT0010，上海诺萱科学仪器有限公司，精度 0.001g）进行测定，各类型玉米种子重复测定千粒重 5 次，统计其整体平均值及标准差，如图 3-4a 所示。试验结果可得，各类型玉米种子含水率为 11.5%～13.0%，玉米种子千粒重平均值为 275.230～331.080g，标准差为 1.3%～1.6%。

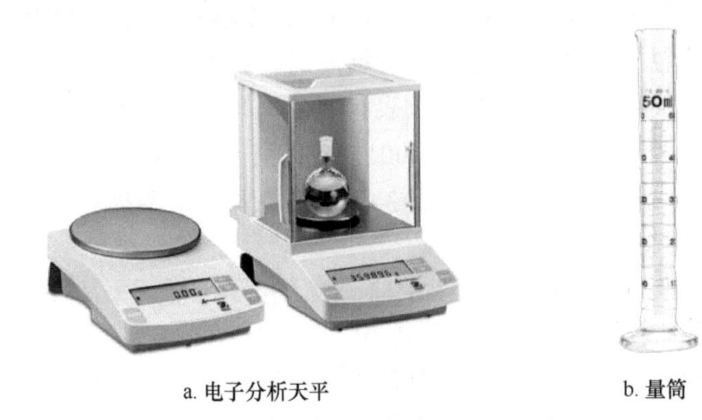

a. 电子分析天平　　b. 量筒

图 3-4　玉米种子千粒重及密度测定仪器

在此基础上，对各类型玉米种子密度进行测定研究。玉米种子密度主要分为单粒密度与容积密度，为便于后续关键部件理论建模及虚拟仿真试验研究，本章仅对其单粒密度进行测定，即单粒玉米种子质量与体积的比值。具体玉米种子单粒密度计算公式为

$$\rho = \frac{m}{V} \tag{3-2}$$

式中，ρ——玉米种子单粒密度，g/cm^3；

m——单粒玉米种子质量，g；

V——单粒玉米种子体积，cm^3。

本章采用量筒法对各类型玉米种子单粒密度进行测定，即将定量的玉米种子完全浸入纯净水中，测定玉米种子浸入前后量筒内体积变化，通过式（3-2）即可得其单粒密度，试验量筒如图 3-4b 所示。具体试验步骤如下。

（1）利用电子分析天平分别选取定量的各类型玉米种子，测定其总质量 m。

（2）利用量筒量取体积为 V_1 的纯净水。

（3）将各类型玉米种子分别定量置入量筒内，待量筒水平面完全静止平稳后平视读取量筒水平面体积为 V_2，即可得玉米种子实际体积差为 $V=V_2-V_1$。

通过上述方法并结合式（3-2）即可得到玉米种子单粒密度，对各类型玉米种子单粒密度重复测定 3 次，统计其整体平均值及标准差。各类型玉米种子单粒密度较稳定，整体保持在 1.108～1.121g/cm^3。

3.3　玉米种子摩擦特性测定

玉米种子摩擦特性研究是分析排种器内部种群及种子与工作部件间摩擦、滚动及夹持等复杂运动机理的基础，可有效揭示排种器精准排种作业机理。本研究以不同类型的供试玉米种子为研究对象，自主设计搭建农业物料摩擦测定试验台，结合高速摄像技术测定各类型玉米种子间及玉米种子与多种材料间静摩擦因数和滚动摩擦因数，为后续排种器关键部件优化设计、各环节理论分析及虚拟仿真试验提供可靠基础数据。

3.3.1　玉米种子静摩擦因数

玉米种子静摩擦因数为玉米种子与材料间摩擦力和作用在其表面垂直力的比值，是表征玉米种子摩擦特性及散落性能的主要参数，且与接触表面粗糙程度有关，可直接反映其发生运动趋势大小，静摩擦因数越大，说明玉米种子发生运动趋势越明显。本研究以 15 种不同类型的供试玉米种子为研究对象，测定玉米种子间及玉米种子与多种材料间的静摩擦因数。根据库仑定律可知，玉米种子静摩擦因数可通过其静摩擦角表示，即当玉米种子静止于斜置材料壁面时，忽略其所受空气阻力，玉米种子主要受到斜面支持力 F_N、斜面与种子间摩擦力 F_s 及自身重力 G 共同作用，假设倾斜壁面角度为 θ，当逐渐增加斜置材料壁面倾斜角度时，使玉米种子具有滑动趋势，此时其倾斜角度等于玉米种子在斜置材料壁面上的静摩擦角，其静摩擦因数与静摩擦角之间的关系为

$$\mu = \tan\theta \tag{3-3}$$

式中，μ——玉米种子与倾斜材料间静摩擦因数；

θ——斜置材料壁面倾斜角度，(°)，其数值为玉米种子静摩擦角。

基于农业物料静摩擦因数测定原理，本研究采用斜面法自主搭建玉米种子静摩擦因数测定试验台，测定玉米种子间及玉米种子与 65Mn 钢、有机玻璃、橡胶及土壤颗粒等材料间静摩擦因数。如图 3-5a 所示，玉米种子静摩擦因数测定试验台主要由斜置材料壁面、圆柱滚子、旋转销轴、高度调节螺柱、螺旋底座、支撑座、支撑架板、台架底座及角度测量仪等部件组成。其中圆柱滚子通过旋转销轴与高度调节螺柱连接，且其自身与斜置材料壁面光滑接触；高度调节螺柱通过螺栓连接副与螺旋底座连接，可调节自身伸缩高度控制斜置材料壁面倾斜角度；角度测量仪固定于平面底座上，测定斜置材料壁面倾斜角度，以得到玉米种子与各材料间静摩擦因数。具体试验步骤如下。

（1）分别利用双面胶将供试材料（玉米种子、65Mn 钢、有机玻璃、橡胶及

土壤颗粒）粘贴于斜置材料壁面，调节斜置材料壁面至水平位置。

（2）将各类型玉米种子平稳放置于供试材料顶部，保证玉米种子放置定点朝向相同。

（3）缓慢抬起斜置材料壁面倾斜角度至玉米种子具有滑动趋势，记录斜壁面倾斜角度 θ。

（4）替换粘贴于斜置材料壁面上的多种供试材料，测定玉米种子与各材料间静摩擦角度。

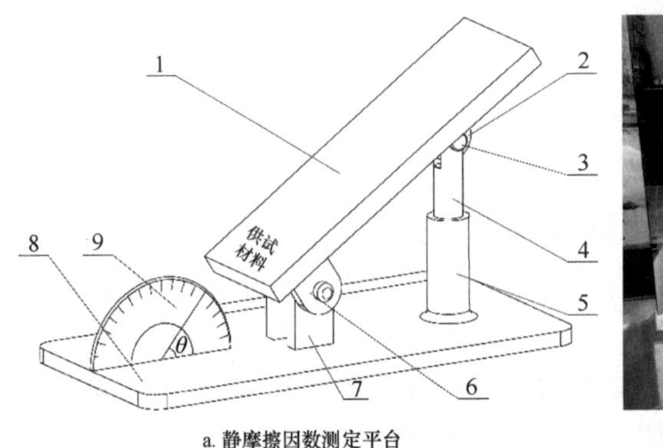

a. 静摩擦因数测定平台　　b. 实际测定状态

图 3-5　静摩擦因数测定试验台

1. 斜置材料壁面；2. 圆柱滚子；3. 旋转销轴；4. 高度调节螺柱；5. 螺旋底座；6. 支撑座；7. 支撑架板；8. 台架底座；9. 角度测量仪

在相同条件下采用上述方法，对各类型玉米种子与各材料间静摩擦因数重复测定 3 次，统计其整体平均值及标准差，实际测定状态如图 3-5b 所示。选取玉米种子、土壤颗粒、65Mn 钢、有机玻璃及橡胶等 5 种材料为供试对象，试制玉米种子板（玉米种子粘贴于硬纸板）、65Mn 钢板、有机玻璃板、橡胶板及倾斜土槽开展玉米种子与多物料间静摩擦因数的测定。其中供试土壤为东北耕作地区典型黑壤土，利用压实装置对土壤进行压实以调节其坚实程度，利用过滤网筛除较大土块，进行人工疏松规整保证土壤为常规播种农艺条件状态，测定其土壤容重为 1570kg/m^3，土壤湿度为 18%，土壤坚实度为 400kPa。

通过分析相应试验现象及结果可知，在各类型玉米种子含水率为 11.5%～13.0%时，玉米种子与各材料间摩擦因数具有显著差异，说明玉米种子外形尺寸对其静摩擦因数影响显著，玉米种子形状越规则，其摩擦因数越小；玉米种子与各材料间静摩擦因数大小依次为：土壤颗粒、橡胶、65Mn 钢、有机玻璃和玉米种子，主要由各材料表面粗糙度差异导致，玉米种子间静摩擦因数稳定在 0.232～0.375，玉米种子与 65Mn 钢间静摩擦因数稳定在 0.325～0.411，玉米种子与有机玻璃间静摩擦因数稳定在 0.308～0.351，玉米种子与橡胶间静摩擦因数稳定在

0.499～0.530，玉米种子与土壤颗粒间静摩擦因数稳定在 0.639～0.681。同时通过实际测定可知，当玉米种子放置方式及朝向不同时，所测定静摩擦因数也具有一定差异。

3.3.2 玉米种子滚动摩擦因数

为准确测定玉米种子与多种材料间滚动摩擦因数，基于能量守恒定律提出了一种采用高速摄像技术测定玉米种子滚动摩擦因数的新方法[3]，对玉米圆辊滚动过程进行运动学与动力学分析，设计搭建了一种农业物料滚动试验台，对三维空间内玉米圆辊运动参数变化规律进行分析，测定各状态下玉米种子滚动摩擦因数。

将各类型玉米种子浸入装有自来水的聚乙烯袋中放入 5℃冰柜，保存若干小时（2～3h）至其含水率趋近饱和状态后取出平铺于阴凉通风处，待其表面水分自然风干，并将浸泡后的种子分成若干组，利用真空干燥箱在 103℃条件下烘干不同时间（1～2h），以制取多种含水率的玉米种子。各组玉米种子（组间含水率不同，组内含水率相同）分成两部分，一部分用于后续滚动摩擦测定试验，另一部分用于测量对应组分种子含水率参数。

根据现有玉米播种及收获机具在精量排种、平稳投种、低损脱粒及振动清选等过程中常规接触材料，选取玉米种子、土壤颗粒、65Mn 钢和有机玻璃等 4 种材料作为供试对象。其中供试土壤为东北耕作地区典型黑壤土，利用压实装置对土壤进行压实以调节其坚实程度，利用过滤网筛除较大土块，进行人工疏松规整保证土壤颗粒粒径在 5mm 内，保证土壤为常规播种农艺条件状态，测定其土壤容重为 1570kg/m^3，土壤湿度为 18%，土壤坚实度为 400kPa。

试验装置整体配置如图 3-6a 所示。试验装置主要包括高速摄像机 6（美国 Vision Research 公司，Nikon 镜头，图像处理程序为其自带软件）、PC 3、摄像照明灯 5 和自制的滚动摩擦试验台 1（角度调节范围 0°～75°）等组成，实际测定状态如图 3-6b 所示。为有效测定玉米种子各部位在无滑动或滑动趋势滚动状态下的摩擦因数，减少因玉米种子与供试材料间相对滑动或摩擦等产生能量损耗，采用玉米圆辊与倾斜供试材料板作用形式进行测定并采集相关数据，即将玉米种子不同部位粘贴于圆形滚筒外侧壁，特制两种形状 4 种状态玉米圆辊（冠部圆辊、腹部圆辊、背部圆辊及侧部圆辊），同时配置倾斜土槽、65Mn 钢板、有机玻璃板、玉米种子板开展多物料、多部位间滚动摩擦因数的测定。

为有效增加玉米圆辊滚动过程中图片对比度，获得较好摄像效果，使用白色平板作为拍摄背景。为防止摄像角度影响滚动运动学数据的采集，采用摄像台架 2 将高速摄像机 6 固定于水平位置。为得到玉米圆辊滚动过程中实际位移及速度变化，应保证所有试验中摄像机与圆辊运动平面的垂直距离一致，在玉米圆辊运

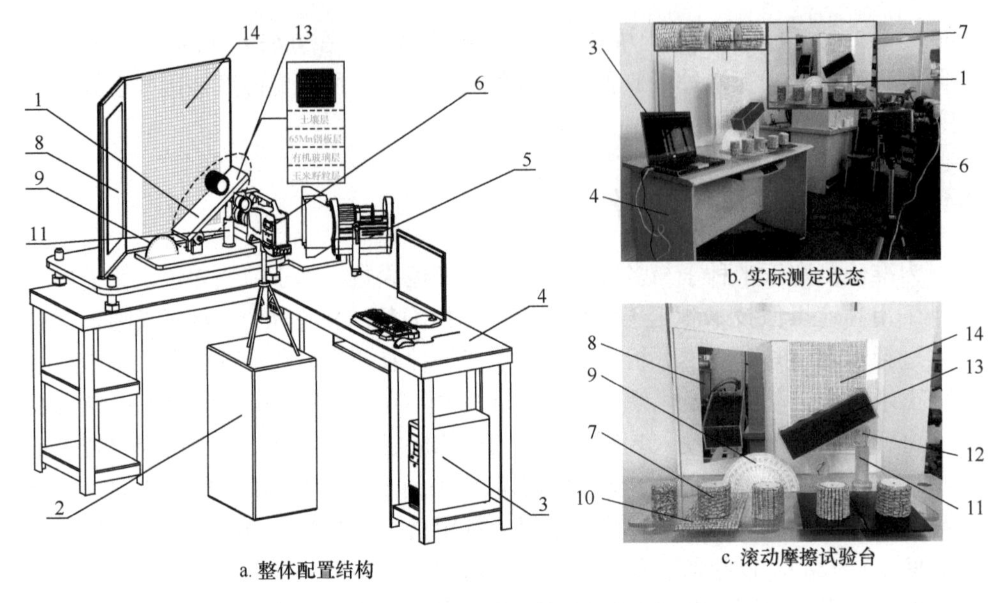

a. 整体配置结构

b. 实际测定状态

c. 滚动摩擦试验台

图 3-6 滚动摩擦因数测定试验台

1. 滚动摩擦试验台；2. 摄像台架；3. PC；4. 试验平台；5. 摄像照明灯；6. 高速摄像机；7. 玉米圆辊（多种部位）；8. 反射镜面；9. 角度测量仪；10. 供试材料板（多种材料）；11. 高度调节螺柱；12. 圆辊；13. 倾斜土槽；14. 空间参照壁面

动平面内放置丁字尺作为标定。得到滚动过程中玉米圆辊在三维空间内参数变化，应从正面和侧面2个方向进行拍摄，仅依靠一台高速摄像机无法完成三维空间上的数据采集，因此根据镜面反射成像原理，设计空间参照壁面 14 和反射镜面 8 间呈 135°夹角定位，模拟三维空间坐标系 *XYZ*，在空间参照壁面 14 粘贴有单位刻度为 5mm 的坐标网格纸，以便高速摄像机对玉米圆辊滚动过程中数据标定及测量。在试验过程中，高速摄像机 6 正对空间参照壁面 14 摆放，通过高度调节螺柱 11 控制倾斜土槽 13 及供试材料板 10 与水平间倾斜角度，以便开展不同倾斜角度下滚动试验；利用双面胶将不同供试材料板固定于倾斜土槽上实现玉米圆辊与多种材料间滚动作用；通过对空间参照壁面 14 和反射镜面 8 内玉米圆辊空间位移量测定，即可分析计算不同状态下玉米种子与材料间滚动摩擦因数。上述各类型试验措施减少了因仪器不足带来的不便，提高了试验测定精准度。图 3-6c 为滚动摩擦试验台及供试材料状态。

测试原理为基于能量守恒定律提出了一种采用高速摄像技术测定玉米种子滚动摩擦因数的新方法，探究各因素对滚动摩擦因数影响规律与变化趋势，并采用 EDEM 虚拟仿真试验对测定结果进行验证。为测定玉米种子不同部位在无滑动或滑动趋势滚动状态下与多种材料间滚动摩擦因数，减少因玉米种子与供试材料间相对滑动或摩擦等作用产生能量损耗，采用双层玉米圆辊与倾斜供试材料作用形式进行摄像测定并采集相关数据。

滚动摩擦主要反映一个物体相对于另一个物体表面作无滑动的滚动或有滚动的趋势时，两物体在接触部分受压发生形变而产生对滚动的阻碍作用，根据其作用形式可分为非纯滚动摩擦和纯滚动摩擦。由于非纯滚动摩擦包括随机滑动和滚动，其运动情况较为复杂，因此重点对纯滚动状态下玉米种子摩擦特性开展研究，采用玉米圆辊方式减少相对滑动作用，避免因玉米种子与供试材料间相对滑动或摩擦等作用产生能量损耗，近似其在倾斜供试材料上进行纯滚动。如图 3-7 所示，对滚动过程中玉米圆辊进行受力分析，玉米圆辊主要受到斜面支持力 F_N、静摩擦力 F_s、自身重力 G 和重力沿斜面方向分力与静摩擦力形成的滚动摩擦力偶。

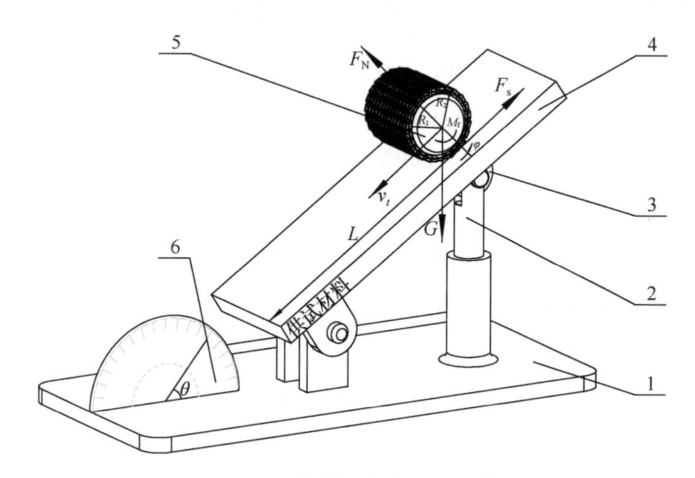

图 3-7　玉米圆辊滚动状态示意图

1. 台架底座；2. 高度调节螺栓；3. 圆柱滚子；4. 供试材料板；5. 玉米圆辊；6. 角度测量

根据能量守恒定律可知，在纯滚动临界状态下，重力沿斜面方向分力与静摩擦力合成的力矩对玉米圆辊做正功，运动过程中逐渐转化为自身平动动能 E_k、滚动动能 E_g，滚动摩擦力矩做负功，形成阻碍圆辊滚动的滚阻力偶矩，其重力势能 U 逐渐转化为平动动能 E_k、滚动动能 E_g 和克服摩擦力偶做功 W_q，即

$$U = E_k + E_g + W_q \tag{3-4}$$

式中，U——玉米圆辊重力势能，J；

E_k——玉米圆辊平动动能，J；

E_g——玉米圆辊滚动动能，J；

W_q——克服摩擦力偶做功，J。

其中重力势能可表示为

$$U = mgL\sin\theta \tag{3-5}$$

式中，m——玉米圆辊质量，g；

L——玉米圆辊沿斜面滚动位移，mm；

θ——供试材料倾斜角度，(°)；

g——重力加速度，m/s^2，取值为 9.8。

平动动能可表示为

$$E_{\mathrm{k}} = \frac{1}{2} m {v_t}^2 \tag{3-6}$$

式中，v_t——玉米圆辊中心点瞬时速度，m/s。

滚动动能可表示为

$$E_{\mathrm{g}} = \frac{1}{2} I \omega^2 = \frac{1}{2} I \left(\frac{v_t}{R_2} \right)^2 \tag{3-7}$$

式中，ω——玉米圆辊旋转角速度，rad/s；

I——玉米圆辊转动惯量，g·m^2；

R_2——玉米圆辊外层半径，mm。

玉米圆辊转动惯量为

$$I = \frac{1}{2} m \left(R_1^2 + R_2^2 \right) \tag{3-8}$$

式中，R_1——玉米圆辊内层半径，mm。

摩擦力偶做功可表示为

$$W_{\mathrm{q}} = F_{\mathrm{s}} L = \mu m g L \cos\theta = \mu F_{\mathrm{N}} L \tag{3-9}$$

式中，μ——玉米种子与供试材料间滚动摩擦因数。

将式（3-4）～式（3-9）合并整理可得

$$\mu = \tan\theta - \frac{v_t^2 \left(2R_2^2 + R_1^2 \right)}{2gLR_2^2 \cos\theta} \tag{3-10}$$

通过替换供试材料及调节其倾斜角度，可研究多种滚动材料与倾斜角度对滚动摩擦因数的影响。通过式（3-10）可知，当供试材料倾斜角度 θ 和玉米圆辊内外层半径尺寸（R_1 和 R_2）一定时，通过高速摄像技术测定玉米圆辊中心沿斜面运动的有效滚动距离 L 和瞬时速度 v_t，即得到玉米种子与供试材料间滚动摩擦因数。

在试验过程中，将供试材料固定于倾斜土槽上并调节其至倾斜角度，调整高速摄像机位置保证空间参照壁面及反射镜面内图像整体皆处于视频采集区域，并达至最佳清晰度；为避免人工放置玉米圆辊造成初速度不为零及振动等外界影响，采用气吸式控制器吸附玉米圆辊，当关闭吸气状态时玉米圆辊自由滚动。利用配套图像处理程序 Phantom 控制软件主系统窗口对采集的视频图片进行处理，储存为.cin 视频文件，换算实际尺寸与图像尺寸对应比例关系 $L_{实}$ ∶ $L_{图}$=k ∶ 1。通过标定不同帧数玉米圆辊质心点坐标，结合质心点位移差与时间比值得出前后速度变化量。由于两帧图片间过渡时间较短，对玉米圆辊质心点的坐标值进行处理时存在一定误差，因此应调节两帧图片间距大些，减少因数据采集造成误差。

鉴于玉米圆辊在供试材料板上难以保证完全持续直线滚动，可能出现偏离直线等情况或脱落斜面，通过镜面反射原理测定反射镜面内空间滚动三维速度，并剔除不属于滚动摩擦的区段。在测定过程中，建立空间直角坐标系 XYZ，选取玉米圆辊稳定滚动状态开始记录其中心点初始位置坐标，此点在空间参考壁面内坐标值为(x_0, z_0)，在反射镜面内坐标值为(y_0, z_0)；当玉米圆辊连续稳定滚动 n 帧时，其中心点在空间参考壁面内坐标值为(x_n, z_n)，在反射镜面内坐标值为(y_n, z_n)，如图 3-8 所示。

图 3-8　高速摄像玉米圆辊质心坐标测定

通过比例换算两点空间内实际距离为

$$L = k \cdot \sqrt{\left(x_n - x_0\right)^2 + \left(y_n - y_0\right)^2 + \left(z_n - z_0\right)^2} \tag{3-11}$$

式中，k——实际尺寸与图片尺寸对应比例。

在此基础上，为探求第 n 帧玉米圆辊中心点瞬时速度 v_t，综合在较短时间间隔内将其视为 2 个间隔内平均速度，记录第 n–1 帧中心点在空间参考壁面内坐标值为(y_{n-1}, z_{n-1})，在反射镜面内坐标值为(x_{n-1}, z_{n-1})，第 n+1 帧中心点在空间参考壁面内坐标值为(y_{n+1}, z_{n+1})，在反射镜面内坐标值为(x_{n+1}, z_{n+1})，可知两帧时间间隔Δt，则玉米圆辊中心点瞬时速度绝对值 v_t 可表示为

$$v_t = \frac{k \cdot \left(\sqrt{\left(x_n - x_{n-1}\right)^2 + \left(y_n - y_{n-1}\right)^2 + \left(z_n - z_{n-1}\right)^2} + \sqrt{\left(x_{n+1} - x_n\right)^2 + \left(y_{n+1} - y_n\right)^2 + \left(z_{n+1} - z_n\right)^2}\right)}{2\Delta t} \tag{3-12}$$

在高速摄像试验后处理过程中，通过采集不同帧图片间玉米圆辊中心点的坐标值，将式（3-10）、式（3-11）分别代入式（3-9）中，即可计算出不同状态下玉

米种子与多种材料间的滚动摩擦因数。

3.3.3 玉米种子自然休止角

玉米种子自然休止角为在玉米种群通过小孔或圆筒连续自由下落过程中，由于其自身散粒特性堆积形成圆锥体，在空间方向上圆锥体斜面母线与水平底面间夹角的平均值，又称自然堆积角。玉米种子自然休止角是有效反映种群流动特性及摩擦特性的重要参数，主要与其品种类型、硬度、含水率及表面粗糙度等因素有关。玉米种子自然休止角越大，种群内摩擦阻力越大，其散落能力越小。玉米种子自然休止角测定方法较为简便，无须特殊器材，主要包括注入法、倾斜法和排出法三种。本研究以 15 种类型的供试玉米种子为研究对象，采用注入法对其三维空间内自然休止角进行测定，如图 3-9 所示。

图 3-9 玉米种子自然休止角测定

在试验测定过程中，选取圆筒体竖直平放于平板上，圆筒内放入一定数量（200～250 粒）玉米种子，圆筒以缓慢速度垂直于平板正向移动，玉米种子逐渐流出，并在平板上堆积形成稳定的锥形颗粒堆，测定其堆积角即为玉米种子自然休止角。为保证试验测定合理性，台架试验所用圆筒体和平板皆为有机玻璃制造，圆筒体直径大于玉米种子最大粒径的 4～5 倍，圆筒体高度与直径之比为 3∶1，圆筒垂直于平板正向移动速度为 0.3m/s。为准确测定各类型玉米种子自然休止角，对三维空间内玉米种群堆积体进行摄像，运用数据分析软件 Matlab 进行图像噪声、灰度和二值化处理，提取 *XOZ* 平面和 *YOZ* 平面玉米种子堆积单侧轮廓曲线，采用最小二乘法拟合轮廓曲线方程，实现玉米种子自然休止角的精准测定。

对各类型玉米种子自然休止角重复测定 3 次，统计其整体平均值及标准差。通过分析相应试验现象及结果可知，在各类型玉米种子含水率为 11.5%～13.0%时，种子自然休止角平均值为 20.37°～24.59°，整体标准差为 0.43°～2.31°。

3.4　玉米种子力学特性测定

玉米种子力学特性研究是分析排种器充种、清种、导种及投种等串联复杂环节作业机理的基础，可有效降低排种器机械伤种概率，同时保证理论建模及虚拟仿真可靠性及准确性。本研究以 15 种类型的供试玉米种子为研究对象，利用试验测定方法得到各方向玉米种子刚度系数及弹性模量，探究玉米种子机械损伤极限条件。在此基础上，自主搭建农业物料碰撞测定试验台，结合高速摄像技术测定各类型玉米种子间及玉米种子与多种材料间碰撞恢复系数，为后续排种器关键部件优化设计、各环节理论分析及虚拟仿真试验提供可靠数据基础。

3.4.1　玉米种子刚度系数

玉米种子刚度系数为描述玉米在外力作用下发生弹性变形性态的基本物理量，直接反映对外力作用的弹性抵抗变形能力，其数值为种子所受作用力与作用方向上变形量的比值。根据物料作用特性可将刚度系数分为静刚度系数和动刚度系数，由于动刚度系数测定方式较为复杂且实时变化，因此主要对玉米种子静刚度系数进行测定研究。由于玉米种子具有一定的各向异性，本研究以 15 种类型的供试玉米种子为研究对象，利用电子质构分析仪测定玉米种子三轴方向刚度系数，探究玉米种子机械损伤极限条件。

选用试验仪器为微机控制电子质构分析仪（型号 TA.XT.plus，英国 Stable Micro Systems 公司），如图 3-10a 所示，该仪器可实现计算机自动控制及数据采集，实时有效测定玉米种子压缩、拉伸、剪切及弯曲等力学特性。在试验过程中，将玉米种子固定于金属板，质构分析仪平板压头缓慢下降，沿垂直于玉米种子平放、侧放及立放等方向施加载荷，如图 3-10b 所示。当玉米种子受力发生形变时，玉米种子刚度系数可表示为

$$k_n = \frac{\Delta F_n}{\Delta u_n} \tag{3-13}$$

式中，k_n——玉米种子某一方向刚度系数；

ΔF_n——垂直于玉米种子某一方向载荷增量，N；

Δu_n——垂直于玉米种子某一方向变形量，mm。

在试验过程中，由于各类型玉米种子形状具有一定差异，除平放方向较为稳定，侧放及立放需通过微型夹具进行固定，且夹头两侧较松弛，避免玉米种子挤压过程中影响垂直受力，忽略质构分析仪平板压头及金属载物台间变形量影响。具体试验步骤如下。

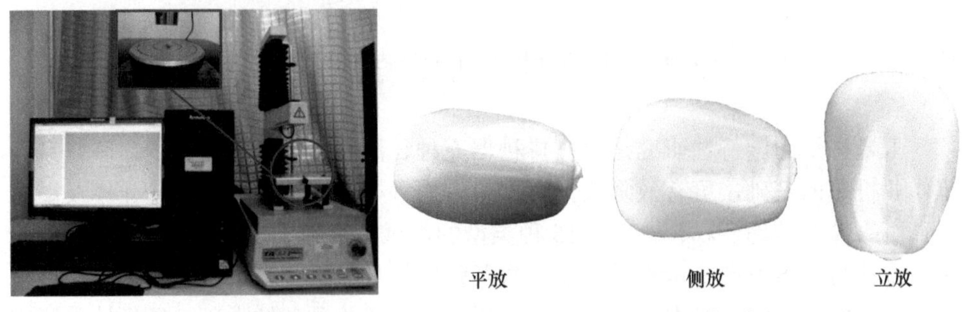

a. 微机控制电子质构分析仪　　b. 玉米种子挤压方向

图 3-10　各类型玉米种子刚度系数测定

（1）利用游标卡尺测定各类型玉米种子三轴尺寸，作为初始尺寸进行记录，同时对质构分析仪平板压头及传感系统进行校正。

（2）将各类型玉米种子以各方向放置于万能试验机金属载物台，调整玉米种子位置保证其中心与质构分析仪平板压头中心对正，同时控制平板压头位置使其与玉米种子间保持较小间隙。

（3）进行预加载试验研究消除平板压头与玉米种子的间隙，且预加载值不宜过大，设置预加载荷为 5N，预加速率为 20mm/min。

（4）进行正式加载试验设定平板压头匀速稳定下降，压缩玉米种子发生形变，计算机自动采集并记录每一时刻载荷及位移参数，实时绘制玉米种子压缩载荷-位移关系曲线。

通过对各类型玉米种子开展压缩试验及绘制载荷-位移关系曲线可知，随玉米种子变形量逐渐增加其所受载荷增大，当玉米种子压缩至破碎点时，压缩载荷达到最大值，此时玉米种子在最大载荷作用下发生机械损伤；随压缩载荷继续增加玉米种子变形量增加趋势减缓，而压缩载荷急剧下降，此状态即停止压缩试验，压缩系统软件界面及变化曲线如图 3-11 所示。

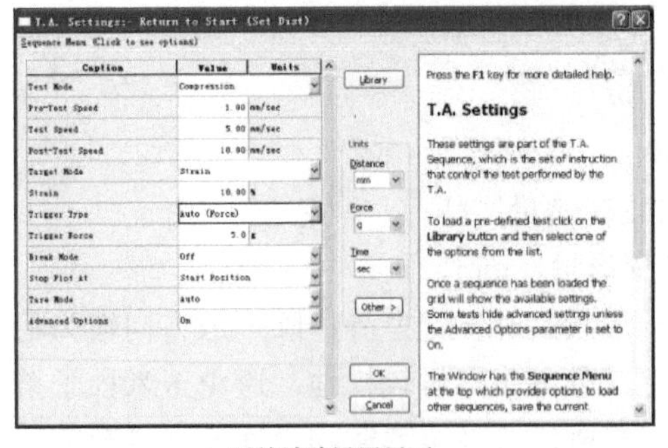

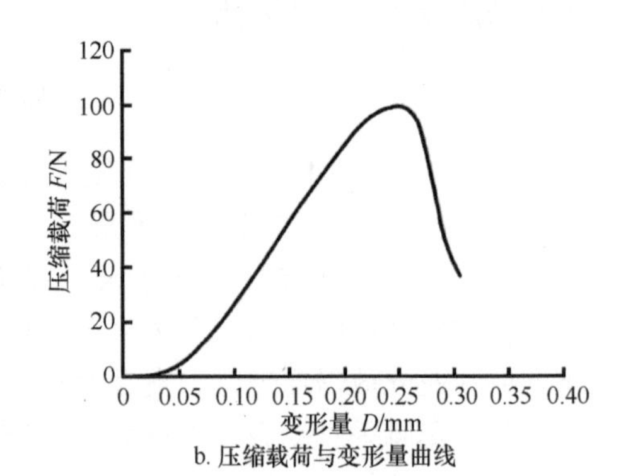

a. 压缩试验设置界面　　b. 压缩载荷与变形量曲线

图 3-11　压缩试验控制界面及变化规律

通过上述方法并结合式（3-13），对各类型玉米种子平放、侧放及立放等方向刚度系数进行测定，对 15 种类型玉米种子随机选取 108 粒，分别设置施加压缩速度为 5mm/min、10mm/min、15mm/min，每个类型玉米种子各方向压缩重复测定 3 次，统计其平均值作为试验结果。

通过分析相应试验现象及结果可知，在各类型玉米种子含水率为 11.5%～13.0%时，玉米种子品种形状对其刚度系数具有显著影响；玉米种子摆放方向及位置对其刚度系数亦有一定影响，且 15 种类型玉米种子呈统一规律，即平放刚度系数最大、侧放刚度系数次之、立放刚度系数最小；各类型玉米种子刚度系数皆随压缩速度增加而增大，在压缩速度为 15mm/min 工况下，玉米种子刚度系数稳定在 68.10～132.81N/mm。

3.4.2　玉米种子弹性模量

玉米种子弹性模量为玉米在受拉或受压条件下发生微小变形过程中应力与应变的比值，又称杨氏模量，是其最重要的力学特性参数之一，可直接反映玉米种子变形的难易程度，主要与其自身物理性质相关。由于玉米种子具有一定的各向异性，本研究以 15 种类型的供试玉米种子为研究对象，利用电子质构分析仪测定玉米种子三轴方向弹性模量。在排种器作业过程中，玉米种子所受压缩载荷较多，且加载速度较低，自身弹性变形量极小，达到屈服载荷前皆为弹性变形阶段，因此玉米种子受力及变形满足赫兹（Hertz）理论的假设条件。

对玉米种子弹性模量与刚度系数同时进行测定，皆利用微机控制电子质构分析仪执行（具体试验方法参考前文刚度系数测定），根据美国农业工程学会（ASAE）S368.4 DEC2000（R2006）标准对所得玉米种子载荷-位移曲线进行分析，结合通用公式（3-14）即可得到各类型玉米种子各方向弹性模量：

$$E_{\mathrm{L}} = \frac{3F_{\mathrm{L}}\left(1-\mu_{\mathrm{L}}^{2}\right)\sqrt{TK_{\mathrm{L}}^{3}\left(W^{2}+H^{2}\right)}}{\pi WLD^{\frac{3}{2}}}a \tag{3-14}$$

式中，E_{L}——玉米种子弹性模量，MPa；

F_{L}——压缩接触力，N；

μ_{L}——泊松比，根据相关文献取值 0.357；

K_{L}——玉米种子曲率半径常数；

D——玉米种子变形量，mm；

L——玉米种子长度，mm；

W——玉米种子宽度，mm；

a——玉米种子剪切应变；

T——中间常数；

H——玉米种子厚度，mm。

通过上述测定方法并结合式（3-14），对各类型玉米种子的平放、侧放及立放等方向弹性模量进行测定，对15种类型的玉米种子随机选取108粒，施加的压缩速度为5mm/min，每个类型玉米种子各方向压缩重复测定3次，统计其平均值作为试验结果。

通过分析相应试验现象及结果可知，在各类型玉米种子含水率为11.5%～13.0%时，玉米种子品种形状对其弹性模量具有显著影响；玉米种子摆放方向及位置对其弹性模量亦有一定影响，且15种类型玉米种子呈统一规律，即平放弹性模量最大、侧放弹性模量次之、立放弹性模量最小；在压缩速度为5mm/min的工况条件下，玉米种子弹性模量稳定在90～154MPa。

3.4.3 玉米种子碰撞恢复系数

玉米种子碰撞恢复特性作为其基础力学特性之一，直接反映其碰撞形变后恢复到初始形态的能力，主要由碰撞恢复系数表示。恢复系数越大，说明玉米种子接触碰撞后恢复变形能力越强，弹性越好，同时此系数是分析其运动规律与力学状态的重要基础，也是进行机具关键部件优化设计与数值模拟分析的主要依据。本研究以供试玉米种子为研究对象，对玉米种子下落碰撞过程进行运动学分析，自主设计搭建一种农业物料碰撞恢复系数测定试验台，结合高速摄像技术测定各状态下玉米种子碰撞恢复系数，测试装置整体配置如图3-12a所示。

测试装置主要由数据测量仪器（高速摄像机3、PC 4、摄像照明灯6、土壤坚实度仪13及土壤湿度仪14）和自制倾斜土槽碰撞恢复试验台1（角度调节范围0°～45°，容土深度500mm）两部分组成，实物图如图3-12b所示。图3-12c为碰撞恢复试验台，其整体采用有机玻璃制造。为增加种子下落碰撞过程中图片对比度，获得较好拍摄效果，使用白色平板作为拍摄背景。为防止拍摄角度对碰撞位移数据采集造成影响，采用摄像台架2将高速摄像机3固定于水平位置。为得到种子碰撞过程中实际位移变化，应保证所有试验中摄像机与种子运动平面的垂直距离一致，在种子运动平面内放置丁字尺作为标定。为全面分析碰撞过程中玉米种子弹跳位移量，得到碰撞前后玉米种子在三维空间中速度变化值（v_x、v_y和v_z），应从正面（yOz 坐标面）和侧面（xOz 坐标面）两个方向进行拍摄，仅依靠一台高速摄像机无法完成三维空间上的数据采集，因此根据镜面反射成像原理，设计空间参照壁面15和反射镜面20间呈135°夹角定位，模拟出三维空间坐标系 xyz，在空间参照壁面15粘贴有单位刻度为5mm的坐标网格纸，以便于高速摄像机对玉米种子下落过程中的位移量进行标定。试验时通过水平调节螺栓22将碰撞台架

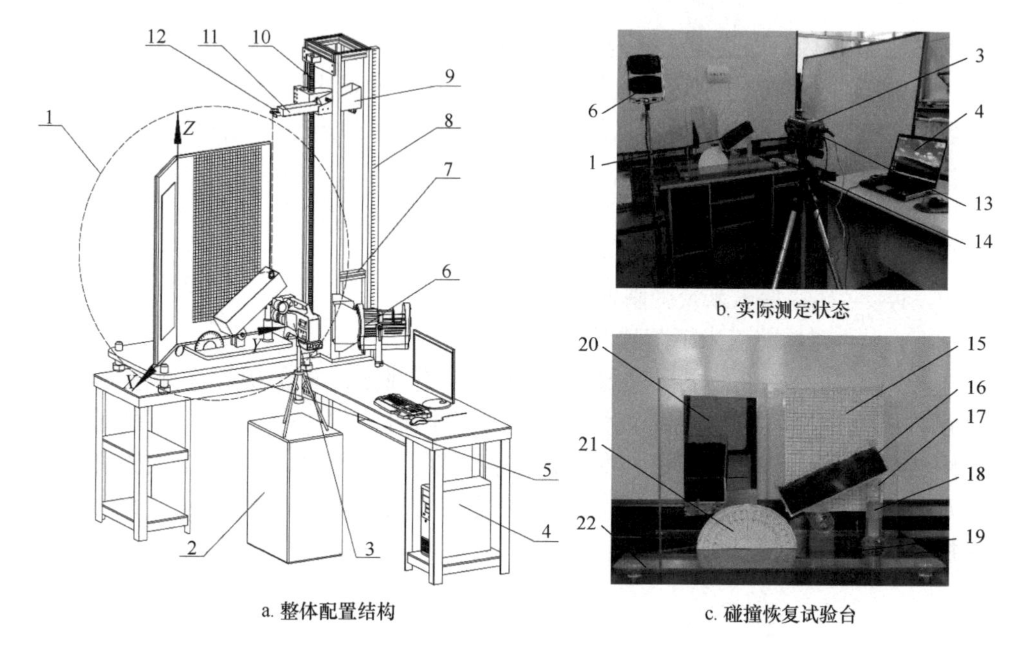

图 3-12　碰撞恢复系数测定试验台

1. 倾斜土槽碰撞试验台；2. 摄像台架；3. 高速摄像机；4. PC；5. 试验平台；6. 摄像照明灯；7. 升降台架；8. 高度标尺；9. 大幅度调节装置；10. 调节丝杆；11. 小幅度调节装置；12. 玉米种子；13. 土壤坚实度仪；14. 土壤湿度仪；15. 空间参照壁面；16. 倾斜土槽；17. 圆辊；18. 高度调节螺柱；19. 碰撞台架底座；20. 反射镜面；21. 角度测量仪；22. 水平调节螺栓

底座 19 调节至水平状态。通过高度调节螺柱 18 调控倾斜土槽 16 与水平间倾斜角度，以模拟播种状态时不同投种碰撞角度。通过升降台架 7、大幅度调节装置 9 和小幅度调节装置 11 共同控制玉米种子投种高度。高速摄像机 3 正对空间参照壁面 15 摆放，通过对空间参照壁面 15 和反射镜面 20 内反弹玉米种子位移量的测定，即可得到碰撞后种子反弹速度，减少了因仪器不足带来的不便，提高了试验测量精确度。

数据测量仪器主要为美国 Vision Research 公司生产的 Phantom v9.1 高速摄像机，Nikon 公司镜头。图像处理程序为其自带软件。试验中选定的拍摄帧率为 1000 帧/s，采集域为 512mm×512mm，曝光时长为 990μs。试验时高速摄像机将采集的种子运动轨迹图像实时储存于计算机内，利用 Phantom 控制软件的主系统窗口对采集视频图片进行处理。处理过程中为减少计算误差，选取帧数图片应多一些，在此基础上根据牛顿运动学定律求出不同方向的速度。土壤物理检测仪器为杭州汇尔仪器设备有限公司生产的 SL-TYA 型土壤坚实度仪（测试精度为 0.1kPa，测量深度为 375mm）和 TZS-5X 型土壤湿度仪（测试精度 0.1%）。试验时将土壤疏松规整，达到实际田间播种土壤状态。土壤检测过程中，将倾斜土槽等距地划分为 5 组区域，每组区域随机选取 5 点进行测定，当各组间土壤物理参数误差在±3%内，即规定土槽内供试土壤物理性质保持一致[4]。

目前国内外学者分别运用碰撞前后的速度比、冲量比和弹性应变能比对恢复系数进行定义。本章采用最常见的碰撞速度比对玉米种子与土壤间恢复系数（e）进行研究，即

$$e = \frac{v_t}{v_0} \tag{3-15}$$

式中，v_t——碰撞后玉米反弹瞬时速度，m/s；

v_0——碰撞前玉米下落瞬时速度，m/s。

相对于其他农业物料，玉米种子形状较不规则，与土壤界面碰撞时，其反弹方向及速度具有一定随机性，在空间内同时产生三个方向位移和速度，如图 3-13 所示。试验时通过控制土槽倾斜角度，改变玉米种子与土壤的碰撞角 α_i（即碰撞前种子质心速度与土壤界面法线 n 方向夹角），分析不同投种角度对碰撞系数的影响。

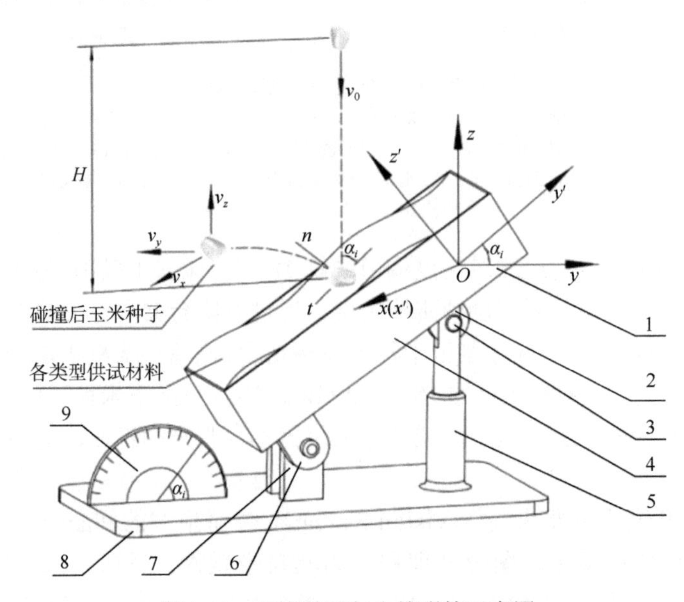

图 3-13　玉米种子与土壤碰撞示意图

1. 碰撞台架底座；2. 高度调节螺柱；3. 旋转销轴；4. 倾斜土槽；5. 螺旋底座；6. 支撑座；7. 支撑架板；8. 台架底座；9. 角度测量仪

根据土槽试验台及玉米种子实际碰撞状态，对种子下落碰撞过程进行运动学分析。假定玉米种子从高度 H 的投种口处自由下落（忽略空气阻力影响），与水平土壤面（土槽呈水平，即碰撞角为 0°）发生碰撞。若 g 为重力加速度（9.8m/s^2），则种子与土壤碰撞前瞬时速度为

$$v_0=\sqrt{2gH} \tag{3-16}$$

式中，H——玉米种子下落高度，mm。

将玉米种子碰撞后弹出的分离速度进行分解，得到沿三轴方向的分速度，即

$$v_t=\sqrt{v_x^2+v_y^2+v_z^2} \tag{3-17}$$

式中，v_x——沿 x 方向分速度，m/s；

v_y——沿 y 方向分速度，m/s；

v_z——沿 z 方向分速度，m/s。

将式（3-16）、式（3-17）代入式（3-15）中，得到玉米种子与水平土壤面碰撞时恢复系数，即

$$e=\frac{v_t}{v_0}=\frac{\sqrt{v_x^2+v_y^2+v_z^2}}{\sqrt{2gH}} \tag{3-18}$$

当玉米种子与倾斜土壤面发生碰撞时（土槽呈一定倾斜角度，即碰撞角为 α_i），如图 3-14 所示。为便于计算分析，沿 x 轴将水平空间坐标系 xyz 进行坐标变换为倾斜空间坐标系 $x'y'z'$，其坐标系间位移关系为

$$\begin{cases} x'=x \\ y'=z\cos\alpha_i+y\sin\alpha_i \\ z'=z\sin\alpha_i-y\cos\alpha_i \end{cases} \tag{3-19}$$

式中，α_i——玉米种子碰撞角，其大小等于土槽倾斜角度，即坐标系旋转角度，(°)。

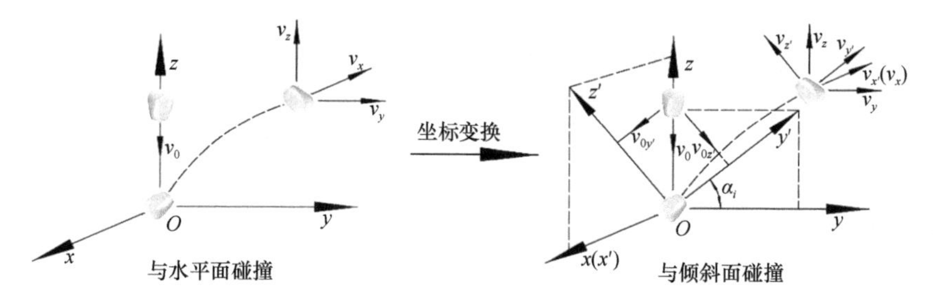

图 3-14　碰撞过程运动学分析

则碰撞前玉米种子的瞬时分速度可转化为

$$\begin{cases} v_{0z'}=v_0\sin\alpha_i \\ v_{0y'}=v_0\cos\alpha_i \end{cases} \tag{3-20}$$

碰撞后玉米种子弹出瞬时分速度可转化为

$$\begin{cases} v_{x'}=v_x \\ v_{y'}=v_z\cos\alpha_i+v_y\sin\alpha_i \\ v_{z'}=v_z\sin\alpha_i-v_y\sin\alpha_i \end{cases} \tag{3-21}$$

式中，$v_{x'}$——沿 x'方向分速度，m/s；

$v_{y'}$——沿 y'方向分速度，m/s；

$v_{z'}$——沿 z'方向分速度，m/s。

将玉米种子与倾斜土壤碰撞时的恢复系数 e 分解为法向碰撞恢复系数 e_n 和切向碰撞恢复系数 e_t，即瞬时反弹速度与瞬时碰撞速度沿法向和切向上的分量，则

$$e_\text{n}=\frac{|v_{z'}|}{v_{0z'}}=\frac{|v_z\sin\alpha_i-v_y\cos\alpha_i|}{\sqrt{2gH}\sin\alpha_i} \tag{3-22}$$

$$e_\text{t}=\frac{\sqrt{{v_{x'}}^2+{v_{y'}}^2}}{|v_{0y'}|}=\frac{\sqrt{v_x^2+(v_z\cos\alpha_i+v_y\sin\alpha_i)^2}}{\sqrt{2gH}\cos\alpha_i} \tag{3-23}$$

整理式（3-22）和式（3-23），得到坐标转换后玉米与倾斜土壤面碰撞时恢复系数，即

$$e=\sqrt{e_\text{n}^2+e_\text{t}^2}=\sqrt{\frac{v_z^2+\left[v_z+v_y\left(\tan\alpha_i-\frac{1}{\tan\alpha_i}\right)\right]^2+2v_y^2+\frac{v_x^2}{\cos^2\alpha_i}}{2gH}} \tag{3-24}$$

试验时调节玉米种子下落高度及土槽角度，研究下落高度 H 和碰撞角度 α_i 对碰撞恢复系数影响。通过式（3-18）和式（3-24）将速度比值转换为高速摄像采集的位移变化值。

试验过程中利用 Phantom 控制软件的主系统窗口对采集的视频图片进行处理。通过标定不同帧数时下落及弹起玉米种子质心点坐标，根据质心点位移差与时间的比值得出前后速度变化量。由于两帧图片间过渡时间较短，对种子质心点的坐标值进行处理时存在一定误差，因此应调节两帧图片间距大些，减少因数据采集造成的误差。

将玉米种子与土壤界面碰撞后的运动分解为水平方向的匀速运动和竖直方向的匀减速运动（加速度为 g，方向竖直向下）。试验过程中，对碰撞后种子弹起离开土壤界面的瞬间进行取点采样，记为初始点，此点在空间参考壁面中坐标值为(y_0, z_0)，在反射镜面中坐标值为(x_0, z_0)。当种子弹起一定高度，运动 n 帧时，运动时间为 t_n，其在空间参考壁面中坐标值为(y_n, z_n)，在反射镜面中坐标值为(x_n, z_n)，如图 3-15 所示。水平方向瞬时运动速度为

$$v_x=\frac{x_n-x_0}{t_n} \tag{3-25}$$

$$v_y=\frac{y_n-y_0}{t_n} \tag{3-26}$$

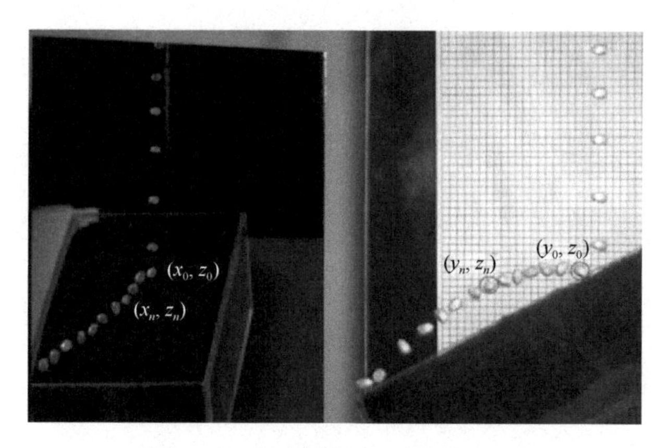

图 3-15　高速摄像种子坐标点测定

在竖直方向上玉米种子进行匀减速运动，其中间时刻瞬时速度等于此段时间内平均速度，即

$$\overline{v}=\frac{z_n-z_0}{t_n} \tag{3-27}$$

$$v_z=\overline{v}+\frac{1}{2}gt_n \tag{3-28}$$

将式（3-27）和式（3-28）整理得沿竖直方向瞬时速度为

$$v_z=\frac{z_n-z_0}{t_n}+\frac{1}{2}gt_n \tag{3-29}$$

将式（3-25）、式（3-26）和式（3-29）代入式（3-18）中，得到碰撞恢复系数与位移变化量间关系为

$$e=\sqrt{\frac{\left(x_n-x_0\right)^2+\left(y_n-y_0\right)^2+\left(z_n-z_0\right)^2}{2gHt_n^2}+\frac{z_n-z_0}{2H}+\frac{gt_n^2}{8H}} \tag{3-30}$$

因此，高速摄像试验后处理过程中通过采集两帧图片间玉米种子质心点的坐标值，根据式（3-30）即可计算出不同运动状态时种子与土壤间的碰撞恢复系数。各类型玉米种子碰撞恢复系数均值范围稳定在 0.332～0.471。

3.5　玉米种子物料特性主成分分析与聚类分析

3.5.1　玉米种子物料特性主成分分析

根据上述测定方法，所选取 15 种寒地玉米种子供试品种的千粒重、滚动摩擦因数、碰撞恢复系数及各向算术平均刚度系数等 8 个物料特性参数指标结果如表 3-2 所示。

表 3-2　典型寒地玉米种子物料特性参数

指标	统计分析	寒冷地区典型的玉米种子														
		1	2	3	4	5	6	7	8	9	10	11	12	13	14	15
千粒重/g	标准差	1.32	1.04	1.42	0.69	0.56	1.52	0.34	0.81	1.55	2.43	0.15	1.23	1.89	0.55	1.59
	变异系数/%	3.13	2.00	3.57	3.19	2.08	4.51	0.43	2.71	1.72	1.23	1.08	4.35	0.53	1.71	3.39
	均值	342.80	339.21	402.68	357.13	313.83	370.49	348.69	418.90	360.80	366.46	370.43	340.63	331.08	295.92	338.75
含水率/%	标准差	0.66	0.58	0.64	0.52	0.60	0.99	0.47	1.29	0.34	0.48	0.35	1.44	0.83	0.27	0.12
	变异系数/%	1.75	4.26	2.54	2.16	2.36	4.13	2.10	5.36	1.44	2.65	1.25	1.87	2.36	1.92	0.47
	均值	12.13	11.94	13.02	12.47	12.42	12.88	11.74	13.05	12.61	11.42	12.90	12.37	11.60	11.20	12.74
三轴算术平均粒径/mm	标准差	0.31	0.52	0.32	0.21	0.23	0.51	0.09	0.34	0.42	0.23	0.32	0.06	0.47	0.20	0.23
	变异系数/%	10.12	12.08	8.79	1.83	6.31	5.67	2.48	7.53	9.98	7.88	6.28	4.70	4.56	4.81	6.56
	均值	8.33	8.35	9.16	8.45	8.45	9.46	8.20	9.80	8.37	8.63	9.10	8.56	8.32	7.84	8.34
静摩擦因数	标准差	0.05	0.03	0.07	0.03	0.01	0.06	0.03	0.03	0.05	0.02	0.03	0.05	0.05	0.09	0.08
	变异系数/%	8.57	9.36	3.19	5.26	2.31	14.87	3.96	5.60	13.41	14.22	9.69	7.28	5.31	10.48	12.07
	均值	0.27	0.30	0.29	0.34	0.24	0.25	0.32	0.29	0.30	0.28	0.29	0.26	0.28	0.25	0.33
滚动摩擦因数	标准差	0.02	0.02	0.03	0.02	0.01	0.03	0.02	0.01	0.01	0.01	0.02	0.01	0.01	0.02	0.03
	变异系数/%	9.78	6.34	11.23	17.92	21.05	16.23	8.40	9.21	15.39	13.82	7.39	17.33	13.31	7.60	10.82
	均值	0.069	0.071	0.083	0.075	0.067	0.078	0.075	0.072	0.080	0.080	0.081	0.067	0.062	0.053	0.078
自然休止角/(°)	标准差	0.43	1.62	1.59	2.31	1.96	2.90	1.48	1.94	2.04	0.59	1.00	0.94	1.54	1.56	1.88
	变异系数/%	4.42	2.89	1.42	1.71	1.89	2.99	4.52	5.04	3.12	2.97	1.05	2.48	2.50	3.11	2.33
	均值	24.21	23.03	24.59	23.18	22.31	23.73	23.05	23.82	24.20	23.84	24.23	22.63	22.20	21.32	20.37
碰撞恢复系数	标准差	0.03	0.01	0.01	0.03	0.01	0.02	0.01	0.02	0.01	0.01	0.02	0.04	0.03	0.02	0.01
	变异系数/%	2.08	0.86	4.17	5.36	1.00	1.79	2.33	4.44	2.17	1.96	4.26	7.55	3.72	1.03	0.94
	均值	0.471	0.406	0.428	0.390	0.332	0.403	0.415	0.425	0.372	0.385	0.455	0.374	0.382	0.398	0.390
各向算术平均刚度系数/(N/mm)	标准差	0.22	0.21	0.33	0.10	0.08	0.21	0.41	0.06	0.20	0.42	0.09	0.22	0.31	0.29	0.12
	变异系数/%	2.89	4.21	3.86	5.00	2.13	6.49	3.88	3.29	3.72	2.49	2.32	5.02	6.67	4.93	2.02
	均值	79.83	98.26	100.11	89.25	94.36	102.23	84.35	97.26	80.05	81.06	98.41	83.74	98.37	78.50	81.92

由表 3-2 测定结果分析可得，各品种玉米种子千粒重平均值为 353.19g，稳定于 295.92～418.90g，整体变幅较大；含水率平均值为 12.30%，稳定于 11.20%～13.05%，整体变幅较小；三轴算术平均粒径平均值为 8.62mm，稳定于 7.84～9.80mm，整体变幅较大；静摩擦因数平均值为 0.29，稳定于 0.24～0.34，整体变幅较大；滚动摩擦因数平均值为 0.07，稳定于 0.053～0.083，整体变幅较大；自然休止角平均值为 23.11°，稳定于 20.37°～24.59°，整体变幅较大；碰撞恢复系数平均值为 0.40，稳定于 0.332～0.471，整体变幅较大；各向算术平均刚度系数平均值为 89.85N/mm，稳定于 78.5～102.23N/mm，整体变幅较大。

在此基础上，采用 SPSS 22.0 软件进行玉米种子物料特性参数主成分分析研究：①指标数据正向化和标准化处理；②相关性判定，采用 SPSS 软件“Correlation Matrix”模块判定；③主成分个数 m 确定，采用 SPSS 软件“Total Variance Explained”模块主成分方差累计贡献率≥80%，结合“Component Matrix”模块中变量不出现丢失确定其主成分个数 m；④主成分 Z_i 表达式，将 SPSS 软件“Component Matrix”模块中的第 i 列向量除以第 i 个特征根的开根后即得到第 i 个主成分 Z_i 的变量系数向量（于“Transform-compute”模块计算），由此得到主成分 Z_i 表达式；⑤主成分 Z_i 命名，将 SPSS 软件“Component Matrix”第 i 列中的系数绝对值大的对应变量对 Z_i 命名；⑥主成分与综合主成分评价值 $Z_{综}=\sum_{i=1}^{m}(\lambda_i/p)Z_i$，其中 λ_i/p 为 SPSS 软件“Total Variance Explained”模块中“Initial Eigenvalues”的“% of Variance”，其 $\mathrm{Var}Z_{综}=\left(\sum_{i=1}^{m}\lambda_i^3\right)p^2$；⑦检验，结合综合主成分评价值实际结果、经验与原始数据进行检验。

采用 SPSS 22.0 软件各分析模块得到各指标参数间相关系数矩阵、方差贡献分析表、主成分载荷矩阵和特征向量，如表 3-3～表 3-5 所示。

表 3-3　玉米种子主要物料特性参数之间的相关系数矩阵

指标	千粒重	含水率	三轴算术平均粒径	静摩擦因数	滚动摩擦因数	自然休止角	碰撞恢复系数	各向算术平均刚度系数
千粒重	1.000							
含水率	0.657*	1.000						
三轴算术平均粒径	0.856**	0.733**	1.000					
静摩擦因数	0.284	0.164	–0.095	1.000				
滚动摩擦因数	0.700**	0.604*	0.500	0.473	1.000			
自然休止角	0.691*	0.349	0.545	–0.034	0.550	1.000		
碰撞恢复系数	0.423	0.188	0.302	0.175	0.225	0.476	1.000	
各向算术平均刚度系数	0.429	0.469	0.655*	–0.112	0.209	0.293	0.106	1.000

注：*和**分别表示在 0.05 和 0.01 水平上存在显著相关性

表 3-4 方差贡献分析表

成分	初始特征值			提取平方和载入		
	总计	百分比方差/%	累计/%	总计	百分比方差/%	累计/%
1	4.018	50.222	50.222	4.018	50.222	50.222
2	1.406	17.579	67.801	1.406	17.579	67.801
3	1.035	12.935	80.736	1.035	12.935	80.736
4	0.631	7.881	88.617			
5	0.443	5.543	94.160			
6	0.283	3.531	97.692			
7	0.165	2.065	99.757			
8	0.019	0.243	100.000			

表 3-5 各主成分的载荷矩阵和特征向量

试验指标	主成分载荷矩阵			主成分特征向量		
	Z_1	Z_2	Z_3	Z_1	Z_2	Z_3
千粒重	0.938	0.087	0.024	0.468	0.073	0.024
含水率	0.798	–0.071	–0.372	0.398	–0.060	–0.366
三轴算术平均粒径	0.883	–0.359	–0.071	0.441	–0.303	–0.070
静摩擦因数	0.221	0.859	–0.283	0.110	0.724	–0.278
滚动摩擦因数	0.766	0.423	–0.201	0.382	0.357	–0.198
自然休止角	0.734	–0.020	0.472	0.366	–0.017	0.464
碰撞恢复系数	0.475	0.229	0.705	0.237	0.193	0.693
各向算术平均刚度系数	0.580	–0.544	–0.225	0.289	–0.459	–0.221

由表 3-3～表 3-5 可知，各品种玉米种子主要物料特性指标参数差异较明显，各物料特性指标间存在不同程度相关性。其中各玉米种子千粒重差异显著，含水率越高其千粒重越大；三轴算术平均粒径与千粒重和含水率呈正相关；静摩擦因数与千粒重和含水率呈正相关，与三轴算术平均粒径呈负相关；滚动摩擦因数与千粒重、含水率、三轴算术平均粒径和静摩擦因数呈正相关；自然休止角和各向算术平均刚度系数皆与静摩擦因数呈负相关。玉米种子物料特性指标参数间存在不同程度的相关性，说明其反映的信息具有一定重叠，同时各单项指标参数对玉米种子物料特性具有不同作用，因此直接利用上述指标无法准确评价玉米种子的综合物料特性。

在此基础上，对 15 种玉米种子样品的千粒重、滚动摩擦因数、碰撞恢复系数及各向算术平均刚度系数等 8 个物料特性参数进行主成分分析。各主成分方差即特征值，表示对应成分可描述原有信息多少，主成分特征值越大，其变量包含信息越多，崖底碎石图如图 3-16 所示。其可反映样本指标相关矩阵特征值与主成分序号间的对应关系，并结合主成分载荷矩阵和特征向量，其前 3 个主成分特征值皆大于 1，累计贡献率超过 80%，即可代表玉米种子物料特性原始数据信息量。由崖底碎石图可知，在第 2 个主成分处出现拐点，第 4 个主成分后的特征值较小且彼此大小接近；同时根据所求解的累计贡献率可知，前 3 个主成分累计贡献率已达 80.736%，因此重点选取前 3 个主成分对各品种玉米种子的物料特性进行综合评价。

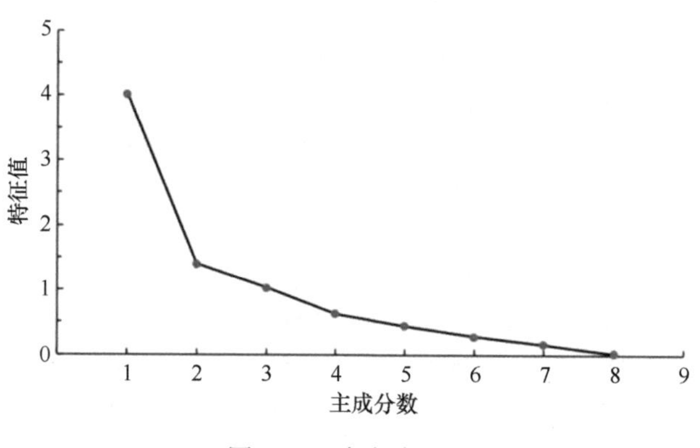

图 3-16　崖底碎石图

基于系列处理与分析，结合表 3-5 的各主成分载荷矩阵和特征向量，得到以各载荷量表示的主成分与对应变量的关系，构建玉米种子各主成分与物料特性指标间线性关系式。

1）第一主成分

$$Z_1=0.468X_1+0.398X_2+0.441X_3+0.110X_4+0.382X_5+0.366X_6+0.237X_7+0.289X_8 \quad (3\text{-}31)$$

2）第二主成分

$$Z_2=0.073X_1-0.060X_2-0.303X_3+0.724X_4+0.357X_5-0.017X_6+0.193X_7-0.459X_8 \quad (3\text{-}32)$$

3）第三主成分

$$Z_3=0.024X_1-0.366X_2-0.070X_3-0.278X_4-0.198X_5+0.464X_6+0.693X_7-0.221X_8 \quad (3\text{-}33)$$

结合方差贡献分析可知，第一主成分 50.222%，其包含信息量较大，主要提取千粒重、三轴算术平均粒径、含水率、滚动摩擦因数和自然休止角；第二主成分 17.579%，主要提取静摩擦因数和各向算术平均刚度系数；第三主成分 12.935%，主要提取碰撞恢复系数。综合主成分系数及其对应方差贡献率，得到综合评价公式为 $Z=0.502Z_1+0.176Z_2+0.129Z_3$，通过评价公式即可计算各品种寒地玉米种子物料特性指标综合得分。

根据综合得分值对各品种玉米种子进行排序，如表 3-6 所示。结合分析结果与实际机械化种植过程中各品种玉米种子样品排种性能的最终表现，初步确定 15 种玉米种子的 8 个物料特性评价等级划分标准，即综合得分≥110 为一级，综合得分 105～110 为二级，综合得分 100～105 为三级，综合得分 95～100 为四级，综合得分≤95 为五级。故各品种玉米品种排列顺序为龙单 86＞翔玉 998＞先玉 696＞德美亚 3 号＞东农 254＞东农 259＞先正达 408＞绥玉 23＞先玉 335＞中单 909＞龙辐玉 9 号＞克玉 16＞德美亚 1 号＞京农科 728＞鑫科玉 1 号。

表 3-6 主成分得分和综合得分

品种	主成分			综合得分	评级水平
	Z_1	Z_2	Z_3		
龙单 86	242.548	−17.899	−5.652	117.880	1
翔玉 998	235.772	−20.208	−6.257	113.994	1
先玉 696	221.070	−23.636	−7.871	105.802	2
德美亚 3 号	219.988	−21.747	−6.755	105.735	2
东农 254	212.159	−13.852	−2.669	103.722	3
东农 259	209.708	−13.790	−2.846	102.479	3
先正达 408	210.261	−18.252	−5.390	101.643	3
绥玉 23	204.450	−16.504	−4.264	99.179	4
先玉 335	201.034	−14.971	−2.965	97.902	4
中单 909	204.167	−23.654	−7.660	97.341	4
龙辐玉 9 号	200.739	−17.008	−4.784	97.161	4
克玉 16	198.572	−16.168	−5.606	96.115	4
德美亚 1 号	199.930	−24.282	−8.145	95.040	4
京农科 728	191.107	−23.827	−7.956	90.716	5
鑫科玉 1 号	177.037	−17.563	−4.806	85.162	5

3.5.2 玉米种子物料特性聚类分析

在此基础上，对 15 种玉米种子进行聚类综合分析，其聚类结果可根据综合物料特性参数进行亲疏关系判断，更好地解读数据本质。采用离散平方和法，在欧氏距离 5.0 处将各品种玉米种子分成 4 类，如图 3-17 所示。其中，先玉 696、德美亚 3 号被聚为一类，东农 259、东农 254、先正达 408、中单 909、德美亚 1 号、龙辐玉 9 号、克玉 16、先玉 335 和绥玉 23 被聚为一类，京农科 728 和鑫科玉 1 号为一类，翔玉 998 和龙单 86 为一类。通过主成分分析和聚类分析，对适于寒地种植典型玉米种子 8 个物料特性指标参数进行分析，结果表明 8 个物料特性指标参数隶属于 3 个主成分，代表全部信息的 80.736%，15 种玉米种子被聚合为 4 类，由于各类群间在物料特性和欧氏距离方面具有较大差异，在物料特性评价过程中，应充分考虑主成分互补和欧氏距离的选择。

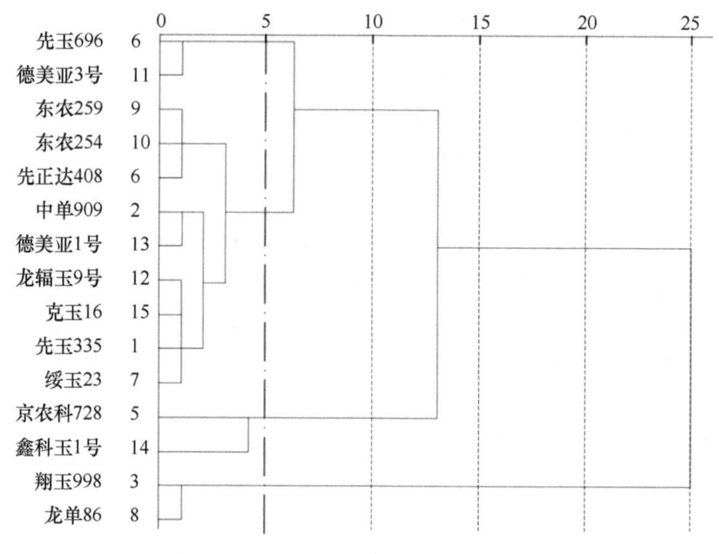

图 3-17　15 种玉米种子聚类分析的树状图

随着中国现代玉米产业发展，调整优化玉米品种结构，直接影响玉米种质资源、栽培技术、植保技术及产后加工利用等系统环节实施，对促进农业可持续发展及粮食适度规模经营具有重要意义。开展适宜于北方寒区各积温带种植的玉米种子选取，创制系列配套高质高效机械化装备尤为重要，亦可有效推进宜机化发展进程。由于玉米品种筛选、机械化种植方式及人员操作目标具有一定差异，通常仅关注玉米种子单个物料特性表现，而忽略其他特性对全程作业的影响，造成对玉米种子评价分析片面性。在此，本章主要采用主成分分析法将多个指标合并为少数综合指标，各主成分间可反映原始变量的绝大部分信息，且所含信息互补重复。在后续研究中应持续增加典型玉米种子样本选取容量，完善适宜于北方寒区种植的玉米种子样品物料特性评价依据，提高该评价标准的科学性和系统性。

3.6　玉米种子物料特性参数虚拟标定

3.6.1　玉米模型建立及虚拟标定

1. 各类型玉米模型建立

为了准确建立各类型玉米种子模型，采用 Reeyee X5 三维激光扫描仪（南京威布三维科技有限公司）提取玉米种子三维几何特征参数。三维激光扫描仪将光栅投射到玉米种子表面，根据条纹按照曲率变化形状，利用向位法和三角法精确计算出表面的每一点空间坐标，生成三维点云数据，依次进行着色、除噪、点云注册、点云三角片化、合并和模型修正操作，利用自动化逆向工程软件将扫描数据转换成精确的数字模型，最终得到理想的玉米种子三维扫描模型，将三维激光扫描的玉米种子模型导入 EDEM 中，为提高离散元颗粒模型准确度，采用“球形颗粒聚合法”填充建立玉米种子仿真模型，即以各类型玉米种子外形尺寸为依据，将玉米种子几何模型导入 EDEM 软件中并通过多面球组合方式进行填充，运用 EDEM 软件的应用编程接口（application programming interface，API）对玉米种子离散元模型各部位黏结及物理特性进行设定，各类型玉米种子建模方法一致，进而开展玉米种子物料特性虚拟仿真标定试验，以德美亚 1 号玉米种子为例所建立的玉米种子离散元模型如图 3-18 所示。

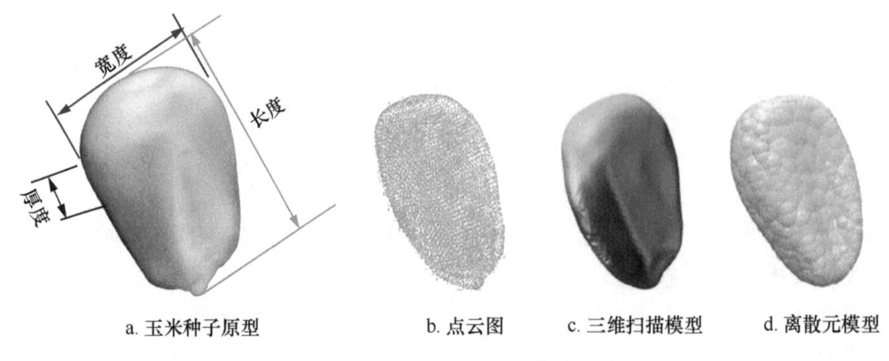

a. 玉米种子原型　b. 点云图　c. 三维扫描模型　d. 离散元模型

图 3-18　德美亚 1 号玉米种子

2. 自然堆积虚拟标定

玉米种子自然休止角是表征其种群流动性能及摩擦性能的主要宏观参数，可有效分析所测定玉米种子摩擦特性参数（静摩擦因数和滚动摩擦因数）的合理性与可靠性，其测定方法较为简便，无须特殊器材，因此本研究选择测定玉米种子自然休止角，选取德美亚 1 号玉米种子为例，各类型玉米种子方法一致，通过前期台架试验测定结果与虚拟仿真分析对相关参数进行验证，实际台架测定参见自然休止角测定方法。

为减少玉米种子堆积过程中受到滑动碰撞等因素影响，选取圆形大粒玉米种子为研究对象，运用离散元仿真软件 EDEM 开展虚拟标定试验。根据实际台架试验所需器材，设定虚拟标定中所需圆筒体和平板材质皆为有机玻璃（圆筒体直径大于玉米种子最大粒径的 4～5 倍，圆筒体高度与直径之比为 3∶1，且 EDEM 虚拟标定中设定圆筒体物理参数与实际台架相统一）。

在虚拟标定试验过程中，通过本研究前期测定结果设置玉米种子、有机玻璃物理参数及玉米种子间、玉米种子与有机玻璃间相关接触特性参数。由于玉米种子表面无黏附作用，因此选择 Hertz-Mindlin 无滑动模型作物接触模型，虚拟圆筒体内以 250 粒/s 的速率生成初速度为 0 的种子模型，总量为 250 粒，生成种子时间为 1s，设定圆筒体以 0.3m/s 提升速度缓慢上升，待玉米颗粒停止堆积滑移翻滚时后处理测定，保证虚拟仿真与台架试验一致性。为保证虚拟标定的连续性，设置固定时间步长为 8.01×10^{-7}s，为 Rayleigh 时间步长的 10%，总时间为 5s（前 1s 为种子自由填充过程）。玉米种子自然休止角仿真与试验对比测定如图 3-19 所示。

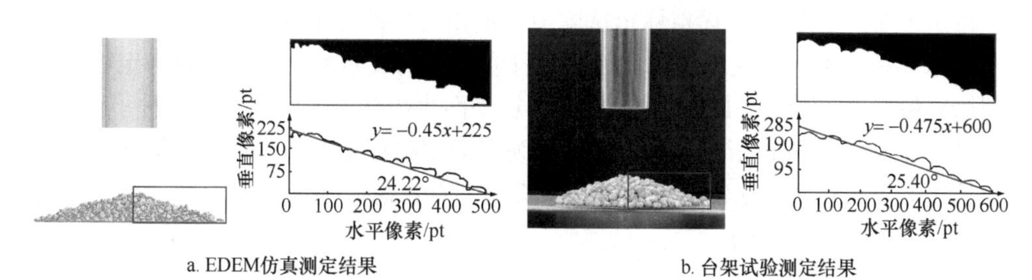

a. EDEM仿真测定结果　　b. 台架试验测定结果

图 3-19　玉米种子自然休止角仿真与试验对比测定

在此基础上，分别在台架试验及虚拟标定两种条件下开展玉米种子自然休止角测定，每组试验重复 5 次。为准确测定各类型玉米种子自然休止角，对三维空间内玉米种群堆积体进行摄像，运用 Matlab 软件进行图像噪声、灰度和二值化处理，提取 *xoz* 平面和 *yoz* 平面玉米种子堆积单侧轮廓曲线，采用最小二乘法拟合轮廓曲线方程，实现玉米种子自然休止角的精准测定。5 次重复台架试验测定玉米种子休止角分别为 21.09°、21.44°、21.73°、20.86°和 22.13°，平均休止角为 21.45°±0.51°。5 次虚拟标定测定玉米种子休止角分别为 21.79°、22.78°、22.63°、20.04°和 21.17°，平均休止角为 21.68°±1.12°。

通过分析相应试验现象及结果可知，虚拟标定所测定的标准偏差较大，主要原因为玉米种子离散元模型由多个小球面聚集而成，增大了玉米种子的表面积，在自由堆积过程中相邻种子各接触部位摩擦力也相应增大，导致玉米种子流动性下降。虚拟标定预测值与台架试验实测值相对误差为 1.07%，台架试验与虚拟标定匹配性较好，说明所测得的玉米种子摩擦特性参数合理及有效。

3.6.2　碰撞弹跳虚拟标定

为进一步验证所测定玉米种子力学特性参数（刚度系数、弹性模量和碰撞恢复系数）的合理性与可靠性，本研究结合虚拟标定方法进行单粒玉米种子自然弹跳碰撞状态仿真分析，并结合高速摄像台架试验对比分析玉米种子自由下落及弹跳过程位移及速度变化，实现相关参数有效验证。

为减少玉米种子碰撞弹跳过程中滑动摩擦等因素影响，选取各类型玉米种子为研究对象，分别开展高速摄像台架试验与虚拟标定试验。在实际台架试验过程中，利用前期自主搭建碰撞试验台，调整其碰撞角度为0°，碰撞面板为有机玻璃试制底座（底座尺寸大于玉米种子最大粒径的5～8倍，厚度为10mm，设定单粒玉米种子自由下落高度为180mm）。为避免人工放置玉米种子造成初速度不为零及振动等外界影响，采用气吸式控制器吸附玉米种子，当关闭吸气状态时玉米种子自由下落。在EDEM虚拟标定试验中设定相关条件与实际台架相统一，所设定圆形玉米种子离散元模型及相关边界条件参数与前文自然休止角虚拟标定相同。利用离散元仿真软件EDEM设定虚拟颗粒平面生成初速度为0的玉米种子模型，总量为1粒，生成种子时间为0.001s。为保证虚拟标定的连续性，设置固定时间步长为8.01×10^{-7}s，为Rayleigh时间步长的10%，总时间为1s，具体台架试验与虚拟标定如图3-20所示。

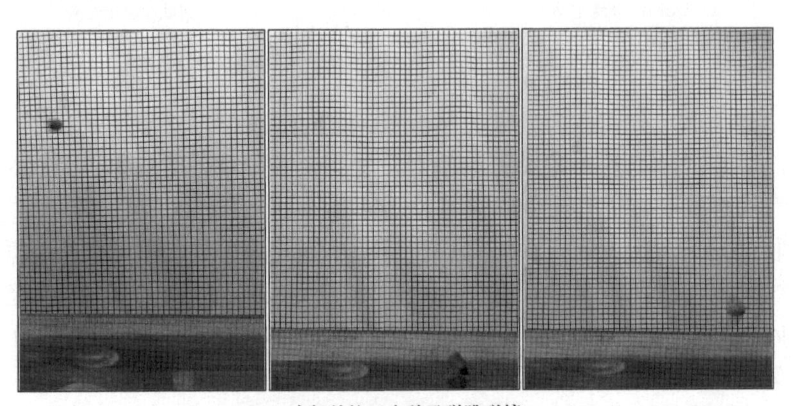

a. 台架单粒玉米种子弹跳碰撞

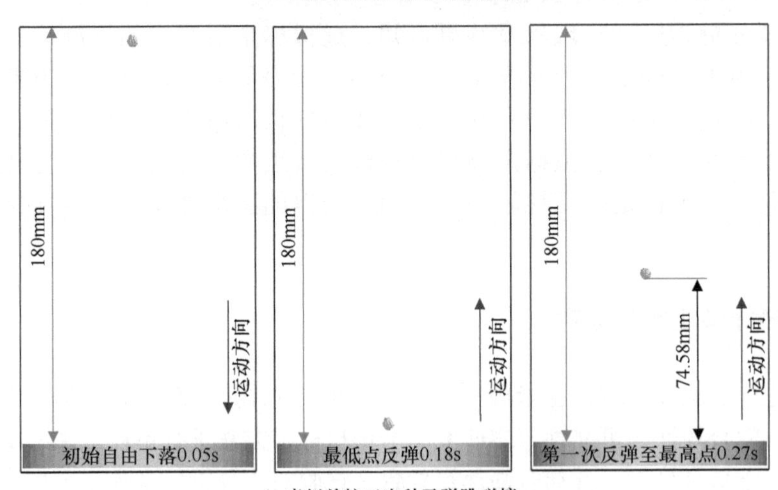

b. 虚拟单粒玉米种子弹跳碰撞

图3-20　单粒玉米种子碰撞弹跳状态

通过高速摄像配套图像处理程序 Phantom 控制软件与离散元仿真软件 EDEM 后处理 Analyst 数据分析模块对单粒玉米种子碰撞过程中位移及速度变化进行研究。选取各类型玉米种子，每组台架试验及虚拟标定重复 5 次，测定其运动参数变化作为试验结果，如图 3-21 所示。通过分析相应试验现象及结果可知，在台架试验与虚拟标定过程中，单粒玉米种子竖直方向位移及速度变化趋势基本相同，台架试验位移及速度变化略高于虚拟标定，台架测定玉米种子第一次反弹最高点为 81.10mm，虚拟标定为 74.58mm，全过程位移最大误差为 8.04%，误差在可接受范围内。

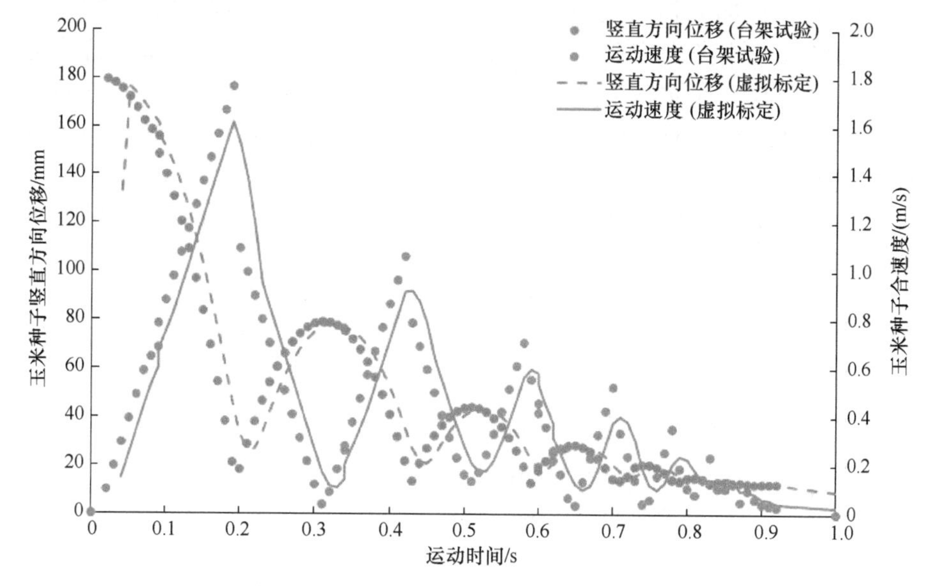

图 3-21　单粒玉米种子碰撞弹跳规律分析

造成误差的主要原因为玉米种子离散元模型由多个小球面聚集而成，增大了玉米种子的表面积，在弹跳碰撞过程中其接触部分能量损失较大，同时由于玉米种子形状非规则性，弹跳后玉米种子易产生三维空间其他方向的位移及速度，对后续测定分析结果造成一定影响。台架试验与虚拟标定总体匹配性较好，说明所测得玉米种子力学特性参数合理及有效。

3.6.3　储卸料过程虚拟标定

在此基础上，动态模拟玉米种子储卸料过程宏观及微观变化，进一步探讨所开展虚拟仿真的合理性与可行性。玉米种子在卸料过程中易发生脉动效应导致粮仓振动，产生“粮仓音乐”甚至结构失效[5]。为了准确探究玉米种子卸料阶段的周期性脉动特性，基于三维激光扫描和“球元颗粒填充法”建立了玉米种子离散模型，并验证了离散元法在模拟玉米种子卸料阶段的有效性。本节旨在为不同作物储料、卸料阶段周期性脉动特性的研究提供方法思路，同时为卸料装备的安全设计提供技术参考。

1. 粮仓离散元模型建立与边界条件设定

粮仓主要分为浅圆仓与立筒仓，其中立筒仓具有易于储存与释放种子、存储容量大的优点，在大型农场与储料企业中广泛应用。立筒仓主要由圆柱储料筒与料斗部分组成，其中圆柱储料筒的高度与直径的比值称为高径比，高径比大于 1.5 的立筒仓更易发生颗粒脉动现象。为了能够清晰观察种子流间的脉动特征，不考虑立筒仓材质对玉米种子的影响，本研究采用透明有机玻璃制作立筒仓。在实际生产中立筒仓的具体高度与直径数值没有严格的标准，以常用高度为 30m、直径为 14m 立筒仓为研究原型，根据相似理论设计立筒仓模型。

相似理论指出模型与原型的几何相似，要求对应线性尺寸的比值相同，对应角都相等。即

$$\frac{H}{H_M}=\frac{D}{D_M}=\zeta \tag{3-34}$$

式中，H——立筒仓模型高度，mm；

H_M——立筒仓原型高度，mm；

D——立筒仓模型直径，mm；

D_M——立筒仓原型直径，mm；

ζ——缩放系数。

将模型设计成高度为 300mm，直径为 140mm，则缩放系数 ζ 为 0.01。

$$\alpha=\alpha_M \tag{3-35}$$

式中，α——立筒仓模型料斗半锥角；

α_M——立筒仓原型料斗半锥角。

另外，相似理论要求模型与原型的运动相似，即模型与原型中的介质通过对应点的速度比值相等，速度矢量方向相同。为了准确模拟原型立筒仓内玉米种子通过某一点的速度，必须保证式（3-35）成立，即

$$\frac{v_1}{v_{1M}}=\frac{v_2}{v_{2M}}=\zeta \tag{3-36}$$

式中，v_1——立筒仓模型 1 点的速度，m/s；

v_{1M}——立筒仓原型 1 点的速度，m/s；

v_2——立筒仓模型 2 点的速度，m/s；

v_{2M}——立筒仓原型 2 点的速度，m/s。

即在仿真时计算得到的玉米种子通过立筒仓模型某点或某区域的速度是立筒仓原型中速度的$\frac{1}{\zeta}$。

若u_i表示圆柱储料筒内第 i 个颗粒沿重力方向的速度，则该时刻圆柱储料筒内所有颗粒的平均速度$\overline{u}$为

$$\overline{u}=\frac{1}{n}\sum_{1}^{n}u_i \tag{3-37}$$

一定时间段t内圆柱储料筒颗粒的平均速度$\overline{u'}$为

$$\overline{u'}=\frac{1}{t}\sum_{0}^{t}\overline{u} \tag{3-38}$$

采用标准偏差 σ 定量评价平均速度波动程度来表征颗粒的脉动特性。平均速度的标准偏差为

$$\sigma=\sqrt{\sum_{j=1}^{t}\frac{\left(\overline{u}_j-\overline{u'}\right)^2}{t-1}} \tag{3-39}$$

式中，t——采样总时长，s；

$\overline{u}_j$——颗粒在卸料 j 时刻的平均速度，m/s。

为了探究料斗部分的半锥角和储料不同高度对种子流脉动特征的影响，将半锥角分别设置为 30°、35°、40°、45°、50°、55°和 60°；以圆柱储料筒与料斗部分交界处为零点将储料分为 0～20mm、20～40mm、60～80mm、100～120mm 和 160～180mm 五个固定区域，选定自由表面 20mm 以下范围为顶部玉米种子，共六个分析区域，如图 3-22 所示。

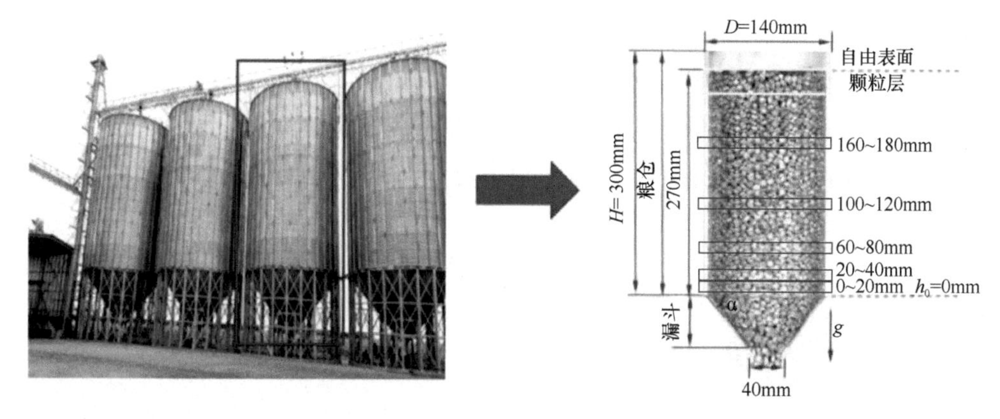

图 3-22　立筒仓结构示意图

在储存过程中玉米种子含水率较低，可简化为非黏性体处理。以 Hertz-Mindlin（no slip）模型作为建立玉米种子离散元模型的接触力学模型，即种子在运动过程中的力、位移和速度等参量变化时均是由碰撞产生的形变引起的。将接触力分解为切向力 F_t 与法向力 F_n，建立的力学接触模型如图 3-23 所示。

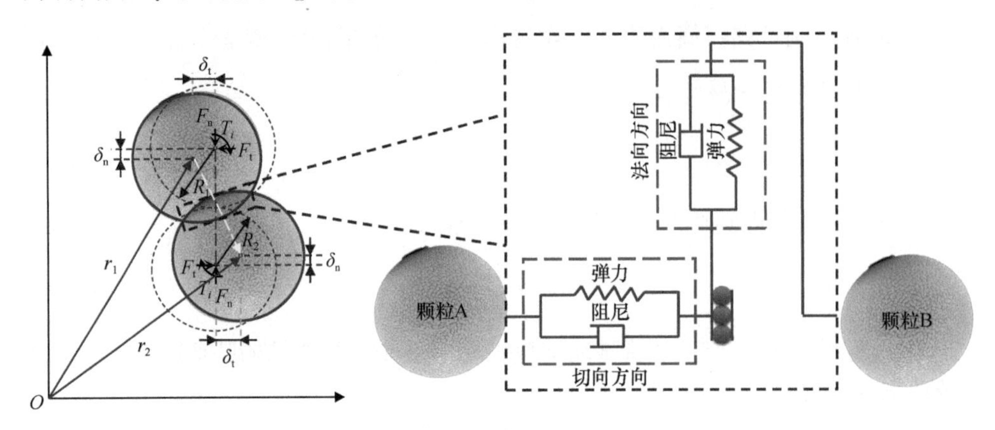

图 3-23　力学接触模型

玉米种子 A 与玉米种子 B 之间的接触法向力为

$$F_n = \frac{4}{3} E^* \sqrt{R^*} \delta_n^{\frac{2}{3}} \tag{3-40}$$

式中，F_n——接触法向力；

E^*——等效弹性模量；

R^*——玉米种子 A 与玉米种子 B 之间的等效半径；

δ_n——法向重叠量。

$$\frac{1}{E^*} = \frac{1-v_1^2}{E_1} + \frac{1-v_2^2}{E_2} \tag{3-41}$$

式中，v_1 与 v_2——玉米种子 A 与玉米种子 B 的泊松比；

E_1 与 E_2——玉米种子 A 与玉米种子 B 的弹性模量。

玉米种子 A 与玉米种子 B 法向阻尼力$\left(F_n{}^d\right)$的表达式：

$$F_n{}^d = -2\sqrt{\frac{5}{6}} \beta \sqrt{S_n m v_n^{\text{vel}}} \tag{3-42}$$

式中，m——当量质量，$m = \left(\frac{1}{m_1} + \frac{1}{m_2}\right)^{-1}$；

v_n^{vel}——相对速度的法向分量；

β——是与恢复系数 e 有关的系数；

S_n——法向刚度。

其中，

$$\beta = \frac{\ln e}{\sqrt{\ln^2 e + \pi^2}} \tag{3-43}$$

$$S_n = 2E^* \sqrt{R^* \delta_n} \tag{3-44}$$

玉米种子 A 与玉米种子 B 之间的接触切向力：

$$F_t = -S_t \delta_t \tag{3-45}$$

式中，F_t——接触切向力；

δ_t——切向重叠量。

$$S_t = 8G^* \sqrt{R^* \delta_t} \tag{3-46}$$

式中，S_t——切向刚度；

G^*——等效剪切模量。

$$G^* = \frac{2 - v_1^{\ 2}}{G_1} + \frac{2 - v_2^{\ 2}}{G_2} \tag{3-47}$$

式中，G_1 与 G_2——玉米种子 A 与玉米种子 B 的剪切模量。

玉米种子 A 与玉米种子 B 之间的切向阻尼力：

$$F_t^{\ d} = -2\sqrt{\frac{5}{6}}\beta\sqrt{S_t m v_t^{\mathrm{vel}}} \tag{3-48}$$

式中，$F_t^{\ d}$——切向阻尼力；

v_t^{vel}——相对速度的切向分量。

玉米种子 A 与玉米种子 B 之间的摩擦力 f：

$$f = \mu_s F_n \tag{3-49}$$

式中，μ_s——静摩擦因数。

玉米种子 A 与玉米种子 B 之间的滚动摩擦通过在接触面上施加一个力矩 T_i 来表现：

$$T_i = -\mu_r F_n R_i \omega_i \tag{3-50}$$

式中，μ_r——滚动摩擦因数；

R_i——玉米种子质心到接触点的距离；

ω_i——玉米种子在接触点的单位角速度矢量。

参考所建模型坐标选择 z 轴方向为重力方向，其值设置为–9.81m/s^2。采用“落雨法”在粮仓内自然堆积，其初速度为零。当到达 270mm 储料高度时，颗粒总数为 8264（以 45°半锥角为例，半锥角的不同造成颗粒总数有一定的差异）。静置 1s 使种子自然沉降后打开卸料口开始仿真。采用 Rayleigh 法确定时间步长为 5%，每组总仿真时长设定为 15s。

2. 数值模拟与高速摄像试验对比分析

为了检验玉米种子在立筒仓模型中仿真与实际的一致性，保证粮仓内种子脉动特征的仿真分析准确性，开展玉米种子流动仿真与高速摄像试验对比分析研究，如图 3-24 所示。在立筒仓模型中仿真设定与高速摄像试验的玉米种子高度均为 270mm，以半锥角为 45°为例，以圆柱储料筒与料斗部分交界处为零点探究自由表面高度和平均速度随时间的变化关系。

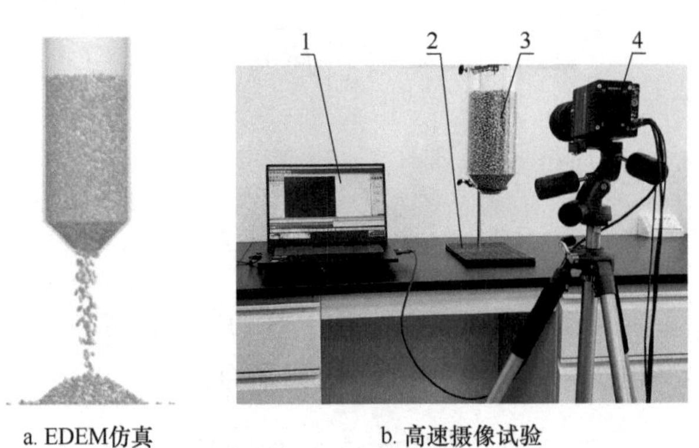

图 3-24 玉米种子流动仿真与高速摄像试验

1. 计算机；2. 试验台架；3. 立筒仓模型；4. 高速摄像机

高速摄像试验仪器和设备主要包括计算机、试验台架、立筒仓模型和高速摄像机。试验开始前，将立筒仓模型调整至竖直方向并将高速摄像机帧数设定为 1000fps，启动高速摄像机拍摄并打开料斗开口，将存储于高速摄像机内的数据通过与计算机连接的网线传输到计算机中进行保存。试验重复三次，结果取平均值。玉米种子流动仿真与高速摄像试验对比结果如图 3-25 所示。

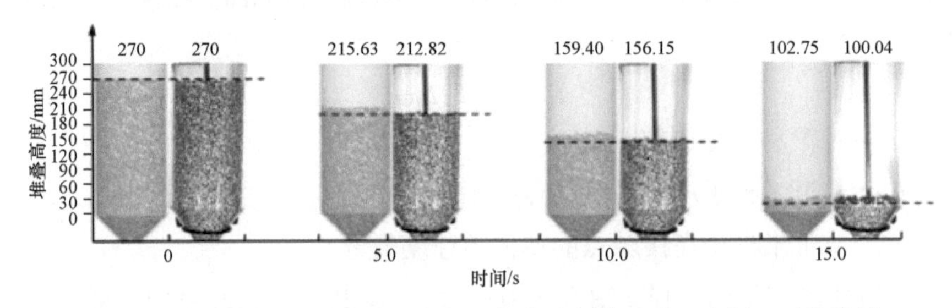

图 3-25 玉米种子流动仿真（左侧）与高速摄像试验（右侧）对比结果

由图3-25可知，在0s时刻EDEM仿真与高速摄像试验中的玉米种子堆积高度均为270mm；随着试验进行，玉米种子均下落一定高度，但EDEM仿真比高速摄像试验中的玉米种子下落的速度慢，验证了EDEM仿真中建立的玉米种子模型流动性差。下落过程中两者对比的最大误差为2.71%。在误差允许的范围内建立的玉米种子和立筒仓模型及设定的仿真参数准确可靠。

3. 储料高度对玉米脉动特征影响规律

为了揭示立筒仓内玉米种子的纵向脉动特征，以半锥角45°为例，依据公式(3-38)对5个固定区域(0～20mm、20～40mm、60～80mm、100～120mm和160～180mm)和上自由表面20mm以下的区域的平均速度进行分析。总提取时长为5s，此时圆柱储料筒内玉米种子的高度已下降至215.63mm。本节主要集中研究周期脉动时段来表征各区域的玉米种子脉动特征及其相互联系。

卸料口打开后，0～20mm区域内的玉米种子平均速度随时间的变化曲线如图3-26所示。玉米种子平均速度逐渐上升，当到达15mm/s时开始出现稳定波动，其速度波动范围为4～35mm/s，大量双峰值和多峰值同时出现，种子速度变化属于无规律波动，不存在稳定的波动周期。

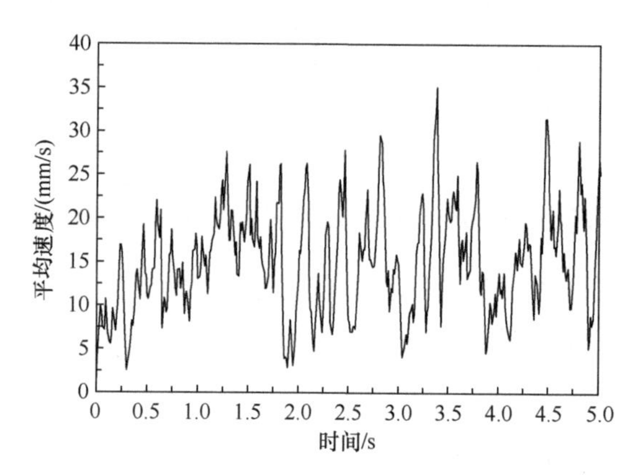

图3-26　0～20mm区域内玉米种子平均速度随时间变化

20～40mm区域内的玉米种子平均速度随时间的变化曲线如图3-27所示。相对于0～20mm区域内的玉米种子平均速度，其整体趋势变化不大，但速度波动范围降低，双峰值和多峰值在波动过程中明显减少。种子速度变化仍属于无规律波动，不存在稳定的波动周期。

60～80mm区域内的玉米种子平均速度随时间的变化曲线如图3-28所示。该区域内波形振幅变大，主要集中在3～27mm/s。另外，平均速度波形在单位时间内变化速度更快，双峰值和多峰值在波动过程中明显减少。

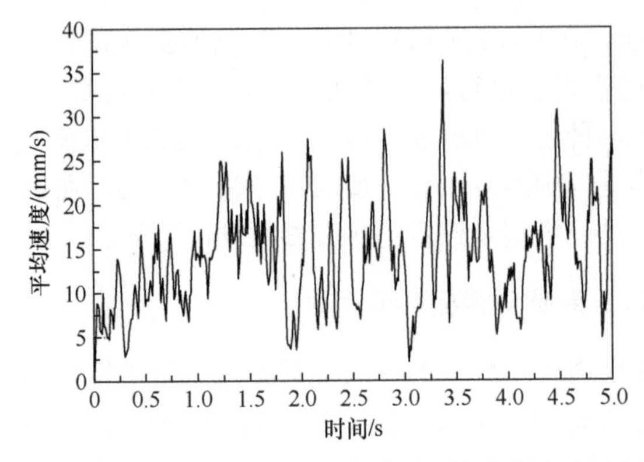

图 3-27　20～40mm 区域内玉米种子平均速度随时间变化

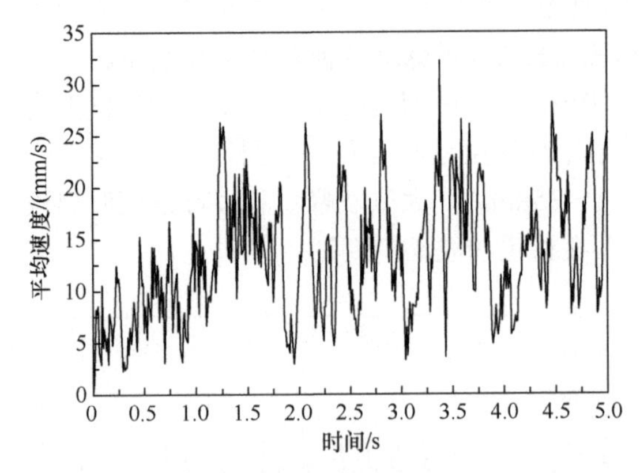

图 3-28　60～80mm 区域内玉米种子平均速度随时间变化

100～120mm 区域内的玉米种子平均速度随时间的变化曲线如图 3-29 所示。该区域内波形振幅中心整体呈下移趋势，速度波动范围集中在 1～25mm/s，此时的波峰和波谷清晰可辨。

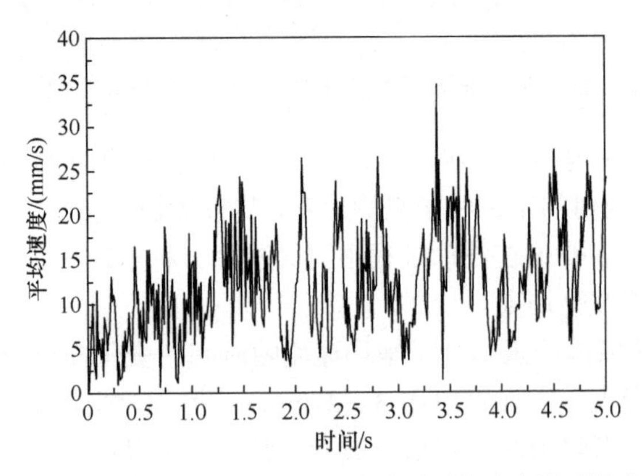

图 3-29　100～120mm 区域内玉米种子平均速度随时间变化

160～180mm 区域内的玉米种子平均速度随时间的变化曲线如图 3-30 所示。在此阶段玉米种子平均速度升至 5mm/s 时便出现波动，速度波动范围为 1～23mm/s。平均速度最小达 0mm/s，此时平均速度的波动幅值与 0～20mm 区域内的波动幅值相比显著升高，同时平均速度波形在单位时间内变化速度显著提高，此时波形开始呈现有规律的周期性波动，在波动过程中双峰值和多峰值几乎不存在。

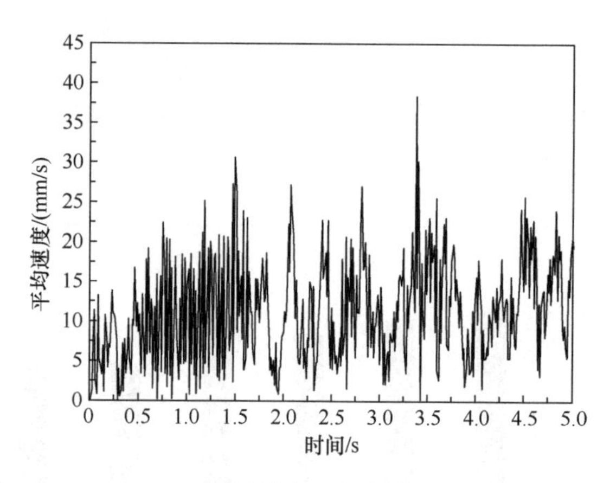

图 3-30　160～180mm 区域内玉米种子平均速度随时间变化

上自由表面 20mm 以下区域内玉米种子平均速度随时间的变化曲线如图 3-31 所示。此阶段平均速度波动范围为 0～22mm/s，在波动过程中不存在双峰值和多峰值。在此阶段有规律的周期性波动明显，波动范围为 0～22mm/s，主要表现在 0.50～1.65s 时间段内。其余波形的波峰和波谷虽清晰可辨，但呈现的规律性差，周期性脉动现象不明显，是规律性波形的过渡段。

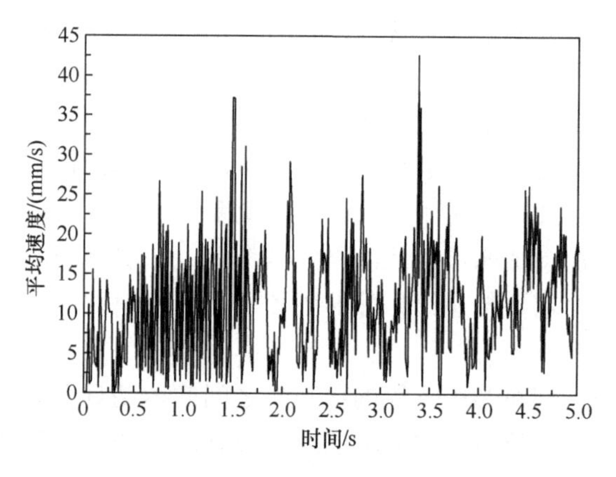

图 3-31　上自由表面 20mm 以下区域内玉米种子平均速度随时间变化

以上结果表明，不同储料高度的玉米种子平均速度随时间的变化趋势和波形呈现显著不同，越接近圆柱储料筒顶端，玉米种子的平均速度在单位时间内变化的速度越快，越表现出周期性脉动特征。在底层的玉米种子先升至一定的速度后呈现无规律的波动，其变化更倾向于随机过程；随着高度的升高，粮仓各种子层的速度最小值逐渐达到 0mm/s，但逐渐表现出较为明显的周期性脉动特征。粮仓内种子脉动具有逐渐向上传递且在传递过程中脉动特征逐渐放大的特性。

0～5s 各区域玉米种子的平均速度如图 3-32 所示。越接近圆柱储料筒顶端种子层的平均速度越小，主要由于在卸料过程中圆柱储料筒内下端的种子先流出粮仓，随着高度的增加，上层的种子不可能超过下层种子率先流出粮仓，故平均速度随着高度的增加逐渐降低。

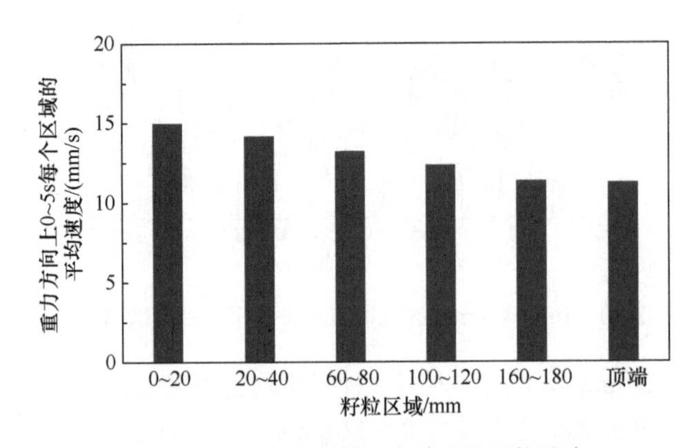

图 3-32　0～5s 各区域玉米种子的平均速度

提取了各高度的种子层平均受力沿重力方向的变化如图 3-33 所示。由图 3-33 可知，相邻种子层的波形相似且变化周期相同，玉米种子在卸料过程中均表现出与速度脉动相一致的周期性脉动现象，表明种子层之间的平均受力变化是产生脉动现象的直接原因。其中，顶部种子受力的波动范围最大，随着高度的逐渐增加，受力也逐渐增大。主要由于种子层在振荡过程中会受到相邻种子层巨大的反作用力，底层种子的运动会受到相邻种子层的阻碍，而顶部的种子上层没有阻碍，具有更高的自由度，因此顶层种子在重力方向上受到的力更大，速度周期性脉动现象也随着高度的增加愈加明显。从能量角度考虑，底层种子的能量不能全部体现在自身的运动上，而需要传递给相邻的种子层，最终由顶部种子层更大程度地表现出来。

玉米种子在圆柱储料筒中堆积的层与层之间的运动具有显著的差异，包括平均速度波动的振幅、单位时间内波动的速度及脉动特征的显著性。各种子层间也有相互联系，包括脉动波形相似及脉动周期相同。玉米种子既限制在整个粮仓系统中，同时又具有独立的运动特征。

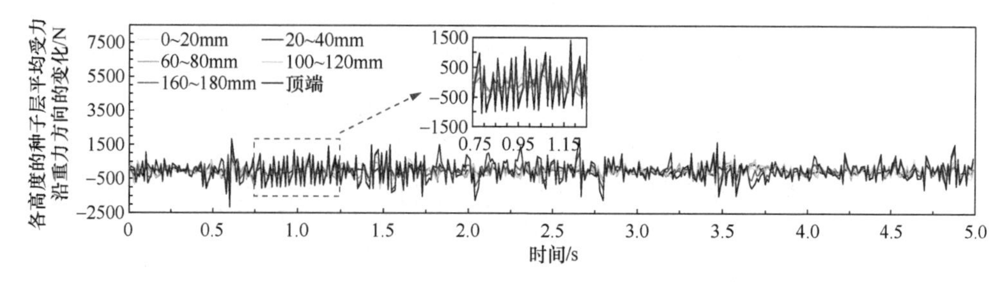

图 3-33　0～5s 各区域玉米种子的平均受力变化

4. 半锥角对玉米脉动特征的影响

上述研究揭示了不同高度上种子层的脉动特征，随着种子层高度的增加，周期性脉动的特征愈加明显。为了分析不同半锥角对周期性脉动特征的影响规律，对 7 组不同半锥角进行卸料仿真分析，并以 30°、45°和 60°半锥角提取上自由表面 20mm 以下区域内种子平均速度随时间的变化规律。

以半锥角为 45°为例，提取粮仓卸料时 15s 时间段内玉米种子上自由表面 20mm 以下区域内平均速度随时间的变化，如图 3-34 所示。玉米种子在整个卸料阶段都处于波动阶段，其中 0～0.5s 时段为卸料开始阶段，此时的速度波动范围较小，具有清晰可见的单峰值但不具有周期性规律，将Ⅰ阶段称为波动过渡时段；0.5～1.65s 时段的速度曲线波峰波谷清晰可辨，且该阶段存在稳定的波动周期，将Ⅱ阶段称为周期脉动时段；1.65～10.20s 时段的平均速度曲线波动较小，双峰值和多峰值在此阶段较为常见，其波动周期无规律，将Ⅲ阶段称为无规律波动时段；10.20～15s 时段的平均速度曲线波动较大且无周期性规律，在此阶段平均速度整体呈现上升趋势，将Ⅳ阶段称为波动跃升时段。

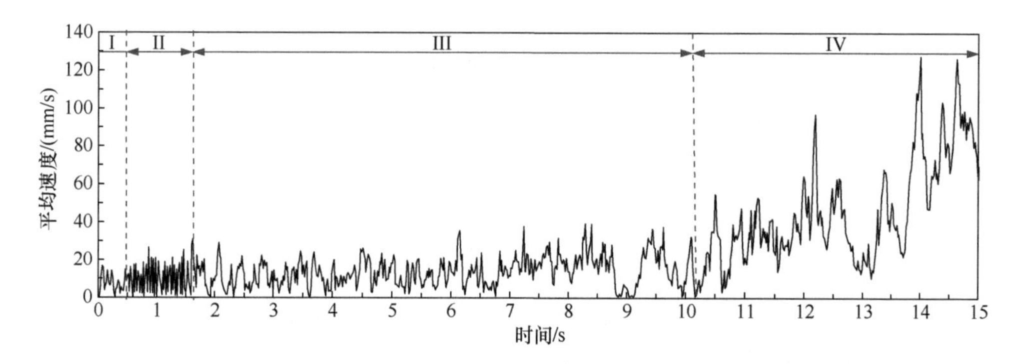

图 3-34　半锥角为 45°时玉米种子上自由表面 20mm 以下区域内平均速度

为了深入分析不同半锥角对周期性脉动特征的影响，提取周期脉动时段（Ⅱ阶段）1s 内的曲线进行比较分析，如图 3-35 所示。

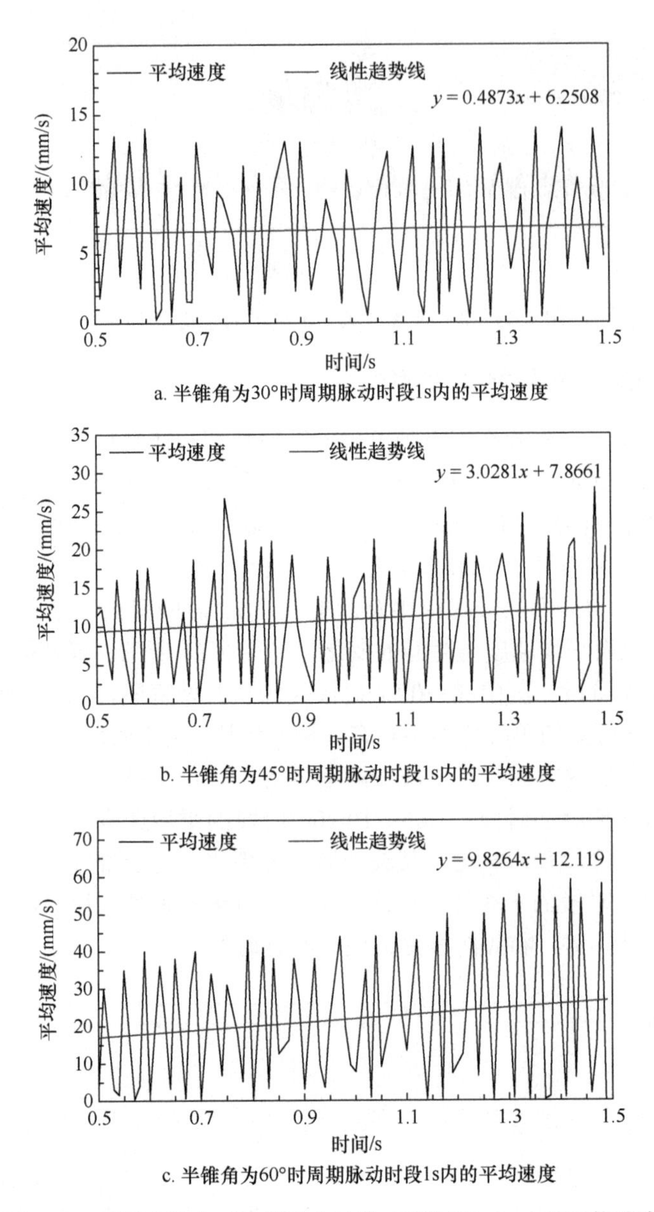

a. 半锥角为30°时周期脉动时段1s内的平均速度

b. 半锥角为45°时周期脉动时段1s内的平均速度

c. 半锥角为60°时周期脉动时段1s内的平均速度

图 3-35 不同半锥角时周期脉动时段（II阶段）1s 内的平均速度

由图 3-35 可知，半锥角为 30°时，周期脉动时段 1s 内平均速度的线性趋势基本水平，表明在卸料阶段半锥角较小时，玉米种子平均速度随着时间变化相对稳定。随着半锥角的增大，在同一时间点上种子的平均速度逐渐增大；同时周期脉动时段 1s 内平均速度的线性趋势随着半锥角的增大逐渐增大，表明相应的振幅随着半锥角的增大而增大，在 30°～60°范围内顶层种子周期性脉动现象随着半锥角的增大更加显著。

为了定量地评价不同半锥角时周期脉动时段速度波动的差异性，对 7 组仿真试验周期脉动时段 1s 内的速度求标准差。其中，图 3-36 中的线性趋势线所呈现的规律为速度随时间的变化逐渐上升，不符合标准差的求解定义。因此采用中心差分法对原始数据进行差分处理再求解其标准差，即对于 t 时刻的平均速度 V_t 一阶中心差分后：

$$\Delta V_t = \frac{1}{2}\left(V_{t+1} - V_{t-1}\right) \tag{3-51}$$

式中，ΔV_t——t 时刻差分后的平均速度，m/s；

V_{t+1}——t+1 时刻原始的平均速度，m/s；

V_{t-1}——t–1 时刻原始的平均速度，m/s。

采用中心差分处理后，数据基本围绕 0 刻度线上下波动，即平均值不变；同时未改变速度波动周期，波动大的数据处理后振幅依然保持较大值，更利于清晰地观察玉米种子平均速度的脉动特征。半锥角为 45°时玉米种子上自由表面 20mm 以下区域内的平均速度经中心差分处理后如图 3-36 所示。最终求得的 7 组仿真试验周期脉动时段 1s 内的速度标准差如图 3-37 所示。

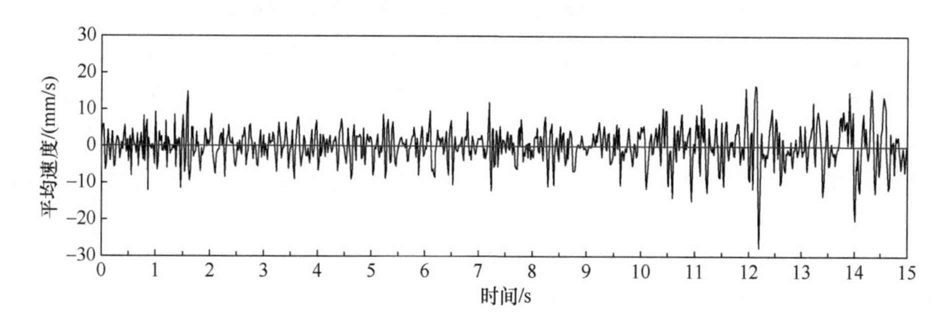

图 3-36 半锥角为 45°时玉米种子上自由表面 20mm 以下区域内中心差分处理的平均速度

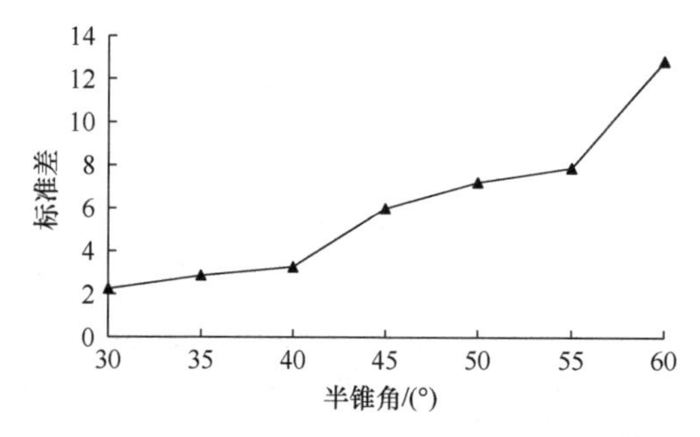

图 3-37 周期脉动时段 1s 内平均速度的标准差随半锥角（30°～60°）的变化

由图 3-37 可知，标准差随着半锥角的增大而增大，即卸料时随着半锥角的增加顶层玉米种子的速度逐渐趋向于不稳定。主要由于周期性剧烈脉动时段的振幅随着半锥角的增加逐渐增大，表明在30°～60°范围内，粮仓内顶层的玉米种子脉动现象随着半锥角的增加而增大，验证了周期脉动时段1s内平均速度的线性趋势随着半锥角的增大而逐渐增大的结论。

松散的玉米种子在自然状态下有堆积状态，设计粮仓形状结构的原则为：适应于松散物料的流动性质，获得物料整体流动。整体流的卸料速率稳定且卸料密度均匀，卸料的顺序为先进先出。当玉米种子在粮仓内向下流动时，与仓壁之间产生摩擦力，当摩擦力在竖直方向上的分力小于玉米种子本身的重力时即可顺利流动。在圆柱储料筒段，玉米种子对仓壁的侧压力所产生的摩擦力远小于玉米种子本身的重力，不会影响种子的流动性。在料斗段，要使玉米种子在粮仓内产生整体流，就要合理选择半锥角。一般情况下，半锥角越大，越有利于种子的流动。形成整体流的必要条件为料斗的半锥角 θ 大于 $\theta_{\max}$。

$$\theta_{\max} = 90^\circ - \left[90^\circ + \phi - \delta - \arcsin\left(\sin\delta / \sin\phi\right)\right]/2 \tag{3-52}$$

式中，ϕ——内摩擦角，针对玉米种子类的散体物料，其内摩擦角等于自然休止角，即 ϕ=24.22°；

δ——玉米种子与仓壁的摩擦角，δ=19.34°，则 θ>69.47°。

玉米种子脉动会引起粮仓的振动，导致“粮仓音乐”的噪声污染，同时带来巨大的安全隐患。粮仓内玉米种子堆积的高度越高，在卸料过程中发生脉动现象的概率越大。根据本节的研究，为了避免玉米种子和粮仓的振动，玉米种子在粮仓中堆积的高度应适中，同时料斗的半锥角应尽量使粮仓内的物料处于整体流状态，避免卸料不畅及出现较大的速度波动。

在实际的粮仓应用过程中，过大的半锥角虽能够使物料在粮仓中的状态成为整体流，但会造成料斗高度大、经济性差的问题。所以在建造粮仓时，要综合考量物料是否会产生严重的离析状态、存留的时间是否会改变物料的性质及对卸料量是否需要严格控制等问题。后期将探究在粮仓的内部边缘增加吸音材料和阻尼装置以干扰各粮食层间的速度和加速度的传递，降低粮食种子脉动现象的发生，避免储料过程中振动。

参考文献

[1] Tang H, Xu C S, Jiang Y M, et al. Numerical simulation and experiment of clamping static and dynamic finger-spoon maize precision seed metering device[J]. International Agricultural Engineering Journal, 2020, 29(4): 75-86.

[2] Tang H, Xu C S, Jiang Y M, et al. Evaluation of physical characteristics of typical maize seeds in cold area of North China based on principal component analysis[J]. Processes, 2021, 9(7): 1167.

[3] Tang H, Wang J W, Wang F, et al. Measurement and analysis of rolling friction coefficient of maize seed and analysis on influencing factors based on high-speed photography[J]. International Agricultural Engineering Journal, 2018, 27(4): 185-198.
[4] Wang J W, Tang H, Wang J F, et al. Measurement and analysis of restitution coefficient of maize seed and soil based on high-speed photography[J]. International Journal of Agricultural and Biological Engineering, 2017, 10(3): 102-104.
[5] Tang H, Xu C S, Qi X, et al. Study on periodic pulsation characteristics of corn grain in a grain cylinder during the unloading stage[J]. Foods, 2021, 10(10): 2314.

第4章　玉米精量排种技术与系列装备

目前，快速突破以玉米和水稻为代表的主粮作物机械化种植“卡脖子”技术的核心仍在于突破高性能精量排种系统基础理论和高效设计方法，研发系列先进适用的机械化、智能化精量播种装备及关键部件。在此背景下，著者团队长期致力于精量播种特别是高性能精量排种技术研究，相继研发了多种机械式玉米精量排种器和气力式玉米精量排种器，对其串联排种过程进行理论分析，探究解析其精准排种作业机理，以提高精量排种器作业质量与适播范围，为后续排种性能数值模拟、高速摄像规律分析、工作参数优化、台架性能试验及整机集成配置提供理论基础与借鉴参考。

4.1　机械式与气力式玉米精量排种器设计规则

精量排种器是实现精量播种技术的核心工作部件，其作业性能直接影响玉米播种质量与效率。在设计过程中应保证种子与种群定量分离，形成较为有序均匀的种子流，精准稳定地播入种床土壤种穴中，并可适应多种不同类型的玉米种子。机械式玉米精量排种器与气力式玉米精量排种器设计规则如下。

（1）机械式玉米精量排种器：整体结构简单，作业速度较快，可应用于不同类型的玉米种子且伤种率低，作业速度可达到 9～10km/h，可根据不同区域农艺要求进行株距调节。

（2）气力式玉米精量排种器：工作性能稳定，对各类型玉米种子适应范围广且播种质量高，作业速度可达到8～14km/h，并保证适用于各工况下精量排种要求。

（3）精量排种器各环节共同作用，提高机具整体播种质量与适播范围，实现精量播种作业要求。

（4）各工况下所创制的精量排种器总体作业指标均应满足国家标准 GB/T 6973—2005 《单粒（精密）播种机试验方法》和 JB/T 10293—2001《单粒（精密）播种机技术条件》规定要求，且优于国内市场应用较广泛的常规精量排种器。

4.2　指夹式玉米精量排种器设计

以突破机械式玉米精量排种器关键核心问题为出发点，将创新设计与理论分析相结合，提出排种器关键部件设计理论及样机方案。采用夹持充种、振动清种、运移导种及平稳投种等作业方式，设计了一种波纹曲面指夹式玉米精量排种器(简称指夹式玉米精量排种器)，阐述分析了排种器总体结构及工作原理，优化了排种器关键部件波纹曲面式取种指夹、充种控制机构、复合振动清种系统及平稳运移导种系统的结构参数，对排种器充种、清种、导种及投种等系列串联过程进行理论分析，探究解析其精准排种作业机理，以提高机械式精量玉米排种器作业质量与适播范围，为后续排种性能数值模拟、高速摄像规律分析、工作参数优化、台架性能试验及整机集成配置提供理论基础与借鉴参考。

4.2.1　总体结构与工作原理

波纹曲面指夹式玉米精量排种器主要由排种轴、指夹种盘（波纹曲面式取种指夹和微调弹簧）、调控凸轮、排种盘、指夹压盘、柔性导种带、导种带轮（Ⅰ、Ⅱ）、清种毛刷、充种盖、导种端盖、防弹窥视胶垫和护罩壳体等部件组成，其整体结构如图 4-1a 所示。其中，指夹种盘和调控凸轮是排种器核心工作部件，其设计配置的合理性直接影响机具整体作业质量。指夹种盘是由 12 组波纹曲面式取种指夹通过微调弹簧连接成的组合总成，与调控凸轮接触配合依次安装于指夹压盘卡槽内侧；调控凸轮通过止动键槽与排种盘固定装配；排种盘由镀锌钢板制成，以增加对玉米种子的夹持移动摩擦特性，其表面设置凹凸不平的振动清种区和二次导种口，振动清种区与清种毛刷配合进行复合清种，提高清种效果，同时将单粒玉米种子由导种口推送至后侧导种室内进行二次运移投送；柔性导种带由橡胶材料制成，以减少玉米种子导种过程中的弹跳碰撞，其圆周均匀配置 12 个倾斜叶片，与导种端盖及护罩壳体形成 12 个导种腔室；护罩壳体设置窥视孔，配合防弹胶垫可实时对导种环节进行监测；清种毛刷由猪鬃制成，可人为调整毛刷角度以控制清种程度；充种盖底部设置卸种滤板，以便清除播种作业后排种器内残余的玉米种子。

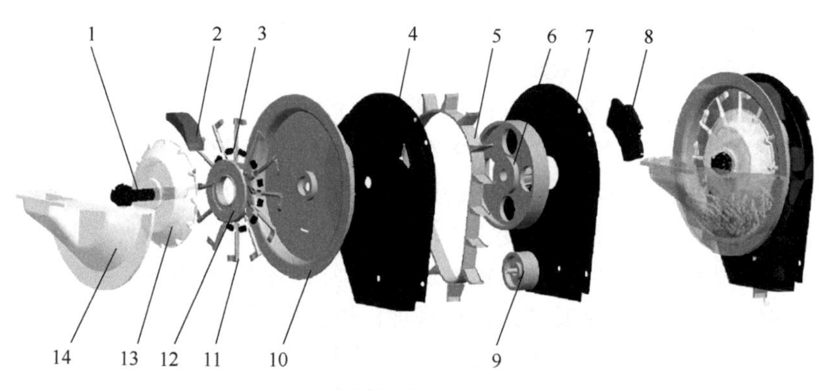

a. 结构示意图

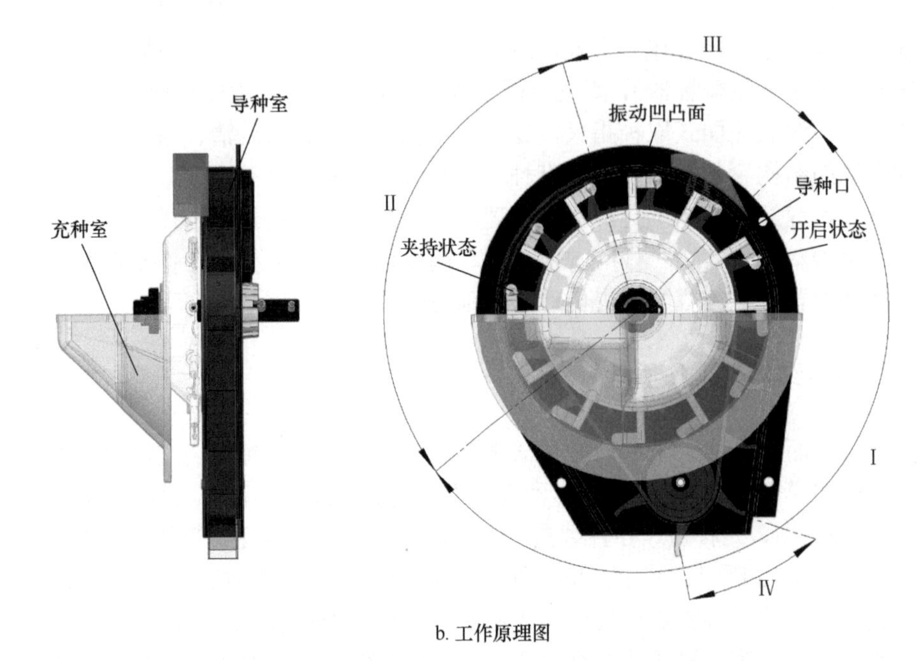

b. 工作原理图

图 4-1 波纹曲面指夹式玉米精量排种器

1. 排种轴；2. 清种毛刷；3. 微调弹簧；4. 导种端盖；5. 柔性导种带；6. 导种带轮 I；7. 护罩壳体；8. 防弹窥视胶垫；9. 导种带轮 II；10. 排种盘；11. 波纹曲面式取种指夹；12. 调控凸轮；13. 指夹压盘；14. 充种盖；I. 充种区；II. 夹持区；III. 清种区；IV. 投种区

排种器工作过程主要分为夹持充种、振动清种、运移导种及平稳投种 4 个串联环节，其工作原理如图 4-1b 所示。正常作业时，玉米种子由种箱填充至充种区内，通过充种壳体自身物料仿架空限位结构控制种子流动状态，保证充种区内玉米种子数量动态平衡。通过调控清种毛刷摆动角度以保证对各类型尺寸玉米种子的稳定清种。机具行走轮通过链条传动将动力传至排种轴，并带动指夹种盘和指夹压盘整体进行旋转运动，调控凸轮固装不动，与微调弹簧配合共同控制取种指夹定时开闭。玉米种子在指夹种盘的旋转搅动下进行分种，形成速度不等的圆周种群层。当指夹种盘运动至充种区时取种指夹开启，玉米种子在自身重力、种群碰撞摩擦力及取种指夹支持力共同作用下进行夹持充种；当指夹种盘运动离开充种区时取种指夹闭合，夹持单粒或多粒玉米种子，完成充种过程。取种指夹夹持玉米种子推送运动至排种盘振动凹凸面时，由夹持压力的反复变化引起玉米种子振动，配合清种毛刷作用除去受力不均的多余种子，保证单粒夹持取种，完成清种过程。单粒玉米种子由导种口被推送入排种器后侧导种室内，导种带与指夹种盘同步旋转，将单粒玉米种子运移至排种口进行投种，完成导种环节。种子被运移至投种点抛送瞬间在自身重力和离心力作用下进行零速投送，完成投种过程。通过各环节共同作用提高机具播种质量与适播范围，实现精量播种作业。

4.2.2 指夹式玉米精量排种器关键部件设计与分析

波纹曲面指夹式玉米精量排种器主要由波纹曲面式取种指夹、充种控制机构、复合振动清种系统及平稳运移导种系统等关键工作部件共同执行以实现精量播种作业，各系统设计配置的合理性直接影响整体作业质量与效率[1,2]。其中波纹曲面式取种指夹可夹持各类型尺寸的单粒玉米种子，提高排种器充种夹持性能及播种适应性；充种控制机构可精准定时地控制取种指夹开启与闭合，有效提高充种行程及时间；复合振动清种系统由振动清种区与清种毛刷配合形成有效清种区域，提高排种器清种效果，避免重播及漏播现象；平稳运移导种系统保证玉米种子平稳运移至投种点，减缓高速播种过程中玉米种子与导种管及土壤间的弹跳碰撞作用，提高播种精准度、均匀性和横纵直线度，减小玉米种子落入种沟的瞬时速度。本节主要对波纹曲面式取种指夹、充种控制机构、复合振动清种系统及平稳运移导种系统等 4 种关键部件进行优化设计与分析，以提高排种器整体作业质量及适播范围，同时为后续数值模拟分析、高速摄像测定、台架性能试验及田间试验验证奠定理论基础。

1. 波纹曲面式取种指夹

取种指夹是指夹式玉米精量排种器的关键工作部件之一，直接与玉米种子接触、夹持并推送，其结构形状及尺寸参数的设计直接影响排种器充种性能及整体作业质量。由于不同类型玉米品种形状尺寸间差异性较大，常规排种器播种适应范围有限。因此本研究以前期所研究的 4 种类型玉米种子尺寸分布为基础，优化设计波纹曲面式取种指夹，分析指夹平稳夹持的主要姿态与临界条件，有效改善排种器充种质量及适应性能。

波纹曲面式取种指夹主要由波纹指夹片、指夹杆、指夹挂耳及指夹尾片等结构组成，其结构如图 4-2 所示。其中波纹指夹片是取种指夹的核心结构，直接与玉米种子作用进行夹持推送，其结构参数影响充种夹持性能。指夹挂耳通过微调弹簧将取种指夹连接成指夹种盘整体，并对其整体进行限制定位。指夹尾片与调控凸轮以接触摩擦形式配合，控制指夹开启空间，并支撑取种指夹整体旋转开闭。其结构参数为波纹指夹片长度 l、波纹指夹片宽度 b、指夹弧段长度 l_1、指夹弧段包角 θ、波纹内曲面波长 λ、波纹内曲面振幅 a 和指夹尾片间隙角 β。

所夹持各类型玉米种子及所夹持种子姿态是波纹曲面式取种指夹结构参数重要的设计依据，是影响取种指夹精量夹持的重要因素。为提高取种指夹适播范围，应合理设计取种指夹结构参数，本研究选取在黑龙江省寒区种植范围较广的 4 种类型的供试玉米种子为研究对象，对其尺寸分布进行测定研究，以保证取种指夹满足多种类型玉米种子的夹持充种要求，具体尺寸分布及其概率分布参见 3.2.1

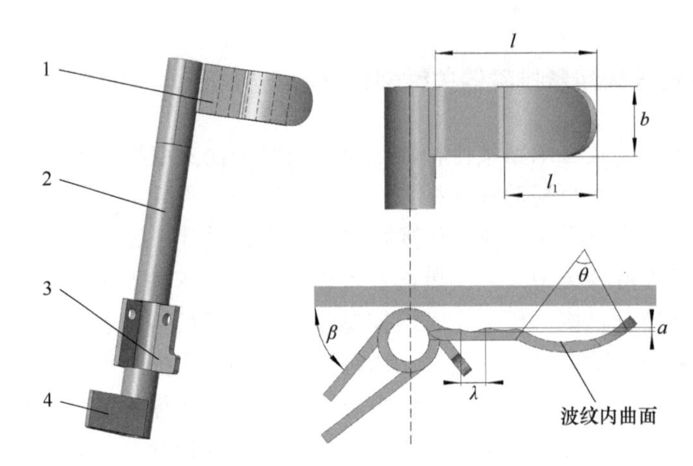

图 4-2 波纹曲面式取种指夹

1. 波纹指夹片；2. 指夹杆；3. 指夹挂耳；4. 指夹尾片

玉米种子几何特性各类型玉米种子尺寸测定研究。所夹持玉米种子姿态与取种指夹开启空间具有直接关系，取种指夹开启空间过大，易夹持多粒玉米种子，造成重播现象；取种开启空间过小，易夹持不到玉米种子或损伤种子，造成漏播或机械伤种现象。取种指夹开启空间主要通过指夹尾片间隙角 β 进行控制。通过理论分析可知，取种指夹夹持种子状态主要包括长度方向夹持、宽度方向夹持和厚度方向夹持 3 种，如图 4-3 所示。当取种指夹以厚度方向夹持种子时，指夹开启空间最小，如图 4-3a 所示；当取种指夹以长度方向夹持种子时，指夹开启空间最大，如图 4-3b 所示；当取种指夹以宽度方向夹持种子时，指夹开启空间居中，如图 4-3c 所示。

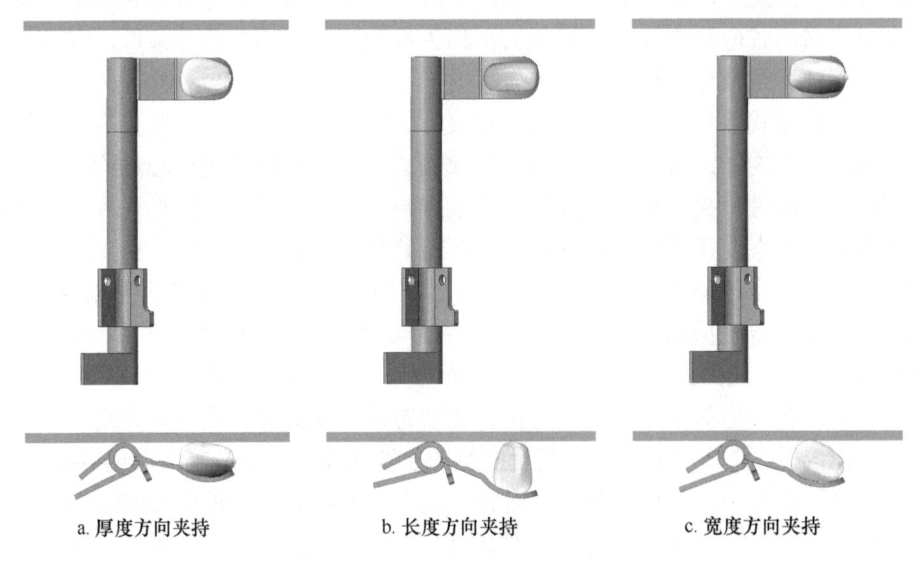

a. 厚度方向夹持　　b. 长度方向夹持　　c. 宽度方向夹持

图 4-3 取种指夹夹持状态分析

当取种指夹以厚度方向夹持种子时，其夹持推送运动最为稳定且种子受力均匀，为理想夹持状态。综合分析取种指夹整体结构、各等级玉米种子尺寸参数分布、指夹对种子空间约束及均匀受力状态等因素，本研究设计指夹尾片间隙角 β 最大值为 30°，并以此 3 种夹持姿态为波纹指夹片弧段尺寸设计的主要边界条件。在后续高速摄像试验过程中，将对取种指夹夹持玉米种子姿态进行测定，以期验证所设计的合理性与可行性。

为提高波纹曲面式取种指夹夹持充种性能与适播范围，防止夹持推送运动中出现玉米种子游离脱落现象，波纹指夹片整体采用两段式波浪弧形设计，指夹片外表面为光滑两段式空间曲面，以减少充种室内种群对取种指夹的碰撞及摩擦作用；指夹片内表面为微观波纹形曲面，以提高取种指夹对玉米种子夹持推送作用。其中指夹片总体结构参数与玉米种子尺寸分布及被夹持种子姿态相关。波纹指夹片长度过长，不便于后续清除多余种子，造成重播现象；波纹指夹片长度过短，在夹持过程中易发生种子脱落及滑移问题，造成漏播现象。波纹指夹片宽度应大于各类型玉米种子平均长度，以保证厚度方向夹持玉米种子的平稳性。指夹弧段长度应大于各类型玉米种子平均宽度，且占波纹指夹片长度二分之一以上，以保证指夹弧段夹持受力均匀平稳。波纹曲面式取种指夹基本结构参数应遵循的设计原则为

$$\begin{cases} 2\bar{W}_0 > l > b > \bar{L}_0 \\ l_1 = (0.6 \sim 0.7)l \end{cases} \tag{4-1}$$

式中，$\bar{L}_0$——玉米种子长度均值，mm；

$\bar{W}_0$——玉米种子宽度均值，mm；

l——波纹指夹片长度，mm；

b——波纹指夹片宽度，mm；

l_1——指夹弧段长度，mm。

在夹持充种过程中，取种指夹波纹内曲面是保证夹持推送稳定性的重要因素，波纹内曲面与玉米种子以线接触形式相互作用，当机具整体产生机械振动或种子间碰撞时，被夹持的玉米种子所受合力方向可及时进行自适应调整，保证整体受力均匀平衡，以进行平稳推送运动。其中波纹曲面参数与指夹片总体尺寸及玉米种子尺寸分布相关，其结构应遵循的设计原则为

$$\begin{cases} 0.5l \geqslant \lambda \geqslant 0.6\bar{L}_0 \\ 0.4\bar{W}_0 \geqslant a \geqslant 0.5\bar{H}_0 \end{cases} \tag{4-2}$$

式中，λ——波纹内曲面波长，mm；

a——波纹内曲面振幅，mm；

$\bar{H}_0$——玉米种子厚度均值，mm。

根据式（4-1）和式（4-2），并依据前期所测得各类型尺寸玉米种子尺寸分布及所夹持玉米种子姿态形式，设计取种指夹波纹指夹片长度 l 为 20mm，波纹指夹片宽度 b 为 11.5mm，指夹弧段长度 l_1 为 13mm，波纹内曲面波长 λ 为 6～10mm，波纹内曲面振幅 a 为 2.0～3.2mm。

指夹弧段包角 θ 是影响取种指夹夹持稳定性的重要参数，为合理优化设计其弧段结构包角，以两种夹持极限位置的玉米种子为研究对象，建立指夹夹持力学模型。图 4-4 为根据取种指夹夹持推送玉米种子实际运动状态抽象的模型示意图。在两种极限夹持状态下，玉米种子在沿运动轨迹法线方向主要受到排种盘对玉米种子支持力 F_n、排种盘对玉米种子摩擦力 F_f、波纹内曲面对玉米种子压力 F_r 和波纹内曲面对玉米种子摩擦力 F_t 的共同作用，各力间关系应满足：

$$\begin{cases} F_t = \mu_1 F_r \\ F_f = \mu_2 F_n \end{cases} \tag{4-3}$$

式中，F_n——排种盘对玉米种子支持力，N；

F_f——排种盘对玉米种子摩擦力，N；

F_r——波纹内曲面对玉米种子压力，N；

F_t——波纹内曲面对玉米种子摩擦力，N；

μ_1——波纹内曲面与玉米种子间摩擦因数；

μ_2——排种盘与玉米种子间摩擦因数。

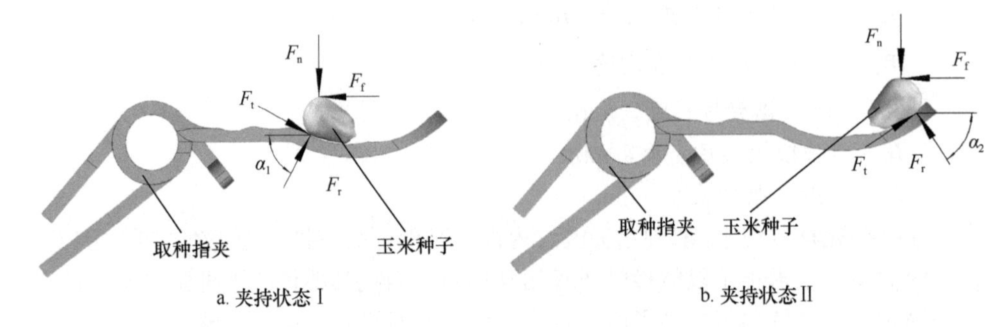

a. 夹持状态 I　　b. 夹持状态 II

图 4-4　取种指夹夹持力学分析

对两种极限夹持状态下玉米种子沿运动轨迹法线方向的平衡力系进行分析。当玉米种子处于夹持状态 I 时，如图 4-4a 所示，其竖直方向各力间关系为

$$F_r \sin\alpha_1 - F_t \cos\alpha_1 = F_n \tag{4-4}$$

式中，α_1——夹持状态 I 指夹片压力与运动轨迹切线方向夹角，(°)。

因此，玉米种子处于夹持状态 I 时，其与波纹内曲面保持相对平衡且可平稳推送的临界条件为

$$F_{\mathrm{f}} \leqslant F_{\mathrm{r}} \cos\alpha_1 + F\sin\alpha_1 \tag{4-5}$$

将式（4-3）～式（4-5）合并整理简化可得

$$\alpha_1 \geqslant \arctan\frac{1+\mu_1\mu_2}{\mu_2-\mu_1} \tag{4-6}$$

同理，当玉米种子处于夹持状态Ⅱ时，如图 4-4b 所示，其竖直方向各力间关系为

$$F_{\mathrm{r}}\sin\alpha_2 + F_{\mathrm{t}}\cos\alpha_2 = F_{\mathrm{n}} \tag{4-7}$$

式中，α_2——夹持状态Ⅱ指夹片压力与运动轨迹切线方向夹角，（°）。

因此，玉米种子处于夹持状态Ⅱ时，其与波纹内曲面保持相对平衡且可平稳推送的临界条件为

$$F_{\mathrm{f}} \leqslant F_{\mathrm{r}}\cos\alpha_2 - F_{\mathrm{t}}\sin\alpha_2 \tag{4-8}$$

将式（4-3）和式（4-8）合并整理简化可得

$$\alpha_2 \geqslant \arctan\frac{1-\mu_1\mu_2}{\mu_1+\mu_2} \tag{4-9}$$

通过数理几何知识分析可知，指夹弧段包角 θ 可转换为

$$\theta = \pi - \alpha_1 - \alpha_2 \tag{4-10}$$

将式（4-6）和式（4-9）代入式（4-10）中，即可得到在极限状态下保证玉米种子与波纹内曲面保持相对平衡且可平稳推送的指夹弧段包角 θ 为

$$\theta \leqslant \pi - \left(\arctan\frac{1+\mu_1\mu_2}{\mu_2-\mu_1} + \arctan\frac{1-\mu_1\mu_2}{\mu_1+\mu_2}\right) \tag{4-11}$$

由于排种器整体结构及试制材料限制，波纹曲面式取种指夹选用铝合金试制，排种盘选用钢材试制，通过前期测定各类型玉米种子与取种指夹及排种盘摩擦因数并参考相关文献，可得其范围分别为 $\mu_1 \in (0.12, 0.35)$，$\mu_2 \in (0.3, 0.55)$。将相关参数代入式（4-11）中，设计确定其指夹弧段包角 θ 应小于 53°，以保证指夹平稳夹持推送充种作业。

在此基础上，为进一步探讨分析波纹曲面式取种指夹夹持性能，同时对比常规光滑曲面取种指夹，对夹持推送过程中发生相对位移的玉米种子进行研究。图 4-5 为波纹内曲面夹持玉米种子发生相对滑移实际状态抽象的模型示意图。假设取种指夹波纹内曲面母线方程为

$$W = \bar{W}_0 + a\sin\frac{2\pi x}{\lambda} \tag{4-12}$$

式中，$\bar{W}_0$——取种指夹波纹内曲面母线基准值，mm；

W——波纹内曲面母线值，mm；

x——沿运动轨迹法线方向位移，mm。

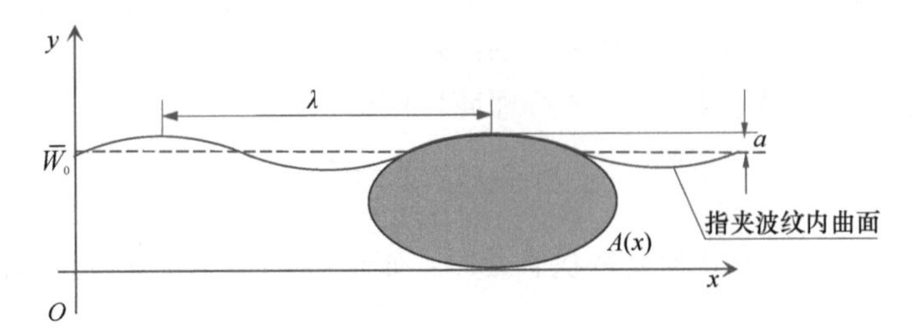

图 4-5 波纹内曲面夹持性能分析

将取种指夹波纹内曲面所夹持玉米种子截面简化为椭圆形，其截面积可表示为

$$A(x)=\frac{\pi}{4}\left(\overline{W}_0+a\sin\frac{2\pi x}{\lambda}\right)^2 \tag{4-13}$$

式中，$A(x)$——波纹内曲面所夹持玉米种子截面积，mm^2，其值近似为 $\pi\overline{W}_0$。

在取种指夹夹持推送过程中，玉米种子沿运动轨迹切线方向（y 轴）受力应保持平衡，波纹内曲面与玉米种子间发生相对位移主要由沿运动轨迹法线方向（x 轴）复合力作用引起，假设玉米种子沿 x 轴方向发生滑移量 ΔL，其可表示为

$$\Delta L=\int_0^l \frac{P_{\mathrm{H}}}{EA(x)}\mathrm{d}x \tag{4-14}$$

式中，P_{H}——波纹曲面式取种指夹对玉米种子沿 x 轴方向复合力，N；

E——玉米种子弹性模量，MPa。

将式（4-13）和式（4-14）合并整理简化可得

$$\Delta L=\frac{4P_{\mathrm{H}}}{E\pi}\int_0^l \frac{1}{\left(\overline{W}_0+a\sin\frac{2\pi x}{\lambda}\right)^2}\mathrm{d}x \tag{4-15}$$

为对比分析波纹曲面式取种指夹夹持特性，选取常规光滑曲面取种指夹为研究参照（其内表面为光滑曲面）。当光滑内曲面与玉米种子间沿运动轨迹法线方向（x 轴）发生相对位移时，玉米种子沿 x 轴方向发生滑移量 $\Delta L'$，其可表示为

$$\Delta L'=\int_0^l \frac{P'_{\mathrm{H}}}{EA(x)}\mathrm{d}x=\frac{4P'_{\mathrm{H}}}{E\pi}\int_0^l \frac{1}{\overline{W}_0^{\,2}}\mathrm{d}x \tag{4-16}$$

式中，P'_{H}——常规光滑曲面取种指夹对玉米种子沿 x 轴方向的复合力，N。

假设在相同工况下波纹内曲面与玉米种子间沿 x 轴发生的滑移量 ΔL 等于光滑内曲面与玉米种子间沿 x 轴发生的滑移量 $\Delta L'$ 时，即

$$\Delta L=\Delta L' \tag{4-17}$$

将式（4-14）和式（4-16）代入式（4-17）中合并整理简化可得

$$K = \frac{P_{\mathrm{H}}}{P_{\mathrm{H}}'} = \frac{\left(\bar{W}_0 + a\sin\dfrac{2\pi x}{\lambda}\right)^2}{\bar{W}_0^{\ 2}} \times 100\% \qquad (4\text{-}18)$$

式中，K——波纹内曲面与光滑内曲面使玉米种子发生相同滑移量状态下所需能量的比值。

由式（4-18）分析可知，在玉米种子发生相同滑移量时，波纹曲面式取种指夹较常规光滑曲面取种指夹所需能量增加了 K 倍，即波纹曲面式取种指夹夹持性能提高了 K 倍。以本研究所设计的波纹曲面式取种指夹为研究载体，将其结构参数波纹内曲面波长 λ 和波纹内曲面振幅 a 代入式（4-18）中可得，能量比值 K 为 11%～24%，进一步证明其优化设计的合理性。

2. 充种控制机构

充种过程是排种器夹持推送的初始环节，也是整个排种过程中最关键的环节之一，准确合理调节充种区域内取种指夹的开闭时间与空间是提高整体作业质量的有效方法。取种指夹开启时间过长且行程空间过大，易夹持多粒玉米种子造成重播现象；取种指夹开启时间过短且行程空间过小，易夹持不到玉米种子造成漏播现象。目前常规排种器多采用空间凸轮机构与指夹种盘配合形式进行控制充种，但仍存在因取种指夹开闭时间、空间及角度不合理而导致的玉米种子滑落或卡种等问题。为精准平稳控制指夹种盘系统的开启与闭合，有效串联各排种作业环节，本研究对调控凸轮工作圆周角度进行优化调整，以准确控制各取种指夹工作状态的稳定变化。

根据排种器实际作业要求，将指夹种盘圆周角分为指夹开启角、充种持续角、指夹夹持角及指夹推送角 4 部分，分别表示取种指夹 4 个工作状态，如图 4-6 所示。在夹持充种过程中，指夹种盘在指夹压盘带动下整体进行旋转运动，以某一取种指夹为研究对象，当其指夹尾片与调控凸轮渐开斜面接触时，逐渐克服弹簧拉力绕自身指夹杆轴同步进行旋转，使波纹指夹片开启至最大空间，并以此状态进入充种区；当取种指夹整体转过充种持续角后，其指夹尾片与调控凸轮闭合斜面接触，并逐渐与调控凸轮脱离接触，通过逐渐增大的弹簧力拉动波纹指夹片闭合，并夹持单粒或多粒玉米种子。在夹持推送过程中，取种指夹依靠微调弹簧作用以一定压力推送玉米种子平稳进入复合振动清种区，完成夹持充种整个过程。

为有效提高排种器充种性能，根据排种器各作业环节区域划分特点、对各类型玉米种子适应范围及排种器整体结构配置要求，应尽量增加充种区域作业范围，增大充种持续角度，保证充种性能的稳定性与可靠性；为保证玉米种子被平稳夹

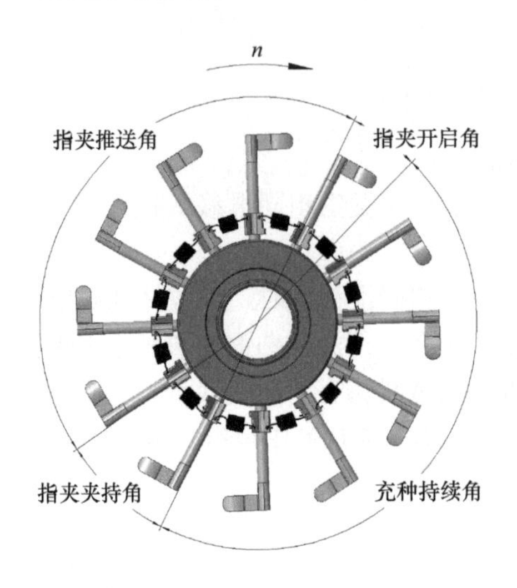

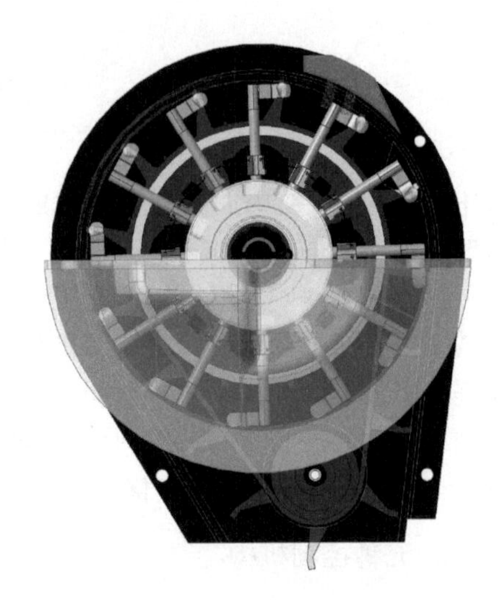

图 4-6 充种控制机构运动阶段

持推送，保证取种指夹在充种区临界点处稳定闭合，设计调控凸轮闭合斜面相对平缓；为保证玉米种子可精准推送入导种区，并防止取种指夹在导种口处发生卡滞造成部件损坏，应使取种指夹快速精准开启，设计调控凸轮渐开斜面相对陡峭。根据上述设计原则、导种口及充种区种群具体位置，设计相应的指夹开启角为 20°，充种持续角为 160°，指夹夹持角为 30°，指夹推送角为 150°。

3. 复合振动清种系统

为有效避免作业过程中出现重播现象，提高机具整体播种质量，本研究采用复合振动清种方式对多余玉米种子进行清除，即设计振动清种区并配置柔性清种毛刷，提高排种器综合清种性能。在排种器完成夹持充种环节后，取种指夹夹持单粒或多粒玉米种子推送运动至排种盘凹凸振动面，进入振动清种环节。通过凹凸平面使得取种指夹夹持压力的反复变化引起玉米种子振动，配合清种毛刷作用除去受力不均的多余种子，实现复合振动清种效果。如图 4-7 所示，振动清种区位于排种盘表面正上方，由两组不同尺寸参数的凹面组成。当取种指夹夹持多粒玉米种子推送至振动清种区，玉米种子在振动区作用面方向及作用点的瞬时突变，导致玉米种子综合受力方向及接触面积发生变化，破坏原有平衡力系，经过连续两次反复作用，配合清种毛刷的柔性碰撞作用，清除受力不均衡的多余玉米种子，完成清种过程。在实际作业过程中，此种清种方式易受到外界机械振动等因素影响，造成玉米种子脱离滑离至充种区，因此设计清种毛刷可人为调整其角度，以进一步控制清种程度。

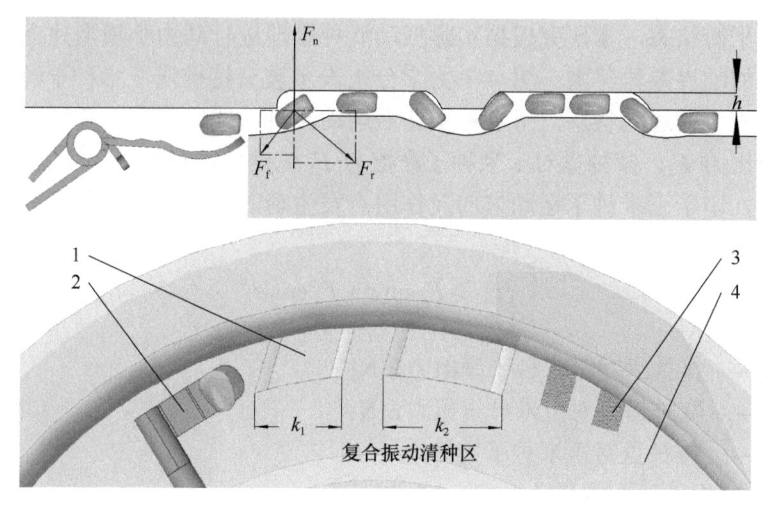

图 4-7　复合振动清种系统

1. 凹凸振动面；2. 取种指夹；3. 清种毛刷；4. 排种盘

振动清种区结构参数设计是影响排种器清种性能的主要因素，本研究根据取种指夹波纹指夹片参数及各类型玉米种子尺寸分布对其进行确定。为减少复合振动清种对玉米种子造成机械损伤，在两个凹面坡脚处设计圆弧角，保证玉米种子在弧面以线接触形式进行推送运动。通过第一振动凹面的玉米种子受力相对平衡，为提高二次清种效果，应增加第二振动凹面有效长度。振动清种区主要结构参数为第一振动凹面长度 k_1、第二振动凹面长度 k_2、第一振动凹面深度 h_1、第二振动凹面深度 h_2 和振动凹面圆弧角 ε。其中振动清种凹面长度由取种指夹波纹指夹片长度确定，振动凹面深度由玉米种子厚度确定，其基本结构参数应遵循设计原则为

$$\begin{cases}1.6l \geqslant k_2 > k_1 \geqslant 1.1l \\ 1.5H_{0\min} \geqslant h_1 = h_2 \geqslant H_{0\max}\end{cases} \tag{4-19}$$

式中，k_1——第一振动凹面长度，mm；

k_2——第二振动凹面长度，mm；

h_1——第一振动凹面深度，mm；

h_2——第二振动凹面深度，mm；

$H_{0\min}$——玉米种子厚度最小值，mm；

$H_{0\max}$——玉米种子厚度最大值，mm。

根据式（4-19）并依据前期所设计取种指夹结构尺寸及玉米种子尺寸分布，设计第一振动凹面长度 k_1 为 24mm，第二振动凹面长度 k_2 为 28mm，第一振动凹面深度 h_1 与第二振动凹面深度 h_2 相同，为 8mm。

振动凹面圆弧角 ε 是影响整体清种性能的重要参数，可有效打破多余玉米种

子间力系平衡状态，本研究根据实际振动清种原理进行动力学模型建立，分析其有效清种的临界参数范围。图 4-7 力学分析表示被夹持推送玉米种子经过振动凹面下坡过程中的运动状态，玉米种子在沿运动轨迹法线方向主要受到取种指夹对玉米种子压力 F_r、排种盘对玉米种子摩擦力 F_f 和排种盘对玉米种子支持力 F_n 的共同作用，由于玉米种子运动方向及作用点发生瞬时变化，玉米种子处于非平衡状态，即

$$\begin{cases} F_r \geqslant F_f \sin\varepsilon + F_n \cos\varepsilon \\ F_n \sin\varepsilon \leqslant F_f \cos\varepsilon \end{cases} \tag{4-20}$$

式中，F_f——排种盘对玉米种子摩擦力，N；

F_r——取种指夹对玉米种子压力，N；

F_n——排种盘对玉米种子支持力，N；

ε——振动凹面圆弧角，(°)。

其中，取种指夹对玉米种子压力和排种盘对玉米种子摩擦力可表示为

$$\begin{cases} F_r = \dfrac{mR\omega^2 - G\sin(\omega t + \alpha)}{\mu_1} \\ F_f = \mu_1 F_r \end{cases} \tag{4-21}$$

式中，m——玉米种子质量，g；

G——玉米种子重力，N；

R——取种指夹圆周旋转半径，mm；

ω——取种指夹圆周旋转角速度，rad/s；

t——取种指夹夹持推送时间，s；

α——取种指夹夹持推送角，(°)。

将式（4-20）和式（4-21）合并整理简化可得

$$\begin{cases} \cos\varepsilon \leqslant \dfrac{mR\omega^2 - G\sin(\omega t + \alpha)}{\mu_1(\mu_1{}^2 + 1)F_n} \\ \tan\varepsilon \leqslant \mu_1 \end{cases} \tag{4-22}$$

由于振动取种区位于排种盘正上方，因此取种指夹夹持角度 $\omega t + \alpha \approx 90°$，对式（4-22）进一步进行简化可得

$$\arctan\mu_1 \geqslant \varepsilon \geqslant \arccos\frac{4\pi^2 mRn^2 - G}{\mu_1(\mu_1{}^2 + 1)F_n} \tag{4-23}$$

式中，n——排种器有效工作转速，r/min。

结合实际玉米精量播种作业要求，排种器有效工作转速 n 为 15～45r/min，通过前期测定各类型玉米种子取种指夹摩擦因数范围为 $\mu_1 \in (0.12, 0.35)$，将相关参数代入式（4-23）中，设计确定其振动凹面圆弧角 $\varepsilon \in (2.7°, 7°)$，同时振动凹面上

坡应平缓些，有利于玉米种子夹持推入，下坡应陡峭些，有利于玉米种子的清种分离。

4. 平稳运移导种系统

为有效减缓高速播种过程中玉米种子与导种管及种床土壤的弹跳碰撞作用，提高播种精准度、均匀性和横纵直线度，降低投种点高度，提高后续投送作业稳定性，在排种器后侧设计配置平稳运移导种系统，与播种机具工作末端导种管柔性配合，充分利用导种管引向作业，以二次投种方式抵消玉米种子落入种沟瞬间的相对速度，实现玉米种子的平稳运移投送[3]，如图 4-8 所示。

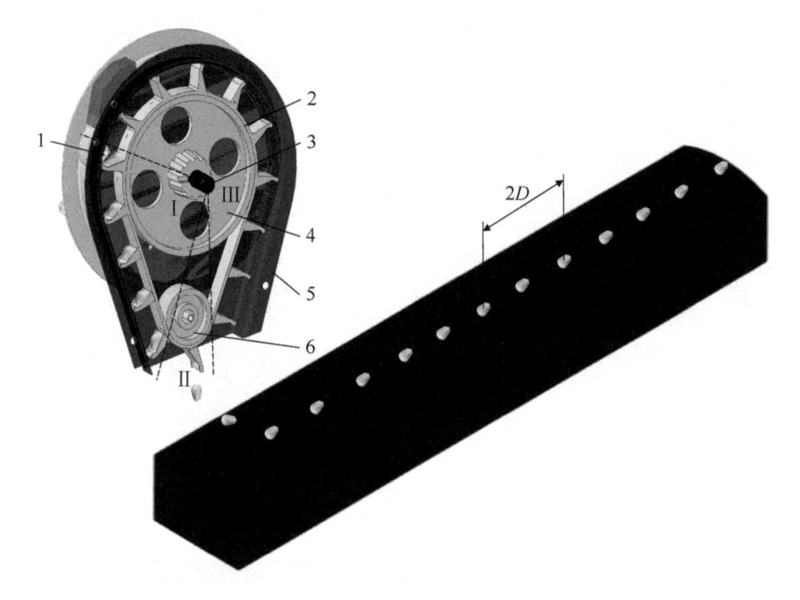

图 4-8　平稳运移导种系统

1. 导种口；2. 柔性导种带；3. 排种轴；4. 导种带轮 I；5. 护罩壳体；6. 导种带轮 II；
I. 导种运移区；II. 投种抛送区；III. 空转行程区；*D*. 播种株距

排种器平稳运移导种系统主要由柔性导种带、导种带轮（I、II）及护罩壳体等部件组成。其中柔性导种带是导种系统的核心工作部件，直接影响排种器平稳运移作业性能（籽粒运移均匀性和投送轨迹），带体采用橡胶材料制成，两侧设有微型种带护板，避免运动中因离心力及机械振动产生玉米的相对滑移。柔性导种带圆周上均匀等距配设 12 个倾斜导种叶片，与两侧护罩壳体构成 12 个封闭导种室。根据导种系统作用区域将其分为导种运移区、投种抛送区和空转行程区 3 个阶段。在运移导种过程中，排种轴驱动导种带轮 I（主动带轮）与导种带轮 II（从动带轮）同步转动，单粒玉米种子由导种口进入导种室内，随导种带整体进行逆时针旋转运移，玉米种子被平稳运送至投种点处并被反向投种抛送，减小与播种机具间相对速度，实现第 1 次种子运移作业。玉米种子经导种带投送，在自身重力及导种管柔性接引作用下落入导种管内，通过导种管引向实现低位零速投种，实现第 2 次种子运移作业。其中柔性导种带的主要结构参数为导种叶片间距 S 和叶片倾斜角 τ。

为研究运移导种阶段玉米种子的平稳性，研究玉米种子与导种叶片间相对平衡且不被甩离的临界条件，对导种环节玉米种子的运动状态进行分析。图 4-9 为根据导种环节玉米种子实际运移状态抽象的模型示意图，以导种带轮Ⅱ旋转中心为坐标原点 O，建立直角坐标系 xOy，此时玉米种子在柔性导种带运移下进行旋转运动，且整体随播种机具前进。当导种叶片处于投种点Ⅰ位置时，所运移的玉米种子与导种叶片间应保持相对平衡，避免在导种叶片上发生相对运动而影响投种轨迹，玉米种子主要受到导种叶片对玉米种子摩擦力 F_s、玉米种子所受离心力 F_c、导种叶片支持力 F_n 及自身重力 G 的共同作用，根据达朗贝尔原理，若要保证玉米种子平稳运移，则各平衡力系应满足：

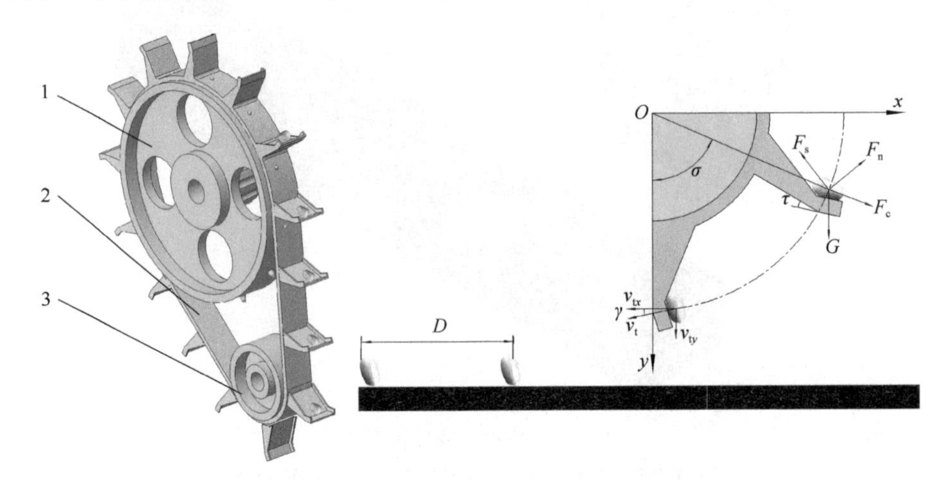

图 4-9 柔性导种带及其导种运动分析

1. 导种带轮Ⅰ；2. 柔性导种带；3. 导种带轮Ⅱ

$$\begin{cases} F_c = \dfrac{mV_1^2}{R_2} \\ V_1 = 2\pi n R_1 \\ F_s = G\cos\sigma + F_c\sin\tau \\ F_c + G\sin\sigma \leqslant F_s\cos\tau \end{cases} \tag{4-24}$$

式中，F_c——玉米种子所受离心力，N；

F_s——导种叶片对玉米种子摩擦力，N；

R_1——导种带轮Ⅰ（主动轮）半径，mm；

R_2——导种带轮Ⅱ（从动轮）半径，mm；

V_1——柔性导种带线速度，m/min；

σ——柔性导种带旋转圆周角，(°)；

m——玉米种子质量，kg；

n——导种轮工作转速，r/min；

τ——导种叶片倾斜角，(°)。

由于排种器整体结构限制，其导种带轮直径不可过大，设计导种带轮 I 半径 R_1 为 100～110mm，导种带轮 II 半径 R_2 为 50～60mm，且投种点旋转圆周角 σ 为 55°～65°，各材料间摩擦因数恒定，将相关参数代入式（4-24）中，可知所设计的叶片倾斜角 τ 应小于 22.3°，以保证其平稳导种作业。

为优化柔性导种带上导种叶片的配置方式，满足玉米播种农艺要求，对投种阶段玉米种子进行运动学分析。在理想作业状态下，一定时间内导种系统转过导种腔体数量应为玉米种子整数的 Z 倍，本研究确定 Z 为 1，即

$$Z\frac{V_0 t}{D}=\frac{V_1 t}{S} \tag{4-25}$$

将式（4-24）和式（4-25）合并整理简化可得

$$S=\frac{2\pi n R_2 D}{Z V_0} \tag{4-26}$$

式中，S——导种叶片间距，mm；

D——玉米种植株距，mm；

V_0——播种机具前进速度，m/s；

R_2——导种带轮 II（从动轮）半径，mm；

Z——导种腔体转动数量与玉米种子数量比值，本设计中 Z=1；

t——导种系统运动时间，s。

根据排种器整体结构及尺寸参数，结合东北地区玉米种植农艺要求，其种植株距 D 为 200～220mm，设定播种机具前进速度 V_0 为 3～8km/h，将相关参数代入式（4-26）中，可得导种叶片间距 S 为 52mm。

在此基础上，对所设计平稳导种系统合理性进行检验，分析导种叶片对投种过程中相邻玉米种子的干扰作用。当玉米种子被运移投送至投种点位置时，为满足零速投种作业要求，减小玉米种子投入种沟的相对瞬时速度，选取玉米种子相对导种系统的投送方向为水平方向，假设柔性导种带运动两相邻导种腔距离所需时间为 t_0，即

$$t_0=\frac{S}{V_1} \tag{4-27}$$

在时间 t_0 内玉米种子相对于排种器竖直方向下落位移可表示为

$$s = V_1 t_0 \sin\gamma + \frac{1}{2} g {t_0}^2 \tag{4-28}$$

将式（4-25）～式（4-28）合并整理简化可得

$$s = S\sin\gamma + \frac{S^2 g}{8\pi^2 \omega^2 {R_2}^2} \tag{4-29}$$

式中，s——玉米种子竖直方向下落位移，mm；

γ——玉米种子投送速度与水平方向间夹角，(°)；

ω——玉米种子投送角速度，°/s；

g——重力加速度，m/s^2；

t_0——运动两相邻导种腔距离所需时间，s。

由于玉米种子相对导种系统速度为零，因此其投送速度与水平方向间夹角 γ 为零，将相关参数代入式(4-29)中，可得玉米种子竖直方向下落位移 s 为 37.3mm，故在相邻导种叶片运动至投种点位置时，玉米种子相对于排种器竖直方向已运动 37.3mm，未对玉米种子正常投落造成干扰。

通过对排种器平稳运移导种系统作业机理进行研究，建立运移投送过程运动学及动力学模型，对玉米种子运移均匀性及精准度进行测定，加之一系列台架及田间试验研究，此排种器足以满足东北地区对玉米精量播种的要求，目前与企业合作已创制出系列样机。在黑龙江、吉林等地大面积投入使用，后续会针对排种器在实际应用中的使用情况进行进一步的改进研究。

4.3 动定指勺夹持式玉米精量排种器设计

基于多种典型玉米种子物料特性参数测定研究，设计了一种基于限位导引的动定指勺夹持式玉米精量排种器[4]，采用夹持充种、运移清种、平稳导种和零速投种等作业方式，阐述分析了排种器总体结构及工作原理，优化了排种器关键部件指勺种盘和限位导引总成结构参数，对排种器充种、清种、导种及投送等系列串联过程进行理论分析，探究解析其精准排种作业机理，以提高机械式精量玉米排种器作业质量与适播范围。

4.3.1 总体结构与工作原理

动定指勺夹持式玉米精量排种器主要由排种轴、指勺种盘、限位导引总成、滚动滑轮、卸种滤板、清种毛刷和固装底壳等部件组成，其整体结构如图 4-10 所示。其中指勺种盘和限位导引总成是排种器核心工作部件，其设计配置的合理性直接影响机具作业质量。指勺种盘主要由 18 组动定指勺系统和安装于种盘端盖内的微调弹簧组合而成，种盘端盖与定指勺固装，动指勺与微调弹簧安装于种盘端盖卡槽内。滚动滑轮配置于动指勺外侧，从而使指勺种盘结构在凸轮盘壳体内深沟槽导轨平稳柔和运动，避免卡滞现象发生。指勺系统开启空间由调控摆臂实现复合限位导引共同控制，进行夹持充种以适应不同等级尺寸玉米种子的播种作业。为避免夹持时种子滑落及伤种问题，采用耐磨性尼龙材料制作动定指勺。清种毛刷由柔软猪鬃制成，可调整清种毛刷角度来改变清种程度。卸种滤板固装于底壳正下方，以便清除播种作业后排种器内残余的种子。

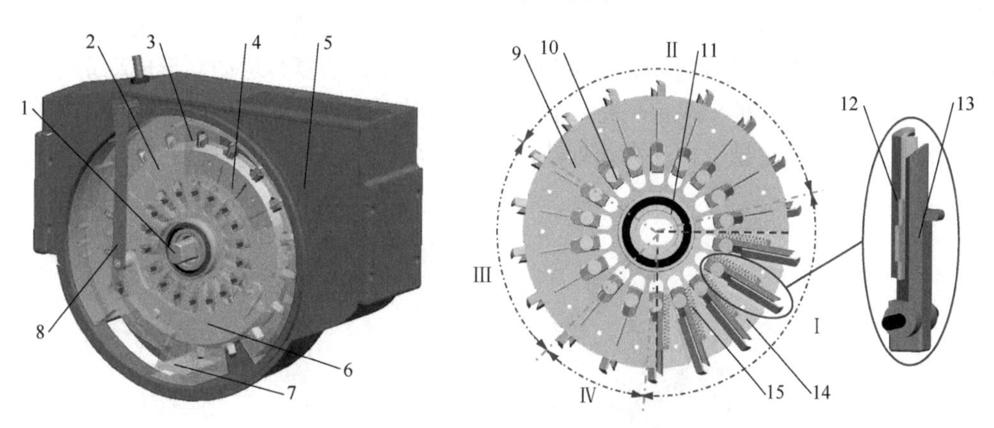

图 4-10　动定指勺夹持式玉米精量排种器

1. 排种轴；2. 深沟槽凸轮盘壳体；3. 清种毛刷；4. 动定指勺系统；5. 固装底壳；6. 调控摆臂；7. 卸种滤板；8. 调控拉杆；9、14. 种盘端盖；10. 滚动滑轮；11. 排种轴承；12. 定指勺；13. 动指勺；15. 微调弹簧；Ⅰ. 充种区；Ⅱ. 清种区；Ⅲ. 导种区；Ⅳ. 投种区

排种器工作过程主要分为夹持充种、运移清种、平稳导种和零速投种 4 个串联阶段。正常作业时，玉米种子通过自身重力由种箱填充至充种区内，通过固装于底壳自身物料仿架空限位结构确定种子流动形态，保证充种区内种子数量动态平衡。通过调控摆臂调节点轮盘壳体深沟槽充种区位置处导轨轨迹进行复合限位导引，控制指勺系统开启空间，从而保证各类型玉米种子的稳定夹持。机具行走装置通过链传动将动力传至排种轴，并带动指勺种盘整体进行旋转。定指勺随种盘进行圆周旋转，种子在指勺种盘的旋转搅动下分种，动指勺在复合导轨和微调弹簧共同作用下沿种盘径向进行定时伸缩与开闭，形成速度不同的圆周种群层。当运动至充种区时动指勺开启，种子在自身重力、种群碰撞摩擦力及指勺支持力共同作用下完成夹持取种，当离开充种区时动指勺在微调弹簧力作用下夹持多粒种子，完成充种过程。指勺系统夹持种子运移至清种区时，配合清种毛刷去除受力不均匀的种子，保证单粒夹持取种，完成清种过程。单粒种子进入导种区，动指勺开启，完成导种环节。种子被运移至投种点抛送瞬间进行零速投送，完成投种过程。通过各环节共同作用提高机具播种质量与适

播范围，实现精量播种作业。

4.3.2 动定指勺夹持式玉米精量排种器关键部件设计与分析

1. 指勺种盘

指勺种盘是排种器的重要执行部件，主要由滚动滑轮、动定指勺系统及种盘后端盖等部件组成。如图 4-11 所示，定指勺均匀周向固装于种盘端盖上，并随着指勺种盘进行旋转运动，动指勺周向布置在种盘端盖卡槽内，微调弹簧被动指勺定位压缩，完成动指勺随种盘旋转和沿种盘径向伸缩的复合运动，形成动定指勺间开闭腔体对玉米种子稳定夹持，且滚动滑轮对应配置于动指勺底部两端，以便于指勺种盘在凸轮盘壳体深沟槽导轨内平稳运动。

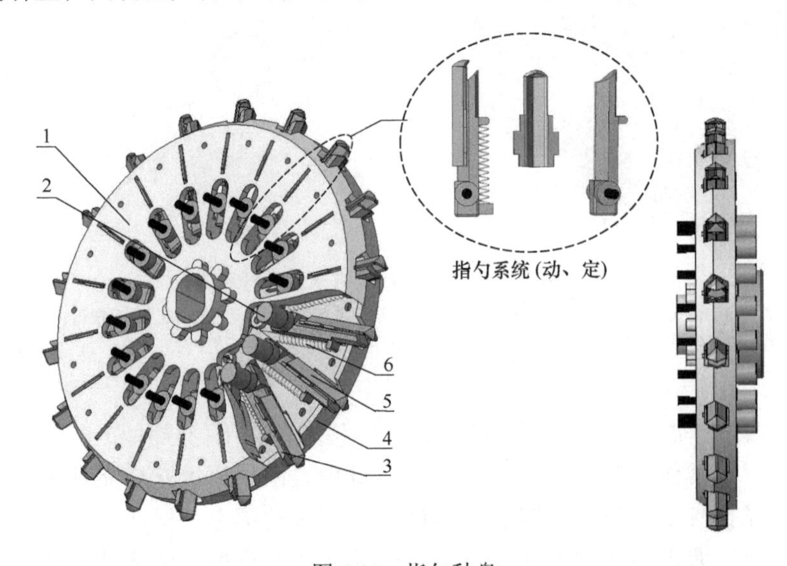

图 4-11　指勺种盘

1. 种盘前端盖；2. 滚动滑轮；3. 动指勺；4. 种盘后端盖；5. 定指勺；6. 微调弹簧

动定指勺系统直接与玉米种子相互接触夹持，其结构形状及尺寸参数直接影响机具充种性能。本节对不同类型玉米种子的尺寸分布进行测定研究，优化设计动定指勺结构参数，分析了指勺稳定夹持临界条件，从而提高排种器充种质量及适应性能。

在充种过程中，指勺种盘带着指勺系统整体进行旋转运动，动指勺相对于定指勺进行径向伸缩运动，依靠动定指勺产生空腔夹持种子。为使各向夹持力均匀平稳，避免指勺边缘对种子损伤，在动定指勺设计过程中，应简化勺体内部结构，确保勺体弧面光滑过渡。如图 4-12 所示，设计时将所夹持种子简化为椭球体，根据椭圆形截曲线进行旋转扫描切除从而得到指勺实体，其指勺凹曲面为椭球体，同时动定指勺凹曲面沿截曲线倾斜切线对称设计。本研究对动指勺参数进行设计分析，定指勺相关尺寸相同，其主要结构参数为指勺夹持作用深度 L、指勺夹持作用宽度 W、指勺凹曲面切线倾斜角 α。

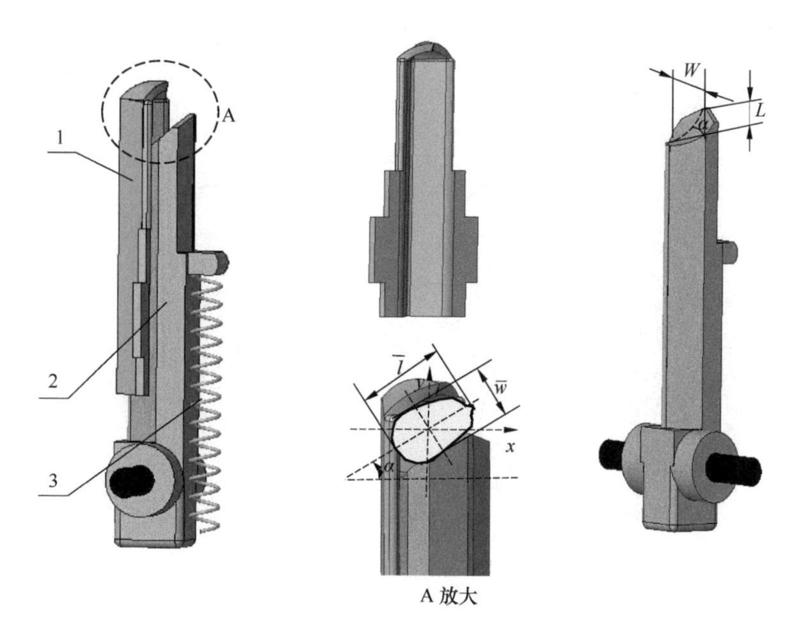

图 4-12　动定指勺系统

1. 定指勺；2. 动指勺；3. 微调弹簧

为提高指勺夹持充种质量与适应范围，结合各等级玉米种子几何尺寸分布，指勺基本参数应遵循的设计原则为

$$\begin{cases} 1.2\bar{l} \geqslant L \geqslant \bar{l}\sin\alpha \\ 1.5\bar{w} \geqslant W \geqslant 1.2\bar{t} \end{cases} \tag{4-30}$$

式中，$\bar{l}$ ——玉米种子平均长度，mm；

$\bar{w}$ ——玉米种子平均宽度，mm；

$\bar{t}$ ——玉米种子平均厚度，mm。

动定指勺凹曲面皆由椭球体截曲线旋转扫描优化而成，以夹持中心为坐标原点 O，建立直角坐标系 xOy，则指勺凹曲面倾斜截曲线方程为

$$\frac{4(x\cos\alpha + y\sin\alpha)^2}{\bar{l}^2} + \frac{4(y\cos\alpha - x\sin\alpha)^2}{\bar{w}^2} = 1 \tag{4-31}$$

通过探究系统与被夹持种子间保持相对平衡且不被甩离的临界条件，通过对充种过程指勺系统和种子的运动状态力学分析，可研究指勺系统夹持充种的稳定性。如图 4-13 所示，根据指勺夹持种子实际运动状态模型示意图，以指勺种盘旋

转中心为坐标原点 O，建立直角坐标系 xOy。对处于伸缩夹持过程中的动指勺进行受力分析，动指勺主要受到微调弹簧弹力 F_R、被夹持种子反向支持力 F_{N1}、被夹持种子反向摩擦力 F_{S1}、定指勺滑道支持力 F_{N3}、定指勺滑道摩擦力 F_{S3}、指勺所受离心力 F_{c1} 和指勺自身重力 G_1 共同作用。根据达朗贝尔原理，则各平衡力系应满足：

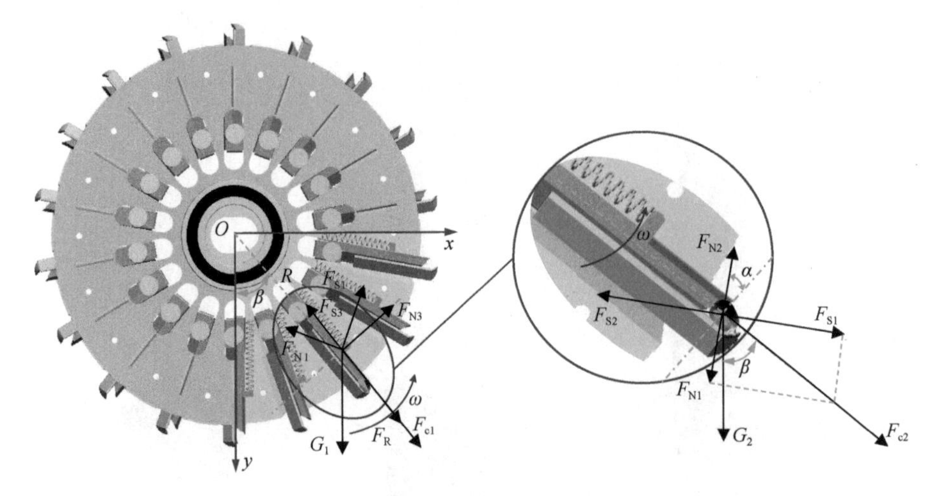

图 4-13　指勺夹持力学分析

$$
\begin{cases}
F_{S1}\sin\alpha + F_{N1}\cos\alpha + F_{S3} = G_1\cos\beta + F_{c1} + F_R \\
F_{S1}\cos\alpha + F_{N3} = F_{N1}\sin\alpha + G_1\sin\beta
\end{cases}
\tag{4-32}
$$

其中

$$
\begin{cases}
F_{S1} = \mu_1 F_{N1} \\
F_{S3} = \mu_2 F_{N3} \\
F_R = k\Delta x \\
F_{c1} = m_1\omega^2 R_1 \\
G_1 = m_1 g
\end{cases}
\tag{4-33}
$$

式中，m_1——动指勺质量，g；

g——重力加速度，m/s^2；

k——微调弹簧刚度系数，N/mm；

Δx——微调弹簧伸缩变形量，mm；

ω——指勺种盘旋转角速度，rad/s；

R_1——动指勺旋转半径，mm，近似为质心规则圆柱体；

β——动指勺旋转圆周角，(°)；

μ_1——动指勺与玉米种子间摩擦因数；

μ_2——动定指勺间摩擦因数。

在此基础上，对玉米种子进行力学分析，其主要受到动指勺夹持摩擦力 F_{S1}、种子所受离心力 F_{c1}、定指勺夹持摩擦力 F_{S2}、动指勺夹持支持力 F_{N1}、定指勺夹持压力 F_{N2} 和种子自身重力 G_2 共同作用。若要保证种子被稳定夹持且是向圆周旋转运动，则沿种子运动轨迹法线和切线方向受力应平衡，其各应满足：

$$\begin{cases} F_{N2}\cos\alpha + F_{S2}\sin\alpha - \left(F_{N1}\cos\alpha + F_{S1}\sin\alpha + G_2\cos\beta\right) \geqslant F_{c2} \\ F_{N1}\sin\alpha + F_{S2}\cos\alpha = G_2\sin\beta + F_{N2}\sin\alpha + F_{S1}\cos\alpha \end{cases} \tag{4-34}$$

其中

$$\begin{cases} F_{S2} = \mu_1 F_{N2} \\ F_{c2} = m_2\omega^2 R_2 \\ F_R = \sqrt{{F_{S1}}^2 + {F_{N1}}^2} \\ G_2 = m_2 g \end{cases} \tag{4-35}$$

式中，m_2——玉米种子质量，g；

R_2——玉米种子旋转半径，mm，近似为质心规则椭球体。

将式（4-33）～式（4-35）合并整理简化可得

$$\alpha \leqslant \arctan\left(\frac{\mu_1\omega^2 R_2 + \mu_1 g\cos\beta - g\sin\beta}{\omega^2 R_2 + g\sin\beta + \mu_3 g\sin\beta}\right) \tag{4-36}$$

根据夹持充种角度要求动指勺旋转圆周角 $\beta<90°$，常规排种旋转角速度 ω 为 1.5～5.3rad/s，各材料间摩擦因数恒定不变，将参数代入式（4-36）中，可知所设计指勺凹曲面切线倾斜角 α 应小于 33.8°，以保证指勺平稳夹持作业。受到惯性离心力的限制，综合考虑整体结构，指勺种盘圆周直径不应较大，设计种盘旋转半径 R_2 为 185.0mm。根据式（4-30）、式（4-36）及玉米种子尺寸参数，设计指勺凹曲面切线倾斜角 α 为 30°，指勺夹持作用深度 L 为 13.5mm，指勺夹持作用宽度 W 为 7.2mm。

2. 限位导引总成

1）限位导引原理

为精准控制指勺系统的开启与闭合，有效串联各排种作业环节，本研究采用凸轮复合导引方式优化设计了限位导引总成。如图 4-14 所示，限位导引总成主要由调控摆臂、微调弹簧和深沟槽凸轮盘壳体等部件组成。实际作业过程中，根据玉米种子形状尺寸要求，通过拉杆控制调控摆臂的位置，从而改变凸轮盘壳体深沟槽导轨在充种区内的运动轨迹，实现复合限位作用，进而调整指勺系统伸缩开闭行程空间。指勺种盘整体被约束于复合导轨内，指勺种盘随排种轴进行旋转运动，限位导引总成固定不动，微调弹簧和导引总成共同作用完成动指勺的径向伸缩夹持。

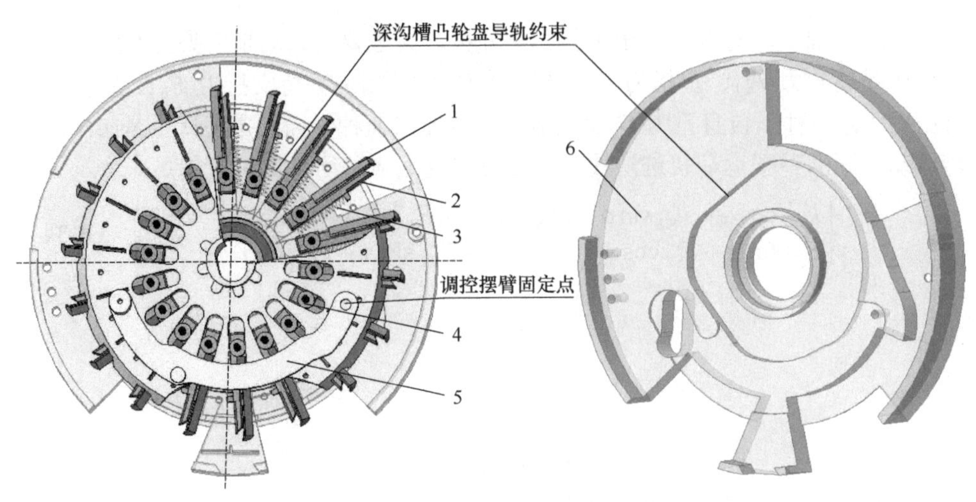

图 4-14 限位导引总成复合约束

1. 定指勺；2. 动指勺；3. 微调弹簧；4. 滚动滑轮；5. 调控摆臂；6. 深沟槽凸轮盘壳体

充种过程是排种器夹持运移的初始环节，也是最重要的环节之一，合理稳定调节充种区域内指勺伸缩开启空间是提高整体作业质量的重要保证。指勺开启行程过大，易夹持多粒种子造成重播现象；指勺开启行程过小，易夹持不到种子造成漏播现象。因此在充种区域配置圆弧形调控摆臂，安装于凸轮盘壳体内，一端固定铰接于点轮盘壳体，另一端通过调控型孔调节摆臂的作用尺寸及角度，实现指勺导轨的复合导引约束。根据玉米种子形状尺寸差异、指勺种盘及凸轮盘整体配置要求，设计调控摆臂调节尺寸范围为 0～24mm，即当调控摆臂调节尺寸为 0mm 时，完全依靠点轮盘壳体深沟槽导轨进行约束导引；当调控摆臂调节尺寸大于 0mm 时，依靠复合导轨进行约束导引。调控摆臂调节尺寸范围直接影响排种器夹持充种性能，也是提高排种器作业质量和适播范围的重要因素，因此在后续台架试验阶段将对此因素开展试验研究。

2）凸轮盘导轨轮廓曲线

深沟槽凸轮盘壳体是限位导引总成的基础载体部件，其深沟槽导轨轮廓曲线直接准确适时地控制指勺系统开闭，应根据排种器各作业环节区域划分及指勺伸缩行程要求对导轨轮廓曲线进行设计。排种器各环节区域划分应遵循如下原则：尽量加大充种区域作业范围，保证充种性能稳定性与可靠性；使指勺系统缓慢过渡至清种区，保证有效清除受力不均的多余种子；使导种区快速过渡至投种区，防止指勺产生连带作用，保证排种器有效零速投种。根据上述原则及充种区内种群具体位置，设计充种区角度为 85°，清种区角度为 120°，导种区角度为 100°，投种区角度为 55°。

在此基础上，对深沟槽导轨轮廓曲线进行优化设计，综合分析指勺种盘处于低中速运行状态，作业过程中指勺系统将产生柔性冲击，所设计的深沟槽凸轮盘属于“力锁合”凸轮机构，所优化的导轨轮廓曲线为间歇式可升离凸轮曲线。采用反转法对点轮盘导轨轮廓曲线进行求解，如图 4-15 所示，滚子中心 A 点轨迹即为导轨凸轮曲线理论轮廓曲线。重点对充种区至清种区升程段、投种区至充种区升程段和清种区至导种区回程段进行设计，其方程为

$$\begin{cases} S_1 = h_1(1-\delta)/\delta_1 & \left(\dfrac{1}{2}\pi \leqslant \delta \leqslant \dfrac{11}{18}\pi\right) \\ S_2 = h_2\left(1-\delta/\delta_2+\sin\left(2\pi\delta/\delta_2\right)\right)\big/\left(2\pi\right) & \left(\pi \leqslant \delta \leqslant \dfrac{43}{36}\pi\right) \\ S_3 = r_0\left(1-\cos\left(\pi\delta/\delta_3\right)\right)\big/2 & \left(\dfrac{55}{36}\pi \leqslant \delta \leqslant \dfrac{33}{18}\pi\right) \end{cases} \tag{4-37}$$

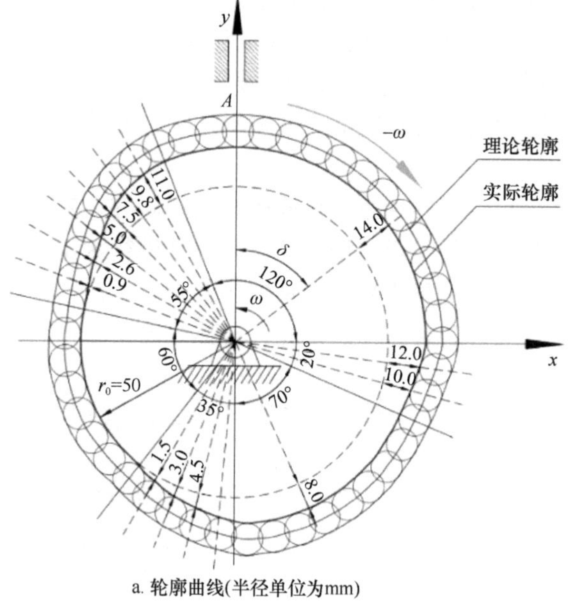

a. 轮廓曲线(半径单位为mm)

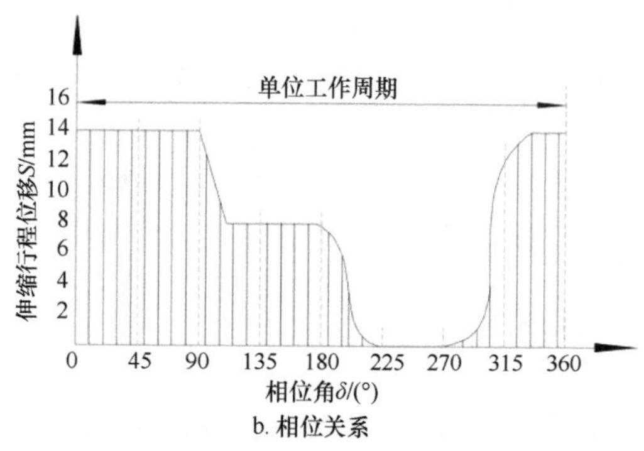

b. 相位关系

图 4-15　深沟槽凸轮盘导轨轮廓曲线

式中，S_1——充种区至清种区升程位移，mm；

S_2——清种区至导种区回程位移，mm；

S_3——投种区至充种区升程位移，mm；

δ——旋转相位角，(°)；

δ_1——充种区至清种区升程运动角，(°)；

δ_2——清种区至导种区回程运动角，(°)；

δ_3——投种区至充种区升程运动角，(°)；

h_1——充种区远休行程，mm；

h_2——清种区远休行程，mm；

r_0——导轨轮廓曲线基圆半径，mm。

根据指勺系统伸缩夹持空间及时间要求，设定导种区至投种区轮廓曲线为基圆曲线，其半径r为50mm，充种区远休行程h为8mm，清种区远休行程h为14mm，充种区至清种区升程运动角δ_1为20°，清种区至导种区回程运动角δ_2为55°，投种区至充种区升程运动角δ_3为35°，将上述代入式（4-37）中，即可得到所优化设计的深沟槽导轨轮廓曲线。

通过对排种器平稳运移导种系统作业机理进行研究，建立运移投送过程运动学及动力学模型，对玉米种子运移均匀性及精准度进行测定，并通过系列台架及田间试验研究，保证其满足玉米精量播种农艺要求。目前，已与多家农机企业合作联合生产配套系列播种装备，在黑龙江、吉林等地大面积应用推广。

4.4 间歇同步充补鸭嘴式玉米精量排种器设计

以解决坡耕地工况下鸭嘴式玉米精量排种器排种质量差的问题为出发点，对排种器关键部件创新设计并进行了理论分析，提出了间歇同步充补排种器设计理论与样机试制方案[5]。基于农艺要求及玉米物料参数，设计了一种间歇同步充补鸭嘴式玉米精量排种器，阐述了排种器工作原理，优化了排种器间歇同步充补装置、摇杆、内棘轮和直角导种部件等关键部件结构参数。对排种器重力充种、探种补种、稳定导种和精准投种 4 个串联阶段进行理论分析。构建玉米在排种和导种过程的动力学与运动学模型，分析排种作业机理，为排种器后续虚拟仿真分析、参数优化、样机试制及台架试验提供基本理论基础与借鉴参考。

4.4.1 总体结构与工作原理

配套间歇同步充补装置的鸭嘴式玉米精量排种器主要由排种器本体（拨叉、鸭嘴摇杆、滞种室、种箱、排种室、直角导种部件、导种环及鸭嘴装置）和间歇同步充补装置（补种窝眼辊、内棘轮连接件、外棘轮连接件、排种窝眼辊、回位弹簧、下摇杆、上摇杆、凸轮杆、凸轮、清种辊、内棘轮及外棘轮）等部件组成，如图 4-16 所示。鸭嘴装置与滞种室通过外盘滑道和螺钉固装于连接盘，鸭嘴摇杆铰接于鸭嘴装置，导种环固装于滞种室，连接轴串联其余主要部件并通过螺栓固定。其中，间歇同步充补装置和直角导种部件是排种器的核心工作机构；间歇同步充补装置通过壳体上卡槽装配于排种室下端，实现同步充种与补种功能；直角导种部件通过螺钉固装于导种环上，可保证种子在导种区平稳运移，提高排种器整体作业质量。

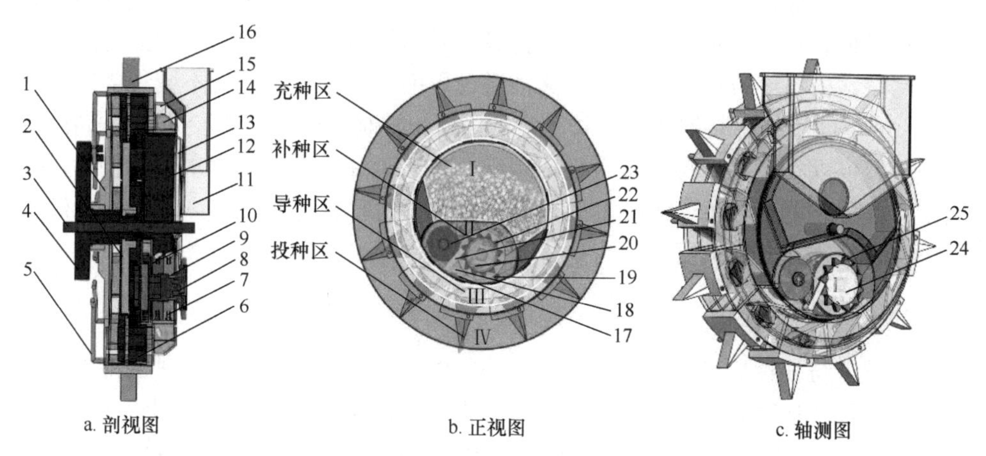

图 4-16　配套间歇同步充补装置的鸭嘴式玉米精量排种器整体结构图

1. 外盘；2. 连接盘；3. 连接轴；4. 拨叉；5. 鸭嘴摇杆；6. 滞种室；7. 补种窝眼辊；8. 内棘轮连接件；9. 外棘轮连接件；10. 排种窝眼辊；11. 种箱；12. 排种室；13. 壳体；14. 直角导种部件；15. 导种环；16. 鸭嘴装置；17. 回位弹簧；18. 下摇杆；19. 卸种片；20. 凸轮杆；21. 上摇杆；22. 凸轮；23. 清种辊；24. 内棘轮；25. 外棘轮

排种器作业过程主要分为重力充种、探种补种、稳定导种和精准投种 4 个串联阶段，分别对应充种区、补种区、导种区和投种区，如图 4-16b 所示。其中充种区与补种区相对于地面平动，导种区与投种区相对于地面纯滚动。

在作业过程中，种子由种箱填充至充种区，通过重力和窝眼支持力将种子充入排种窝眼辊和补种窝眼辊。旋转的窝眼辊和清种辊保持充种区种子群动态平衡形成均匀种子流。窝眼将种子由充种区运移至补种区，当排种窝眼辊漏充时，下摇杆在回位弹簧作用下定轴旋转，与排种窝眼辊内径相接触，同时固连在下摇杆上端的上摇杆逆时针旋转与外棘轮轮齿脱离，此时在摩擦力的作用下凸轮与内棘轮自锁，带动外棘轮转动，外棘轮通过外棘轮连接件将动力传递至补种窝眼辊上，补种窝眼辊随排种窝眼辊一同转动完成补种。当排种窝眼辊未漏充时，种子克服回位弹簧推力顶起下摇杆，上摇杆顺时针转动与外棘轮轮齿啮合，凸轮与内棘轮滑转使动力脱离，此时补种窝眼辊相对静止，仅由排种窝眼辊排出。被排出的种子经过月牙形的卸种片完成清种，落入导种区，随着在地面上做纯滚动的导种环运动，在直角导种部件主端面与水平面呈竖直前，种子在重力和摩擦力作用下沿直角导种部件不断滑移进入投种区。种子由滞种室落入鸭嘴装置中，随着排种器的转动运移至投种点，拨叉拨动鸭嘴摇杆，使固连在鸭嘴摇杆上的鸭嘴开合，排入土壤中完成投种过程。

4.4.2 间歇同步充补鸭嘴式玉米精量排种器关键部件设计与分析

间歇同步补种鸭嘴式玉米精量排种器主要由排种盘、补种盘、间歇同步补种装置和导种装置等关键部件共同配合完成玉米精量播种。其中，补种盘与排种盘通过窝眼结构将单粒种子与种群分离，通过更换不同种盘以适应不同种类的玉米种子；间歇同步补种装置在探测排种盘的同时，控制补种盘旋转，实现漏播补种；导种装置可以实现玉米种子定量稳定运移，提高运种质量。本章主要对种盘、间歇同步补种装置、导种装置和其他部分关键部件进行优化与设计，以期为后续虚拟仿真模型建立、样机试制与台架试验研究提供理论基础。

1. 种盘设计

排种盘与补种盘可实现单粒种子从种群中分离，是保证同步补种功能的关键部件，其尺寸参数对间歇同步补种机构的设计尤为重要。在作业过程中两种盘通过齿轮轴带动，由于前后不同形状的端面孔，配合间歇同步补种机构将动力分离，从而实现精确分种及漏充补种的功能。种盘径向开出深度适合的沟槽，利于摇杆探种并增大摇杆旋转角度。其具体结构如图 4-17 所示。

图 4-17　种盘结构图

为提高充种性能对种盘直径进行设计，当种盘直径设计得越小，种盘曲率越大，在重力作用下种子越不易充入型孔中，且在相同作业条件下，种盘上的型孔数目必将更少，造成种盘转速提高，种子充入型孔的时间将变短，导致漏播严重。

由于整体尺寸限制，排种盘直径也不宜过大。种盘线速度一般不大于 0.2m/s，根据种盘与作业速度关系，可得种盘直径为

$$R_p \leqslant \frac{0.2}{v_j} R_j \tag{4-38}$$

式中，R_p——种盘外径，mm；

v_j——作业速度，m/s；

R_j——排种器外延半径，mm。

取鸭嘴式排种器常规作业速度 0.8m/s，排种器外延半径可根据株距要求和传统鸭嘴式排种器尺寸确定为 216mm，代入式（4-38）后确定种盘外径 R_p 为 50mm。

窝眼型孔根据几何形状可分为纵长方孔、横长方孔、圆柱形、锥柱形和半球形。其中半球形型孔因其可以实现“平躺”方式充种且相较于其他形状型孔更适于单粒播种。因此，本研究采用半球形型孔，根据所选取的 15 种玉米品种外形尺寸差异，将其分为扁形大粒种子、扁形小粒种子、圆形大粒种子和圆形小粒种子等 4 种，各类型玉米种子几何尺寸详情见 3.2.1 章节，在此不作过多赘述。单粒播种时，型孔直径一般应大于种子最大长度的 0.7～1.5mm，型孔深度一般为种子的最大厚度，设计不同尺寸种盘窝眼参数并对其圆整，由于补种盘需要承担漏播补种的功能，其充种性能应更强，设计补种盘尺寸参数相较于同类型排种盘大，种盘型孔参数如表 4-1 所示。

表 4-1　种盘型孔参数

种盘类型	排种盘		补种盘	
	直径/mm	深度/mm	直径/mm	深度/mm
Ⅰ	13.5	5.5	14	6
Ⅱ	11.5	5	12	5.5
Ⅲ	12	5.5	12.5	6
Ⅳ	8.5	4.5	9	5

注：类型Ⅰ适用于扁形大粒种子，类型Ⅱ适用于扁形小粒种子，类型Ⅲ适用于圆形大粒种子，类型Ⅳ适用于圆形小粒种子

2. 间歇同步充补装置设计

间歇同步充补装置主要由摇杆（上摇杆及下摇杆）、补种窝眼辊、排种窝眼辊、回位弹簧、凸轮、凸轮杆、内棘轮和外棘轮等组成，如图 4-18 所示，其结构参数和相对位置关系直接影响补种作业效果。本研究重点对关键部件（摇杆、排种窝眼辊、外棘轮）配合位置关系、摇杆最小转角、回位弹簧作用力及凸轮与内棘轮自锁条件进行分析，以提高间歇同步充补装置的排种性能。

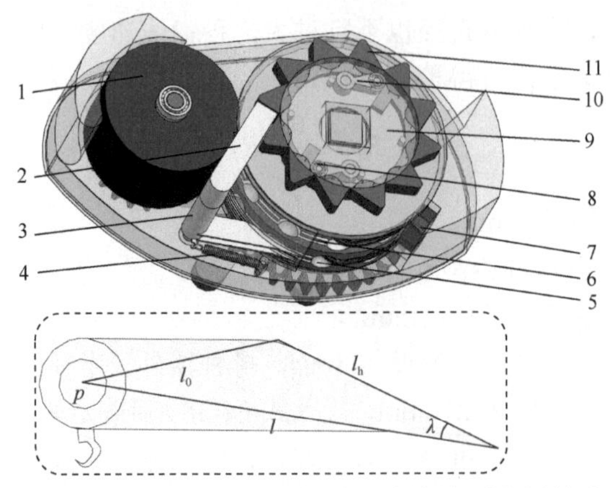

图 4-18　间歇同步充补装置与下摇杆相对位置关系

1. 清种辊；2. 上摇杆；3. 下摇杆；4. 回位弹簧；5. 排种窝眼辊；6. 补种窝眼辊；7. 卸种片；8. 凸轮；9. 外棘轮连接件；10. 凸轮杆；11. 外棘轮；l_h 为下摇杆长度；l 为摇杆旋转中心至端点长度；λ 为 l_h 与 l 夹角；l_0. 摇杆旋转中心与种子中心最短距离，mm；λ. 下摇杆端角，(°)

1）下摇杆与窝眼辊相切条件

为保证稳定补种的准确性与同步性，需满足下摇杆与窝眼辊相切条件，即在正常工况下（无漏播情况），下摇杆长度应满足 1～2 倍的窝眼中心弧长，使其轮廓与补种窝眼轮相切，保证上摇杆始终与外棘轮轮齿啮合，避免连续作业时补种窝眼辊将不断滑转造成重播。同时在漏播工况下上摇杆须迅速脱离外棘轮轮齿，结合动力实现同步补种。

在正常工况下，摇杆与窝眼辊几何关系如图 4-19 所示，下摇杆长度需满足：

$$\frac{2\pi R_p}{n} \leqslant l_h \leqslant \frac{4\pi R_p}{n} \tag{4-39}$$

式中，l_h——下摇杆长度，mm；

n——型孔数，个。

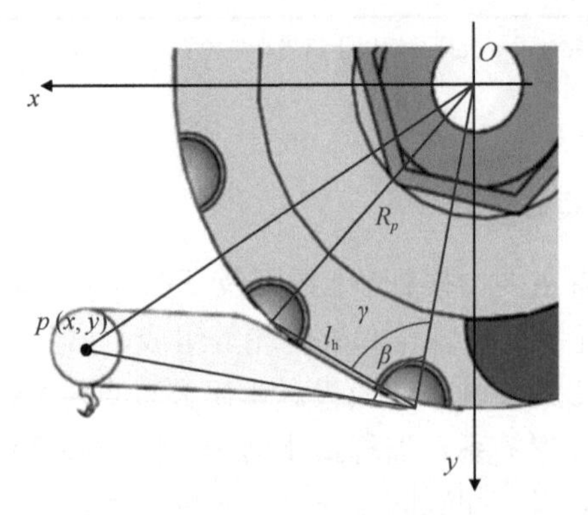

图 4-19　正常工况下摇杆与窝眼辊几何关系

为保证排种器结构的紧凑性，同时降低种子所受离心力，窝眼轮直径不宜过大，设定窝眼辊旋转半径（即种子旋转半径）R_p 为 50mm；在作业速度和株距一定的条件下型孔数目越多，充种性能越好，故设计窝眼轮型孔个数为 12。将参数代入式（4-39）中，可得下摇杆长度 l_h 为 26～52mm。综合考虑摇杆旋转角度等因素，下摇杆长度不宜过大，确定下摇杆长度 l_h 为 30mm。

2）上摇杆脱离外棘轮轮齿条件

为实现补种窝眼辊动力快速接合与分离，与其配合的摇杆需定轴旋转一定角度，在保证上摇杆可脱离外棘轮的轮齿条件下，间歇同步充补装置响应时间最短。摇杆位移与排种窝眼辊结构的关系如图 4-20 所示。摇杆旋转中心至末端点长度 l 和摇杆旋转角度 ε'关系可表示为

$$\varepsilon' = \frac{R_p - r_p}{l} \tag{4-40}$$

式中，ε'——摇杆旋转角度，(°)；

l——摇杆旋转中心至末端点长度，mm；

r_p——窝眼辊内径，mm。

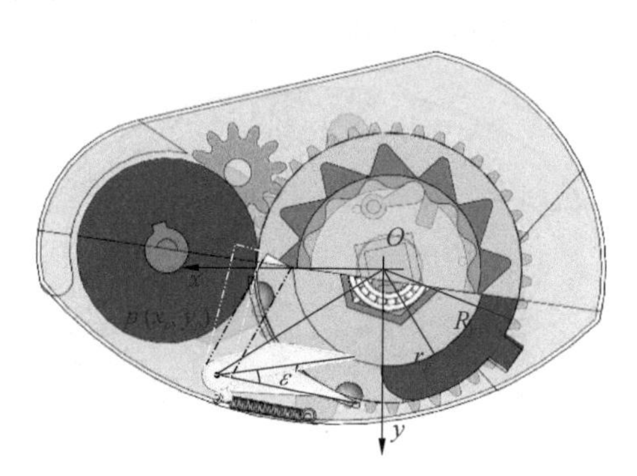

图 4-20　摇杆位移、排种窝眼辊与外棘轮结构关系

由式（4-40）可知，在弧长尺寸恒定的情况下，摇杆旋转中心至末端点长度 l 越大，摇杆旋转角度 ε'最大值越小。考虑间歇同步补充机构的紧凑性，设定摇杆旋转中心至末端点长度 l 为 52mm。综合考虑传动机构空间位置和窝眼辊材料强度，窝眼辊内径不宜过小，故设计窝眼辊内径 r_p 为 35mm，摇杆旋转角度 ε'最大值为 16.5°。

为确定摇杆旋转中心点 p 的位置，以窝眼轮旋转中心点 O 为坐标原点，原点水平线为 x 轴，坐标原点指向落种点为 y 轴，建立直角坐标系，如图 4-20 所示。根据几何关系可知，点 p 既在以 O 为圆心、R_p 为半径的圆上，又在上摇杆中心线上。上摇杆中心线与 x 轴夹角为外棘轮轮齿顶角与摇杆旋转角度之和，且中心线恰好与窝眼辊外径（设计外棘轮外圆半径近似等于排种窝眼辊外径 R_p）相切以保

证最小转角，则点 p 需满足平面方程关系式为

$$\begin{cases} x_p^2 + y_p^2 = l^2 + R_p^2 \\ y_p = \tan(\eta + \varepsilon)x_p + R_p\sqrt{\tan^2(\eta + \varepsilon) + 1} \end{cases} \tag{4-41}$$

式中，η——外棘轮轮齿顶角，取 60°；

x_p——p 点横坐标，mm；

y_p——p 点纵坐标，mm。

为确定下摇杆端角，如图 4-18 所示，根据其几何关系需满足：

$$\lambda = \frac{\pi}{2} - \arccos\left(\frac{l_{\mathrm{h}}}{2R_p}\right) \tag{4-42}$$

式中，λ——摇杆端角，(°)。

将式（4-41）与（4-42）合并可得，摇杆旋转中心点 p 坐标(60mm, 40mm)，摇杆端角 λ 为 17.2°。

在摇杆旋转角度 ε'确定的情况下，回位弹簧的作用力越大，摇杆定轴旋转速度越快，补种效果越好，但过大弹簧力易损伤种子。为确定防止种子损伤的极限弹簧力，对下摇杆进行力学分析，如图 4-21 所示。

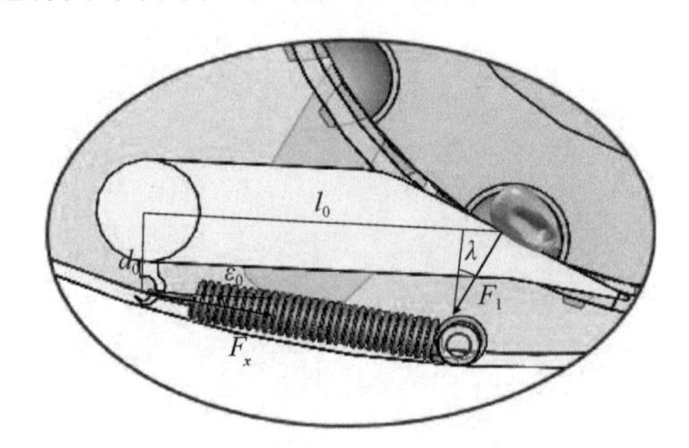

图 4-21　探种过程力学分析

在正常工况下，下摇杆处于静止状态，其主要受回位弹簧拉力 F_x 和种子支持力 F_1 等复合力系。根据力距平衡原理和压强关系，弹簧作用力需满足：

$$\begin{cases} F_x d_0 \cos\varepsilon_0 = F_1 l_0 \cos\lambda \\ l_0 = \sqrt{l^2 + l_{\mathrm{h}}^2 - 2ll_{\mathrm{h}}\cos\lambda} \\ F_1 \leqslant MA_0 \end{cases} \tag{4-43}$$

式中，F_x——弹簧作用力，N；

F_1——种子对摇杆支持力，N；

d_0——弹簧作用点至摇杆中心距离，mm；

l_0——摇杆旋转中心与种子中心最短距离，mm；

ε_0——回位弹簧与下摇杆夹角，(°)；

A_0——下摇杆与种子接触面积，mm^2；

M——玉米种子抗压强度，MPa。

回位弹簧作用于种子上的压强应小于种子的抗压强度（4.115MPa）。将参数代入式（4-43）可得，弹簧最大作用力 F_x 应小于 41.8N。

3. 内棘轮设计

根据机械原理与实际作业可知，常规轮齿式棘轮机构在高速作业时产生的冲击与磨损影响排种器的排种质量和使用寿命，设计一种曲线摩擦式棘轮机构，可避免冲击振动造成的影响，提高排种质量同时延长使用寿命。为保证内棘轮锁止，须确定内棘轮曲线曲率半径及圆心位置。以内棘轮圆心 O 为坐标原点，坐标原点指向内棘轮曲线圆心点 q 方向为 y 轴，y 轴相垂直方向为 x 轴，建立直角坐标系 xOy，如图 4-22 所示。

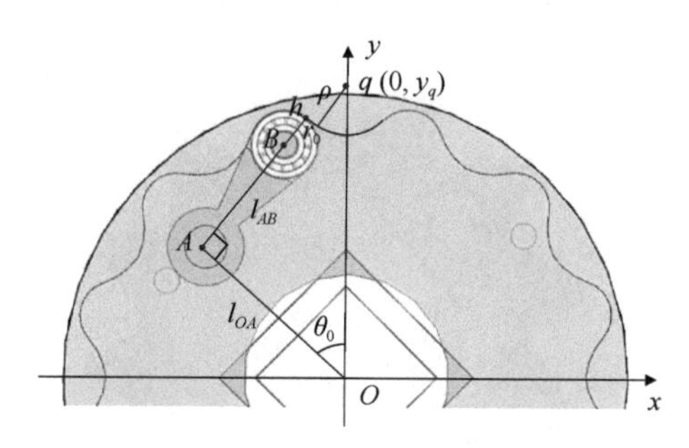

图 4-22　临界条件下内棘轮几何关系

O 为内棘轮圆心；A 为凸轮杆铰接中心；B 为凸轮圆心

当凸轮轮廓与内棘轮轮廓相切于点 h，且点 h 对凸轮杆力的方向与棘轮直径方向垂直时，即棘轮径向无分力，此时系统处于临界状态。h 点坐标关系可表示为

$$\begin{cases} x_h^2 + y_h^2 = l_{OA}^2 + \left(l_{AB} + r\right)^2 \\ y_h = \tan\theta_0 x_h + l_{OA}\sqrt{\tan^2\theta_0 + 1} \end{cases} \tag{4-44}$$

式中，x_h——h 点横坐标，mm；

y_h——h 点纵坐标，mm；

l_{OA}——OA 间距离即为内棘轮圆心与凸轮杆铰接中心距离，mm；

l_{AB}——AB 间距离即为凸轮圆心与凸轮杆铰接中心距离，mm；

r——凸轮半径，mm；

θ_0——OA 与 y 轴夹角，(°)。

综合考虑内棘轮尺寸及工艺要求，确定凸轮圆心与凸轮杆铰接中心距离 l_{AB} 为 15mm、内棘轮圆心与凸轮杆铰接中心距离 l_{OA} 为 23.5mm、凸轮半径 r_0 为 4mm、

OA 与 y 轴夹角 θ_0 为 45°，将上述参数代入式（4-44）可得，点 h 坐标为(–3.16mm, 30mm)。

根据系统处于临界状态下的几何关系，棘轮曲线圆心纵坐标及曲率半径满足：

$$\begin{cases} y_q = y_h + \dfrac{x_h}{\tan\theta_0} \\ \rho = \dfrac{\left|y_q - y_h + x_h \tan(\pi - \theta_0)\right|}{\sqrt{\tan^2(\pi - \theta_0) + 1}} \end{cases} \tag{4-45}$$

式中，y_q——棘轮曲线圆心纵坐标，mm；

ρ——棘轮曲线曲率半径，mm。

在切点 h 确定的情况下，需保证棘轮满足自锁条件。以凸轮为研究对象，其与内棘轮自锁时进行静力学分析，如图 4-23 所示。

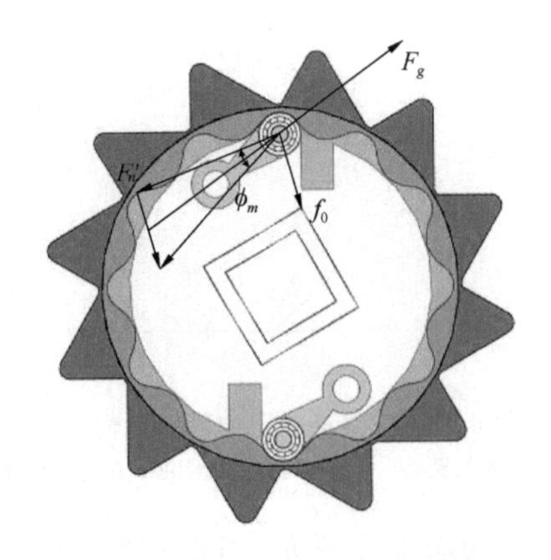

图 4-23　临界条件凸轮力学分析

在忽略滚动摩擦力条件下，凸轮杆可简化成二力杆模型，且凸轮杆与凸轮的受力方向相反，为作用力与反作用力关系。故凸轮所受凸轮杆力 F_g 的方向沿凸轮杆指向内棘轮，凸轮所受内棘轮的支持力 F_n' 与摩擦力 f_0 分别垂直和平行于切点 h。当力 F_g 的方向处于 F_n' 与 f_0 所合成的摩擦角 ϕ_m 之间时，凸轮与内棘轮自锁，凸轮与内棘轮的摩擦角 ϕ_m 满足：

$$\tan\phi_m = \frac{F_n'\mu_0}{F_n'} = \mu_0 \tag{4-46}$$

式中，ϕ_m——凸轮与内棘轮摩擦角，(°)；

F_n'——凸轮对内棘轮支持力，N；

μ_0——凸轮与内棘轮摩擦因数，取 0.015。

当内棘轮作用于凸轮杆力的方向与凸轮杆中线夹角等于摩擦角时，凸轮杆处于自锁条件临界状态，棘轮曲线圆心纵坐标及曲率半径满足：

$$\begin{cases} y_q = y_h + \dfrac{x_h}{\tan\left(\theta_0 + \phi_m\right)} \\ \rho = \dfrac{\left|y_q - y_h + x_h \tan\left(\pi - \theta_0 - \phi_m\right)\right|}{\sqrt{\tan^2\left(\pi - \theta_0 - \phi_m\right) + 1}} \end{cases} \tag{4-47}$$

结合式（4-45）～式（4-47）可得，当内棘轮曲线圆心纵坐标 y_q 稳定在 33.0～33.16mm 时，曲率半径 ρ 稳定在 4.4～4.5mm，可满足系统临界条件与内棘轮自锁条件，由于滚动摩擦因数较小，两极限值较相近，最终确定圆心纵坐标 y_q 为 33mm，曲率半径 ρ 为 4.5mm。

4. 直角导种部件优化设计

漏播与重播不仅在充种过程中出现，在直角导种部件运移种子时亦可能发生，分析其主要原因为：种子随着导种环运移过程中，部分种子易脱离直角导种部件进入导种环腔体，此时种子无法进入对应的滞种室造成漏播，导致漏播的种子继续随导种环运动，最终与下一粒种子共同排入滞种室中造成重播。为避免此类现象，对直角导种部件进行理论分析，优化其结构参数。

种子由窝眼辊落至导种环瞬间，其速度即为窝眼辊上窝眼的线速度。种子随导种环运动时，在重力与摩擦力的作用下，种子的最终速度将等于导种环速度。忽略种子滚动摩擦且在直角导种部件主端面水平前种子未下滑，其动能ΔE变化关系可表示为

$$\Delta E = \frac{1}{2} m(\omega r)^2 - \frac{1}{2} m\left(\omega R_p\right)^2 \tag{4-48}$$

式中，ΔE——动能增量，J；

m——种子质量，kg；

ω——导种环旋转角速度，rad/s；

r——导种环内径，mm。

对直角导种部件上的种子进行运动学分析，如图 4-24 所示，种子受重力 mg、直角导种部件支持力 F_{n}、直角导种部件摩擦力 f 及惯性离心力 F_{e} 等力系作用。

对其各力做功进行分析，重力为保守力做功，与作用路径无关，仅与位移相关，由于在主端面水平前种子未下滑，重力与导种环支持力做功之和为 0，故可忽略此段重力做功。根据极限条件，直角导种部件主端面运动至与水平面垂直时，种子做类平抛运动脱离直角导种部件控制。故重力 mg 仅在直角导种部件主端面从水平运动至竖直过程中做功，可表示为

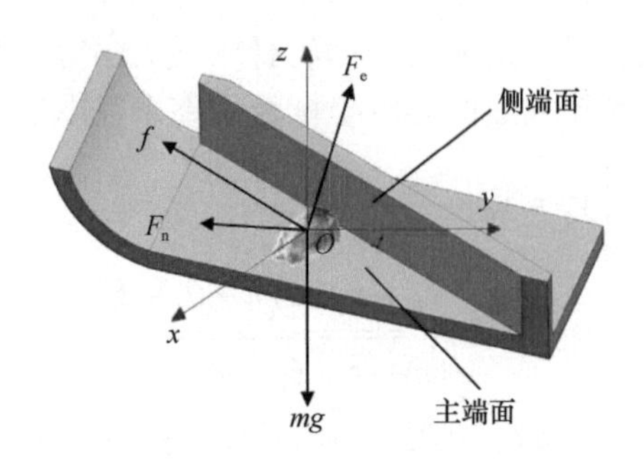

图 4-24　导种过程种子力学分析

$$W_g = mg(R-r)\sin\theta\cos q_m \tag{4-49}$$

式中，θ——直角导种部件与内径夹角，(°)；

g——重力加速度，m/s^2；

W_g——重力做功，J；

q_m——作业坡角，(°)；

R——导种环外径，mm。

根据达朗贝尔原理和几何投影关系可确定种子受沿直角导种部件垂直方向的惯性力 F_e 为恒力，其值为 $m\omega^2R\sin\theta$。排种器竖直时种子受沿直角导种部件垂直方向重力的分力与转角 α 关系为 $mg\cos\alpha$，如图 4-25 所示。

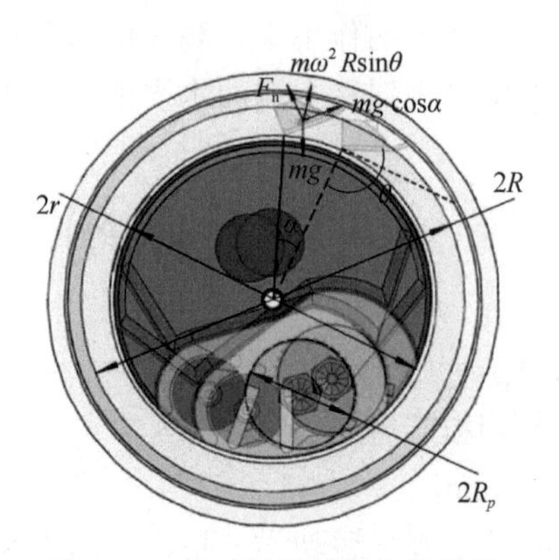

图 4-25　种子滑移过程力学分析

以导种环圆心 O 为原点，水平方向为 x 轴，竖直方向为 z 轴，建立直角坐标系。坡耕地环境下排种器易受作业坡角影响，如图 4-26 所示。

当作业坡角方向相对于机具前进方向左偏时，种子紧贴直角导种部件，重力相对于直角导种部件垂直方向的分力与排种器竖直时受力相同；当作业坡角方向相对于机具前进方向右偏时，种子与直角导种部件侧端面分离，种子受相对于直角导种部件主端面垂直方向重力的分力与作业坡角 q_m 关系为 $mg\cos\alpha\cos q_m$。

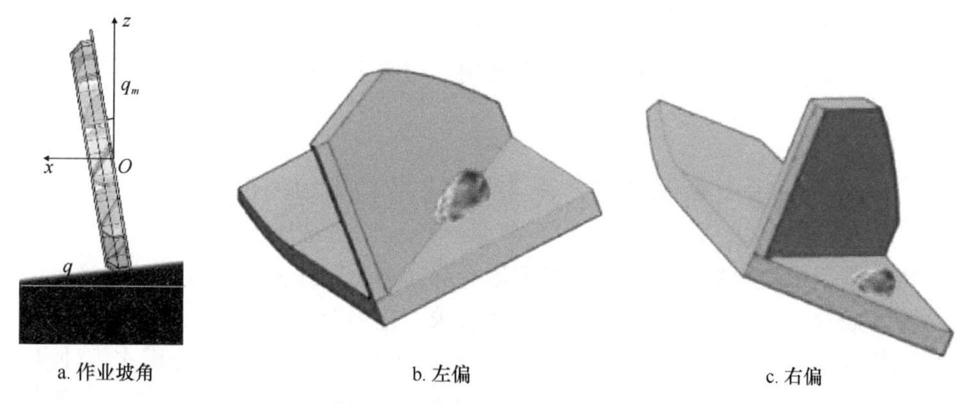

a. 作业坡角　　b. 左偏　　c. 右偏

图 4-26　作业坡角影响运种效果

摩擦力做功可表示为

$$W_{f_1}=(R-r)\int_0^{\frac{\pi}{2}}\left(mg\cos\alpha-m\omega^2R\sin\theta\right)\mu\mathrm{d}\alpha \tag{4-50}$$

$$W_{f_2}=(R-r)\int_0^{\frac{\pi}{2}}\left(mg\cos\alpha\cos q_m-m\omega^2R\sin\theta\right)\mu\mathrm{d}\alpha \tag{4-51}$$

式中，W_{f_1}——右偏时摩擦力做功，J；

W_{f_2}——左偏时摩擦力做功，J；

μ——直角导种部件与种子间摩擦因数。

根据动能定理及动力学分析，种子在运移的过程中仅重力与摩擦力做功，并设当作业坡角相对于机具前进方向左偏时取正值，右偏时取负值。联立式(4-48)～式（4-51）简化整理得

$$\theta=\begin{cases}\arcsin\left[\dfrac{\left(\omega R_p\right)^2-\left(\omega r\right)^2-2\left(R-r\right)g\mu}{\left(R-r\right)\left(2g\cos q_m-\pi\omega^2R\mu\right)}\right] & \left(0\leqslant q_m\leqslant\dfrac{\pi}{2}\right)\\ \arcsin\left[\dfrac{\left(\omega R_p\right)^2-\left(\omega r\right)^2-2\left(R-r\right)g\mu\cos q_m}{\left(R-r\right)\left(2g\cos q_m-\pi\omega^2R\mu\right)}\right] & \left(-\dfrac{\pi}{2}\leqslant q_m<0\right)\end{cases} \tag{4-52}$$

综合上述分析，当机具前进方向右偏时种子更易排入土壤中，根据常规鸭嘴式排种器设计标准及农艺要求，确定导种环外径 R 为 170mm，导种环内径 r 为 145mm，直角导种部件与种子间摩擦因数 μ 取 0.45，选取作业速度 ω 为 3.14rad/s，作业坡角 q_m 为右偏 12°，重力加速度 g 为 9.8m/s^2 代入式（4-52），可得直角导种部件与内径夹角 θ 为–70°+k×180°（k∈Z，Z 取正整数），根据实际安装位置，确定直角导种部件与内径夹角 θ 为 110°。

通过对排种器间歇同步补种机理进行研究，建立补种过程运动学及动力学模型，对玉米种子运移均匀性及精准度进行测定，加之一系列台架及田间试验研究，

此排种器足以满足东北地区对坡地玉米补种的要求，目前与企业合作已创制出系列样机，计划在黑龙江、吉林等地投入使用，后续会针对排种器在实际应用中的使用情况做进一步的改进研究。

4.5 内充气送式玉米精量排种器设计

综合国内外精量播种研究现状及发展趋势，著者团队开展了气力式玉米精量排种技术研究，以满足高速精量播种作业要求。采用全气流控制原理提高充种过程扰动作用，有效保证排种器综合性能，并设计了关键部件横向搅种槽式排种盘、清种轮清种机构、卸种装置及气流辅助导种管，集成配置了内充气送式玉米精量排种器。重点对精量排种器充种环节、清种环节及投种环节等串联过程进行理论分析，构建玉米种子全气域环境下运动学与动力学模型，解析其稳定精准排种及气流加速导种作业机理，以提高气力式玉米精量排种器排种性能与作业效率。

4.5.1 总体结构与工作原理

内充气送式高速玉米精量排种器主要由前壳体、主动卸压轮、种盘配合座、清种轮、后壳体、阻挡罩、卸种管、顶种轮及导种管等组成[6]，如图 4-27 所示。其中横向搅种槽式排种盘与清种轮式清种机构是排种器核心部件，其设计合理性直接影响播种质量。排种盘与种盘配合座紧固装配，保证种盘充种过程平稳运行。卸压轮与顶种轮安装在前壳体上，分别完成主动卸压与顶种过程，使卸种过程稳定并避免堵塞型孔。清种轮式清种机构装配在后壳体上，完成清种过程，并可人

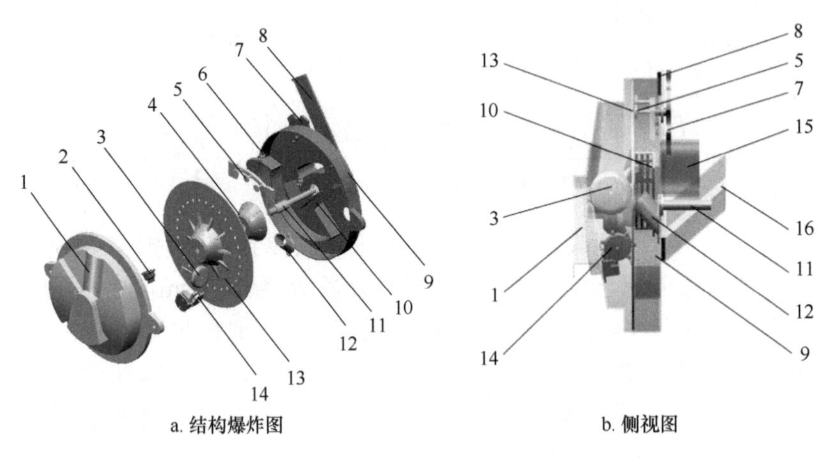

图 4-27 内充气送式高速玉米精量排种器总体结构示意图

1. 前壳体；2. 固定螺帽；3. 主动卸压轮；4. 种盘配合座；5. 清种轮；6. 主动齿轮；7. 轻重调节旋钮；8. 进种调节板；9. 后壳体；10. 阻挡罩；11. 排种轴；12. 卸种管；13. 排种盘；14. 顶种轮；15. 进气口；16. 进种口

为调节清种调节旋钮控制清种效果，清种轮由橡胶材料制成，避免清种时伤种，弧形阻挡板位于清种机构下方，防止被清种子进入卸种区，避免种子重播，在后壳体上以顺时针分别设有进种口、进气口和投种口。

将玉米精量排种器工作循环根据不同功能和作业顺序分为充种区Ⅰ、清种区Ⅱ、携种区Ⅲ、卸种区Ⅳ，如图 4-28 所示。排种器的工作过程主要分为气流压种、运移清种、平稳护种和精准投种 4 个串联阶段。排种器工作时，风机通过塑料软管与后壳体上进气口相连，提供稳定正压气流，玉米种子由种箱经进种口进入排种器充种区域，通过后方进种调节板调控种子进流量，保证充种区域种子数量动态平衡。驱动电机将动力传至排种轴，并带动排种盘逆时针旋转，当排种盘型孔与横向搅种槽运动到充种区时，种子在种槽搅动与气流扰动作用下依靠压附力通常会在型孔中填充一粒或多粒种子，该过程充种区角度设置为 120°；随着排种盘转动，充有种子的型孔进入清种区，在清种区通过清种轮清掉多余非稳定姿态种子，被清种子落回充种区，设置清种区角度为 60°；清种过程完成后，单粒种子随着排种盘转动到达卸种区，通过主动卸压轮切断气流压附力，使种子平稳进入卸种管中，共同完成主动卸压卸种过程，保证卸种过程平稳运行，并在卸压轮下方设有顶种轮可避免型孔堵塞，最终以主动气流导种方式将种子零速精准投入土壤中，实现精量播种作业。

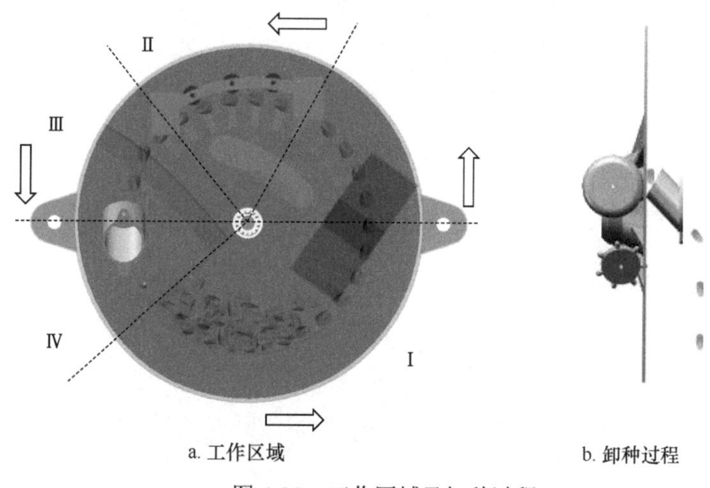

a. 工作区域　　b. 卸种过程

图 4-28　工作区域及卸种过程

Ⅰ. 充种区；Ⅱ. 清种区；Ⅲ. 携种区；Ⅳ. 卸种区

4.5.2　内充气送式玉米精量排种器关键部件设计与分析

1. 横向搅种槽式排种盘设计

1）横向搅种槽设计

充种环节是排种过程中的重要环节，合理的充种状态及对种群搅动作用可提高种子充种稳定性与充种率。根据充种过程和高速摄像分析，种子充种形态分为“横向”充种、“纵向”充种及“立向”充种，如图 4-29 所示，其中以“横向”充种最为稳定，当排种器的前进速度不变，种子的充填状态为横向时，在排种盘内的吸附面积最大，此时吸附压力也最大。“纵向”充种导致所需工作压强大及重播漏播率高等问题，同时玉米种子在充种区内相互堆积使种群活跃度降低，亦可造成漏充漏播等问题。本研究设计了横向搅种槽排种盘，使待充种子以“横向”充种状态压附型孔，增大型孔压附面积，提高种子运移稳定性，减少所需工作压强及重播率，同时通过搅种槽搅动待充种子以提高充种效果，如图 4-30 所示。横向搅种槽与型孔相对应，其结构参数设计以玉米种子随机尺寸为基础，设计主要参数分为槽长 m、槽宽 n 和槽角 θ 等。

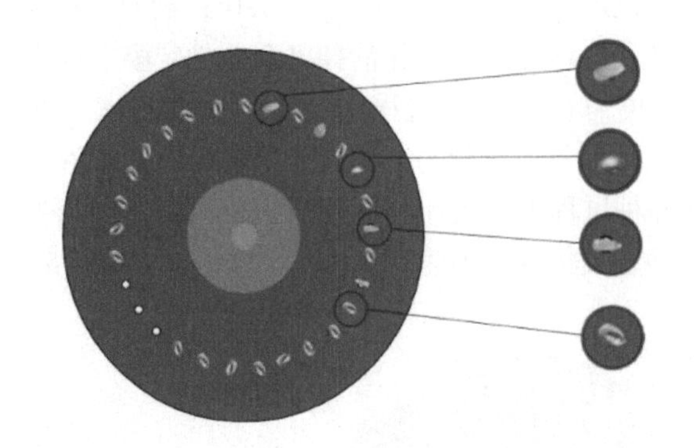

图 4-29　充种状态图

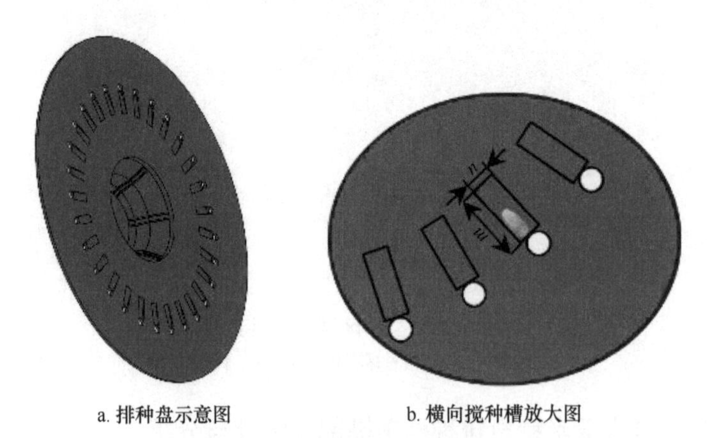

a. 排种盘示意图　　b. 横向搅种槽放大图

图 4-30　横向搅种槽式排种盘

为提高排种盘充种适应性及其质量，基于著者团队前期测得不同类型玉米种子尺寸，对其物理特性参数进行统计，结合各类型玉米种子几何尺寸分布，横向搅种槽基本参数应满足：

$$
\begin{cases}
1.5d_l > m > d_l \\
1.5h > n > h
\end{cases}
\tag{4-53}
$$

式中，d_l——玉米种子平均长度，mm；

h——玉米种子平均厚度，mm；

m——横向搅种槽长度，mm；

n——横向搅种槽宽度，mm。

横向搅种槽排种盘匀速转动，种子在转动的横向搅种槽中受力，当排种盘搅种槽槽口转动到 δ 角度时，以搅种槽内玉米种子质心为坐标原点 O，建立如图 4-31 所示的空间直角坐标系 xyz。对种子进行受力分析，种子受种槽离心力 T、重力 G、种槽支持力 F_{N2}、种槽侧壁推力 F_{N3}、种群支持力 F_{N4}、种群摩擦力 F_{f2}、种槽摩擦力 F_{f1} 和绕流阻力 F_D。

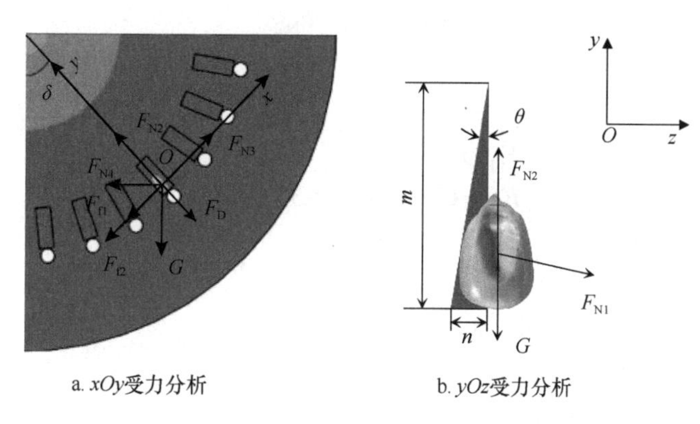

图 4-31　横向搅种槽内种子受力分析示意图

在 yOz 力系内，种子在槽中面积关系为

$$
\begin{cases}
\dfrac{a}{A} = \left(\dfrac{m-l}{m}\right)^2 \\
M_1 = A - a \\
M_2 = S - M_1 \\
A = \dfrac{1}{2} m^2 \tan\theta
\end{cases}
\tag{4-54}
$$

式中，A——槽内壁侧面积，mm^2；

a——槽内壁未接触种子面积，mm^2；

S——玉米种子总面积，mm^2；

m——横向搅种槽长度，mm；

l——玉米种子长度，mm；

θ——横向搅种槽斜面角度，(°)；

M_1——玉米进入槽口面积，mm^2；

M_2——玉米未进入槽口面积，mm^2。

将式（4-54）简化得出面积 M_1 与 θ 关系式为

$$M_1=\left(ml-\frac{1}{2}l^2\right)\tan\theta \tag{4-55}$$

由式（4-55）可知，随 θ 增大，$\tan\theta$ 相应增大，当 $\tan\theta$ 变大时，种子充入槽体面积会增大，其摩擦力会变大，横向充种效果好，因此槽角极限角 θ 决定了种子横向充种率与搅种效果。

在 xOy 平面内对种子进行受力分析，为增大横向充种率同时搅动种群，赋予种子合适的初速度，使种子颗粒更好地充种，应满足：

$$\begin{cases}x: F_{f1}+F_{f2}+F_{N4}\cos\delta < F_{N3} \\ y: G\cos\delta+F_D > F_{N2}\end{cases} \tag{4-56}$$

其中

$$\begin{cases}F_{f1}=F_{N1}\cdot\mu_1 \\ F_{f1}=F_{N4}\cdot\mu_2 \\ F_{N2}=G+F_{N1}\sin\theta=S^{-1}\cdot M_1\cdot G \\ F_{N3}=m_c\cdot\omega^2 R \\ F_{N4}=S^{-1}\cdot M_2\cdot G\end{cases} \tag{4-57}$$

式中，m_c——玉米种子质量，g；

ω——排种盘角速度，rad/s；

μ_1——玉米种子与搅种槽间的摩擦因数；

μ_2——玉米种子间摩擦因数。

将式（4-55）～式（4-57）合并整理简化可得槽角极限角 θ 与种盘角速度 ω 关系式为

$$\tan\theta \leqslant \frac{Sm_c\omega^2 R}{kG(\mu_1-\mu_2-\cos\delta)}+S \tag{4-58}$$

式中，$k=ml-1/2l^2$。

由式（4-58）分析可知，当排种盘转速增大时，所需槽角极限增大，槽角越大对种子横向充种与搅种效果越好，所以前进速度是影响槽角极限的主要因素。根据文献和气力式排种器常用作业速度与工作压强范围（$8km/h \leqslant V \leqslant 14km/h$，$3kPa \leqslant P \leqslant 6kPa$），为满足高速条件下播种要求，本节设计在前进速度为 12km/h、工作压强为 4kPa 的工况下进行结构参数设计，可得横向搅种槽槽角极限 θ≈15°，以保证稳定增加横向充种率。根据排种盘尺寸及玉米种子尺寸参数，设计横向搅种槽槽角为 10°，搅种槽长度 m 为 16mm，搅种槽宽度 n 为 8mm。

2）排种盘直径设计

在充种过程中，型孔停留在充种区内时间越长，充种性能越好。由充种过程与文献分析可知，在作业速度与粒距恒定的情况下，充种时间仅与型孔数和充种区弧度有关，与排种盘的直径无关，但排种盘直径直接影响排种器整体尺寸，型孔位置直径直接影响吸种口线速度及种子所需向心力等参数。所以排种盘直径不宜过大，否则种子在排种盘中线速度与向心力较大，在高速条件下，较大的离心力在充种区不利于种子充种，且排种盘直径不宜过小，否则导致排种盘携带一周种子减少。目前，国内外排种盘直径多为 140～260mm，因此，综合考虑，确定型孔直径为 176mm。种盘直径的设计应大于 $2R$ 且需留有足够的外边缘，同时留有清种机构结构位置，结合农业机械设计手册，确定排种盘直径为 250mm。

3）型孔尺寸及其数量确定

型孔参数主要分为型孔数、型孔结构、型孔直径等，其直接影响排种器的充种、携种和投种过程，是设计排种器的关键。

$$Z = \frac{60V}{NL} \tag{4-59}$$

式中，N——排种盘转速，r/min；

L——粒距，m；

Z——型孔数；

V——前进速度，km/h。

由式（4-59）分析可知，在作业速度和播种粒距一定的条件下，型孔数 Z 越多，排种盘转速 N 就越低，从而更易压附种子，但是型孔数 Z 的数量并非越多越好，由文献试验结论得知绝大多数玉米排种器最优型孔数为 26 个。为满足高速条件下玉米精量播种要求，合理增加型孔数量会使种盘旋转一周吸附更多种子，从而提高作业速度与效率，最终确定排种盘型孔数为 29 个。为保证型孔可通过气流压附最底部种子，型孔位置半径距底部充种区边缘距离小于 $d_w/2$，从而完成吸附底部种子。同时参考气力式玉米排种器的型孔直径一般取 4～5.5mm，确定型孔大小为 5mm。

2. 清种轮式清种机构设计

根据精量播种要求，应保证播量一致，精量排种器工作时，每个型孔应仅有 1 粒种子。然而，由于种子外形尺寸不规则，在被气流压附时难以对型孔完全密封，常会出现重吸现象。

1）重吸过程分析

在横向搅种槽排种盘转动经过充种区时，在气流压附作用下，型孔会稳定吸附 1 粒或多粒种子，每粒种子所占据的型孔面积各不相同，占据型孔面积较大的为优势种子。由于型孔和种子较小，种子被压附部分的面积 S_i 近似为

$$S_i = \pi\left(\frac{a_1}{2}\right)^2 \tag{4-60}$$

式中，a_1——种子沿型孔直径方向长度，mm。

单粒种子在充种区被气流压附型孔，以排种盘旋转中心为坐标原点 O，建立如图 4-32 所示的空间直角坐标系 xyz，当种子随种盘转动进入携种区时，对种子进行受力分析，在重力 G、离心力 T、绕流阻力 F_D 和摩擦力 F_f 合力共同作用下，单粒种子在排种器中做匀速圆周运动，其中绕流阻力为黏性流体绕物体流动时物体受到的阻力，其方向与流体流线方向一致。绕流阻力计算公式为

$$F_D = C_D B \frac{r{v_q}^2}{2} \tag{4-61}$$

式中，C_D——绕流阻力系数；

B——绕流物投影面积，m^2；

r——排种盘型孔半径，mm；

v_q——种子位置正压气流速度，m/s。

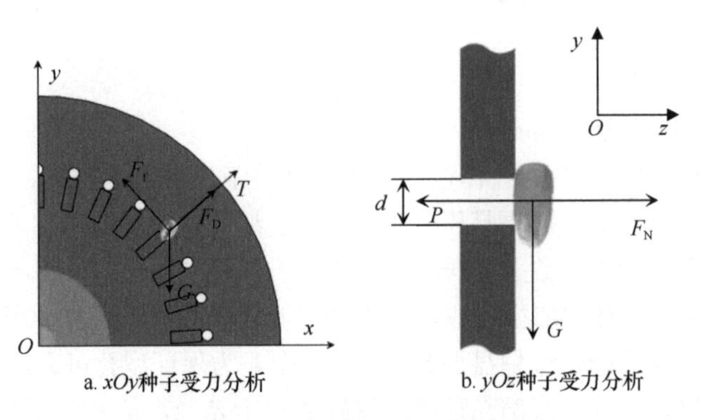

图 4-32 单粒种子受力分析示意图

P 为工作压强，kPa；d 为型孔直径，mm

在此基础上，若保证玉米种子进行圆周旋转运动，则沿种子运动轨迹法线和切线方向应受力平衡，种子不发生滚落及滑落，应满足受力平衡方程为

$$\begin{cases} T\cos\eta + F_D\cos\alpha = F_f\cos\beta \\ G + F_D\sin\alpha = T\sin\eta + F_f\sin\beta \end{cases} \tag{4-62}$$

其中

$$\begin{cases} T = m_c \cdot \omega^2 r \\ F_f = F_N \cdot \mu \\ F_N = P \cdot S_i \end{cases} \tag{4-63}$$

式中，η——T 与 x 轴夹角，(°)；

α——F_D 与 x 轴夹角，(°)；

β——F_f 与 x 轴夹角，(°)；

F_N——排种盘对种子支持力，N；

r——排种盘型孔半径，mm；

μ——种子与种盘型孔间摩擦因数。

将式（4-61）～式（4-63）合并整理化简可得

$$S_i = \frac{2m_c\omega^2 r\cos\eta + C_D B\rho v^2\cos\alpha}{2P\mu\cos\beta} \tag{4-64}$$

由式（4-64）分析可得，压附面积 S_i 与前进速度 V 和工作压强 P 相关，当种子质量越大及种盘转动的线速度越快时，所需 S_i 越大；当工作压强越大时，所需 S_i 越小。当工作压强一定时，种子占据型孔面积越大，所受到的压附力越大，从而运移更稳定。将基本参数代入，可计算出稳定运移的最小面积为 $S_i \approx 6.93\text{mm}^2$。

由此可见，由于压附面积小于型孔总面积，气流会压附一粒或多粒种子，重吸的实质在于压附过程中型孔不能完全填充，进而导致重吸现象。清种过程可以理解为逐渐提高处于优势的某粒种子压附面积 S_i 的过程。虽在重力、离心力和气流合力等共同作用下清理不稳定劣势种子，但还会存在多粒种子稳定运移的情况，因此，设计合理的清种机构，可以提高清种性能，降低重播指数，实现排种器在高速范围内达到较高的合格指数。

2）清种机构安装位置确定

由文献可知，清种装置位置应确保相邻型孔在水平位置上的尺寸留有足够间隙，保证清理掉的种子不干扰正常状态的种子并顺利返回充种区，得出清种机构安装位置角度应大于 52°，清种机构安装位置如图 4-33 所示，该排种器为后侧充种，逆时针携种，确定清种机构安装位置第一象限角度为 75°。

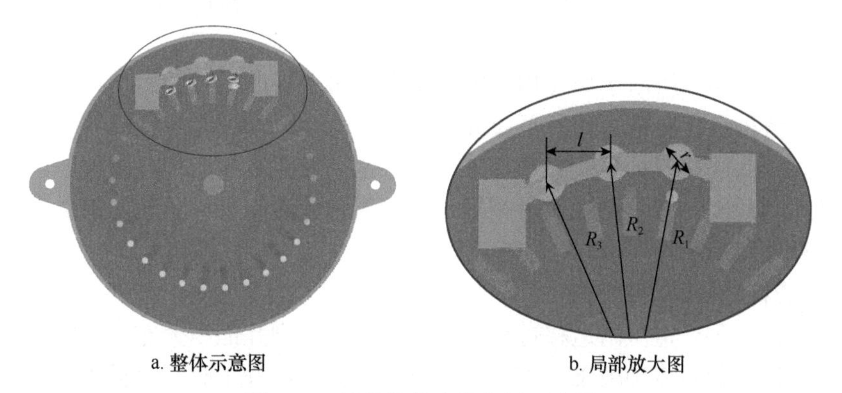

图 4-33　清种机构安装位置示意图

R_1、R_2、R_3 为不同清种轮到排种器旋转中心距离；r 为型孔直径；l 为清种轮横向距离

3）清种机构参数设计

清种机构是提高排种器单粒精播能力的重要部件，通过清种机构可实现单粒精量播种。为清除重吸种子，针对玉米播种特点设计清种轮式清种机构，清种轮采用橡胶材料试制，清种轮工作时，可减少与种子的正面冲击，避免损伤种子，从而达到稳定清种的目的。清种机构由橡胶清种轮、清种轮支架、双排齿式支撑板、清种调节旋钮、主动齿轮、从动齿轮构成，如图 4-34 所示。圆形橡胶轮安装在清种轮支架上，位于型孔上方，双排齿式支撑板安装在后壳体上。由预试验分析可知，清种轮数的增加会增强对种子的连续作用力，更容易剔除掉多余的种子，综合考虑排种器内空间与清种效果，确定 3 个清种轮进行清种。

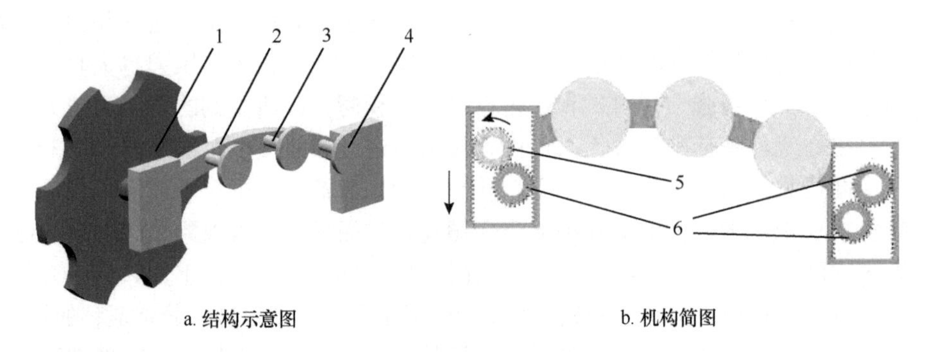

a. 结构示意图　　b. 机构简图

图 4-34　清种机构示意图

1. 橡胶清种轮；2. 清种轮支架；3. 清种调节旋钮；4. 双排齿式支撑板；5. 主动齿轮；6. 从动齿轮

通过清种调节旋钮使主动齿轮旋转带动同模数、齿数和压力角从动齿轮，最终控制带有双排齿式支撑板，完成清种机构清种效果调节功能。在调节过程中，将清种机构简化，该机构中活动构件数量为 5 个，齿轮转动低副为 4 个，齿轮与齿轮或齿条接触点高副为 6 个，分析计算机构整体自由度为 1，可满足机械运动要求进行清种效果调节，验证此机构运动学合理性，并保证清种与清种调节过程稳定性。

随种盘转动并压附于型孔周围的种子受到可旋转的清种轮阻挡，并与之发生碰撞，劣势种子在碰撞力作用下脱离型孔并下落至充种区，实现清种目的。清种轮清种时应保证被清种子能够顺利落回充种区，避免连续清种，清种轮间角度应大于型孔间角度，考虑排种器内空间尺寸和清种轮边缘与种子之间滑动摩擦力，确定清种轮间角度 β 为 16°，半径 r 为 15mm。

4）清种轮安装位置

在多粒种子稳定压附运移过程中，需确定种子型孔面积分布，进而确定清种轮位置半径，提高清种效果，当排种盘稳定运移多粒种子时，以排种盘旋转中心为坐标原点 O，建立如图 4-35 所示的空间直角坐标系 xyz，种子主要受到重力 G、

离心力 T、绕流阻力 F_D、种盘摩擦力 F_f、下部种子支持力 F_{N1} 和下部种子摩擦力 F_{f1} 共同作用。若多粒种子被吸附并进行圆周旋转运动，则沿种子运动轨迹法线和切线方向应受力平衡，多粒种子不发生滚落、滑落，应满足受力平衡方程为

$$\begin{cases} T\cos\eta + F_D\cos\alpha + F_{N1}\cos\eta + F_{f1}\cos\varepsilon = F_f\cos\beta \\ G + F_D\sin\alpha + F_{f1}\sin\varepsilon = F_f\sin\beta + F_{N1}\sin\eta + T\sin\eta \end{cases} \tag{4-65}$$

其中

$$F_{f1} = F_{N1}\cdot\mu_2 \tag{4-66}$$

式中，ε——F_{f1} 与 x 轴的夹角，(°)；

η——T 与 x 轴的夹角，(°)。

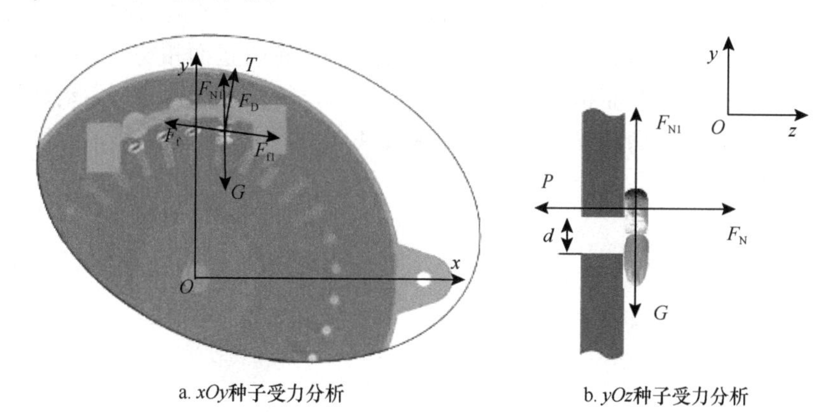

a. *xOy*种子受力分析　　b. *yOz*种子受力分析

图 4-35　多粒种子受力分析示意图

P 为玉米种子所受吸附压强，kPa；*d* 为型孔直径，mm

由式（4-65）和式（4-66）分析可知，当型孔运移多粒种子时，其下部种子会给上部种子支持力与摩擦力，所以其压附面积会相对变化，故支持力与摩擦力合力为正方向时，所需吸附面积就会变小，相反将会变大。由型孔压附面积方程可得，压附面积最小值为 S_1=5.91mm^2。

根据多粒种子运移面积分布及清种过程分析可知，第一清种轮位置半径 R_1 极限位置为上部种子压附最小面积 S_1 时，第二个清种轮位置半径 R_2 在第一、第三位置中间均值处，避免离心力突变，种子在被前两个清种轮作用下保留一个优势种子稳定运移，即第三个清种轮位置 R_3 的极限距离为种子稳定运移型孔完全吸附面积时，计算公式为

$$\begin{cases} R_1 = r_1 + d_h + r - \left(S_1/\pi\right)^{\frac{1}{2}} \\ R_3 = r_1 + d_h/2 + r \\ R_2 = \left(R_1 + R_3\right)/2 \end{cases} \tag{4-67}$$

式中，r_1——型孔半径，mm；

S_1——压附面积，mm^2；

d_h——O 点到型孔直径，mm；

R_1——清种轮位置半径，mm；

r——清种轮半径，mm。

由式（4-67）计算可得，清种轮位置半径 R_1 为 99.5mm，R_2 为 97mm，R_3 为 94.5mm。

3. 卸种装置设计

卸种装置是投种过程与充种过程的起始，直接影响种子投种的稳定性及均匀性，本研究分为卸种Ⅰ与顶种Ⅱ两个部分，卸种装置由主动卸压轮与卸种管组成，如图 4-36 所示，主动卸压轮安装在前壳体上，与排种盘正面相切，卸种管安装在后壳体上，与排种盘背面相切，卸种装置工作时，随排种盘转动，主动卸压轮与种盘型孔贴合，主动切断气流，并与卸种管共同完成主动卸压卸种，保证卸种过程平稳运行。

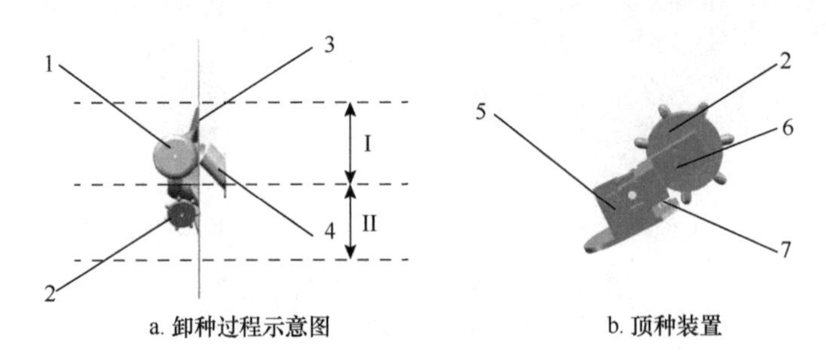

图 4-36　卸种全过程示意图

1. 主动卸压轮；2. 顶种轮；3. 排种盘；4. 卸种管；5. 顶种轮固定座；6. 顶种轮连接部件；7. 伸缩弹簧

在卸种过程后，为避免型孔中杂质或细小颗粒堵塞型孔，引发连续性漏播问题，在充种区前设置顶种轮装置，如图 4-36b 所示。主要由顶种轮、顶种轮连接部件、顶种轮固定座和伸缩弹簧组成，顶种轮工作时，在弹簧弹力作用下，顶种轮轮齿与排种盘型孔相互啮合，保证型孔以未填充状态进入充种区，具体设计参见文献[6]进行优化配置。

4. 导种管设计与分析

为实现高速稳定投种，提高种子排种均匀性，并合理利用正压气流，在排种器后方设置导种管装置，其总体结构与安装位置如图 4-37 所示，主要分为进种区、初始加速区、稳定加速区和投种区。

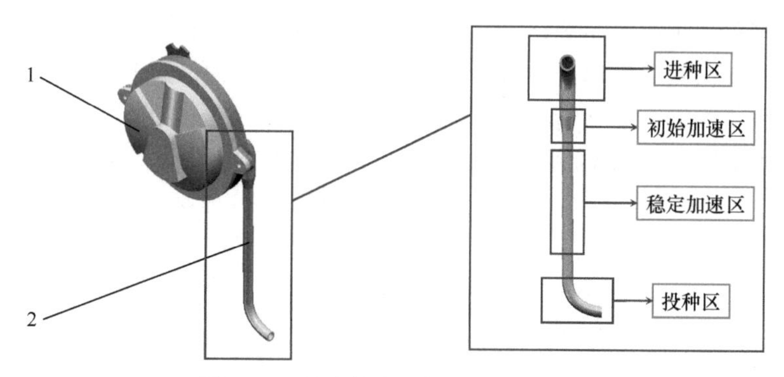

图 4-37　导种管总体结构与安装位置

1. 内充气送式玉米精量排种器；2. 导种管

1）导种管加速模型

在玉米正压气流投种导种管内，首先对玉米种子从排种器进入导种管时进行受力分析，确定玉米种子在导种管进种口处受力情况与速度，为后续导种管耦合仿真试验提供理论基础与数据基础。

将玉米种子视为当量球体，并对其在卸种管进入导种管进种口中进行力学分析，玉米种子主要受自身重力、卸种管支持力、卸种管壁摩擦力与气流推动力。在卸种管至导种管进种口的玉米种子合速度主要分为玉米种子圆周速度与气流推动速度。以玉米种子为坐标原点 O，以水平方向为 x 轴，竖直方向为 y 轴建立平面直角坐标系，如图 4-38a 所示，其力学模型为

$$\begin{cases}\sum F_x = F_{\mathrm{N}} \cdot \cos\alpha + R \cdot \sin\alpha - f \cdot \sin\alpha \\ \sum F_y = G - F_{\mathrm{N}} \cdot \sin\alpha\end{cases} \tag{4-68}$$

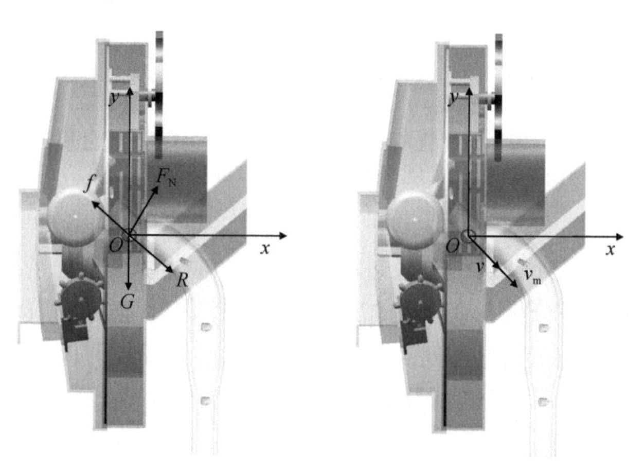

a. 导种管内力学模型　　b. 导种管内速度模型

图 4-38　导种管内力学模型与速度模型

对玉米种子进行运动学分析，以得到玉米种子进入导种口速度，为后续简化导种管耦合仿真试验提供理论基础，在卸种管至导种管进种口的玉米种子合速度主要分为玉米种子圆周速度与气流推动速度。以玉米种子为坐标原点 O，以水平方向为 x 轴，竖直方向为 y 轴建立平面直角坐标系，如图 4-38b 所示，运动学方程为

$$\begin{cases} v_x = v_a \cdot \cos\alpha + \dfrac{\sum F_x}{m} t \\ v_y = v_a \cdot \sin\alpha + \dfrac{\sum F_y}{m} t \\ v_a = 2\pi\omega R\cos\alpha \end{cases} \tag{4-69}$$

式中，v_a——排种盘型孔处线速度在卸种管方向的分速度，m/s。

由于进种区的流场均匀性较差而不利于对玉米种子进行稳定加速，因此主要分析玉米种子在稳定加速区的加速过程，在该区域内玉米种子受正压加速气流作用而不断被加速。图 4-39 为玉米种子在高速气流作用下的加速过程分析。

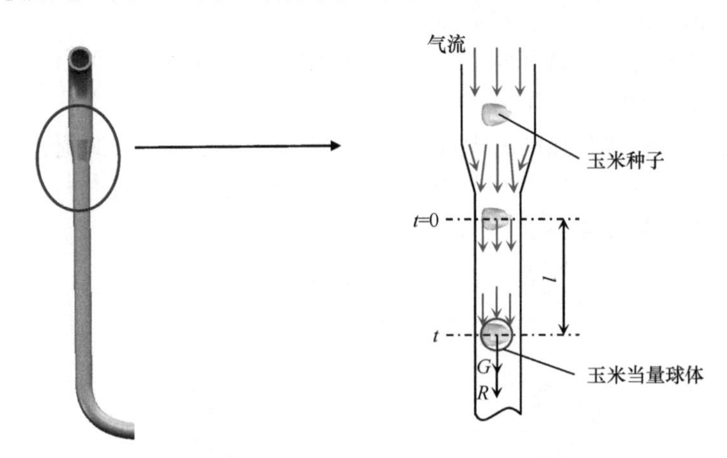

图 4-39　高速气流作用下的玉米种子加速过程分析

t 为气流加速时间，s；l 为玉米种子的气流加速位移，mm；G 为玉米种子的重力，N；R 为气流作用于玉米种子的气流推力，N

在开展玉米种子加速过程分析过程中，可将各类型玉米种子视为当量球体进行研究，以简化模型分析。在稳定加速区内，玉米种子在高速气流的推力和自身重力的共同作用下，在竖直方向上做持续加速运动，经过时间 t 后的气流加速位移为 l。根据牛顿第二定律，可得玉米种子加速方程为

$$R + G = \frac{\pi d_{\mathrm{m}}^3 \rho_{\mathrm{m}}}{6\times 10^9} \cdot \frac{\mathrm{d}v_{\mathrm{m}}}{\mathrm{d}t} \tag{4-70}$$

式中，ρ_{m}——玉米种子的密度，kg/m^3；

d_m——当量球体半径，m；

v_m——玉米种子的速度，m/s。

其中，气流推力计算公式为

$$R = C\frac{\pi\rho_g d_m^2}{8}\left(v_g - v_m\right)^2 \tag{4-71}$$

式中，ρ_g——空气的密度，kg/m³；

v_g——稳定加速区正压加速气流的气体流速，m/s；

C——玉米种子的阻力系数。

阻力系数计算如下：

$$C = \begin{cases} \dfrac{24}{Re} & \left(Re \leqslant 1\right) \\ \dfrac{24}{Re}\left(1 + 0.15Re^{0.687}\right) & \left(1 < Re \leqslant 1000\right) \\ 0.44 & \left(1000 < Re \leqslant 200\,000\right) \end{cases} \tag{4-72}$$

式中，Re——颗粒雷诺数。

由粒径法可得，玉米种子阻力系数分区为 Newton 区，阻力系数为常数，取值为 0.44。

由于玉米种子在加速过程中主要受到高速气流的气流作用和自身重力作用，由式（4-70）～式（4-72）联立求解可得

$$\frac{\mathrm{d}v_m}{\mathrm{d}t} = \frac{3C\rho_g}{4\rho_m d}\left(v_g - v_m\right)^2 + \frac{G}{\pi d^3 \rho_m} \tag{4-73}$$

将式（4-73）变换得

$$\frac{\mathrm{d}l_m}{\mathrm{d}v_m} = \frac{4\rho_m v_m d}{3C\rho_g\left(v_g - v_m\right)^2} + \frac{\pi d^3 \rho_m v_m}{G} \tag{4-74}$$

式中，l_m——加速区内玉米种子位移，m。

所得式（4-73）和式（4-74）即为加速区内玉米种子加速过程的加速运动微分方程。其中，式（4-73）为玉米种子速度随时间的变化关系，式（4-74）为玉米种子速度随位移的变化关系，这两个运动微分方程是研究分析玉米种子在高速气流作用下加速运动规律的理论基础。由式（4-73）和式（4-74）可知，玉米种子的加速度与稳定加速区正压加速气流的气体流速呈现正相关关系，即正压加速气流的气体流速越大，越有利于玉米种子的气流加速。因此，提高初始输入的高压气流的加速气压，可以获得更高的玉米种子投种时的速度。

2）投种过程分析

该排种器采用导种管正压气流辅助投种，利用正压气流为投出的玉米种子加

速，力求增加玉米种子脱离导种管时速度，后经压种轮稳定压种，且导种管末端采取最速降线，减少投种时间。末端最速绛线简化两点之间最速绛线，即为摆线，其方程为

$$\begin{cases} x = r(\varepsilon - \sin\varepsilon) \\ y = r(1 - \cos\varepsilon) \end{cases} \tag{4-75}$$

式中，r——极径，mm；

ε——极角，(°)。

以玉米质心为原点，水平向右为 x 轴正向，竖直向上为 y 轴正向，建立直角坐标系，为便于分析，将玉米种子视为理想刚性球体，排种器工作条件恒定不变，投种过程玉米种子受力如图 4-40 所示，则可得

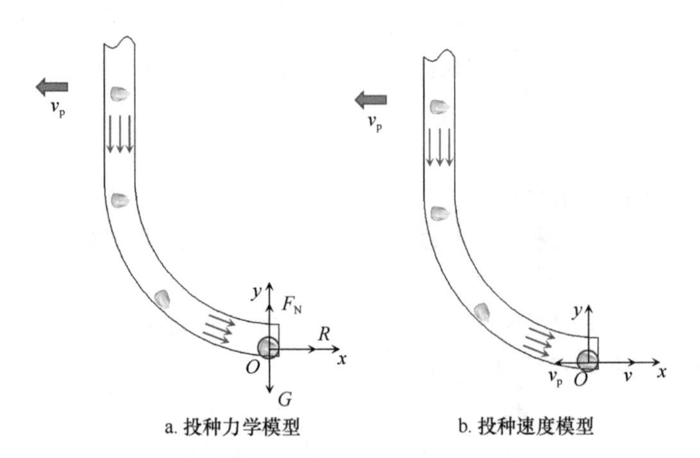

图 4-40 投种力学与速度分析

v_p 为排种器前进速度

$$\sum F_x = (R_m - f) \cdot \cos\alpha \tag{4-76}$$

式中，α——投种倾角，(°)；

R_m——气流推动力，N；

f——管壁摩擦力，N。

其中

$$\begin{cases} R_m = \dfrac{1}{2} A C \rho_m \mu^2 \\ \mu^2 = \dfrac{2P}{\rho_m} \end{cases} \tag{4-77}$$

式中，P——导种管内的气流压力，Pa；

μ——导种管摩擦因数；

A——种子迎风面的受力面积，m^2；

u——气流速度，m/s。

投种过程中，正压气流使玉米种子加速，其投种速度为

$$v = v_0 + \frac{\sum F_x}{m} t \tag{4-78}$$

由式（4-76）～式（4-78）联立简化可得投种速度为

$$v = v_0 + \frac{(APC - f)\cos\alpha}{m} t \tag{4-79}$$

由式（4-79）分析可知，玉米种子投种后其速度大小与进入导种管内初速度、玉米种子受力面积、导种管内气压等因素有关，导种管内气流的加速气压越大，种子受力面积越大，投种时获得的速度越大。

3）导种管参数分析

导种管主要结构参数分为进种口直径 D_1、进气室高度 H_1、喉嘴高度 H_2、加速管直径 D_2、加速管高度 H_3 和投种高度 H_4 等，如图 4-41 所示，根据导种管加速模型与投种过程模型，同时根据玉米种子三维尺寸，其结构参数设计如下。

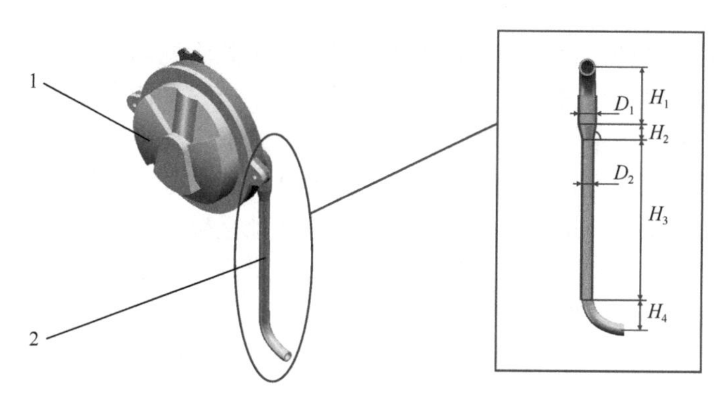

图 4-41　导种管结构参数

1. 内充气送式玉米精量排种器；2. 导种管

（1）进种口直径（D_1）：内充气送式高速玉米排种器导种管的进气口需要确保玉米种子的顺利进入，根据玉米种子三维尺寸，并对玉米种子产生加速作用，因此进种口直径不宜过大与过小，结合前期试验研究，设计中选取进种口直径为 20mm。

（2）进气室高度（H_1）：进气室高度决定了气流进入流量，且进气室高度不宜过大与过小，为使气流稳定进入，设计中选取进气室高度为 155mm。

（3）喉嘴高度（H_2）：喉嘴高度为导种管进种口与稳定加速室的过度距离，其数值大小直接影响导种管加速效果，当喉嘴高度过大时，气流会撞击侧壁产生涡流，减少气流速度；当喉嘴高度过小时，会降低加速气流流速，设计中选取喉嘴高度为 15mm，后续通过仿真试验优化设计内充气送式高速玉米排种器导

种管结构。

（4）加速管直径（D_2）：玉米种子在混合加速室内加速，为减少玉米种子与混合加速室管壁的摩擦、碰撞，加速管直径应大于玉米种子最大尺寸，但加速室直径增大会导致气体进一步膨胀，进而降低加速气流流速，不利于玉米种子的加速，因此结合单粒种子流的投种工况，混合加速室直径应尽可能取较小值，该设计选取加速管直径取值为 15mm。

（5）加速管高度（H_3）：加速管高度直接决定稳定加速区高度大小，根据免耕播种综合尺寸，加速管高度不宜过大，为提高玉米种子在导种管内速度，其加速管高度不宜过小，综合考虑设计加速管高度为 295mm。

（6）投种高度（H_4）：导种管投种高度决定投种区高度，当投种区高度过大时，会导致玉米种子加速过程变小；当投种区高度过小时，会导致投种时种子不稳定，投种曲线采用最速降线以缩短投种时间，因此设计中选取投种高度为 50mm。

4.6 系列玉米精量排种器实体样机试制

通过前期对排种器理论分析及数值模拟仿真试验研究，对系列机械式和气力式玉米精量排种器（指夹式玉米精量排种器、动定指勺夹持式玉米精量排种器、间歇同步充补鸭嘴式玉米精量排种器、内充气送式玉米精量排种器）各关键部件结构参数与整体配置进行优化设计，将创新设计与理论分析相结合，运用多种技术手段进行结构创新、虚拟仿真、样机试制。在此基础上，依托黑龙江省智能农业装备制造企业对系列玉米精量排种器试验样机进行加工试制，所试制的实体样机，如图 4-42 所示。系列精量排种器已与国内多家企业合作生产销售，在黑龙江、吉林等地推广应用，产生了较为显著的经济、社会、生态效益。

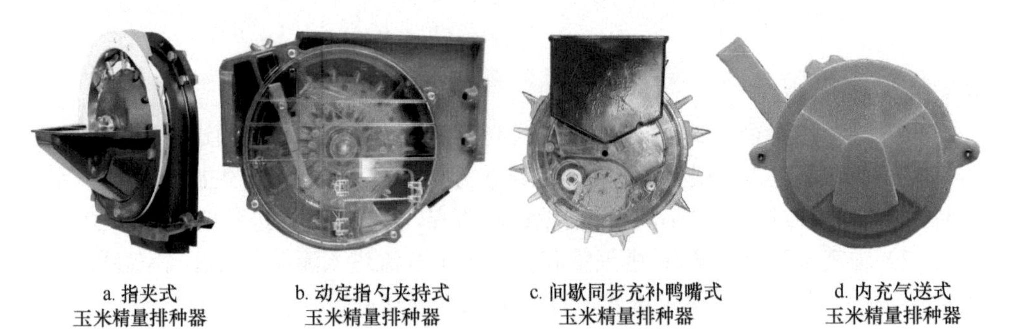

a. 指夹式玉米精量排种器　b. 动定指勺夹持式玉米精量排种器　c. 间歇同步充补鸭嘴式玉米精量排种器　d. 内充气送式玉米精量排种器

图 4-42　系列玉米精量排种器样机

参 考 文 献

[1] Wang J W, Tang H, Wang J F, et al. Optimization design and experiment on ripple surface type

pickup finger of precision maize seed metering device[J]. International Journal of Agricultural and Biological Engineering, 2017, 10(1): 61-71.
[2] 王金武, 唐汉, 周文琪, 等. 指夹式精量玉米排种器改进设计与试验[J]. 农业机械学报, 2015, 46(9): 68-76.
[3] 王金武, 唐汉, 王金峰, 等. 指夹式玉米精量排种器导种运移机理研究与试验[J]. 农业机械学报, 2017, 48(1): 29-37.
[4] 王金武, 唐汉, 关睿, 等. 动定指勺夹持式玉米精量排种器设计与试验[J]. 农业机械学报, 2017, 48(12): 48-57.
[5] 王金武, 王梓名, 徐常塑, 等. 坡耕地鸭嘴式玉米排种器间歇同步充补装置设计与试验[J]. 农业机械学报, 2022, 53(5): 57-66.
[6] Wang J W, Qi X, Xu C S, et al. Design evaluation and performance analysis of the inside-filling air-assisted high-speed precision maize seed-metering device[J]. Sustainability, 2021, 13(10): 5483.

第 5 章　玉米精量排种智能监测系统开发

目前，精量播种整体正朝着高速智能方向发展，随着计算机技术、传感器技术等多学科交叉技术的不断发展，精量排种智能监测系统研发、集成及配套已成为目前国内外研究热点及难点[1,2]。在高速精量播种过程中，若存在漏播、缺种、导种管及开沟器堵塞等现象，将严重影响播种质量及效率。在此背景下，为解决机械式玉米精量排种器监测难度大且精度低等问题，本章将重点以所研发的指夹式玉米精量排种器为例，改进设计了长带指夹式玉米精量排种器，并依此开发其配套智能监测系统[3]，即硬件系统设计与软件系统设计，实现高速精量播种过程中重播及漏播精准监测，亦可应用于其他机械式玉米精量排种器中，为系列精量排种智能监测系统开发及应用提供可靠的理论参考与借鉴。

5.1　玉米精量排种智能监测载体总体结构

5.1.1　智能监测系统研究载体

指夹式玉米精量排种器主要由取种指夹、导种带、导种轮、排种盘、指夹压盘、充种盖、导种带、排种轴、导种端盖及护种仓等部件组成。指夹式玉米精量排种器下方配置导种管，无法真正实现零速投种作业，导致种子在导种管内易产生弹跳碰撞，直接影响排种性能，同时现有结构配置形式无法满足监测传感器布置要求。因此，本研究改进配置了加长导种带取代了导种管结构，并深入分析其平稳投送作用机理，以期实现高速工况下零速投种作业要求，其总体结构如图 5-1 所示。

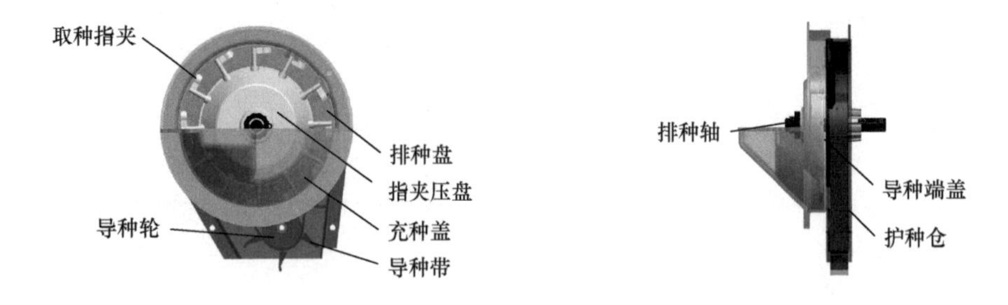

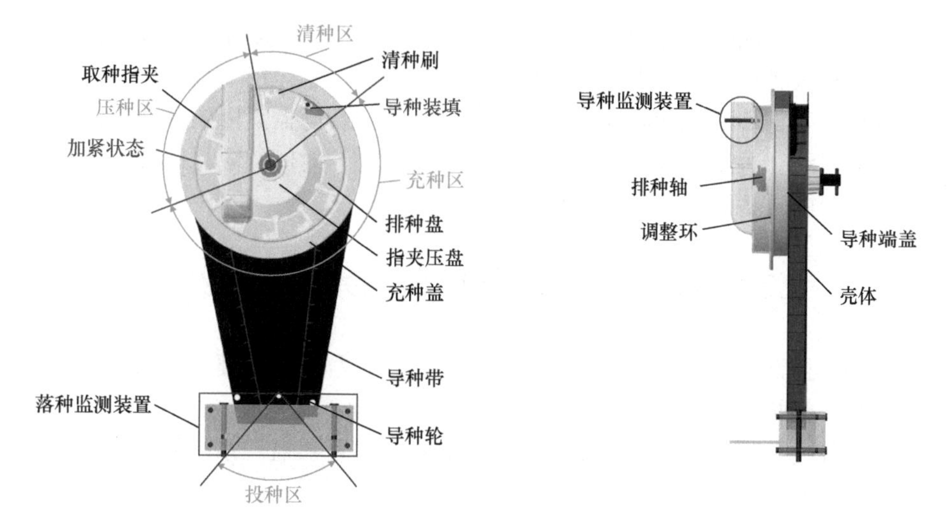

图 5-1　智能监测系统研究载体

5.1.2　精量排种系统改进及原理

所优化设计的长带指夹式玉米精量排种器主要由导种带轮、导种带、充种盖、指夹压盘、排种盘、清种毛刷、取种指夹、投种监测装置、护罩壳体、导种端盖、导种监测装置、调控凸轮和排种轴等部件组成，其中指夹压盘和调控凸轮是排种器的核心工作部件之一，其结构配置的合理性直接影响排种器的作业质量。指夹压盘是由 12 个取种指夹通过微调弹簧连接成的组合件（可自由调整指夹装配数量，最多为 12 个），与调控凸轮依次安装在指夹压盘内侧。排种盘由镀锌钢板制成，以增加玉米种子的摩擦特性。导种带由橡胶制成，其圆周上配有 12 个倾斜叶片，与导种端盖及机壳形成 12 个导种室。清种毛刷由猪鬃制成，可人为调整毛刷角度以控制清种程度。导种监测装置布置在导种口部位，采用漫反射式光电传感器监测理论导种数量（即取种指夹通过漫反射式光电传感器的数量，理论上一个取种指夹携带一粒玉米种子）。投种监测装置设置在投种口下方，采用矩形光纤传感器监测导种带投送至土壤中的数量。

排种器工作区域可分为充种区、持种区、清种区和投种区 4 个区域。作业时，玉米种子由种箱填充至充种室内，机具行走轮通过链传动将动力传至排种轴，并带动指夹压盘和取种指夹进行旋转运动，凸轮固定不动与微调弹簧共同控制取种指夹定时开闭。当取种指夹开启时，进入充种区进行充种夹持；当指夹闭合时，将夹持多粒玉米种子离开充种区，完成充种过程。取种指夹在持种区平稳旋转运移，当旋转至清种区时，清种毛刷除去多余种子，完成清种过程。单粒玉米由导种口被投入排种器背面的导种室内，导种带与指夹盘同步旋转，将单粒种子平稳投入土壤中，完成投种过程，实现精量播种作业。为了实现精量排种质量监测，在导种口和投种口下方分别设置漫反射式光电传感器和矩形光纤传感器，当种子运移投送时遮挡传感器使其返回低电平信号，根据传感器返回的脉冲信号并经单片机处理后统计种子下落时间间隔，并与设定的理论时间间隔相比较，计算精量排种过程中的重播指数和漏播指数。

5.2 玉米精量排种智能监测系统总体结构

为精准监测长带指夹式玉米精量排种器排种过程各项重要指标（合格指数、重播指数和漏播指数），结合指夹式玉米精量排种器作业原理及导种形式，采用计算机技术及传感器技术等现代测试方法，对精量排种器监测系统的硬件系统和软件系统进行开发设计。

5.2.1 智能监测硬件系统开发

智能监测硬件系统主要由STM32F103单片机、USB转TTL芯片、车载计算机、集成运算放大器、漫反射式光电传感器、矩形光纤传感器和固定装置等部件组成，如图5-2所示。各部分通过通信线、信号线和电源线进行电气连接，完成信息交换。其中，电源线用于对各设备供电连接，电源为DC12V车载蓄电池。通信线采用RS232串口通信网络，参照通信协议设计，利于系统扩展。矩形光纤传感器采用红外对射的原理，使投种状态改变对射光路，使红外接收端接收光强发生变化，经信号放大器处理成脉冲信号，将单片机定时器（time 4和time 5）配置成输入捕获模式并设置对应I/O口为输入模式，从而获取脉冲信号并计算排种参数；同时与安装在导种口上的漫反射式光电传感器相配合，根据光的反射原理监测取种指夹通过导种口的次数并计算转速。以漫反射式光电传感器监测的取种指夹通过导种口的次数和转速为基准，当矩形光纤传感器监测的数据大于漫反射式光电传感器监测的数据，则发生重播；当矩形光纤传感器监测的数据小于漫反射式光电传感器监测的数据，则发生漏播。传感器监测到的数据通过信号线传输至STM32F103单片机进行控制计算，并通过USB转TTL芯片将串口信号收集至上位机，获取排种信息。

5.2.2 智能监测软件系统开发

精量排种监测主要通过监测投种数量、取种指夹穿过导种口的次数和转速实现。其中漫反射式光电传感器和矩形光纤传感器将信息转换为脉冲信号，系统通过监测脉冲信号的下降沿，对投种数量及取种指夹通过导种口的次数（理论排种

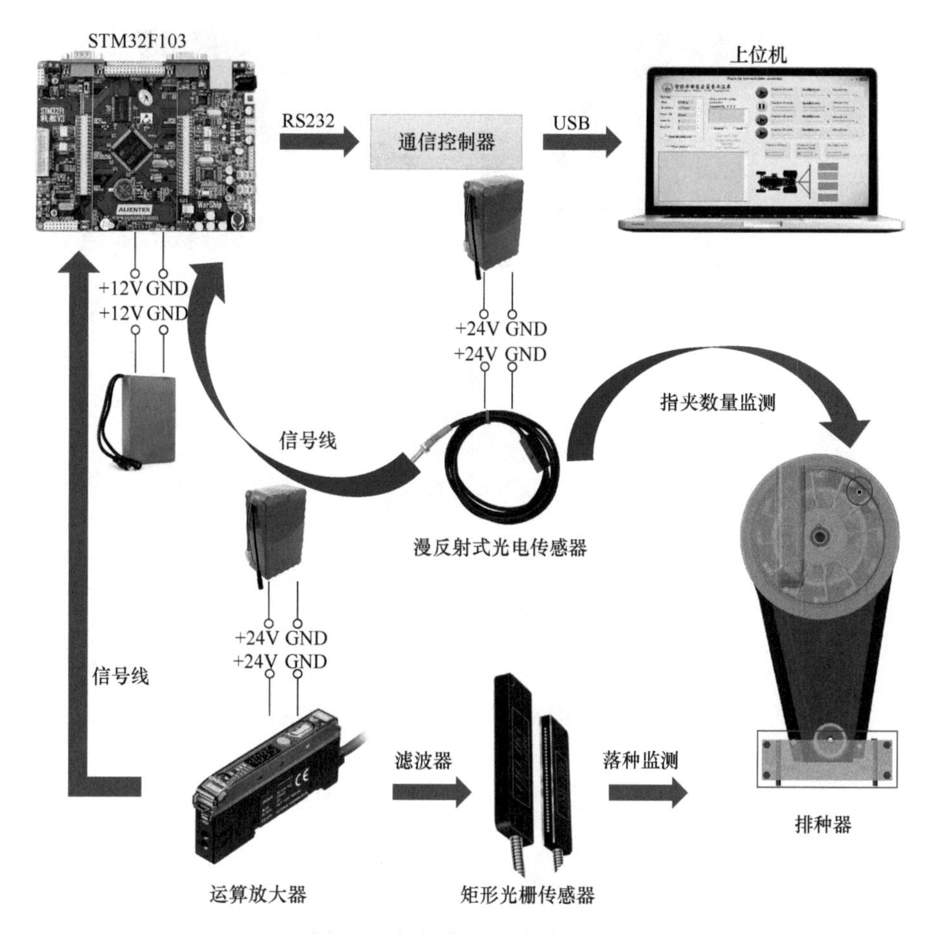

图 5-2　智能监测硬件系统设计

数量）进行计数，并通过监测一对脉冲信号的上升沿及下降沿进行计时。投种监测传感器时间记做 T_A，导种监测传感器间隔时间记做 T_B。

根据高速摄像试验分析可知，当发生重播现象时，矩形光纤传感器会连续收到两次一对的脉冲信号，而漫反射式光电传感器只会收到一次一对的脉冲信号，此时重播个数加一。当重播种子下落过程中在垂直面内出现首尾相连现象时，矩形光纤传感器的间隔时间 T_A 变长，从而造成了重播计数的遗漏，如图 5-3 所示。因此当满足式（5-1）时，种子重播个数加一。系统程序流程图如图 5-4 所示。

首先控制下位机，即按照逻辑连接单片机 PA0 和 PB5 的引脚，配置其相对应的定时器（time 4 和 time 5），使单片机能够接收外部信号并且具有计时能力。为了确定接收或发送信号的先后顺序，避免出现数据混乱，设定接收中断、发送中断的优先级。

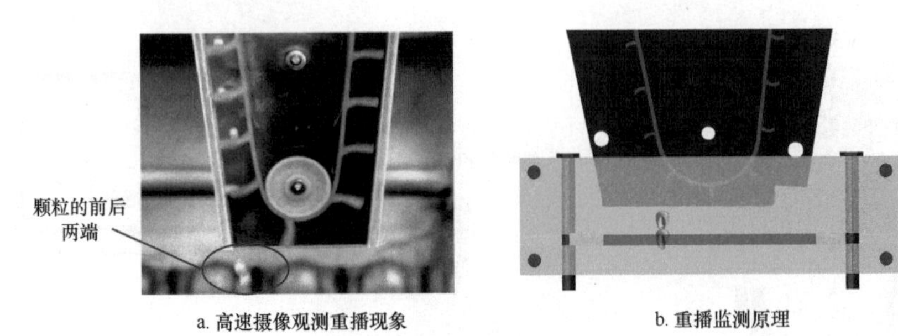

图 5-3　种子重播示意图

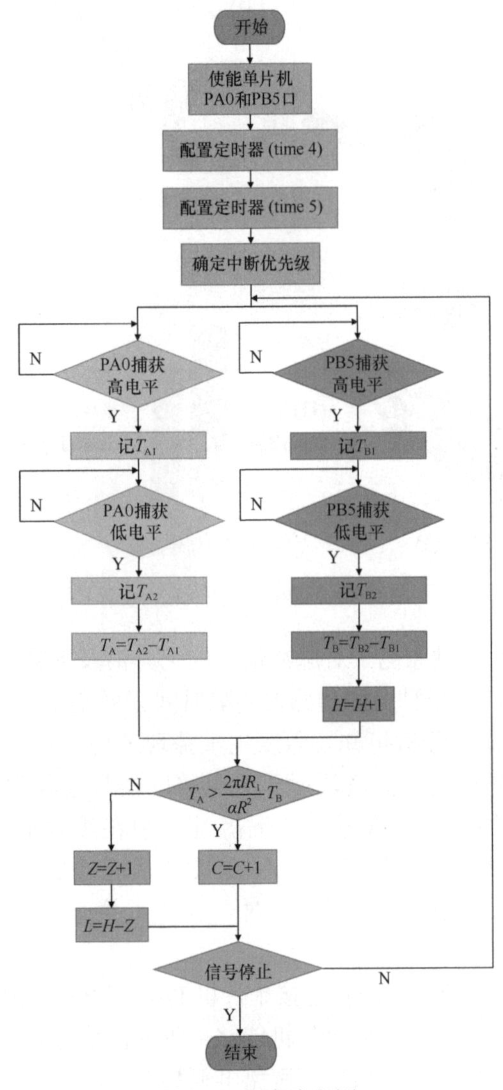

图 5-4　程序流程图

L 为种子漏播量；C 为种子重播量；H 为种子理论播量；Z 为播种总量

此时，PA0 与 PB5 等待外部信号触发，当其中任意引脚电压变为高电平时，定时器寄存器储存当前时间 T_{A2} 或 T_{B2}，当外部信号消失后引脚电压变为低电平，定时器寄存器存储当前时间 T_{A2} 或 T_{B2}。CPU 计算出信号接收时间 T_A 或 T_B，此时理论播种量增加一粒。根据速度关系比较 T_A 或 T_B，确定是否存在重播的情况。最后 CPU 判断是否接收到停止信号，如果接收到停止信号，则程序停止，否则进入下一次循环。

$$T_A > \frac{2\pi l R_1}{\alpha R^2} T_B \tag{5-1}$$

式中，T_A——种子遮挡矩形光栅传感器总时间，s；

T_B——取种指夹遮挡漫反射式光电传感器总时间，s；

l——种子长度，mm，对 1000 粒中国东北地区广泛种植的德美亚 1 号玉米种子的长度进行测量取平均值，此处为定值，取 9.35mm；

α——取种指夹自转角，(°)。

本研究基于 C#语言开发和设计了 Windows 窗体应用程序，可以实时显示监控的播种参数。同时当出现种子重播与漏播现象时，软件界面会发生播种故障报警。软件界面如图 5-5 所示。

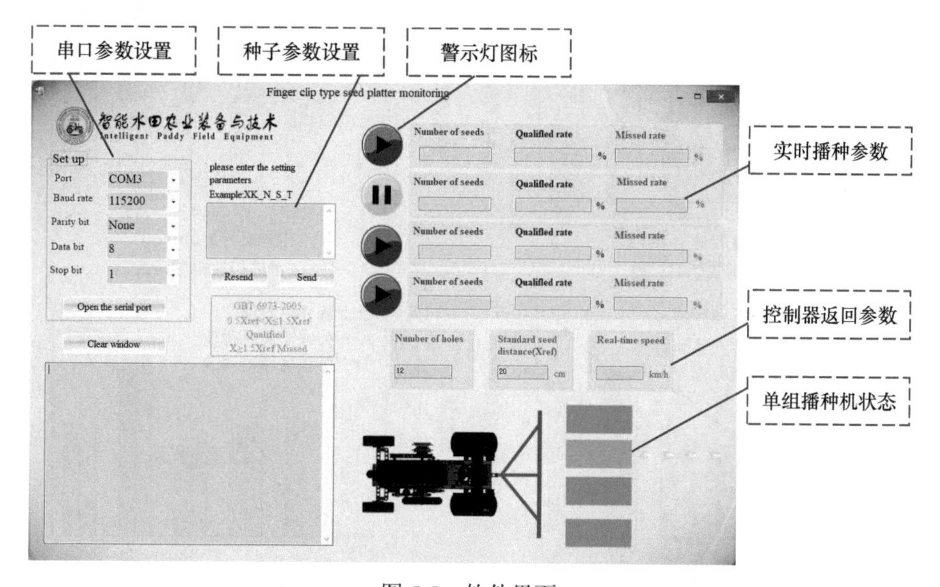

图 5-5　软件界面

软件界面依据功能可划分为串口参数设置、种子参数设置、作业参数监测及漏播警报 4 个区域。其中，通信串口号设置区用于设备通信时工作串口号的选择与开闭。参数设置区用于对取种指夹长度等相关参数进行设计，参数设计完成后，保存至运行内存中并在程序运行时对相应参数进行读取。作业参数监测区包括投种数量、理论排种量、投种间隔时间和排种盘转速。其中投种数量用于显示各行排种器排种粒数，理论排种量用于确定正常作业状况下（无漏播与重播）各行播种单体排种粒数，通过排种转速与投种时间间隔共同确定是否有重播的现象发生。当漏播情况连续发生时漏播警报发出闪烁红光，从而提醒操作用户。通过上述方法，可实现合格指数、重播指数和漏播指数等指标的在线监测。

5.3 玉米精量排种智能监测准确度影响特性

为了探究排种盘转速对传感器监测准确度的影响，通过传感器监测得到的合格指数、重播指数、漏播指数及排种量数与人工测量所得数据进行对比分析，求解合格指数相对误差、重播指数相对误差、漏播指数相对误差和排种量相对误差随排种盘转速的变化规律，如图 5-6 所示。

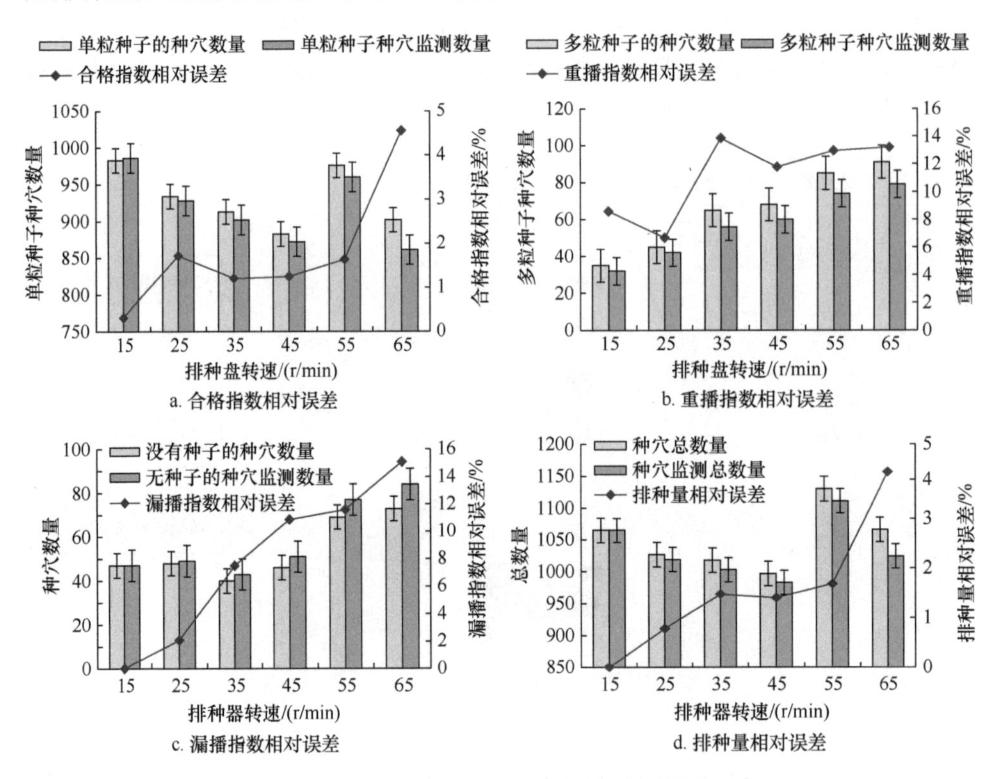

图 5-6　排种盘转速对传感器监测准确度的影响

台架试验过程中，合格指数相对误差、重播指数相对误差、漏播指数相对误差和排种量相对误差随排种盘转速的增加整体呈逐渐上升的趋势，表明随排种盘转速的增加，传感器监测准确度逐渐降低。其中重播指数和漏播指数的相对误差比合格指数和排种量相对误差大，主要是由于重播穴数和漏播穴数基数小，与人工测定的数据相比较，传感器监测的数据整体偏大于人工测定的数据，但其整体趋势反映了传感器监测准确度的变化规律。

排种盘转速对传感器监测准确度的影响实质上可深入剖析为种子通过传感器的频率和速度对传感器监测精度的影响。由于排种盘与导种带轮 I 同轴转动，则种子通过两个传感器的速度和频率一致。为了进一步探究两因素间的关系，通过调整取种指夹的数量和排种盘转速控制两个因素的取值。

种子通过传感器的频率可由排种盘转速得出：

$$f = \frac{1}{5}n \tag{5-2}$$

式中，f——种子通过传感器的频率，粒/s；

n——排种转速，r/min。

种子通过传感器的速度（忽略矩形光纤传感器与排种导轮Ⅱ底部的距离）为

$$v = \frac{\pi R_1 n}{30\,000} \tag{5-3}$$

式中，v——种子通过传感器的速度，m/s。

排种盘转速对应的排种频率和排种速度如表 5-1 所示。

表 5-1　排种盘转速对应的排种频率和排种速度

水平	排种器转速/（r/min）	种子频率/（粒/s）	种子速度/（m/s）
1	15	3	0.09
2	25	5	0.15
3	35	7	0.22
4	45	9	0.28
5	55	11	0.35
6	65	13	0.41

为了进一步探究排种频率和排种速度对传感器监测精度的影响，以合格指数相对误差、重播指数相对误差、漏播指数相对误差和排种量相对误差为评价参数，分别对排种频率和排种速度进行单因素试验。

首先对排种频率进行线性回归分析，图 5-7 为排种频率对评价参数的线性回归分析图。随着排种频率的增加，合格指数相对误差、重播指数相对误差、漏播指数相对误差和排种量相对误差均呈现逐渐增大的趋势。同时随着排种频率的增加，测量的相对误差相对分散，重叠点较少，表明传感器监测稳定性逐渐降低。

这可能由于在排种速度固定不变的条件下，排种频率越大，两粒种子落下的时间间隔越小，导致重播状态下的种子状态和种子首尾相接的情况增加，一穴重播会导致在相邻穴之间发生漏播现象，从而使发生重播和漏播的概率增加，传感器误判的概率增大。

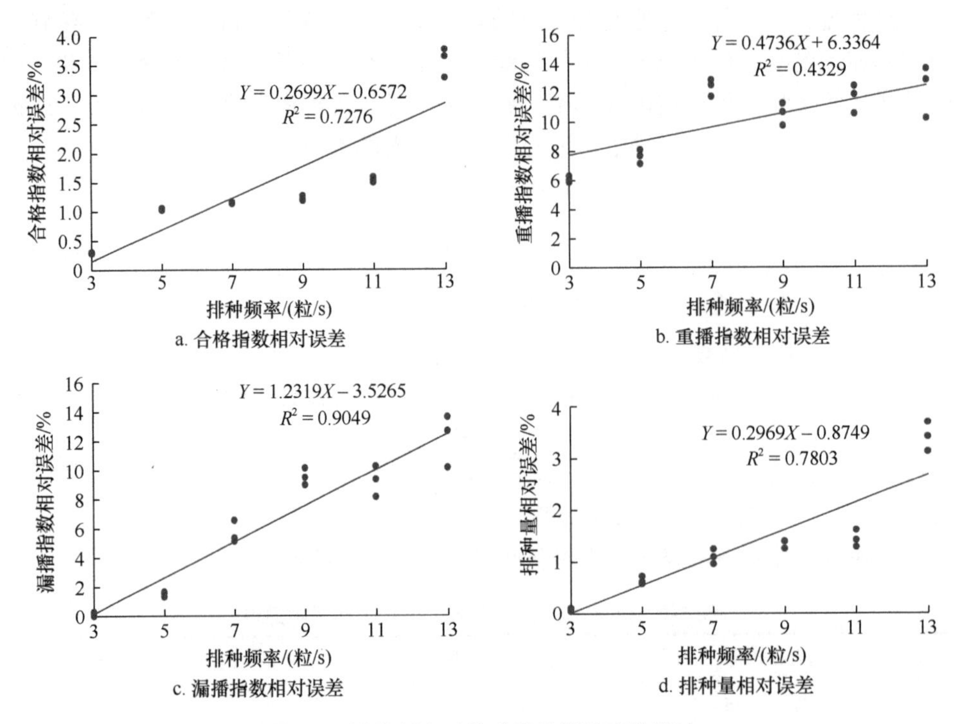

图 5-7　排种频率对传感器监测精度的影响

在此基础上，对排种速度进行线性回归分析，图 5-8 为排种速度对评价参数的线性回归分析图。随着排种速度的增加，合格指数相对误差、重播指数相对误差、漏播指数相对误差和排种量相对误差均呈现逐渐增大的趋势。同时随着排种速度的增加，测量的相对误差相对集中，重叠点较多，表明传感器监测准确度虽有下降的趋势，但稳定性随排种速度的增加没有出现大幅度波动。这可能是由于在排种频率固定不变的条件下，排种速度越快，取种指夹的开合速度变快，导致玉米种子从取种指夹投送至导种带的稳定性降低，使漫反射式光电传感器和矩形光纤传感器的计数准确性降低，这与指夹式玉米排种器本身的结构形式与工作原理有很大关联。

在实际监测过程中，若应用单个传感器进行监测，部分相邻重叠种子无法产生光电信号间隔脉冲，系统无法监测落种时间差，导致对重叠种子的误判。当排种盘转速为 36r/min 时，漏播监测准确率为 85.6%。本研究开发了一种基于多传感

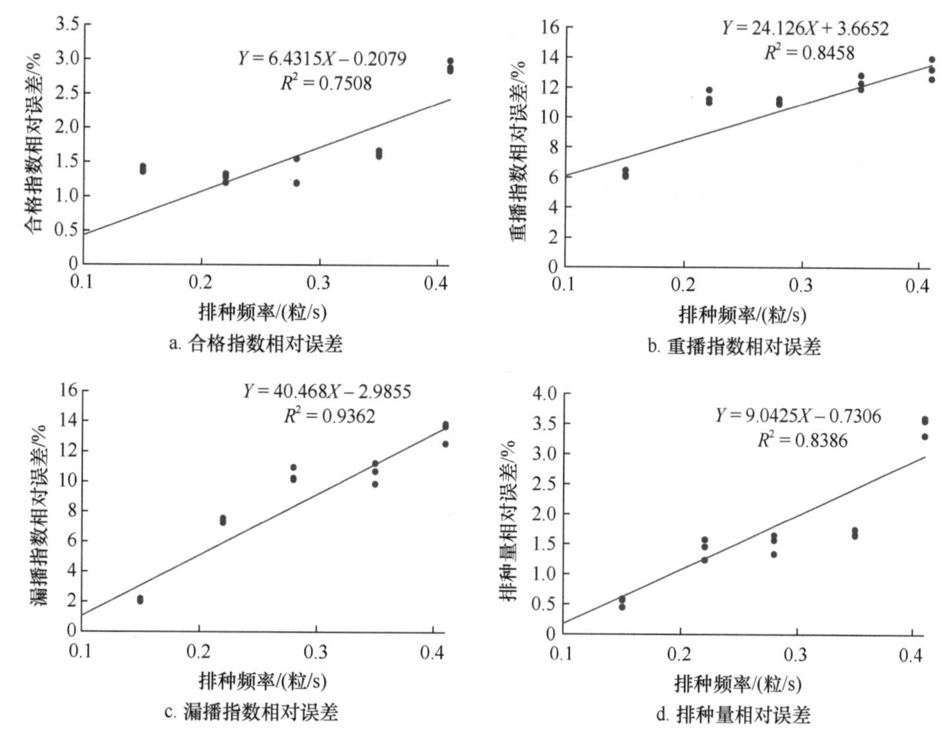

图 5-8　排种速度对传感器监测精度的影响

器融合的种子计量质量监测系统。高排种速度导致传感器监测精度下降，与 Karimi 等[4,5]开发的使用红外传感器的变化趋势一致。当排种盘转速为 35r/min 时，漏播监测精度为 92.50%，有效提高了漏播监测精度。随着精准农业的推广和普及，越来越多的车载电脑将配置于驱动拖拉机上，后续将所研发的智能监测系统应用于车载计算机进行实际操作。此外，智能监测系统在田间应用过程中，亦受到外界等环境因素影响，因田间作业振动复杂且不可控，导致充种过程中种子姿态产生随机变化，极易造成重播及漏播等问题，后续将重点探索不同工况及田间振动频率下智能监测系统精准性和适应性，为智能监测系统改进优化及产业化应用提供参考。

参 考 文 献

[1] 苑严伟，白慧娟，方宪法，等. 玉米播种与测控技术研究进展[J]. 农业机械学报，2018, 49(9): 1-18.

[2] 颜丙新，付卫强，武广伟，等. 基于卫星定位的玉米高位精播种子着床位置预测方法[J]. 农业机械学报, 2021, 52(2): 44-54.

[3] Tang H, Xu C S, Wang Z M, et al. Optimized design, monitoring system development and

experiment for a long-belt finger-clip precision corn seed metering device[J]. Frontiers in Plant Science, 2022, 13: 814747.

[4] Karimi H, Navid H, Besharati B, et al. A practical approach to comparative design of non-contact sensing techniques for seed flow rate detection[J]. Computers and Electronics in Agriculture, 2017, 142: 165-172.

[5] Karimi H, Navid H, Besharati B, et al. Assessing an infrared-based seed drill monitoring system under field operating conditions[J]. Computers and Electronics in Agriculture, 2019, 162: 543-551.

第 6 章　系列玉米精量排种器数值模拟与性能优化

在实际作业过程中，由于玉米种群间及种子与工作部件间的碰撞、土壤颗粒运动较复杂，无法完全通过理论研究分析各因素间的相互作用。近些年随着计算机技术的发展，离散元法（discrete element method，DEM）及其数值模拟仿真软件 EDEM 在农业工程领域中得到了广泛应用，为研究颗粒群体的运动规律提供了良好的平台与手段，已成为提高工作效率、缩短开发周期的有效工具[1,2]。为探究各工作参数对排种器排种性能的影响，本章以前期测定典型玉米种子物料特性参数为边界条件，以所设计的系列玉米排种器为研究载体，探究各类排种器机械夹持充种及气力导种作业机理，分析排种过程中玉米种子类型及外界工况对综合排种性能的影响因素。结合数值模拟技术和单因素试验方法，运用离散元仿真软件 EDEM、运动学仿真软件 ADAMS 及流体仿真软件 Fluent 等，实现复杂气固域内玉米种子排种性能虚拟仿真，分析了排种过程中造成重播、漏播问题的主要原因，确定优化排种器合理有效的工作参数范围，为后续高速摄像规律分析、台架性能试验与田间验证试验提供了重要保障。

6.1　指夹式/动定指勺夹持式玉米精量排种器排种性能数值模拟研究

6.1.1　几何模型与边界条件确定

1. 几何模型建立

为合理有效地进行仿真模拟与计算，对排种器模型进行简化处理，将与玉米种子运动过程接触无关的部件去除，应用三维制图软件 Pro/E 对排种器进行等比例实体建模，以.igs 格式导入离散元仿真软件 EDEM 的 Geometry 模块。为便于对排种器各作业环节进行观测分析，分别以填充形式（Filled）和网格形式（Mesh）显示排种器内部结构特征，如图 6-1 和图 6-2 所示。根据排种器实际作业状态，设定种盘（指夹、勺夹及微调弹簧等）及指夹压盘为转动件（Rotating 模型），其余部件为固定件。根据实际充种状态在充种壳体上方设定虚拟工厂（factory），即颗粒生产区域。其中，指夹式玉米精量排种器中涉及微调弹簧调控指夹开启与闭合作用，运用 C 语言对微调弹簧弹性函数进行编译，通过离散元仿真软件 EDEM

的应用编程接口（application programming interface，API）完成弹力加载。根据物理样机试制要求、前期材料属性测定及相关参考文献[3]，设置指夹材料为铝合金，泊松比为 0.42，剪切模量为 1.7×10^{10}Pa，密度为 2700kg/m^3；排种盘材料为 45 号钢，泊松比为 0.30，剪切模量为 7×10^{10}Pa，密度为 7800kg/m^3；毛刷材料为猪鬃材料，泊松比为 0.40，剪切模量为 1×10^{8}Pa，密度为 1150kg/m^3。

图 6-1 指夹式玉米精量排种器 Filled 格式

图 6-2 指夹式玉米精量排种器 Mesh 格式

类比指夹式玉米精量排种器虚拟边界条件设定，动定指勺夹持式玉米精量排种器几何模型建立与其相同，分别以填充形式（Filled）和网格形式（Mesh）显示排种器内部结构特征，如图 6-3 和图 6-4 所示。根据物理样机试制要求、前期材料属性测定及相关参考文献，设置动定指勺材料属性为铝合金；种盘端盖材料属性为有机玻璃材质，其泊松比为 0.39，剪切模量为 8.6×10^{8}Pa，密度为 1180kg/m^3；充种壳体材料属性为 45 号钢；清种毛刷材料属性为猪鬃。

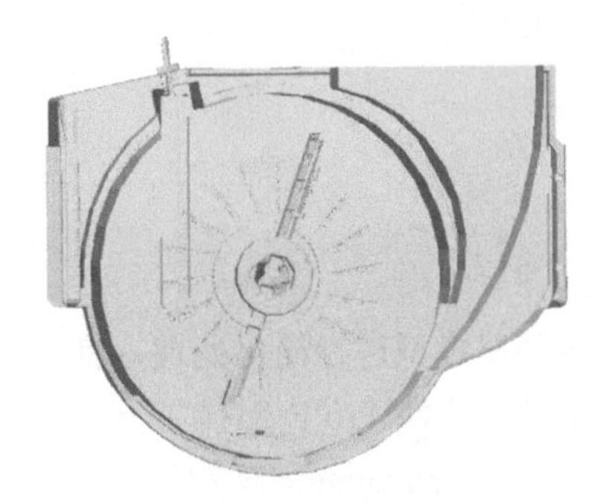

图 6-3 动定指勺夹持式玉米精量排种器 Filled 格式

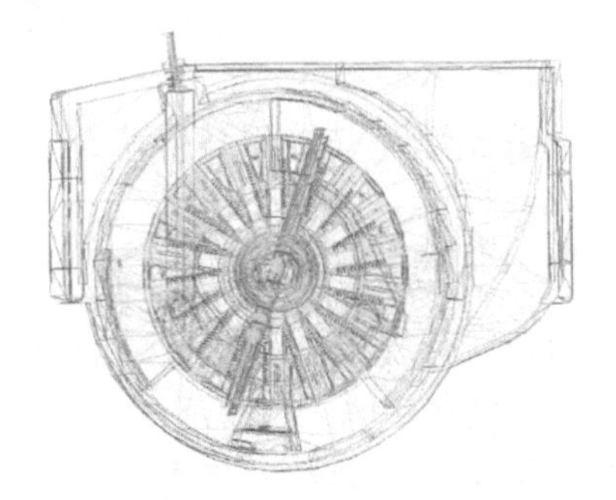

图 6-4 动定指勺夹持式玉米精量排种器 Mesh 格式

2. 玉米种子离散元模拟建立

以前期所选取的北方寒地广泛种植的 15 种类型供试玉米种子为参考，根据其几何尺寸分布及球粒化程度将其分为圆形大粒、圆形小粒、扁形大粒和扁形小粒

4 种等级类别，采用三维激光扫描方法进行各尺寸等级玉米种子的原型提取、着色、除噪、点云注册、点云三角片化、合并和模型修正操作，最终得到各尺寸等级玉米种子理想三维扫描模型，详细方法请参见本书 3.6.1 节自然堆积虚拟标定。

在此基础上，为进一步提高虚拟仿真效率且保证其真实可靠性，加快玉米种子离散元模型生成速率，运用多球面组合填充方法选取若干个不同半径的基础球体颗粒，在一定程度上简化玉米离散元模型，各尺寸等级玉米种子离散元模型如图 6-5 所示。根据前期玉米种子物料测定及虚拟标定设定其相关参数，具体参数请参见本书 3.5.1 节玉米种子物料特性主成分分析。

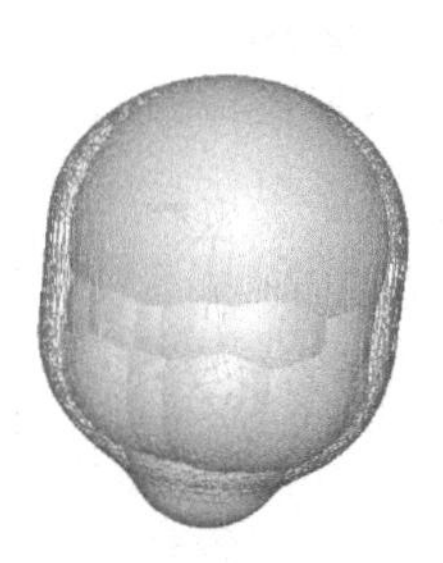
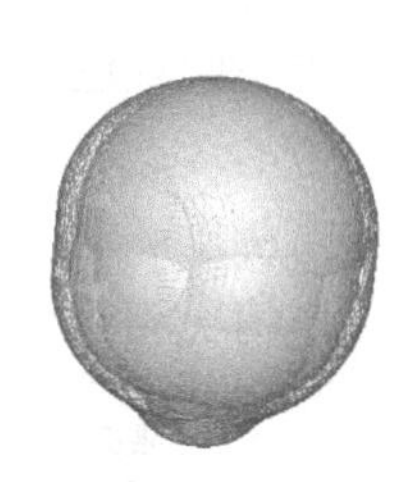

a. 扁形大粒　　b. 扁形小粒　　c. 圆形大粒　　d. 圆形小粒

图 6-5　各尺寸等级玉米种子离散元模型

3. 边界参数设定

结合所设计的系列精量排种器实际作业特点，玉米种子表面及种子与部件间并无黏附作用，且不涉及热、电等因素影响，因此虚拟仿真过程中选取 Hertz-Mindlin 无滑动模型为计算玉米种子间作用关系的接触模型。根据排种器充种壳体内的实际情况，设置离散元仿真软件 EDEM 颗粒工厂以 1000 粒/s 的速率生成初速度为 0、方向为重力加速度方向的玉米种子模型，总量为 1500 粒，生成的颗粒模型总时间为 1.5s，以保证充种室内具有充足玉米种子进行虚拟仿真研究。为保证虚拟仿真的连续性，设置固定时间步长为 4.2×10^{-6}s，为 Rayleigh 时间步长的 10%，仿真总时间为 20s（前 1.5s 为充种过程），数据自动迭代保存时间为 0.01s，且 EDEM 软件自动对玉米种子离散元模型进行编号，以便后期进行数据处理与规律分析。在生成玉米种子颗粒后，沿排种器壳体水平方向施加一定振动，以降低种子间孔隙率，使颗粒填充更加紧密。

6.1.2　指夹式/动定指勺夹持式玉米精量排种仿真分析

基于前期所开展的物料特性测定与虚拟标定研究、系列精量排种器优化设计及各环节排种机理分析，本节将结合数值模拟技术和单因素试验方法，以排种器工作转速及玉米种子等级尺寸为试验因素，合格指数、重播指数、漏播指数及变异系数为评价指标，运用离散元软件 EDEM 进行排种性能虚拟试验，分析排种过程中造成不同尺寸等级玉米种子重播、漏播问题的主要原因，研究各因素对排种性能的影响规律。

1. 指夹式玉米精量排种器虚拟排种过程分析

根据排种器实际作业状态及精量播种农艺要求，以某一常规工况为例，对其排种过程进行模拟分析。如图 6-6 所示，以单一玉米种子为研究对象，设置其以流线型（stream）形式显示，图中彩色流线表示被跟踪玉米种子颗粒运动轨迹，其中不同颜色变化表示玉米种子运动速度的变化，通过分析即可清楚地表示玉米种子的运动状态。通过虚拟仿真可知，随排种器指夹种盘旋转运动，充种区边缘玉米种子运动较明显，带动玉米种子边缘层运动速度逐渐增加，与其排种器实际工作情况相符合。

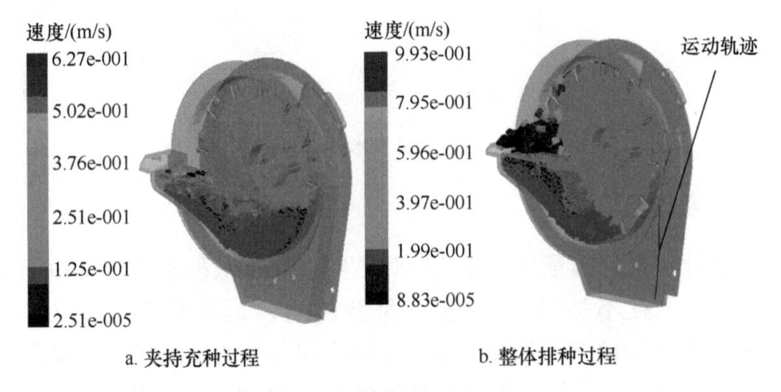

a. 夹持充种过程　　b. 整体排种过程

图 6-6　EDEM 排种运动仿真过程

为分析夹持充种过程中在排种器指夹种盘搅动作用下玉米种群的流动特性，对 EDEM 虚拟排种玉米种子运动状态进行观测，以期为后续提高排种器充种性能提供有效参考。图 6-7 为排种器工作转速为 30r/min 工况下玉米种子散粒体群虚拟状态，对 0～4s 仿真图像进行提取，设置其以矢量型（vector）形式显示。在整个排种过程中，玉米种群在自身重力、种群碰撞摩擦力及取种指夹综合力共同作用下形成回流及环流。

在 0～1.5s 时刻，颗粒工厂生成 1500 粒玉米种子离散元模型，充种壳体内玉米种群在重力及内部挤压作用下自然堆积，如图 6-7a 和图 6-7b 所示；2s 时刻，排种器初始进行夹持充种，取种指夹随指夹种盘整体进行顺时针转动，同时自身绕其指夹杆轴旋转开启，带动玉米种群边缘层运动速度逐渐增加，如图 6-7c 所示；2.5s 时刻，取种指夹夹持单粒或多粒玉米种子离开充种区，玉米种子随取种指夹

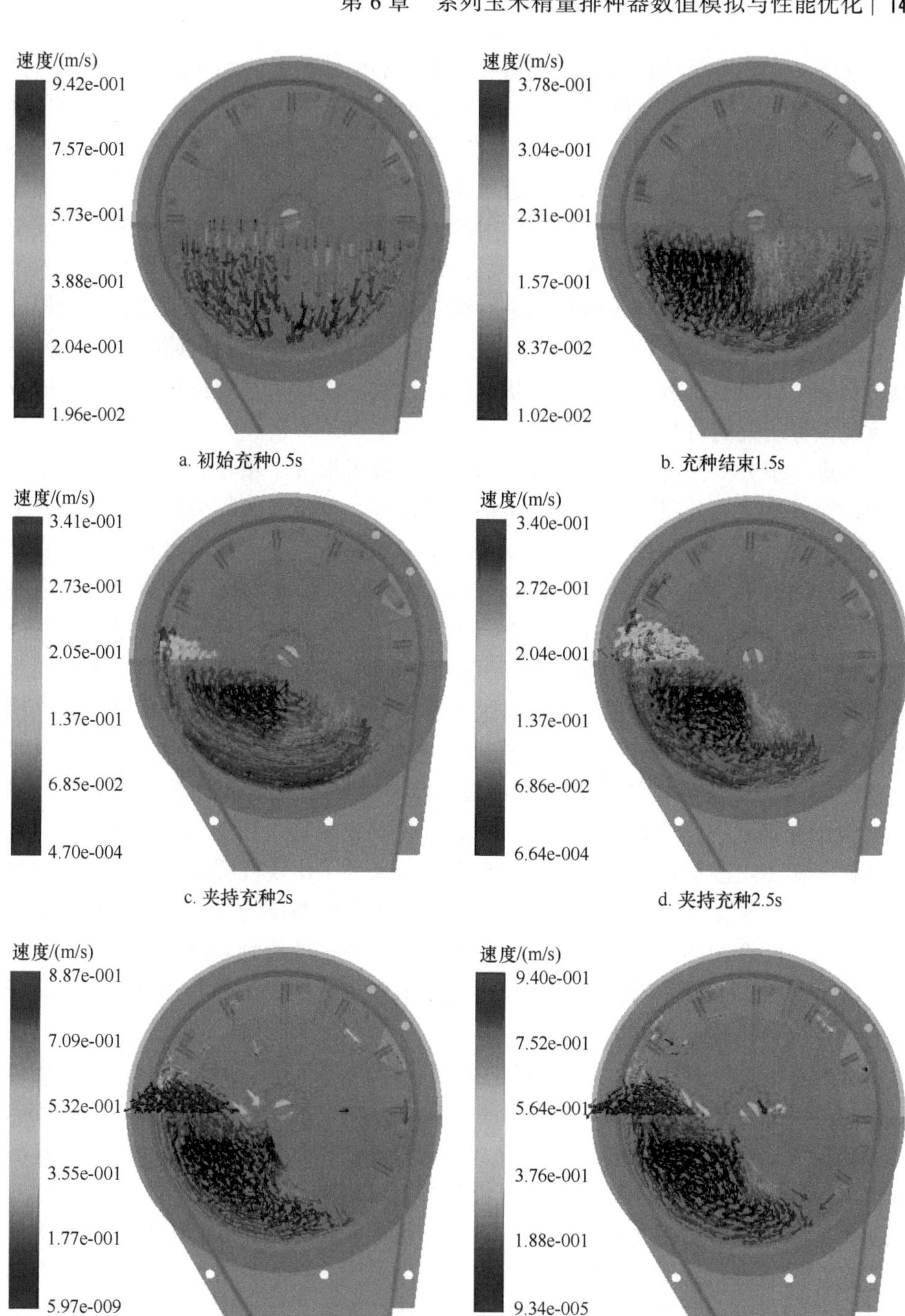

图 6-7　EDEM 虚拟排种玉米种子运动趋势

稳定推送，其整体扰动作用明显增加，底部玉米种子被带动至一定高度，玉米种群界面由初始水平状态至倾斜状态，当玉米种群倾斜角度大于玉米种子休止角度时，部分玉米种子在翻滚、碰撞及摩擦共同作用下形成回流，如图 6-7d 所示；3s 时刻，取种指夹夹持多粒玉米种子进入振动清种区，由于夹持作用力的反复变化引起玉米种子振动，配合清种毛刷作用除去多余种子，其中部分取种指夹出现空夹问题，即漏播现象，如图 6-7e 所示；3.5s 时刻，玉米种子由导种口被推送入排种器后侧导种室内，随导种带整体进行逆时针旋转运动，玉米种子被运送至投种点处进行反向投种抛送，玉米种子与柔性导种带间并未发生弹跳碰撞等现象。虚拟仿真整个阶段与排种器实际工作状态基本一致，验证了开展排种器排种性能数值模拟试验研究的可行性与合理性。

为进一步分析排种过程中造成不同尺寸等级玉米种子重播、漏播问题的主要原因，排种器作业效果主要表现为单播（单粒）、重播（两粒或两粒以上）、漏播（无）3 种状态。为便于观察仿真过程中玉米种子运动形式，设置排种器壳体及导种室以网格（Mesh）形式显示，如图 6-8 所示。图 6-8a 表示单播状态，取种指夹正常夹持单粒玉米种子并将其推送入导种口。图 6-8b 表示重播状态，取种指夹夹持多粒玉米种子并将其推送入导种口。在多组虚拟仿真试验中，扁形小粒玉米种子出现重播现象较严重，主要原因是玉米种子尺寸较小，取种指夹同时夹持多粒种子，使得种子自身重力、与种子及排种盘间摩擦力及指夹夹持压力相平衡，且由凹凸振动面及毛刷清种对扁形小粒玉米种子的清种适应性较差所导致。图 6-8c 表示漏播状态，取种指夹并未夹持玉米种子或未将单粒玉米种子夹持推送入导种口。在多组虚拟仿真试验中，圆形大粒玉米种子出现漏播现象较严重，主要原因是玉米种子无法克服自身重力、种子与排种盘间摩擦力及指夹夹持压力间的共同作用，配合凹凸振动面对圆形大粒玉米种子的振动清种较剧烈，使得玉米种子在临近导种口处发生滑落；另一原因是玉米种子被推送至导种口时，玉米种子与柔性导种带间碰撞而弹出。

在此基础上，开展单因素 EDEM 虚拟仿真数值模拟试验研究，以分析各因素对排种性能的影响规律。设定排种器工作转速分别为 15r/min、20r/min、25r/min、30r/min、35r/min、40r/min 和 45r/min（对应机具前进速度分别为 3km/h、4km/h、5km/h、6km/h、7km/h、8km/h 和 9km/h），玉米种子尺寸以各类型尺寸玉米种子颗粒模型表示，即扁形大粒、圆形大粒、扁形小粒和圆形小粒，其他变量参数保持恒定，保证因素水平设定值与试验方案完全一致。在综合评价排种器作业质量及适播范围过程中，仍应结合高速精量播种作业要求，同时以合格指数较高，兼顾重播指数、漏播指数和变异系数较低为主要评价原则。运用 Excel 软件对仿真数据进行处理，绘制出相应指标趋势曲线，如图 6-9 所示。

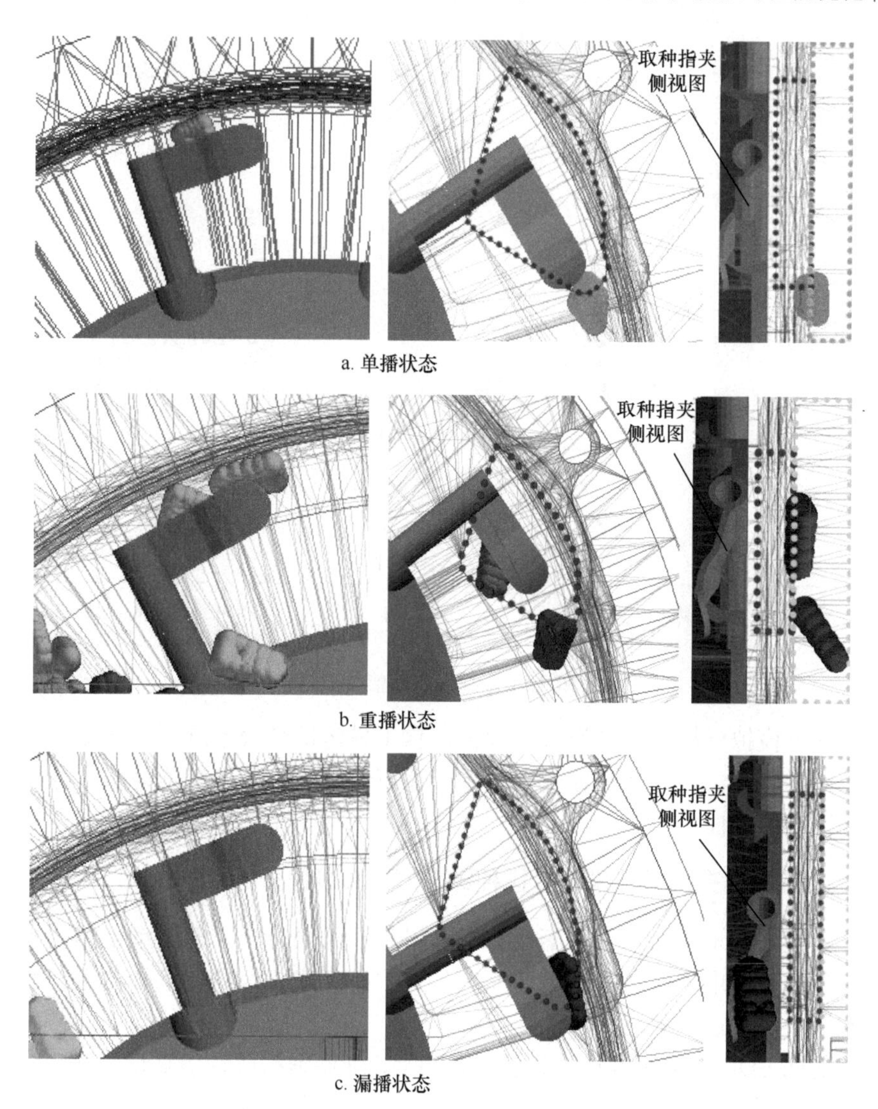

a. 单播状态

b. 重播状态

c. 漏播状态

图 6-8　EDEM 虚拟仿真排种作业状态

3 种状态视图包括主视图和侧视图；红色标记轮廓为导种口位置；蓝色标记轮廓为局部导种室位置

虚拟仿真试验结果表明，当工作转速为 15～45r/min 时，排种器对扁形玉米种子排种性能最优，其合格指数大于 83.92%，重播指数小于 11.38%，漏播指数小于 4.7%，变异系数小于 19.01%；对圆形大粒玉米种子排种性能次之，对圆形小粒玉米种子排种性能最差，其合格指数大于 80.03%，重播指数小于 11.45%，漏播指数小于 6.82%，变异系数小于 19.27%。当工作转速大于 45r/min 时，排种器对扁形小粒玉米种子重播指数达到 17%以上，已无法满足精量播种作业要求。在后续台架试验过程中，本研究将对基于 EDEM 软件的指夹式玉米精量排种器排

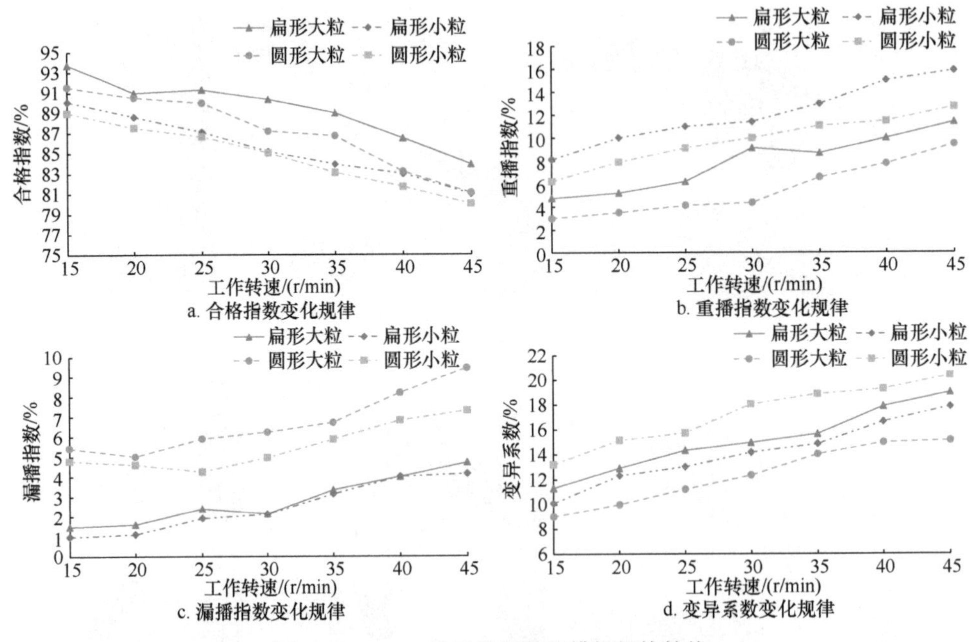

图 6-9 EDEM 排种性能数值模拟规律趋势

种性能数值模拟分析研究结果进行验证，自主搭建试验台架进行高速摄像轨迹试验、单因素试验、多因素试验及玉米种子适应性试验等，以期验证仿真分析结果的合理性与可靠性。

2. 动定指勺夹持式玉米精量排种器虚拟排种过程分析

参考指夹式玉米精量排种器虚拟仿真过程及结果分析，开展动定指勺夹持式玉米精量排种器虚拟排种仿真试验研究，其中指夹式玉米精量排种器设定类同的过程在此不进行过多赘述。

在前期 EDEM 软件边界参数设定基础上，开展虚拟排种仿真试验研究，观测种群间及种子与工作部件间接触、碰撞、夹持及运移等复杂现象，分析排种器对各尺寸等级玉米种子产生重播、漏播问题的主要原因。以某一常规工况为例，如图 6-10 所示，设置其以颗粒型（particle）形式显示，图中不同颜色变化表示玉米种子运动速度变化。通过分析即可清楚地表示种子运动状态，随动定指勺系统旋转运动，充种区边缘玉米种子运动较明显，带动种群边缘层运动速度逐渐增加，底部玉米种子被带动至一定高度，玉米种群界面由初始水平状态至倾斜状态。当玉米种群倾斜角度大于玉米种子休止角度时，部分玉米种子在翻滚、碰撞及摩擦共同作用下形成回流，如图 6-10a 所示；同时动定指勺沿种盘径向进行定时伸缩开闭，夹持单粒或多粒玉米种子离开充种区完成稳定夹持运移，如图 6-10b 所示。当夹持单粒或多粒玉米种子离开充种区，配合清种毛刷作用除去受力不均的多余种子，玉米种子被运移至投种点进行反向抛送。虚拟仿真整个阶段与排种器实际工作状态基本一致，验证了开展排种性能数值模拟试验研究的可行性与合理性。

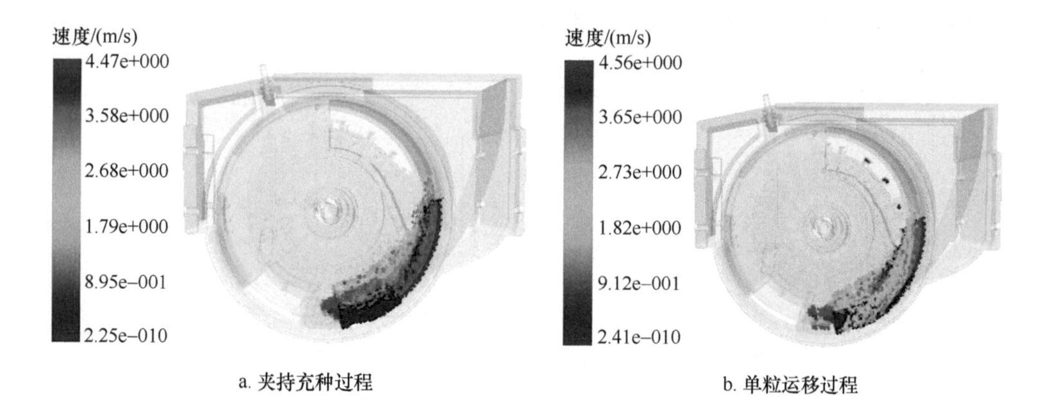

a. 夹持充种过程　　b. 单粒运移过程

图 6-10　EDEM 排种过程虚拟仿真

为便于观察仿真过程中玉米种子运动形式，设置排种器壳体以网格（Mesh）形式显示，如图 6-11 所示。图 6-11a 表示单播状态，动定指勺系统正常夹持单粒玉米种子，将其运移至投种点进行排种。图 6-11b 表示重播状态，动定指勺系统夹持多粒玉米种子，将其运移至投种点，主要原因是玉米种子尺寸较小且不规则，指勺系统同时夹持多粒种子，使得种子自身重力、与种子间及动定指勺夹持压力相平衡。图 6-11c 表示漏播状态，动定指勺系统并未夹持玉米种子，或未将单粒玉米种子运移至投种点，主要原因是玉米种子无法克服自身重力、与种子间及动定指勺夹持压力的共同作用，配合清种毛刷对玉米种子的振动清种较剧烈，使得玉米种子在运移过程中发生滑落；另一原因是玉米种子与动定指勺间碰撞而弹出滑落。

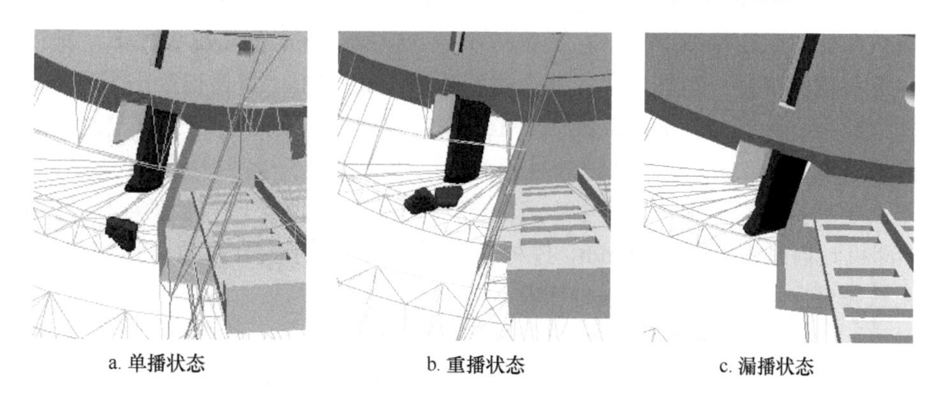

a. 单播状态　　b. 重播状态　　c. 漏播状态

图 6-11　EDEM 虚拟仿真排种作业状态

在此基础上，开展单因素 EDEM 虚拟仿真数值模拟试验研究，以分析各因素对排种性能的影响规律。设定排种器工作转速分别为 15r/min、20r/min、25r/min、

30r/min、35r/min、40r/min 和 45r/min（对应机具前进速度分别为 3km/h、4km/h、5km/h、6km/h、7km/h、8km/h 和 9km/h）。运用 Excel 软件对仿真数据进行处理，所得 EDEM 排种性能数值模拟规律曲线如图 6-12 所示。

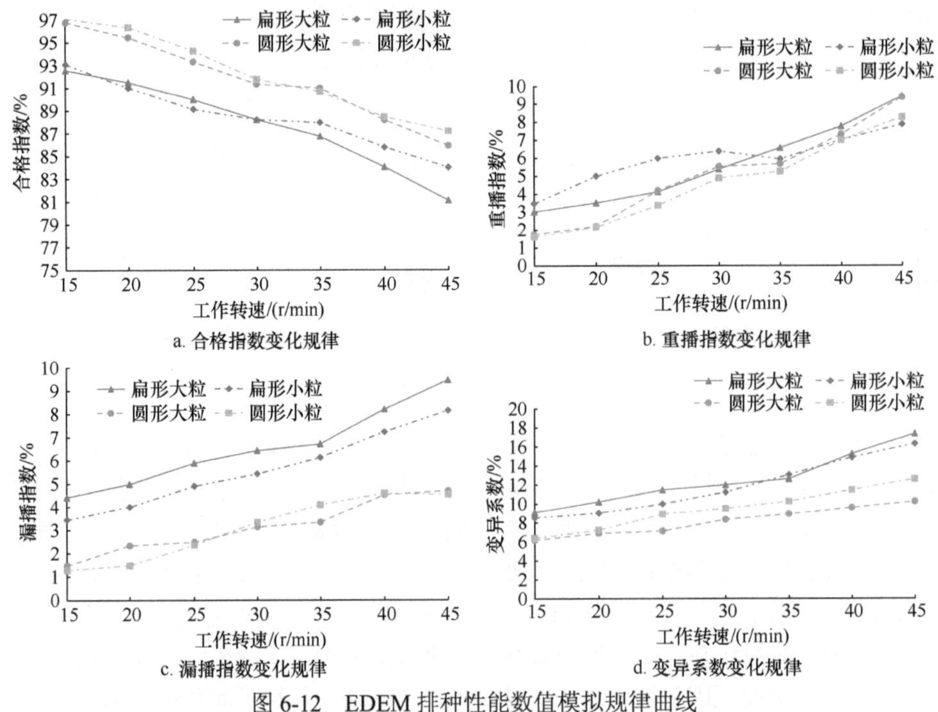

图 6-12　EDEM 排种性能数值模拟规律曲线

由图 6-12 可知，在工作转速为 15～45r/min 时，随工作转速增加，其对各形状尺寸玉米种子的排种性能皆呈下降趋势，即合格指数逐渐降低，重播指数、漏播指数和变异系数逐渐增加。在工作转速为 15～45r/min 的工况条件下，排种器对扁形小粒种植排种性能最优，其合格指数大于 85.92%，重播指数小于 7.78%，漏播指数小于 8.20%，变异系数小于 16.18%。当工作转速大于 35r/min 时，即机具前进速度大于 7km/h 时，排种器对各形状尺寸玉米种子排种指标趋势逐渐加大，主要由于夹持接触时间减小，指勺系统充种性能下降；当工作转速大于 45r/min 时，即机具前进速度大于 9km/h，排种器对扁形大粒种子变异系数达到 18%以上，已无法完全实现高标准精量播种作业。

6.2　间歇同步充补鸭嘴式玉米精量排种器排种性能数值模拟研究

基于前期间歇同步充补鸭嘴式玉米精量排种器作业机理分析，确定了间歇同步补种装置主要结构参数和导种装置参数。为了进一步优化排种器结构，采用数值模拟仿真方法对无法确定的结构部分进行优化设计。实际作业过程中，排种器鸭嘴装置摇杆在大拨叉凸轮的作用下实现周期开合运动，同时将土壤剥离形成种床并将种子排入土壤中。为增加鸭嘴装置破土能力并提高播深稳定性，需对其凸轮结构进行优化设计。因鸭嘴装置在土壤中运动的受力较为复杂，应用传统设计方法所需周期长且受力变化难以检测。因此，本节采用 ADAMS-EDEM 耦合方法对排种器扎穴排种过程进行数值模拟，以期为后续性能优化及试验验证提供参考。

6.2.1　几何模型与边界条件确定

1. 几何模型确定

在数值模拟过程中，排种器几何模型是玉米颗粒直接接触实体，其力学参数直接影响仿真试验的准确性。鉴于仿真软件建模的局限性，利用 SolidWorks 2019 建立了排种器实体模型（比例为 1∶1），并对模型进行了简化。所简化排种器模型（.x_t 文件格式）被导入 EDEM 软件中。为了便于观察，排种器的整体结构以填充格式显示，鸭嘴摇杆在工作时的状态以网格格式显示，如图 6-13 所示。根据排种器的试制要求，设定排种器各部分的材料。鸭嘴装置由 65Mn 制成，排种器外壳、排种器外环、拨叉和排种盘由 ABS 塑料制成，清种辊由猪鬃制成。

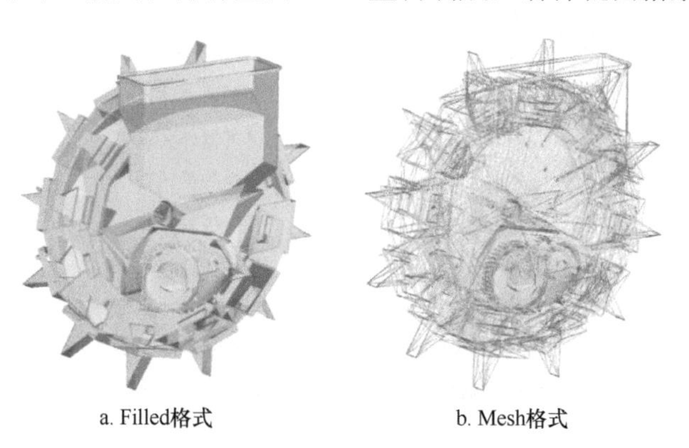

a. Filled格式　　b. Mesh格式

图 6-13　间歇同步充补鸭嘴式玉米精量排种器几何模型

为保证仿真模型运动形式与田间实际作业状态效果相同，实现复杂扎穴排种运动，采用 ADAMS 软件对排种器三维模型进行运动约束定义。应用三维软件 SolidWorks 2019 对排种器进行实体建模并将不同弯角的鸭嘴摇杆装配于排种器上。排种器三维模型以.x_t 文件格式导入 ADAMS 软件中，如图 6-14 所示。根据排种器加工试制要求，对排种器各部件材料进行设定，其具体参数与 EDEM 中设置相同并计算出鸭嘴装置、排种器壳体、排种器外环和拨叉的重心位置，以便后续定义运动约束。

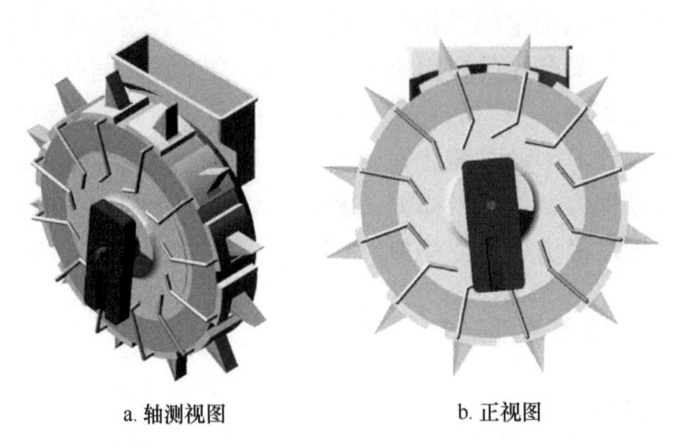

a. 轴测视图　　b. 正视图

图 6-14　间歇同步充补鸭嘴式玉米精量排种器 ADAMS 模型

因为模拟排种器相对于地面做纯滚动，分别添加相适的运动驱动 Motions。在拨叉与地面滑动约束上添加运动方程，运动类型为 Displacement，约束类型为 Translantional；在拨叉与排种器外壳旋转约束上设置运动方程，运动类型为 Velocity，约束类型为 Revolute。其运动约束参数，如表 6-1 所示。

表 6-1　精量排种器运动约束参数设置

约束名称	I-Marker	J-Marker	Jion Typer
JOINT_1	Ground	拨叉重心	Translational
JOINT_2	拨叉重心	排种器壳体重心	Fixed
JOINT_3	拨叉重心	排种器外环重心	Revolute
JOINT_4	排种盘重心	排种盘转心	Revolute
JOINT_5	毛刷重心	排种盘转心	Revolute
JOINT_6	鸭嘴摇杆重心	排种器外环重心	Revolute
JOINT_7	鸭嘴摇杆重心	排种器外环重心	Revolute
JOINT_8	110°鸭嘴摇杆重心	排种器外环重心	Revolute
JOINT_9	120°鸭嘴摇杆重心	排种器外环重心	Revolute
JOINT_10	130°鸭嘴摇杆重心	排种器外环重心	Revolute
JOINT_11	140°鸭嘴摇杆重心	排种器外环重心	Revolute
JOINT_12	150°鸭嘴摇杆重心	排种器外环重心	Revolute

在实际作业过程中，拨叉凸轮需克服鸭嘴摇杆弹簧力，迫使鸭嘴装置旋转，当鸭嘴摇杆与拨叉脱离时，鸭嘴摇杆在扭簧作用下反转，实现鸭嘴装置开合运动。为实现鸭嘴装置摇杆运动，在 Forces 模块下创建一个扭转弹簧，I-Marker 与 J-Marker 分别设置于鸭嘴摇杆与排种器外壳上，设定弹簧刚度系数为 1（newton-meter/deg），阻尼系数为 0.1（newton-meter-sec/deg）。定义拨叉与鸭嘴摇杆接触约

束，接触约束类型为 Solid to Solid，设置刚度大小为 1.0×10^{8}meter/deg，阻尼大小为 1.0×10^{4}meter/deg。

为接近真实田间环境，选取东北地区春季播种时期土壤参数建立离散元模型，春季肥沃黑土结构形态由土壤黏结成粒状和小团块，大体呈球形。故本节选用球形颗粒模拟土壤颗粒，将土壤颗粒模型设置成粒径为 5～10mm。由于土壤颗粒间存在一定黏结作用，因此仿真选用 Hertz-Mindlin with JKR 接触模型。

2. 边界条件确定

在解决瞬态力学分析问题过程中，在保证计算精度和仿真准确性前提下，尽量选取较小时间步长。同时，在 ADAMS-EDEM 耦合过程中要求 ADAMS 中时间步长通常为 EDEM 的整数倍。因排种器需空转一圈进行充种，设置总时长为 3s。在 EDEM 中设置时间步长为 1.0×10^{-5}s，选取 1.0×10^{-5}s 作为 ADAMS 中时间步长。同时设置 ADMAS 步数为 5000 步，即仿真时间为 0.5s。为节约仿真时间，在 ADAMS 和 EDEM 中，每隔 0.01s 保存一次数据。

6.2.2　ADAMS-EDEM 耦合仿真分析

1. 耦合仿真的试验

本研究采用 ADAMS 软件中 Co-simulation 模块建立通信联系，实现与 EDEM 软件耦合仿真目的。首先，在 Adams View 中对排种器壳体、排种器外壳、拨叉和鸭嘴摇杆分别添加“GForce”命令，将 GForce 定义在各部件重心处，并设置“User Parameters”为“0”，“Routine”对话框设置为“ACSI_Adams”，“Solver ID”为“1”。

ADAMS 与 EDEM 中相关设置完成后，对耦合所需的文本进行修改设置。首先打开耦合模块所需的.acf 文件，对文件中模型名称、耦合时间、步数进行定义，脚本命令如下：

```
paizhongqi.adm
MODEL_1
SIMULATE/DYNAMIC, END=4, STEPS=5000
Stop
```

打开.cosim 文件并对其相关参数及保存路径进行修改，其中“part_a”“part_b”表示 ADAMS 中需要进行耦合的部件，需将 ADAMS 模型与 EDEM 中模型相对应，需对耦合部件依次进行文本定义，具体参数定义情况如表 6-2 所示。

通过 ADAMS/Co-simulation 模块导入上述修改后的“paizhongqi.cosim”文件，保证 ADAMS-EDEM 耦合虚拟排种过程的顺利开展，如图 6-15 所示。为探究出

表 6-2 耦合文件参数定义

ADAMS 模型参数设置			EDEM 模型参数设置		
name	connection	gforce_id	name	connection	geometry_name
Adams_dabocha	EDEM_dabocha	1	EDEM_dabocha	Adams_dabocha	dabocha
Adams_paizhongqiwaike	EDEM_ paizhongqiwaike	2	EDEM_ paizhongqiwaike	Adams_paizhongqiwaike	paizhongqiwaike
Adams_paizhongqiwaihuan	EDEM_ paizhongqiwaihuan	3	EDEM_ paizhongqiwaihuan	Adams_paizhongqiwaihuan	paizhongqiwaihuan
Adams_paizhongpan	EDEM_paizhongpan	4	EDEM_ paizhongpan	Adams_ paizhongpan	paizhongpan
Adams_maoshua	EDEM_maoshua	5	EDEM_maoshua	Adams_maoshua	maoshua
Adams_yaogan	EDEM_yaogan	6	EDEM_yaogan	Adams_yaogan	yaogan

鸭嘴摇杆弯角对扎穴性能的影响，以鸭嘴摇杆弯角 θ_0 为试验因素，以鸭嘴装置最大作用力为指标进行虚拟仿真单因素试验。在精量排种器作业速度 1m/s 的工况条件下，设置摇杆弯角 θ_0 分别为 110°、120°、130°、140°和 150°五个水平。

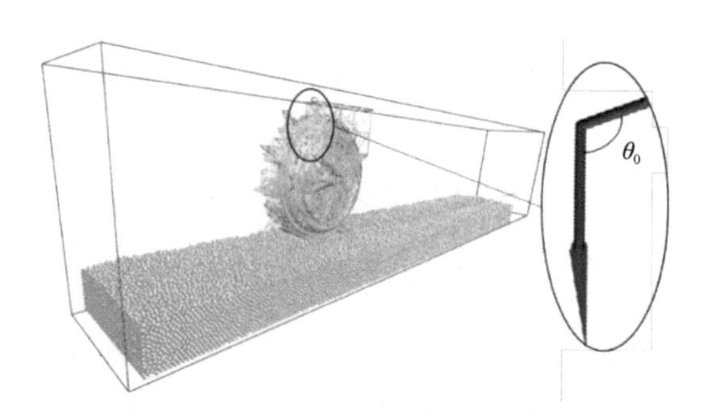

图 6-15　ADAMS-EDEM 耦合虚拟排种过程

2. 间歇同步充补鸭嘴式玉米精量排种器虚拟排种过程分析

在虚拟仿真试验过程中，0～2s 时，由颗粒工厂生成 1000 粒玉米种子离散元模型，玉米种子在清种辊和排种盘转动下从种群中分离形成有序种子流，此时种子随导种环旋转上升，在导种片的作用下玉米种子落入滞种室，鸭嘴摇杆在拨叉凸轮作用下进行开合运动。2s 时，随排种器前进作业鸭嘴装置于土槽中同步扎穴排种；4s 时，排种器停止运动，仿真结束，扎穴情况及排种效果如图 6-16 所示。

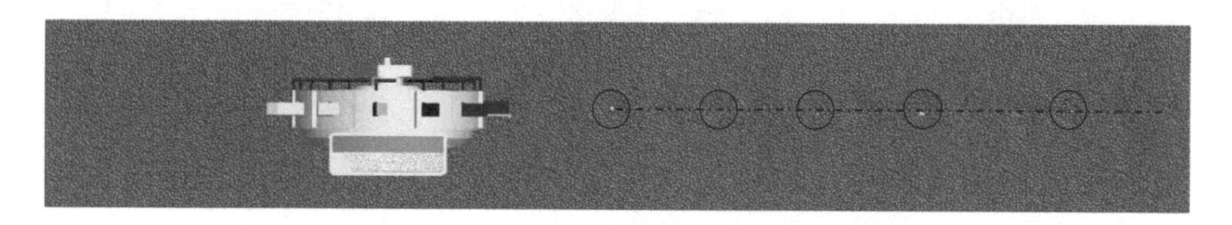

图 6-16　ADAMS-EDEM 耦合虚拟排种仿真结果

为探究精量排种器扎穴排种过程产生漏播、重播的主要原因，参照虚拟仿真过程进行定性分析，如图 6-17 所示。其中排种器漏播状态主要由于在排种盘充种阶段玉米种子在种群中的姿态相对于排种盘处于垂直状态，此时单粒种子接触面积较小，排种圆盘所提供的摩擦力小于玉米种子在种群中的作用力，故种子无法脱离种群造成漏播，如图 6-17b 所示。排种器重播状态主要是在运移过程中因速度过快玉米种子在导种环内发生较为剧烈的弹跳，导致直角导种部件未将种子运移至鸭嘴装置中，此粒玉米种子滞留在导种环中继续转动，直至与下一轮玉米种子一起进入鸭嘴装置排入土壤中，故多粒种子同时排出造成重播，如图 6-17c 所示。

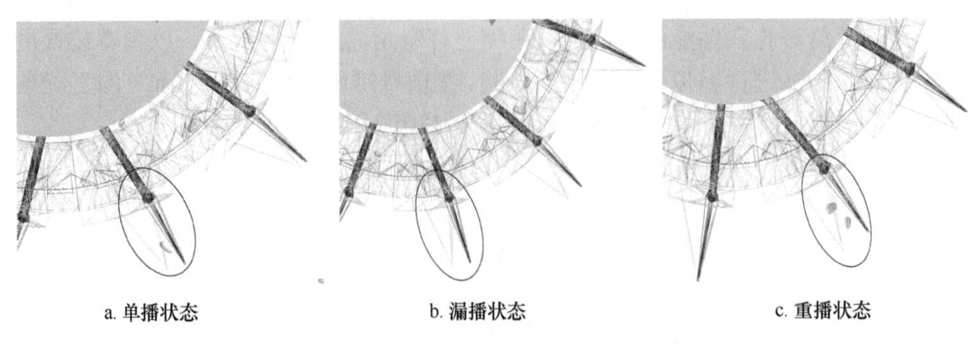

a. 单播状态　　b. 漏播状态　　c. 重播状态

图 6-17　EDEM 虚拟仿真排种作业状态

在此基础上，为进一步探究扎穴过程土壤扰动对排种过程的影响规律，对各时间节点土壤颗粒速度变化情况进行观测，如图 6-18 所示。2.30s 时，排种器已进入平稳工作状态，鸭嘴与土壤颗粒接触，且部分土壤颗粒开始向下扰动；2.38s 时，鸭嘴扎入一定深度土壤，土壤颗粒主要运动形式由向下运动变为向前后两端运动；2.43s 时，鸭嘴垂直扎入土壤，此时土壤颗粒向后上方运动，单个扎穴过程结束；2.44s 时，在拨叉作用下鸭嘴张开，土壤颗粒加速向后上方抛起；2.48s 时，鸭嘴开合角度达到极限，此时土壤颗粒沿向后上方的速度达到最大；2.56s 时，鸭嘴脱离土壤，同时前方鸭嘴向后抛起土壤颗粒将种穴进行覆盖，完成单个扎穴入土、出土及排种过程。

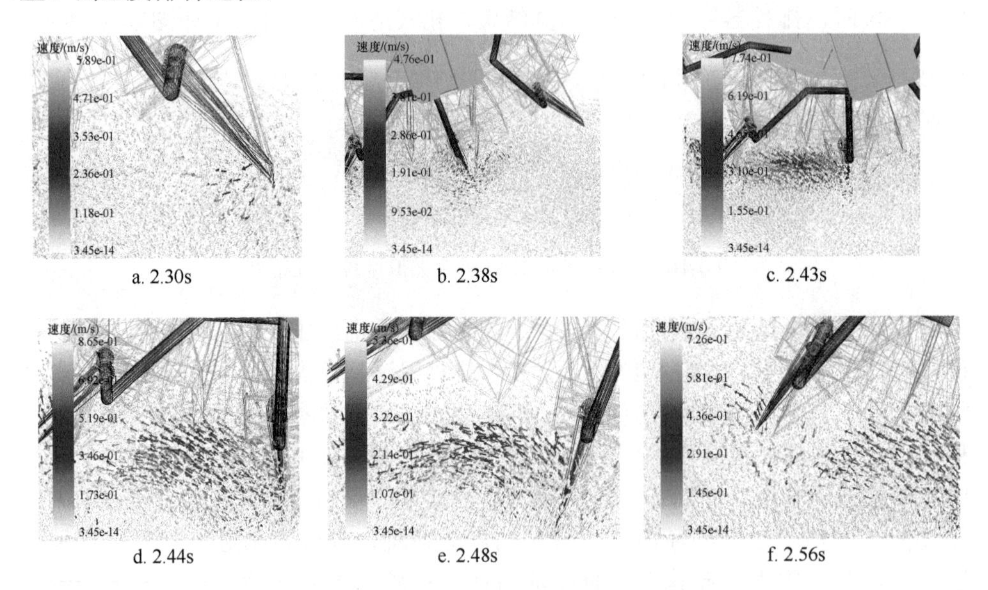

a. 2.30s　　b. 2.38s　　c. 2.43s

d. 2.44s　　e. 2.48s　　f. 2.56s

图 6-18　扎穴入土与出土过程土壤颗粒速度变化

同时，将 EDEM 软件中仿真结果.res 文件导入 ADAMS 软件后处理模块，可得各弯角下的鸭嘴摇杆受力情况，如图 6-19 所示。由图 6-19 可知，鸭嘴摇杆弯角为 110°时，摇杆所受最大作用力为 26.2N；鸭嘴摇杆弯为 120°时，摇杆所受最大受力为 34.1N；鸭嘴摇杆弯为 130°时，摇杆所受最大作用力为 30.4N；鸭嘴摇杆弯为 140°时，摇杆所受最大作用力为 27.1N；鸭嘴摇杆弯为 150°时，摇杆所受最大作用力为 27.5N。综合分析，鸭嘴摇杆弯角为 120°时受力最大，鸭嘴摇杆与土壤作用力最大，表明对土壤颗粒分离作用最好，扎穴排种性能最优。

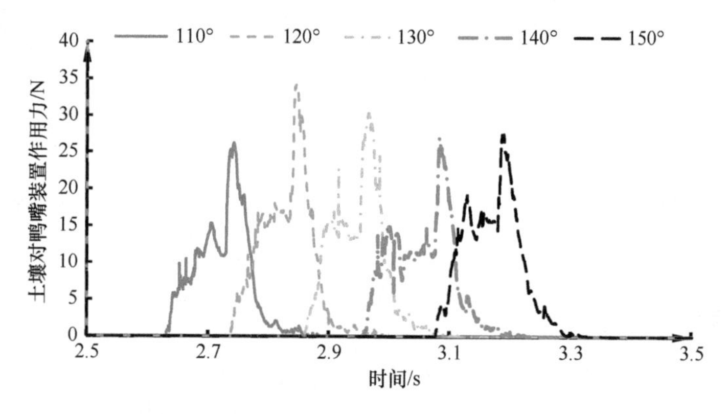

图 6-19　各结构鸭嘴摇杆扎穴力学规律分析

6.3　内充气送式玉米精量排种器排种性能数值模拟研究

6.3.1　几何模型与边界条件确定

导种管内部气流场对玉米种子柔性射种具有较大影响，直接影响排种器整体作业质量及零速投种效果[4-6]。在此基础上，结合 EDEM-Fluent 耦合仿真方法开展内充气送式玉米精量排种器导种管仿真分析研究，分析导种管结构参数及正压气流对排种性能的影响，以探求高速工况下适于气流辅助投送导种管的最佳结构参数。

1. 几何模型确定

流体域的提取和网格特性对仿真计算至关重要，因为它可能会强烈地影响流场分析的结果。采用 SolidWorks 2019 软件构建排种器不同结构参数导种管几何模型，并通过在 Ansys 18.0 软件中 ICEM-CFD 18 对配套导种管计算流体域进行网格划分，如图 6-20 所示，设置全局最小网格尺寸为 1×10^{-3}m、全局最大网格尺寸为 5×10^{-3}m 和网格类型为多面体网格 Poly，对导种管加速区进行网格局部加密处理。为进一步提高仿真计算精度，对网格质量进行检测，网格质量均大于 0.4。

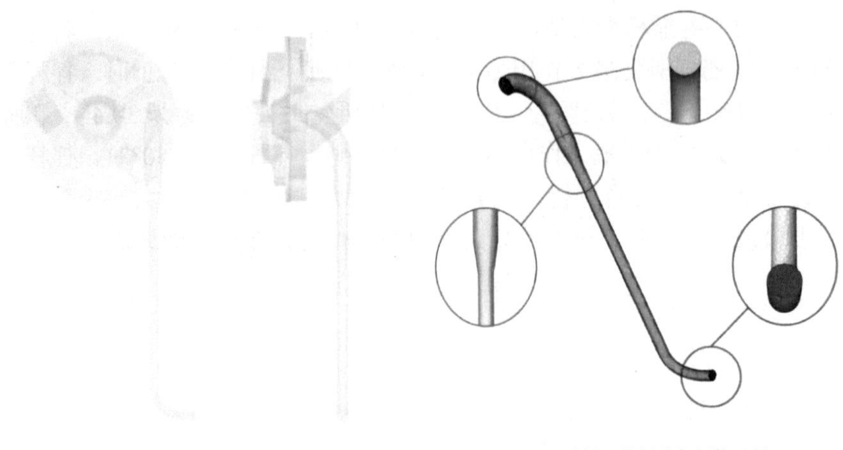

a. 正视图　　b. 侧视图　　c. 导种管网格划分与网格质量

图 6-20　内充气送式玉米精量排种器仿真模型

2. 边界条件确定

边界条件及初始参数是求得控制方程确定解的前提。导种管气流辅助投种装置计算流体域中均设置入口 1 为压力入口，其中入口 1 的初始表压为 4kPa，设置出口 1 为压力出口且出口 1 的初始表压为 0kPa，近壁面选用标准壁面方程。

导种管气流辅助投种装置内部流场产生涡流，可能会影响内部流场，综合考虑了湍流且更高的计算精度，因此选用标准 k-ε 湍流模型。通过控制方程的离散化，可求得连续系统的连续数值逼近解。离散方法主要有有限差分法（FDM）、有限元法（FEM）和有限体积法（FVM）3 种，相比于有限差分法和有限元法，有限体积法具有计算效率更高的优点，对导种管气流辅助投种装置内部对称、均衡流场的离散化计算具有更高的效率和精度，因此本研究中采用有限体积法对控制方程进行离散求解。

综合分析玉米导种管气流辅助投种装置，发现其内流场不具有强烈的耦合及能量、密度等组分间关联性，故本研究中采用可求解中等程度、可压缩流体流动的压力基求解器，对其内流场的动量和压力进行修正计算，并采用 SIMPLE 算法进行压力和速度的耦合。在此基础上，以残差 10^{-4} 和气流辅助投种导种管进气口的气体流速迭代变化情况作为收敛依据，进行混合初始化（hybrid initialization）后，设置计算步长为 1000 并开始仿真计算。

6.3.2　CFD-DEM 气力耦合仿真分析

1. 单因素流场分析

根据前述分析，以进种口直径、喉嘴高度为试验因素（分别以 D、H 表示），以导种管稳定加速区的稳态气体流速为试验指标，开展虚拟仿真单因素试验研究。设定进种口直径分别为 18mm、20mm、22mm、24mm 和 26mm，喉嘴高度分别为 10mm、15mm、20mm、25mm 和 30mm，进气室高度为 155mm，加速管直径为 15mm 等。在此基础上，分别开展进种口直径和喉嘴高度的单因素仿真试验，所得玉米气流辅助导种管整体速度、压力、流线如图 6-21 所示（以进种口直径 20mm、喉嘴高度 15mm 为例），各因素水平条件下中心截面速度和压力如图 6-22～图 6-25 所示。

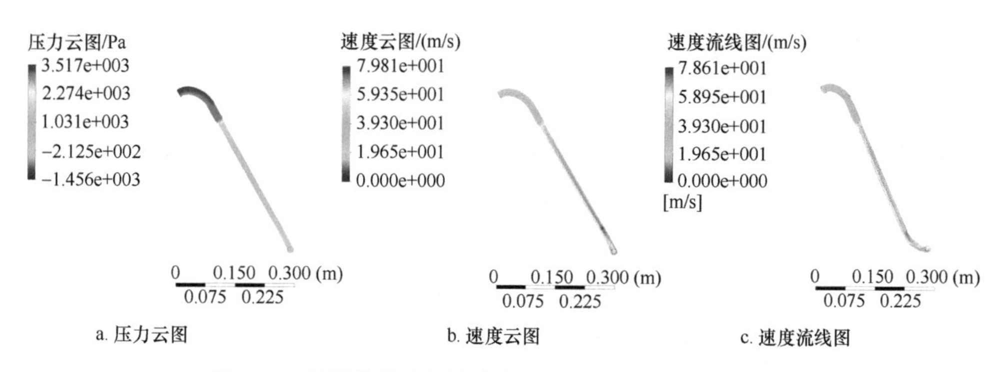

图 6-21　精量排种过程导种管压力、速度及流线变化规律

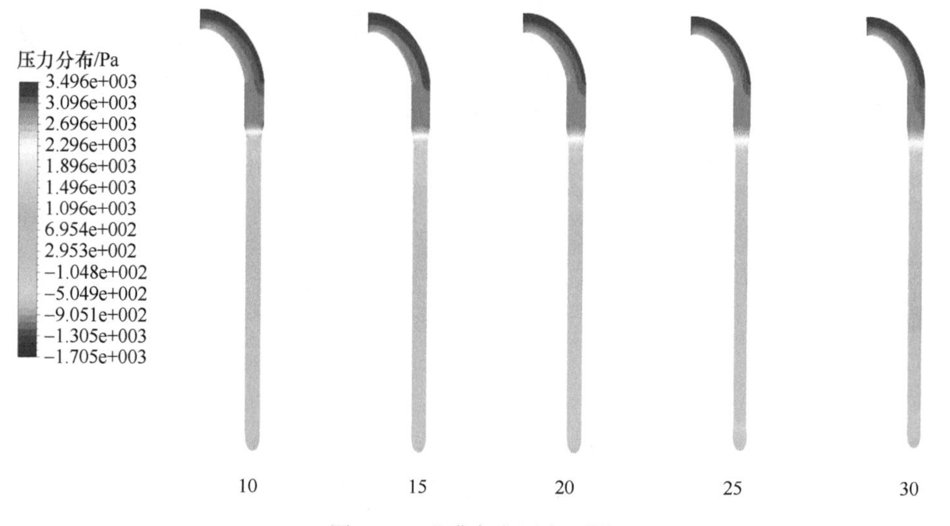

图 6-22　喉嘴高度压力云图

各分图下的数据表示喉嘴高度（单位为 mm）

由图 6-21 可知，气流（约 80m/s）在玉米气流辅助导种管中流动，经导种管喉嘴处在加速管内形成具有均匀稳定正压加速气流流场的稳定加速区，气体流速保持相对恒定。不同进种口直径和喉嘴高度条件下的稳态气流速度范围不同、加速稳定

性不同，由于提高稳态气流速度有利于提高玉米种子加速度与时间，使得玉米种子的加速过程更加平稳、加速时间更长、玉米种子脱离导种管后投种速度越大。

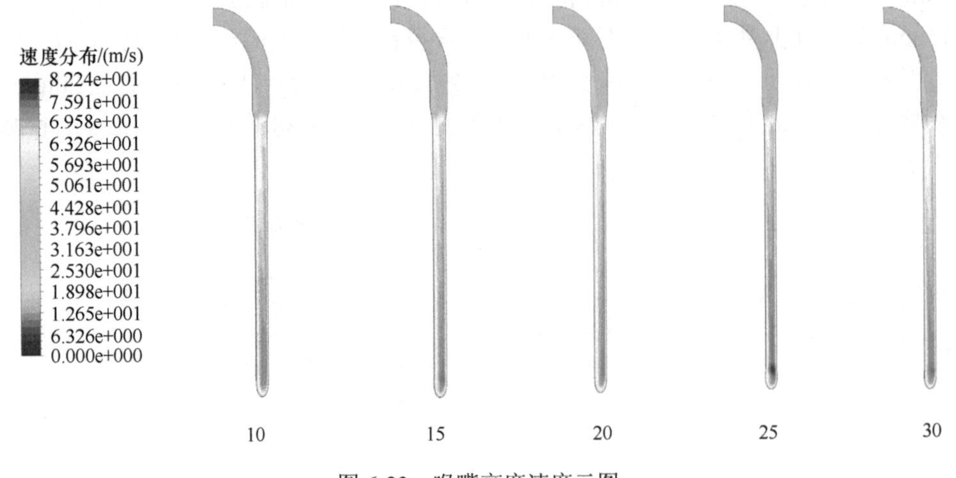

图 6-23　喉嘴高度速度云图

各分图下的数据表示喉嘴高度（单位为 mm）

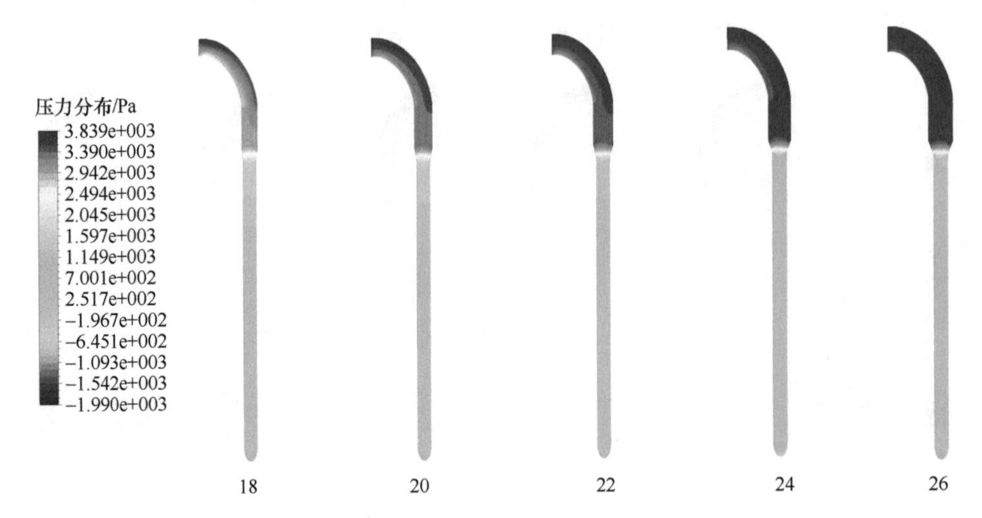

图 6-24　进种口直径压力云图

各分图下的数据表示进种口直径（单位为 mm）

由图 6-22 和图 6-23 可知，当进种口直径一定，喉嘴高度为 10mm 和 30mm 时稳定加速区范围较大，可获得较好的正压加速气流流场，但喉嘴直径为 20mm 时稳定气流速度较小，综上分析，喉嘴高度为 10mm≤H≤30mm 范围内较好。由图 6-24 和图 6-25 可知，当喉嘴高度一定时，进种口直径为 20mm、22mm 和 24mm 时，稳定加速区范围较大，可获得较好的正压加速气流流场，但进种口直径过大时会存在涡流现象，因此，在避免涡流的同时应该尽可能提高稳定气流速度，综上分析，进种口直径为 20mm≤D≤24mm 范围内较好。

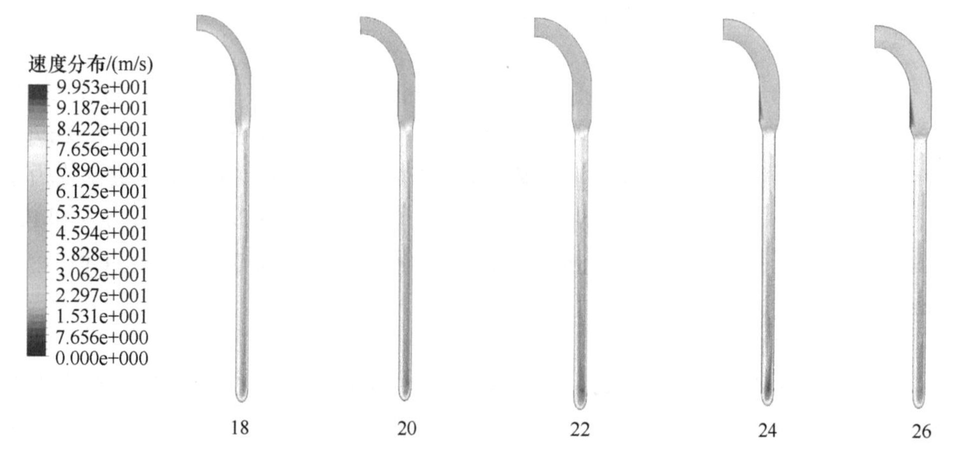

图 6-25　进种口直径速度云图

各分图下的数据表示进种口直径（单位为 mm）

通过耦合后处理的数值提取功能可知，进种口直径和喉嘴高度对稳态气体流速的影响，当喉嘴高度为 15mm 时，随进种口直径不断增大，稳态气体流速呈先上升后降低的趋势；当进种口直径为 24mm 时，稳态气流速度为最大值，其取值区间为 78～100m/s。当进种口直径为 20mm 时，随喉嘴直径不断增大，稳态气体流速呈先下降后上升的趋势，当喉嘴直径为 20mm 时，稳态气流速度为最小值，其取值区间为 78～83m/s。综合考虑，为避免涡流且保证较大稳态气流流速，稳态气体流速越大越有利于玉米种子在气流辅助导种管内的加速，因此，进种口直径为 24mm 或喉嘴高度为 10mm 或 30mm 时较合适，此时气流加速管中加速稳定，稳态气体流速较高。

2. 耦合仿真试验

在前期气室流场仿真分析基础上开展 CFD-DEM 耦合仿真，分析玉米种子在导种管内气流辅助投种性能。通过耦合仿真准确模拟玉米种子经排种器卸种进入导种管内，以及导种管内玉米种子运动过程。为简化仿真复杂性与时间，本节主要研究玉米种子在导种管内的投种性能。

在气流输送排种过程中，种子在整个气流场所占体积分数低于 10%，需考虑颗粒与流体间动量交换的基础上，加入颗粒对流体相作用力，因此，应选用欧拉耦合模型进行仿真模拟计算。耦合仿真的过程具体如下。

1）EDEM 软件设置

启动 EDEM 界面，在前处理模块设置各项材料参数。建立玉米颗粒模型，并导入导种管模型，在导种管进种口处设置颗粒工厂，根据前期理论分析所得设置玉米种子在进种口速度（3.4 节），以播种机前进速度 12km/h 为例，选取仿真 Hertz-Mindlin 无滑动接触模型，设置接触力学参数与环境参数，点击耦合按钮（Coupling Server）等待与 Fluent 耦合。

2）Fluent 软件设置

加载 UDF 路径文件，导入前期划分好的.msh 网格文件，设置单位为 mm。全局变量（General 模块）中重力方向与 EDEM 软件保持一致并设置数值为 9.81m/s^2，模型（Models）中选取标准 k-ε 湍流模型，材料（Materials）中流体介质设置为空气，定义边界条件（Boundary Conditions），设置进口压力为 4kPa，出口压力为 0kPa，进行初始化（Solution Initialization），对数据保存间隔进行设置（Time Steps），每 500 步保存一次。

3）CFD-DEM 耦合设置

导入耦合文件（UDF）后，在 Fluent 软件 Models 中的 EDEM 软件耦合设置面板中勾选拉格朗日耦合方法。在 EDEM Input Desk 选项卡读入 EDEM 文件。曳力模型选择 Ergun and Wen & Yu 模型。升力模型勾选 Saffman Lift 和 Magnus Lift 选项。其余参数保持默认。

4）时间步长

在 Fluent-EDEM 耦合过程中要求 Fluent 中时间步长通常为 EDEM 软件的 50～100 倍。因此，在 EDEM 软件中设置时间步长为 2.0×10^{-6}s，选取 1.0×10^{-4}s 作为 Fluent 软件中时间步长。同时设置 Fluent 软件步数为 10 000 步，即仿真时间为 1s。在 Fluent 软件和 EDEM 软件中，每隔 0.01s 保存一次数据。

完成上述设置后，在 Fluent 软件中开始计算（Calculation），通过 Fluent 软件计算并自动调用 EDEM 软件，保证 EDEM 软件开始仿真计算。EDEM 软件中可观测颗粒仿真进行情况，Fluent 软件可观测模型计算收敛情况。由于 CFD-DEM 仿真计算量较大，耗时长，因此选取 6 粒玉米种子进行统计计算。运用 EDEM 软件后处理功能分析玉米种子在导种管内情况，进而验证导种管气流辅助投种性能，其仿真过程如图 6-26 所示。

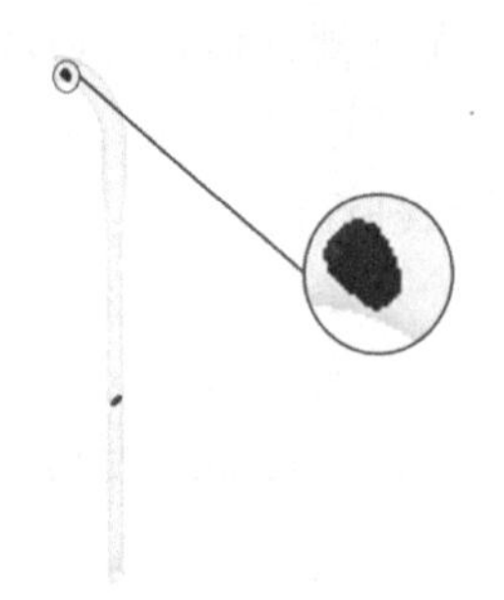

图 6-26　CFD-DEM 耦合仿真过程

3. 仿真结果分析

仿真过程各时间状态如图 6-27 所示，将玉米种子逐一排列顺序为 1～6 粒，可得各玉米种子经导种管内气流加速后均匀投出，各时刻玉米种子在导种管加速区位置波动不大，表明导种管投种均匀性良好。

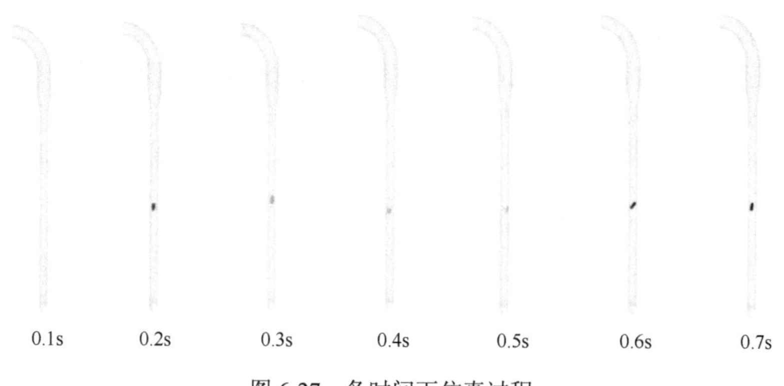

图 6-27　各时间下仿真过程

为精准分析各玉米种子在导种管内位移变化，对导种管内玉米种子进行纵向与横向位移分析，通过 EDEM 软件后处理导出多粒玉米种子位移变化图（6 粒种子），如图 6-28a 所示，以进种口为原点，竖直方向为 y 轴负方向（仿真默认玉米种子从导种管投出后消失为零），分析可得多粒种子在导种管内加速效果明显，在进种口附近发生少数碰撞后在导种管加速区位移变化明显，加速投种效果较好。

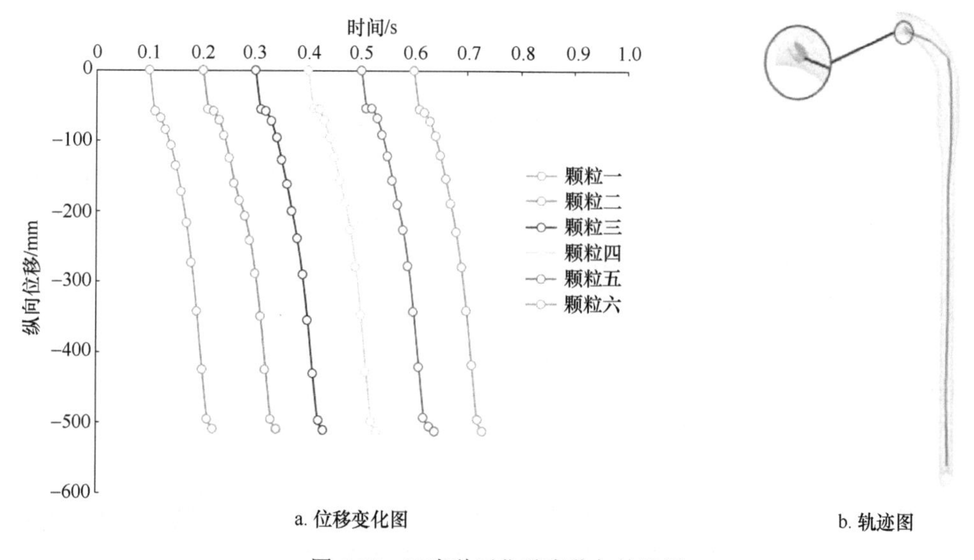

a. 位移变化图　　b. 轨迹图

图 6-28　玉米种子位移变化与轨迹图

同时对玉米种子进行运动轨迹分析，通过 EDEM 后处理得到运动轨迹图（第一粒种子为例），如图 6-28b 所示，分析可得种子在导种管内沿气流方向运动过程中与管壁发生少数碰撞，碰撞主要发生在进种口后与稳定加速区前，从而使位移与速度发生变化。

为深入分析导种管内碰撞对玉米种子速度的影响（第一粒种子为例），通过 EDEM 仿真分析可得，在进入进种口后与稳定加速区前玉米种子分别发生碰撞（图 6-29），使其运动方向发生转变，并改变玉米种子姿态，其玉米种子碰撞为弹性碰撞，因此碰撞主要影响其玉米种子姿态，进而导致玉米种子在导种管内速度发生变化，随后在气流作用下种子继续加速运动，如此反复运动直至种子从输种管内排出。

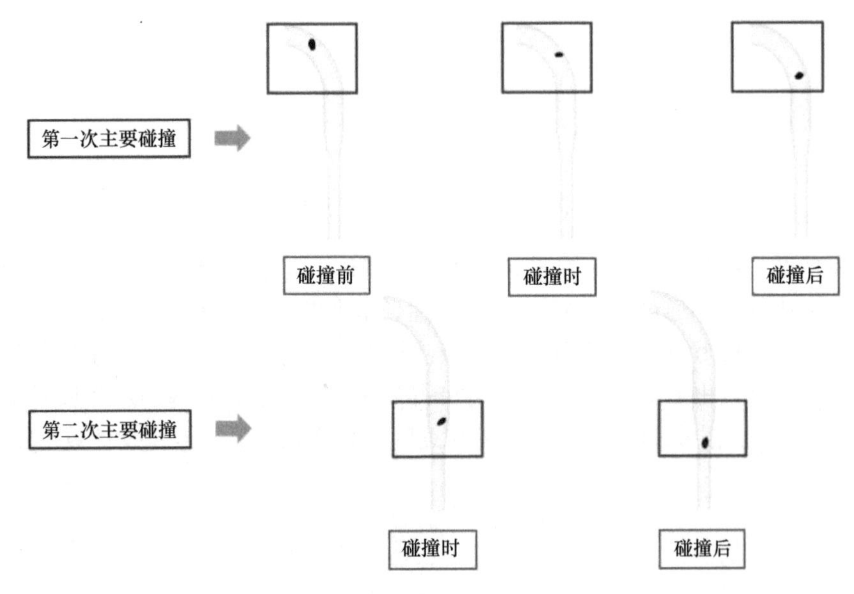

图 6-29　导种管玉米种子主要碰撞图

通过 EDEM 后处理得出玉米种子速度云图（0.35s，即第一粒种子加速时刻），如图 6-30a 所示，分析可得玉米种子由进种口经加速区速度提升较大，同时通过 EDEM 处理后得出玉米种子受力云图，如图 6-30b 所示，分析可得玉米种子在加速区受合力较大，表明导种管具有较好的加速效果，且均匀性良好。

进一步分析多粒玉米种子速度与受力变化机理，通过 EDEM 处理后可得多粒玉米种子速度变化图（仿真默认玉米种子从导种管投出后消失为零），如图 6-31a 所示，其峰值较大，加速效果明显，分析可得玉米种子速度出现波动变化，其原因为玉米种子在导种管内存在少数碰撞，在加速区时加速效果明显，在投种区时会降低部分速度，但导种管投种速度满足投种要求，其种子平均速度图如图 6-31b 所示，各玉米种子平均速度较为稳定，表明导种管均匀性良好。为分析玉米种子

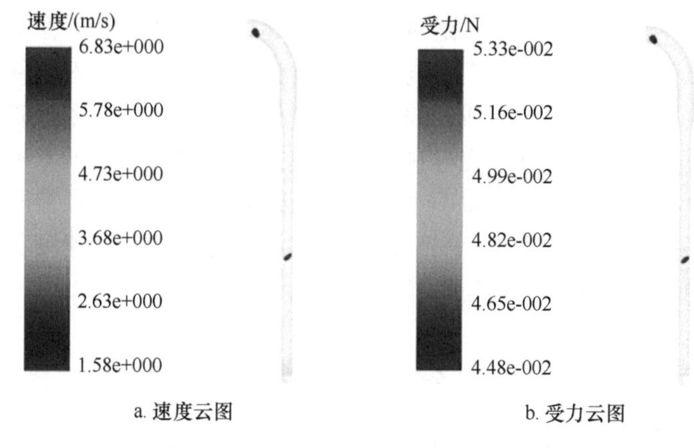

a. 速度云图　　b. 受力云图

图 6-30　玉米种子速度云图与受力云图

在导种管内速度波动变化机理，对其进行力学分析，如图 6-31c 所示，玉米种子在进种口后受力不断增大，在导种管加速区受力达到最大，分析可得玉米种子在重力与气流曳力共同作用下完成加速运动，其受力大小主要受气流流速和玉米种子接触面积影响，在加速区流场流速增加，导致受力增加，同时会随接触面积变化而呈现一定范围波动。其平均受力如图 6-31d 所示，平均受力变化较为稳定。

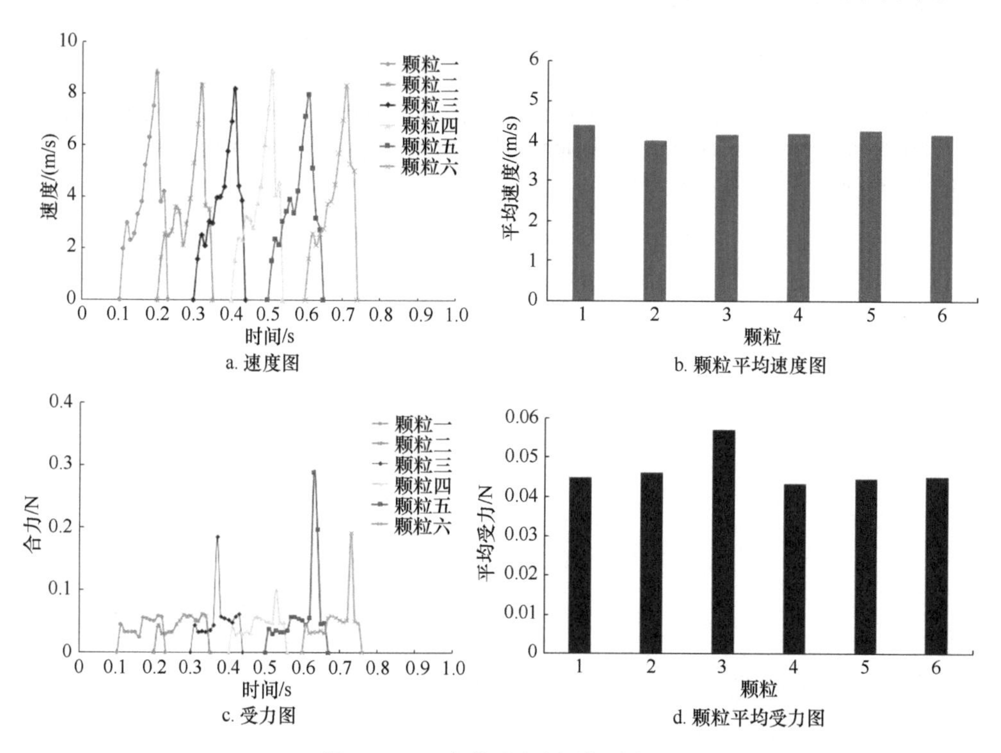

a. 速度图　　b. 颗粒平均速度图

c. 受力图　　d. 颗粒平均受力图

图 6-31　玉米种子速度图与受力图

分析可知，在玉米种子进入进种口后，其速度增加较平缓，在加速区速度增加较大，6 粒玉米种子速度呈现不同大小速度变化，主要是进入导种管内姿态不同，对其产生曳力大小不同造成，通过仿真分析发现当种子以竖直姿态进入导种管时，其获得加速效果较好。在导种管均匀模拟排种器卸种后玉米种子经气流辅助加速投种，在加速区加速效果明显并通过最速降线投种。对颗粒同种速度分析可得玉米种子投种速度均处于 4～5m/s，速度波动较小，投种速度稳定，表明导种管对玉米种子加速效果与均匀性较好。

参 考 文 献

[1] Lei X L, Liao Y T, Zhang Q S, et al. Numerical simulation of seed motion characteristics of distribution head for rapeseed and wheat[J]. Computers and Electronics in Agriculture, 2018, 150: 98-109.

[2] 颜丙新, 张东兴, 崔涛, 等. 排种盘和负压腔室同步旋转气吸式玉米精量排种器设计[J]. 农业工程学报, 2017, 33(23): 15-23.

[3] 王金武, 唐汉, 王奇, 等. 基于 EDEM 软件的指夹式精量排种器排种性能数值模拟与试验[J]. 农业工程学报, 2015, 31(21): 43-50.

[4] 史嵩, 刘虎, 位国建, 等. 基于 DEM-CFD 的驱导辅助充种气吸式排种器优化与试验[J]. 农业机械学报, 2020, 51(5): 54-66.

[5] 张昆, 衣淑娟. 气吸滚筒式玉米排种器充种性能仿真与试验优化[J]. 农业机械学报, 2017, 48(7): 78-86.

[6] Han D D, Zhang D X, Jing H R, et al. DEM-CFD coupling simulation and optimization of an inside-filling air-blowing maize precision seed-metering device[J]. Computers and Electronics in Agriculture, 2018, 150: 426-438.

第 7 章　系列玉米精量排种器台架优化试验

精量排种器作为玉米精量播种机具核心工作部件，其工作性能直接影响播种机具整体作业质量与适播范围[1,2]。前期开展的典型玉米种子物料测定与虚拟标定、系列精量排种器优化设计与机理分析、高速智能监测系统开发、排种性能数值模拟分析、台架预试验研究及实际生产要求等，可进一步探究系列排种器结构参数与工作参数对其排种性能的影响，检验排种器作业质量及适播范围，故可以所设计的机械式和气力式玉米精量排种器为研究载体，利用 JPS-12 型排种器性能检测试验台进行室内台架性能试验，选取不同结构参数与工作参数为试验因素，选取粒距合格指数、重播指数、漏播指数及变异系数为评价指标，采用高速摄像、单因素与多因素试验方法，分别开展精量排种器排种性能优化试验及排种性能对比试验，以期得到排种器最佳运行参数组合，为玉米精量排种器优化设计及整机集成配置提供理论参考与数据支撑。

7.1　试验内容与指标

7.1.1　试验材料与设备

试验地点为东北农业大学排种性能实验室。试验材料为前期选取的黑龙江地区广泛种植的多类型玉米种子，通过人工分级清选处理，保证供试种子形状均匀、饱满无损伤及虫害，整体含水率保持在 11.5%～13.0%，系列玉米精量排种器台架试验材料与设备如表 7-1 所示。

表 7-1　系列玉米精量排种器台架试验材料与设备

序号	系列玉米精量排种器	试验装置	试验材料
1	指夹式玉米精量排种器	JPS-12 型排种器性能检测试验台	德美亚 1 号
2	长带指夹式玉米精量排种器		德美亚 1 号
3	动定指勺夹式玉米精量排种器		德美亚 1 号、东农 259、龙单 86 及先玉 335
4	间歇同步充补鸭嘴式玉米精量排种器		东农 254
5	内充气送式玉米精量排种器		德美亚 1 号

试验装置主要包括所设计的系列玉米精量排种器、JPS-12 型排种器性能检测试验台（黑龙江省农业机械工程科学研究院，改造配置 LD-F 型垂直调频振动系

统进行排种振动适应性试验）及高速摄像机（美国 Vision Research 公司，Nikon 镜头，图像处理程序为 Phantom 控制软件）等装置，性能检测试验台整体配置如图 7-1 所示。

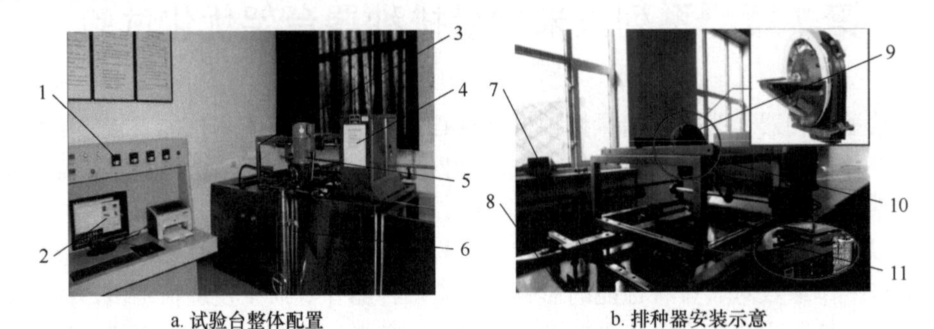

a. 试验台整体配置　　b. 排种器安装示意

图 7-1　玉米精量排种器排种性能检测试验台

1. 排种试验综合操作台；2. 计算机；3. 安装台架；4. 图像采集处理装置；5. 排种驱动电动机；6. 安装台架高度及角度控制机构；7. 喷油泵；8. 种床带；9. 玉米精量排种器；10. 传动系统；11. 振动垂直台体

在试验过程中，将排种器固装于性能检测试验台安装台架上，种床带相对于排种器进行反向运动，形成相对坐标转换关系，模拟播种机具实际田间前进作业状态，试验台喷油泵将黏性油液喷于种床带上，玉米种子由排种器投种点落至涂有油层的种床带，避免种子与种床带间弹跳碰撞，通过试验台图像采集处理系统进行实时检测并采集数据，以准确测定并输出各项排种性能指标。

台架性能试验主要基于 JPS-12 型排种器性能检测试验台执行完成。此试验台可适用于各种形式排种装置进行条播及精量播种的检测试验，主要由种床带、安装台架、综合操作台、驱动电机（种床带驱动电机、排种轴驱动电机及油泵电机）及改装配置后的振动垂直台体及振动控制系统等部分组成，试验台主要技术参数如表 7-2 所示。相关部件主要特点如下。

表 7-2　玉米精量排种器排种性能检测试验台主要技术参数

项目	指标
种床带速度/（km/h）	1.5～12
种床带速度测量误差/%	<0.5
排种轴转速/（r/min）	10～150
排种轴转速测量误差/%	<0.5
种床带长度/m	19.23
种床带宽度/m	0.7
人工检测区长度/m	5
安装架可调高度/mm	0～400
安装架可调角度/（°）	–15～15
改装振动频率/Hz	1～600
振源功耗/kW	2.2

（1）种床带采用无缝精密橡胶带制成，由驱动电机控制保证运行平稳且振动小，种床带上喷涂黏种油，黏附排种器投落玉米种子，避免因种子弹跳造成数据测定误差，通过数据处理系统对相关指标进行实时检测。

（2）安装台架由不锈钢制成，配套驱动电机、减速器及传动机构，外部整体装配安全防护罩壳，便于各种排种装置安装高度及角度调节；系列驱动电机皆为变频电机，可稳定对种床带速度进行调节控制。

（3）综合操作台以高性能计算机作为测控主机，可显示种床带速度和排种轴工作转速，通过设定排种器不同工作参数组合对试验数据进行统计与测定。

7.1.2　试验因素与指标

根据前期系列精量排种器各环节机理分析、虚拟仿真试验、预试验研究及实际生产作业要求可知，影响系列玉米精量排种器排种质量主要因素与试验指标如表 7-3 所示。开展排种性能优化试验研究，以进一步探究排种器结构参数与工作参数对其排种性能影响，得到排种器最佳运行参数组合。

表 7-3　系列玉米精量排种器试验因素与指标

序号	排种器类型	试验因素	试验指标
1	指夹式玉米精量排种器	工作转速、倾斜角度、弹簧丝径	合格指数、变异系数
2	长带指夹式玉米精量排种器	工作转速	合格指数、重播指数
3	动定指勺夹式玉米精量排种器	工作转速、摆臂调节尺寸	合格指数、变异系数
4	间歇同步充补鸭嘴式玉米精量排种器	作业速度、回位弹簧预紧力、作业坡角	合格指数、变异系数
5	内充气送式玉米精量排种器	前进速度、工作压强	合格指数、变异系数

为提高试验可操作性及准确性，通过调节 JPS-12 型排种试验台电动机变频器频率控制排种器工作转速平稳运转，通过控制台架倾斜手柄调节排种器倾斜角度。其中试验台变频控制系统主要通过种床带反向运动速度模拟精量播种机具前进速度，种床带前进速度与排种器工作转速间转换关系为

$$N_Q = \frac{60V_Q i}{Z_Q S_Q} \cdot 1000 \tag{7-1}$$

式中，N_Q——排种器工作转速，r/min；

Z_Q——指夹式玉米精量排种器取种指夹数量，个；

V_Q——种床带反向运动速度，m/s；

S_Q——玉米精量播种理论穴距，mm；

i——驱动电机至排种器总传动比。

为检验系列玉米精量排种器作业质量，量化其排种均匀性、稳定性及适播范围，根据玉米精量播种农艺要求，参考国家标准 GB/T 6973—2005《单粒（精密）播种机试验方法》和 JB/T 10293—2001《单粒（精密）播种机技术条件》，选取粒距合格指数、重播指数、漏播指数及变异系数为试验指标，有关评价指标计算方法为

$$\begin{cases}\text{合格指数：} S=\dfrac{n_1}{N'}\times 100\% \\ \text{重播指数：} D=\dfrac{n_2}{N'}\times 100\% \\ \text{漏播指数：} M=\dfrac{n_0}{N'}\times 100\% \\ \text{变异系数：} C=\sqrt{\dfrac{\sum\left(x-\overline{x}\right)^2}{\left(N'-1\right)\overline{x}^2}}\times 100\%\end{cases} \tag{7-2}$$

式中，S——粒距合格指数，%；

D——粒距重播指数，%；

M——粒距漏播指数，%；

C——粒距变异系数，%；

n_1——单粒排种数，粒；

n_2——两粒及两粒以上排种数，粒；

n_0——空漏排种数，粒；

N'——样本穴距区间总数，个；

x——理论播种穴距，mm；

$\overline{x}$——样本穴距平均值，mm。

7.2 指夹式玉米精量排种器

7.2.1 试验内容与方法

指夹式玉米精量排种器台架试验分别采用高速摄像试验和三因素五水平二次正交旋转组合试验[3]来研究排种器最佳作业性能，建立性能指标与试验参数间数学模型，运用统计分析软件 Design-Expert 8.0.6 对试验结果进行处理分析，根据因素与指标间的回归模型进行优化验证，以综合评价排种器作业均匀性与稳定性。

基于前期各环节机理分析、虚拟仿真试验、单因素试验研究及实际生产作业要求可知，影响指夹式玉米精量排种器排种质量与适播范围的主要因素为排种器工作转速、倾斜角度和微调弹簧夹持作用力，因此本研究将针对此三因素开展排

种性能优化试验研究。其中，由于弹簧夹持作用力无法进行精准控制，因此将其转换为微调弹簧丝径变化，定制不同丝径尺寸的微调弹簧开展试验研究。结合各因素有效可控范围，设定多因素试验因素水平，如表 7-4 所示，试验过程如图 7-2 所示。

表 7-4　多因素试验因素水平编码表

水平编码	试验因素		
	工作转速 x_1/（r/min）	倾斜角度 x_2/（°）	弹簧丝径 x_3/mm
1.682	45.00	12.00	1.00
1	38.92	7.13	0.88
0	30.00	0.00	0.70
–1	21.08	–7.13	0.52
–1.682	15.00	–12.00	0.40

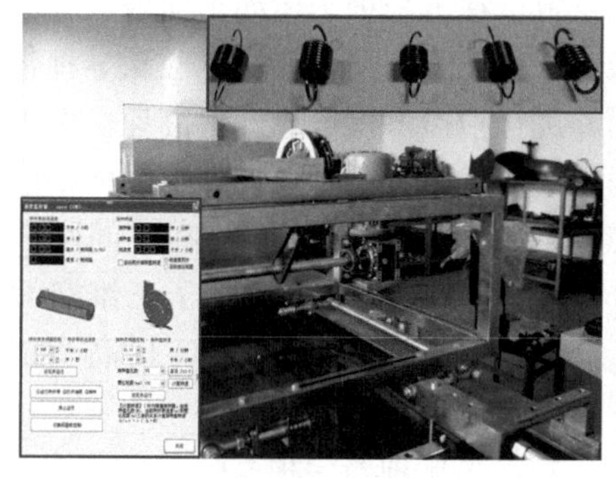

a. 因素水平调节

b. 试验台整体配置

图 7-2　指夹式玉米精量排种器台架试验

7.2.2　高速摄像试验结果与分析

在高速摄像试验过程中，为便于对排种器导种系统工作性能及玉米种子运移投送轨迹进行分析，对排种器导种系统进行可视化处理，将原有金属护罩改为有机玻璃材质，并将排种器固定在安装台架上。在高速摄像试验过程中，种床带相对于排种器反向运动，模拟播种机前进运动状态，喷油泵将油喷于种床带上，玉米种子从排种口落至涂有油层的种床带上，通过摄像处理装置进行实时检测并采集数据，实现准确测量各项排种性能指标的目的，同时控制台调节排种器工作转速及倾斜角度，高速摄像机可拍摄各环节工作过程，并将影像信息实时储存至计算机内，其整体连接关系及摄像界面如图 7-3 所示。

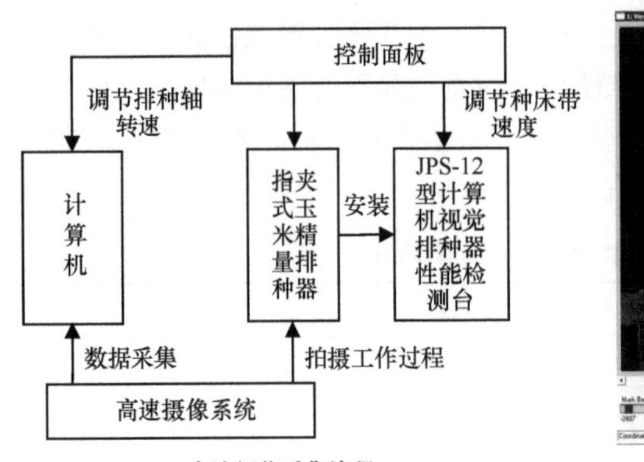

a. 高速摄像采集流程

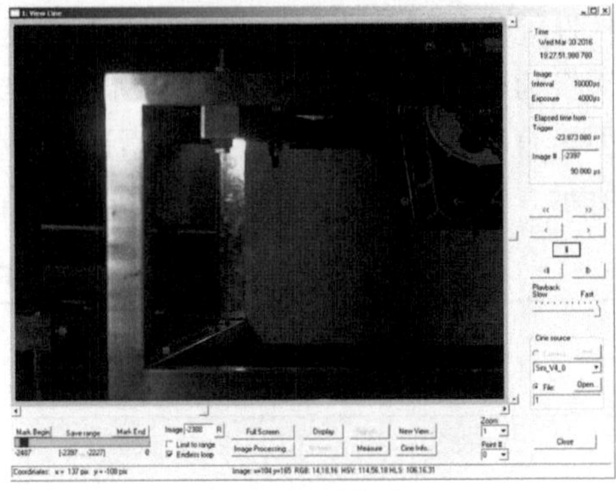

b. 高速摄像采集界面

图 7-3　高速摄像轨迹数据采集系统

为防止拍摄角度对玉米种子轨迹位移数据采集时产生影响，将高速摄像机固定于水平位置。为得到玉米种子抛送过程中实际位移变化，应保证各组试验中高速摄像机与玉米种子运动平面的垂直距离一致，在玉米种子运动平面内放置丁字尺作为标定。为全面分析运移过程中玉米种子的三维空间位移量，应从导种带转动平面（正面）和垂直于转动平面（侧面）进行拍摄，仅依靠一台高速摄像机无法完成三维空间上的数据采集。因此根据镜面反射成像原理，设计空间网格面板和反射镜面板间呈 135°夹角定位，模拟三维空间坐标系 *O-XYZ*，在空间网格面板粘贴单位刻度为 5mm 的坐标网格纸，以便高速摄像对玉米种子三维空间位移量进行测定。上述系列试验措施减少了因仪器不足带来的不便，提高了试验测量精确度。

基于对排种器运移导种投送机理研究可知，当排种器导种系统整体结构参数一定时，玉米种子运移导种投送稳定性及落种轨迹主要与排种器工作转速、玉米种子投送方向与水平方向间夹角、玉米种子脱离导种带所需时间等因素有关，影响整体播种精准性与均匀性。鉴于玉米种子脱离导种带时间极短（各组试验近似相同）且难以控制，为提高台架试验可操作性及准确性，本研究选取排种器工作转速及投种水平角度为试验因素，进行单因素高速摄像投送落种轨迹测定试验。通过调节 JPS-12 型排种试验台电动机变频器频率控制排种器工作转速平稳运转，将投种水平角度转换为排种器导种系统投种端面与台架水平面间夹角（即倾斜角度），通过控制台架倾斜手柄调节排种器倾斜角度。

结合前期理论分析、预试验研究及实际田间作业情况，配合各因素有效可控范围，设置排种器工作转速为 15r/min、20r/min、25r/min、30r/min、35r/min、40r/min 和 45r/min（对应机具前进速度分别为 3km/h、4km/h、5km/h、6km/h、7km/h、8km/h 和 9km/h），排种器倾斜角度为–12°、–8°、–4°、0°、4°、8°和 12°，结合高速摄像与图像目标追踪技术对玉米种子三维空间投送轨迹分布进行测定提取。在试验过程中，高速摄像机正对空间网格面板摆放，待排种器运转平稳后开启高速摄像机记录工作过程，记录空间网格面板和反射镜面板内玉米种子的运移投送轨迹，每组试验重复 3 次，观测并分析相应状态，对 100 粒玉米种子下落位移进行统计并作为试验结果，单因素排种器倾斜角度调节如图 7-4 所示。

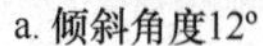

a. 倾斜角度12°　　b. 倾斜角度0°　　c. 倾斜角度−12°

图 7-4　高速摄像测定试验

在高速摄像测定试验过程中，设定高速摄像机拍摄帧率为 1000 帧/s，采集域为 512mm×512mm，曝光时长为 990μs，调整排种器工作转速和倾斜角度至指定水平值进行单因素试验，通过高速摄像机将所采集玉米种子运动轨迹图像实时存储于计算机内，待试验结束后保存为.cin 视频文件。利用其配套 Phantom 控制软件主系统窗口对视频文件进行图像目标追踪，并提取不同帧图像中玉米种子质心点坐标，绘制出各工况条件下玉米种子投送轨迹。由于两帧图片间过渡时间较短，对玉米种子质心点坐标值进行处理时存在一定误差，因此将两帧图片间距调大些，减少因数据采集造成的误差。

为准确测定记录运移导种投送过程中玉米种子在三维空间内位移变化，在空间网格参照平面内以排种器导种带投种初始点 O 为坐标原点，在导种带转动平面（正面）建立直角坐标系 XOZ，在反射镜平面以导种带投种初始点 O'为坐标原点，在垂直于转动平面（侧面）建立直角坐标系 $YO'Z$，在网格参考面板中记录玉米种子对应坐标为(x_0, z_0)，反射镜面中对应坐标为(y_0, z_0)。同时利用 Phantom 控制软件的 Angle measurements 命令在网格参照平面内选取曲线点 P（与导种管理论接触点，本研究默认此点高度为 60～80mm）、坐标原点 O 及水平坐标 X，测定正面投种轨迹曲线斜率，即此工况下玉米种子轨迹投种角为 θ，此参数为排种器配套导种管改进设计的重要依据。由于玉米种子具有一定几何尺寸，记录时测定玉米种子的质心坐标，以距玉米种子中心点最近的网格线为标定基准，其中图 7-5 为 0～4s 玉米种子同一运移导种投送坐标顺序。

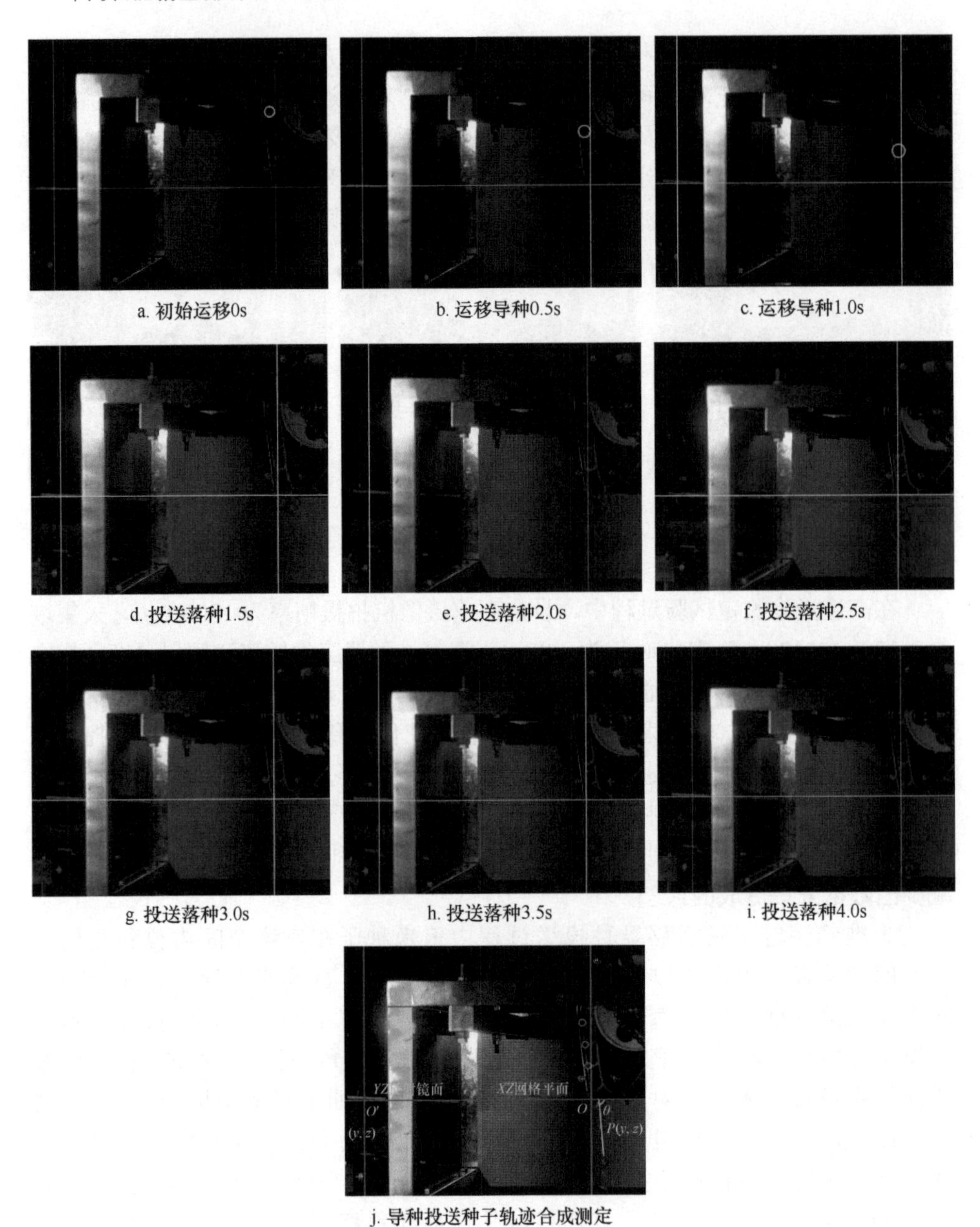

a. 初始运移0s　b. 运移导种0.5s　c. 运移导种1.0s

d. 投送落种1.5s　e. 投送落种2.0s　f. 投送落种2.5s

g. 投送落种3.0s　h. 投送落种3.5s　i. 投送落种4.0s

j. 导种投送种子轨迹合成测定

图 7-5　高速摄像导种投送种子轨迹测定

基于导种系统运移导种投送作业机理分析研究，结合高速摄像技术以排种器工作转速和倾斜角度为试验因素进行单因素试验，对不同工况条件下玉米种子投送落种轨迹及分布规律进行测定分析。将各帧图片玉米种子质心点坐标值记录于数据分析软件 Matlab 中，即可得到各工作状态下玉米种子投送运移规律与趋势。

在此基础上，在排种器工作转速为 30r/min 和倾斜角度为 0°的工况条件下，对取种指夹夹持推送玉米种子姿态进行测定分析，以期验证所设计波纹曲面式取种指夹的合理性。图 7-6 为在工作转速为 15～45r/min，倾斜角度分别为–12°、0°和 12°的工况条件下玉米种子运移投送落种坐标分布。

当工作转速为 15～45r/min 和倾斜角度为 0°时，玉米种子正面轨迹水平位移量整体稳定在 1.1～17mm，侧面轨迹水平位移整体稳定在 1.2～5.1mm，且各组试验中玉米种子与导种带间均未发生相互滑移。分析可知，工作转速对运移投种轨迹具有显著性影响，各投种轨迹曲线均为正态分布。在倾斜角度–12°～12°范围内均表现为：随工作转速增加，导种带及玉米种子线速度水平分量逐渐增加，玉米种子抛物线轨迹开口变大，其正面水平位移与侧面水平位移随之增大。

当工作转速为 15～35r/min 和倾斜角度为 0°时，玉米种子正面轨迹水平位移量整体稳定在 1.1～12.9mm，侧面轨迹水平位移整体稳定在 0.7～4.8mm，玉米种子运移投送轨迹及落点位置较集中，波动性较小，粒距变异系数较小。当工作转速大于 35r/min 时，玉米种子轨迹及落点位置分布逐渐离散，粒距变异系数明显增加，此时其正面水平位移稳定在 12.9～14.3mm，侧面水平位移稳定在 3.7～4.8mm。在各组单因素试验过程中，玉米种子侧向位移受工作转速影响较大，侧向轨迹分布离散不均，玉米种子正面水平位移变异系数均小于侧面水平位移坐标变异系数。造成此种现象的主要原因可能是随工作转速增加，排种器侧向振动增大，导致玉米种子在惯性作用下与排种壳体间发生轻微碰撞，造成玉米种子运动轨迹变化。

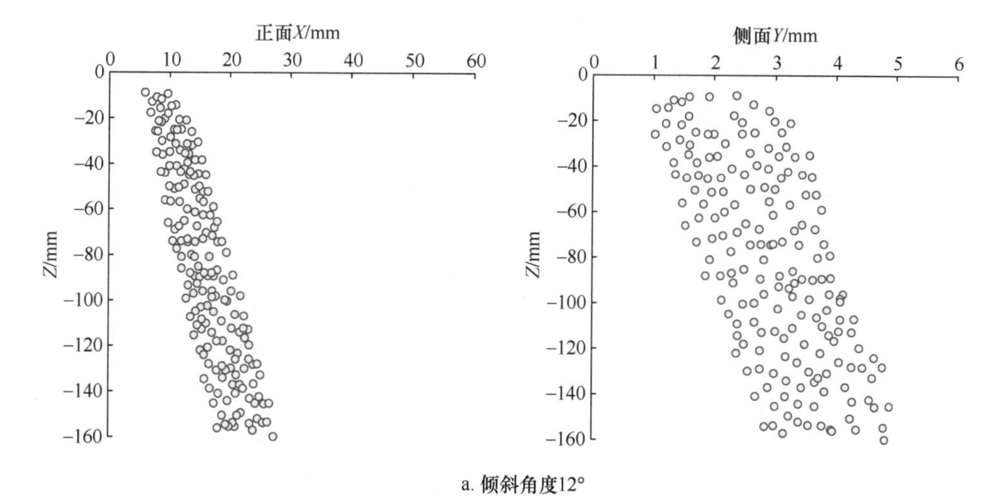

a. 倾斜角度12°

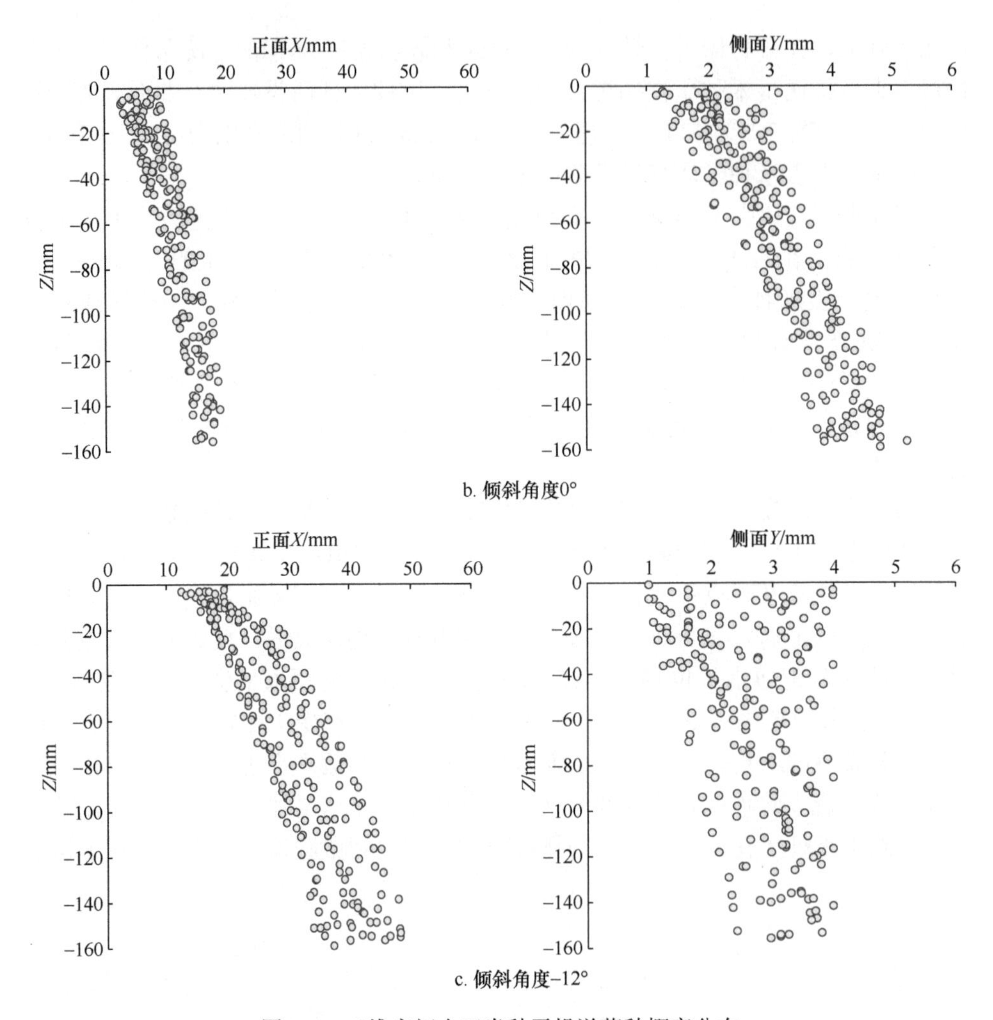

图 7-6　三维空间内玉米种子投送落种概率分布

7.2.3　多因素试验结果与分析

本研究采用三因素五水平二次正交旋转组合试验方案研究排种器最佳作业性能，根据因素与指标间的回归模型进行优化验证，以综合评价排种器作业均匀性与稳定性。每组试验皆开展 5 次重复试验，排种器充种量稳定在 1500～2000 粒，其他各项参数保持恒定，数据处理取平均值作为试验结果。

在试验过程中，多因素二次正交旋转组合试验方案与试验因素水平编码表保持一致，由于人为控制排种器倾斜角度及其结构参数弹簧丝径，试验操作值与理论参数设计值存在一定误差，但其最大误差为 1.7%，在可接受范围内，可对排种器工作转速、倾斜角度及微调弹簧丝径三因素设计值进行结果分析，具体试验设计方案与测定结果如表 7-5 所示。

表 7-5　多因素试验方案与结果

序号	试验因素			性能指标	
	工作转速 x_1/(r/min)	倾斜角度 x_2/（°）	弹簧丝径 x_3/mm	合格指数 y_1/%	变异系数 y_2/%
1	−1（21.08）	−1（−7.13）	−1（0.52）	90.14	12.39
2	1（38.92）	−1	−1	84.70	17.56
3	−1	1（7.13）	−1	85.68	14.52
4	1	1	−1	82.59	12.05
5	−1	1	1（0.88）	88.83	15.08
6	1	−1	1	88.49	16.84
7	−1	1	1	86.80	13.09
8	1	1	1	92.79	15.08
9	−1.628（15.00）	0（0）	0（0.70）	90.08	13.28
10	1.628（45.00）	0	0	82.56	14.05
11	0（30.00）	−1.628（−12.00）	0	90.23	16.06
12	0	1.628（12.00）	0	83.22	15.25
13	0	0	−1.628（0.40）	89.26	14.01
14	0	0	1.628（1.00）	90.82	16.08
15	0	0	0	87.56	15.97
16	0	0	0	88.42	16.52
17	0	0	0	86.94	15.47
18	0	0	0	87.70	17.07
19	0	0	0	87.97	16.68
20	0	0	0	88.05	15.25
21	0	0	0	87.95	15.98
22	0	0	0	88.05	15.85
23	0	0	0	87.24	16.39

1. 各因素对排种性能合格指数影响分析

通过 Design-Expert 8.0.6 软件对试验数据作回归分析，并进行因素方差分析，筛选出较为显著的影响因素，得到其相应响应曲面，如图 7-7 所示，并建立性能指标与因素编码值间回归方程为

$$y_1 = 115.48 - 0.49x_1 - 1.28x_2 - 58.51x_3 + 23.62x_3^2 + 0.17x_1x_2 + 1.10x_1x_3 + 0.86x_2x_3 \tag{7-3}$$

式中，y_1——粒距合格指数实际值，%；

x_1——排种器工作转速实际值，r/min；

x_2——排种器倾斜角度实际值，(°)；

x_3——微调弹簧丝径实际值，mm。

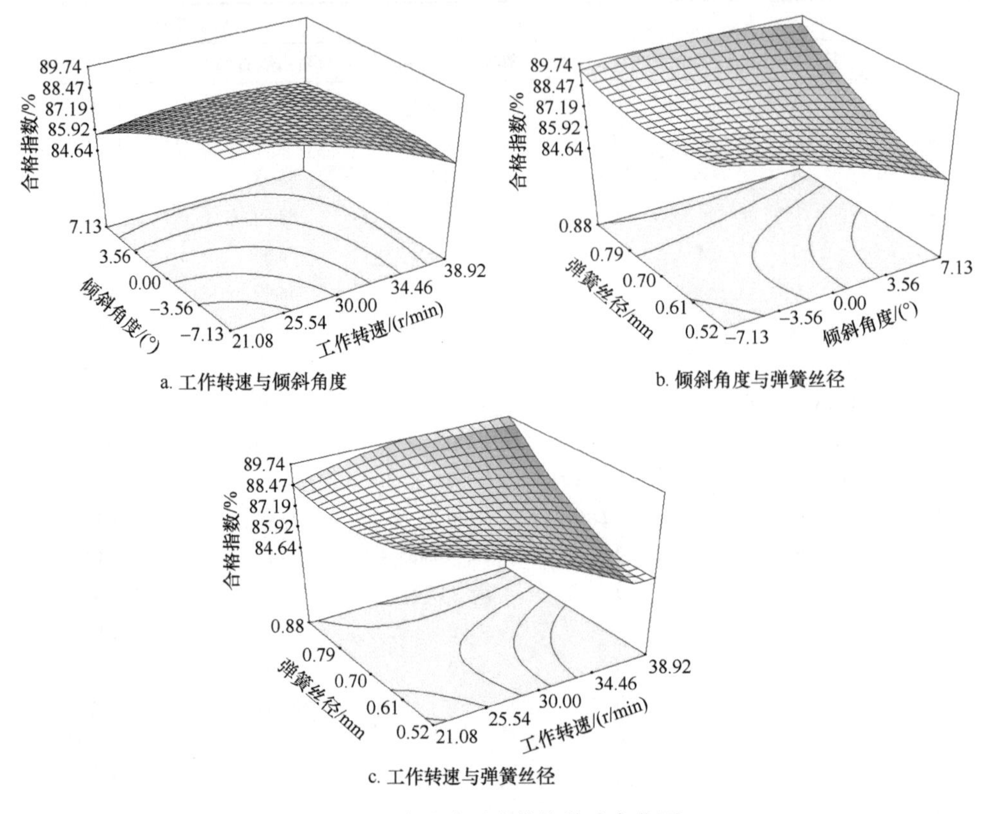

图 7-7 各因素对合格指数响应曲面

在作业指标满足精量播种且保证排种器工作状态良好的前提下，对各因素影响规律进行分析，根据相关回归方程和响应曲面中的等高线分布密度可知，排种器工作转速、倾斜角度和微调弹簧丝径间存在交互作用，且工作转速与弹簧丝径间交互作用对合格指数影响极显著，倾斜角度与弹簧丝径、工作转速与倾斜角度间交互作用对合格指数影响较显著。由图 7-7a 所示，当工作转速一定时，排种器合格指数随倾斜角度增加而降低；当倾斜角度一定时，排种器合格指数随工作转速增加而降低；当工作转速变化时，排种器合格指数变化区间较大，因此工作转速对合格指数影响更显著。由图 7-7b 所示，当弹簧丝径一定时，排种器合格指数随倾斜角度增加而降低；当倾斜角度一定时，排种器合格指数随弹簧丝径增加而增加；当弹簧丝径变化时，排种器合格指数变化区间较大，因此弹簧丝径对合格指数影响更显著。由图 7-7c 所示，当工作转速一定时，排种器合格指数随弹簧丝径增加而增加；当弹簧丝径一定时，排种器合格指数随工作转速增加而降低；当工作转速变化时，排种器合格指数变化区间较大，因此工作转速对合格指数影响更显著。综上分析，对排种性能合格指数影响显著性大小依次为：工作转速、弹簧丝径和倾斜角度。

2. 各因素对排种性能变异系数影响分析

运用统计分析软件 Design-Expert 8.0.6 对试验数据进行处理分析，得到排种性能变异系数为响应函数，各因素水平实际值为自变量的回归数学方程为

$$y_2 = -2.45 + 0.68x_1 + 0.37x_2 + 18.18x_3 - 0.01x_1^2 - 12.69x_3^2 - 0.1x_1x_2 - 0.4x_2x_3 \quad (7\text{-}4)$$

式中，y_2——粒距变异系数实际值，%；

x_1——排种器工作转速实际值，r/min；

x_2——排种器倾斜角度实际值，(°)；

x_3——微调弹簧丝径实际值，mm。

为直观分析各试验因素与排种性能变异系数间的关系，运用 Design-Expert 8.0.6 软件得到工作转速、倾斜角度和弹簧丝径对变异系数影响等高线图及响应曲面图，如图 7-8 所示。

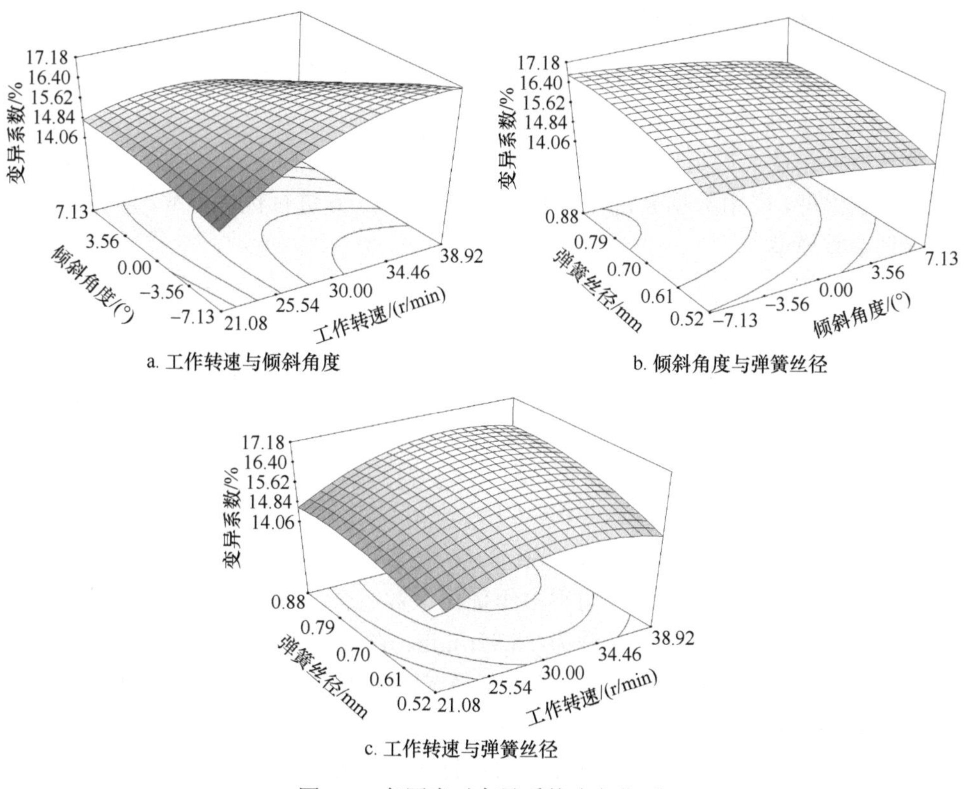

a. 工作转速与倾斜角度　　b. 倾斜角度与弹簧丝径

c. 工作转速与弹簧丝径

图 7-8　各因素对变异系数响应曲面

在作业指标满足精量播种且保证排种器工作状态良好的前提下，对各因素影响规律进行分析，根据相关回归方程和响应曲面中的等高线分布密度可知，排种器工作转速、倾斜角度和微调弹簧丝径间存在交互作用，且倾斜角度与弹簧丝径、工作转速与倾斜角度间交互作用对变异系数影响较显著，工作转速与弹簧丝径间交互作用对变异系数影响不显著。由图 7-8a 所示，当工作转速一定时，排种器变异系数随倾斜角度增加而增加；当倾斜角度一定时，排种器变异系数随工作转速增加而增加；当工作转速变化时，排种器变异系数变化区间较大，因此工作转速对变异系数影响更显著。由图 7-8b 所示，当弹簧丝径一定时，排种器变异系数随倾斜角度增加而降低；当倾斜角度一定时，排种器变异系数随弹簧丝径增加而增加；当弹簧丝径变化时，排种器变异系数变化区间较大，因此弹簧丝径对变异系数影响更显著。由图 7-8c 所示，当工作转速一定时，排种器变异系数随弹簧丝径增加而增加；当弹簧丝径一定时，排种器变异系数随工作转速增加而增加；当工作转速变化时，排种器变异系数变化区间较大，因此工作转速对变异系数影响更显著。综上分析，对排种性能变异系数影响显著性大小依次为：工作转速、弹簧丝径和倾斜角度。

3. 多因素试验优化与验证

根据多因素试验研究，为得到排种器最佳运行参数组合（结构参数与工作参数），获得符合排种器最佳排种性能及玉米精量播种农艺要求的技术指标，依据高速精量播种作业（提高作业效率与质量）原则采用多目标变量优化方法，建立参数化数学模型，应用数据分析软件 Design-Expert 8.0.6 进行优化求解，所建立非线性规划参数模型为

$$
\begin{cases}
\max\ S \\
\min\ C \\
\text{s.t.}\quad 15\text{r/min} \leqslant x_1 \leqslant 45\text{r/min} \\
\qquad -12^\circ \leqslant x_2 \leqslant 12^\circ \\
\qquad 0.4\text{mm} \leqslant x_3 \leqslant 1\text{mm} \\
\qquad 0 \leqslant S(x_1, x_2, x_3) \leqslant 1 \\
\qquad 0 \leqslant C(x_1, x_2, x_3) \leqslant 1
\end{cases}
\tag{7-5}
$$

基于数据分析软件 Design-Expert 8.0.6 的多目标参数优化（optimization）模块对数学模型进行分析求解，可得多组优化参数组合。综合分析选取其最佳运行参数组合，即当排种器工作转速为 38.92r/min、倾斜角度为 0°和微调弹簧丝径为 0.88mm 时，排种器排种性能作业质量与稳定性最优，其合格指数为 89.82%，变异系数为 16.04%。

在此基础上，根据多因素优化结果进行试验验证，综合各影响因素可控及可

操作范围，设定排种器工作转速为 38.92r/min、排种器倾斜角度为 0°、微调弹簧丝径为 0.90mm，开展 5 组重复试验，其他各项参数保持恒定，其合格指数为 88.90%，变异系数为 16.56%，与优化结果基本一致，满足玉米精量播种农艺要求。

7.3　长带指夹式玉米精量排种器

7.3.1　试验内容与方法

长带指夹式玉米精量排种器作为智能监测系统的载体，可有效提高精量播种的作业质量及效率。本研究以长带指夹式玉米精量排种器为研究对象，开展排种性能对比试验研究，以检验所改进设计排种器的优越性及方案合理性。选取排种器工作转速为因素，合格指数、重播指数、漏播指数和变异系数为试验指标，设定排种器工作转速分别为 15r/min、25r/min、35r/min、45r/min、55r/min 和 65r/min。同时以合格指数相对偏差、重播指数相对偏差、漏播指数相对偏差和播种量相对偏差为指标，综合评定智能监测系统准确性。每组试验检测量约 1000 粒，试验重复 3 次，结果取平均值。试验过程中测量相邻玉米种子的距离，并统计种子数量计算各指标。试验过程如图 7-9 所示。

图 7-9　长带指夹持式玉米精量排种器台架试验

1. 漫反射式光电传感器；2. 长带指夹排种器；3. 矩形光栅传感器；4. 单片机；5. 自主研发监测系统软件

7.3.2　试验结果分析

长带指夹式玉米精量排种器与常规指夹式玉米精量排种器的排种性能对比如图 7-10 所示，图中回归方程用于分析和预测排种性能与工作转速间关系，其中回归方程斜率越大，排种性能指标随因素的变化越大。R^2 表示回归方程的整体拟合度。R^2 最大值为 1，R^2 越大，表明回归方程的拟合度越好。

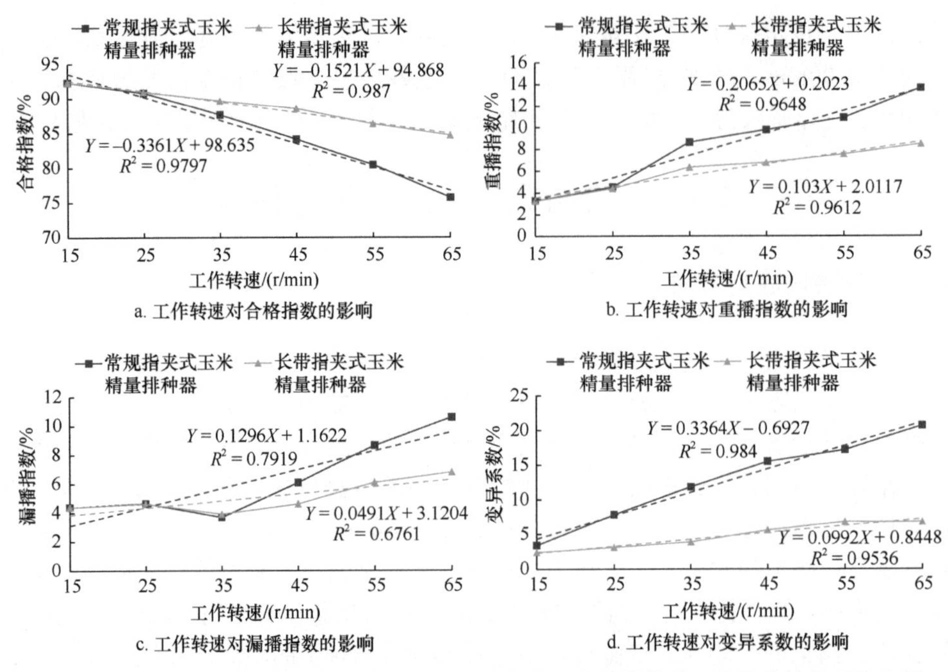

图 7-10 长带指夹式玉米精量排种器与常规指夹式玉米精量排种器的排种性能对比分析

由图 7-10 可知，长带指夹式玉米精量排种器与常规指夹式玉米精量排种器的排种性能（合格指数）随工作转速的增加均呈现降低趋势。其中在工作转速为 15～25r/min 时，两者的合格指数、重播指数和漏播指数差异不大，但常规指夹式玉米精量排种器的变异系数斜率大于长带指夹式玉米精量排种器，表明常规指夹式玉米精量排种器随着工作转速的增加导致投种平稳性较差，种距间的一致性差。当工作转速为 25～65r/min 时，常规指夹式玉米精量排种器的合格指数降低幅度大，由 90.83%下降至 75.75%，重播指数、漏播指数和变异系数升高幅度大，其中重播指数由 4.52%上升至 13.66%，漏播指数由 4.65%上升至 10.59%，变异系数由 7.88%上升至 20.69%。而长带指夹式玉米精量排种器的合格指数、重播指数、漏播指数和变异系数虽有变化，但整体变化较为平稳。当工作转速为 65r/min 时，合格指数、重播指数、漏播指数和变异系数分别为 84.70%、8.49%、6.81%和 6.83%。综上表明长带指夹式玉米精量排种器与常规指夹式玉米精量排种器相比，能够对玉米种子进行平稳运移投送，有效降低重播指数、漏播指数和变异系数。

7.4 动定指勺夹持式玉米精量排种器

7.4.1 试验内容与方法

为验证前期基于 EDEM 软件的动定指勺夹持式玉米精量排种器排种性能数值

模拟仿真试验研究的合理性与准确性，检验排种器对各类型玉米种子的适播范围，本研究以所设计的动定指勺夹持式玉米精量排种器为研究载体，将前期所测定的 15 种玉米种子根据其尺寸等级分为扁形大粒、扁形小粒、圆形大粒、圆形小粒等 4 类，选取合格指数与变异系数为试验指标，采用单因素试验研究在排种器工作转速为 15～45r/min 和调控摆臂调节尺寸为 0～24mm 的工况下机具作业质量的变化规律，如图 7-11 所示。

图 7-11　动定指勺夹持式玉米精量排种器台架试验

1. 动定指勺夹持式玉米精量排种器；2. 安装台架；3. 喷油泵；4. 驱动电机；5. 图像采集处理系统；6. 种床带指向绿色带

7.4.2　单因素试验结果与分析

以排种器工作转速和调控摆臂调节尺寸为试验因素，进行单因素适应性试验以分析各因素对性能评价指标的影响规律，试验方案与结果如表 7-6 和表 7-7 所示。

表 7-6　各类型玉米种子在不同工作转速下的试验结果

工作转速/(r/min)	扁形大粒		扁形小粒		圆形大粒		圆形小粒	
	合格指数/%	变异系数/%	合格指数/%	变异系数/%	合格指数/%	变异系数/%	合格指数/%	变异系数/%
15	90.67	12.59	92.98	11.09	94.12	9.01	88.09	14.21
20	89.26	13.91	91.11	11.51	92.50	9.98	87.38	14.75
25	88.33	14.07	90.08	13.01	91.52	11.21	86.75	15.65
30	84.01	14.75	86.53	13.86	88.81	12.33	83.57	16.64
35	83.10	15.65	85.00	14.84	87.29	14.02	82.31	18.35
40	82.03	17.36	82.80	16.28	86.12	14.97	81.73	19.87
45	81.60	18.76	82.10	18.35	84.21	15.13	80.30	21.67

表 7-7 各类型玉米种子在不同调节尺寸下的试验结果

调节尺寸/mm	扁形大粒		扁形小粒		圆形大粒		圆形小粒	
	合格指数/%	变异系数/%	合格指数/%	变异系数/%	合格指数/%	变异系数/%	合格指数/%	变异系数/%
0	81.78	16.26	86.12	15.94	85.04	14.99	83.09	17.91
4	82.32	15.90	88.02	15.80	86.12	14.05	85.12	17.11
8	83.67	15.08	87.13	13.09	87.31	13.86	84.34	15.02
12	84.01	14.75	86.53	13.86	88.81	12.33	83.57	16.64
16	86.99	16.92	84.96	16.52	90.12	15.08	82.64	18.18
20	85.21	18.04	83.20	18.81	87.02	16.97	81.62	20.31
24	84.59	20.67	81.69	19.95	85.56	17.24	80.01	22.03

由表 7-6 可知，调控摆臂调节尺寸为 12mm 时，分别设定排种器在工作转速为 15r/min、20r/min、25r/min、30r/min、35r/min、40r/min 和 45r/min 的工况下进行作业（对应种床带反向运动速度为 3km/h、4km/h、5km/h、6km/h、7km/h、8km/h 和 9km/h）。运用 Matlab 软件对试验数据进行处理，分析相应指标变化趋势可知，随工作转速增加，排种器对各等级尺寸种子排种指标均呈降低趋势（合格指数逐渐降低，变异系数逐渐增加）。排种器工作转速为 15～45r/min 时，对圆形大粒种子排种性能最优，其合格指数大于 84.21%，变异系数小于 15.13%；对扁形小粒种子排种性能次之；对圆形小粒种子排种性能最差，其合格指数大于 80.30%，变异系数小于 21.67%。工作转速大于 30r/min 时，对各等级尺寸种子排种指标降低趋势逐渐加快，主要由于夹持接触时间减少，指勺充种性能下降，但均可满足精量播种作业要求。

由表 7-7 可知，工作转速为 30r/min 时，分别设定排种器在调控摆臂调节尺寸为 0mm、4mm、8mm、12mm、16mm、20mm 和 24mm 的工况下进行作业。运用 Matlab 软件对试验数据进行处理，分析相应指标趋势可知，随调节尺寸增加，排种器对各等级尺寸种子排种指标均呈先增加后降低趋势（合格指数先增加后降低，变异系数先降低后增加）。调控摆臂调节尺寸为 0～24mm 时，对圆形大粒种子排种性能最优，其合格指数大于 85.04%，变异系数小于 17.24%；对扁形大粒种子排种性能次之；对圆形小粒种子排种性能最差。调节尺寸为 16mm 时，对圆形大粒种子合格指数最高，为 90.12%；调节尺寸为 12mm 时，对圆形大粒种子变异系数最低，为 12.33%。

7.5 间歇同步充补鸭嘴式玉米精量排种器

7.5.1 试验内容与方法

为明确各因素对间歇同步充补鸭嘴式玉米精量排种器的影响规律及变化趋

势，开展排种性能单因素试验。基于前期理论分析及预试验研究，选取作业速度、回位弹簧预紧力和作业坡角为试验因素，合格指数与变异系数为试验指标[4]。在台架试验过程中，通过调节排种性能试验台变频器控制排种器作业速度，通过更换弹簧型号改变回位弹簧预紧力，通过调节安装台架角度控制作业坡角，以提高试验可操作性及准确性，如图 7-12 所示。

图 7-12　间歇同步充补鸭嘴式玉米精量排种器台架试验

1. 间歇同步充补鸭嘴式玉米精量排种器；2. 驱动电机；3. 传统鸭嘴式排种器；4. 安装台架；5. 图像采集处理系统

7.5.2　单因素试验结果与分析

为分析各因素对性能评价指标的影响规律，结合实际播种作业要求及各因素可控有效范围，单因素试验选取作业速度为 0.2～1.4m/s，作业坡角为向右侧倾斜 0°～24°，回位弹簧预紧力为 0.5～25N。合理选取回位弹簧预紧力能够提高排种性能，同时需避免种子破损，结合理论分析，回位弹簧最大作用力应小于 41.8N，根据式（7-6）对回位弹簧进行选型。所选取回位弹簧型号及结构参数如表 7-8 所示。

$$F_x = \frac{G d_m^4}{8 D_m^3}\left(\varepsilon_0 d_0 + l_x - l_{x0}\right) \tag{7-6}$$

式中，F_x——回位弹簧作用力，N；

G——剪切弹性模量，取 7800MPa；

ε_0——回位弹簧与下摇杆夹角，(°)；

d_0——回位弹簧作用点至推杆中心距离，mm；

d_m——回位弹簧丝径，mm；

D_m——回位弹簧中径，mm；

l_x——回位弹簧连接点间距，设计为 33.5mm；

l_{x0}——回位弹簧原长，mm。

由表 7-8 可知，当摇杆旋转角度 ε'为 0°时，回位弹簧处于预紧状态，将其参数代入式（7-6）中，T_1～T_6 型号的回位弹簧预紧力分别为 0.5N、5.6N、10.6N、

表 7-8　回位弹簧型号和弹簧力对应关系

型号	d_m/mm	D_m/mm	l_{x0}/mm	F_x（ε'=0°）/N	F_x（ε'=16.5°）/N
T_1	0.5	4	30	0.5	3.3
T_2	0.6	5	25	5.6	8.6
T_3	0.6	5	20	10.6	13.6
T_4	1	7	25	15.6	24.2
T_5	0.6	4	20	20.7	26.7
T_6	1	6	25	24.8	38.4

15.6N、20.7N 和 24.8N，其数值近似处于 0.5～25N 范围，满足试验要求；当摇杆旋转角度 ε'为 16.5°时，回位弹簧处于最大张紧状态，将其参数代入式（7-6）中，T_1～T_6 型号的回位弹簧最大作用力分别为 3.3N、8.6N、13.6N、24.2N、26.7N 和 38.4N，皆小于回位弹簧最大作用力 41.8N，满足理论分析要求。分别对作业速度、回位弹簧预紧力和作业坡角进行单因素试验，每组试验重复 3 次，取 3 次试验的平均值为试验结果，运用 Excel 软件对实验数据进行处理，如图 7-13 所示。

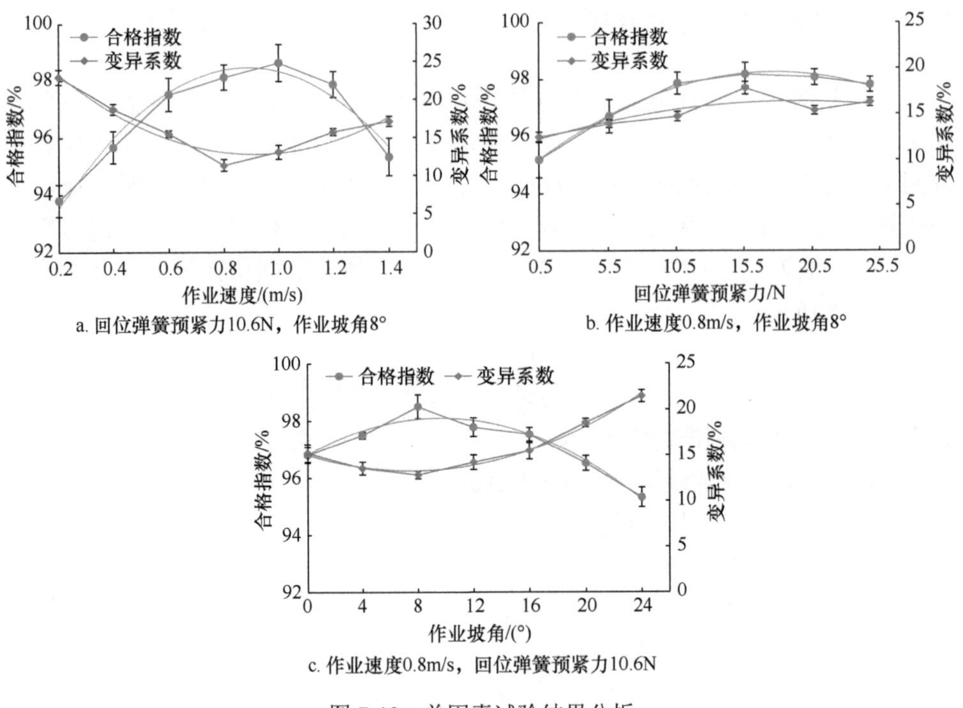

图 7-13　单因素试验结果分析

由图 7-13a 可知，回位弹簧预紧力为 10.6N，作业坡角为 8°时，分别设定排种器在作业速度为 0.2m/s、0.4m/s、0.6m/s、0.8m/s、1.0m/s、1.2m/s 和 1.4m/s 的

工况下进行作业。分析可知，随作业速度增加，合格指数先升高后降低，变异系数先降低后升高。其中作业速度 0.8～1.2m/s 是满足排种作业要求效果的最优区间。由图 7-13b 可知，作业速度为 0.8m/s，作业坡角为 8°时，分别设定回位弹簧预紧力为 0.5N、5.6N、10.6N、15.6N、20.7N 和 24.8N 的工况下进行作业。分析可知，随回位弹簧预紧力增加，合格指数先升高后稳定不变，变异系数变化不明显。其中回位弹簧预紧力 10～20N 是满足排种作业要求效果的最优区间。由图 7-13c 可知，作业速度为 0.8m/s，回位弹簧预紧力为 10.6N 时，分别设定排种器在作业坡角为向右侧倾斜 0°、4°、8°、12°、16°、20°和 24°的工况下进行作业。分析可知，随作业速度增加，合格指数先升高后降低，变异系数先降低后升高。其中作业坡角 8°～16°为满足排种作业要求效果的最优区间。

7.6　内充气送式玉米精量排种器

7.6.1　试验内容与方法

内充气送式玉米精量排种器作为典型气力式精量排种器[5]，其作业质量及效率亦是关注焦点与重点。根据前期理论分析及实际生产经验可知，在内充气送式玉米精量排种器结构参数确定的前提下，影响排种器播种质量与性能的主要因素为前进速度和工作压强。因此，选取排种器前进速度和工作压强为试验因素，合格指数和变异系数为试验指标，开展多因素优化试验研究。通过调节电机控制排种器工作转速，通过调节性能试验台风机频率调控排种器进气口工作压强，以提高试验可操作性及准确性，如图 7-14 所示。

图 7-14　内充气送式玉米精量排种器台架试验

1. 内充气送式玉米精量排种器；2. 喷油泵；3. 直流电源；4. 图像采集处理系统；5. 安装台架；6. 电机控制器

为检验排种器工作时作业质量及最佳作业参数组合，结合实际播种作业要求及各因素可控有效范围，研究排种器在前进速度为 12～14km/h（对应排种器工作转速 34.48～40.23r/min）和工作压强为 3～6kPa 工况下机具作业质量变化规律。采用二因素五水平二次旋转正交组合试验研究排种器最佳工作参数组合，设定试验因素编码如表 7-9 所示。

表 7-9　试验因素编码表

编码	试验因素	
	前进速度 *A*/（km/h）	工作压强 *B*/kPa
1.414	14.00	6.00
1	13.71	5.56
0	13.00	4.50
–1	12.29	3.44
–1.414	12.00	3.00

7.6.2　多因素试验结果与分析

以排种器前进速度与工作压强为试验因素，进行二因素五水平二次旋转正交组合设计试验，对影响因素进行显著性分析，以期得到排种器最佳工作参数组合，并在最佳工况下开展混合不分级种子性能对比试验。在试验过程中，对排种器前进速度和工作压强两参数设计值进行结果分析，具体试验设计方案与测定结果如表 7-10 所示，其中 *A* 为排种器前进速度编码值，*B* 为工作压强编码值。

表 7-10　试验设计方案与结果

序号	试验因素		性能指标	
	前进速度 *A*/（km/h）	工作压强 *B*/kPa	合格指数 *Q*/%	变异系数 *C*/%
1	–1	–1	91.01	13.52
2	1	–1	89.26	16.12
3	–1	1	93.81	15.45
4	1	1	91.76	16.08
5	–1.414	0	95.12	10.78
6	1.414	0	90.15	17.23
7	0	–1.414	86.92	14.34
8	0	1.414	93.21	16.56
9	0	0	90.79	13.92
10	0	0	91.58	12.13
11	0	0	92.24	11.53
12	0	0	90.94	12.41
13	0	0	91.57	11.61
14	0	0	92.34	13.17
15	0	0	90.28	11.62
16	0	0	91.64	12.71

通过 Design-Expert 8.0.6 软件对试验数据进行回归分析，经因素方差分析后，筛选出较为显著的影响因素，得到其相应响应曲面，如图 7-15 所示，并建立性能指标与因素编码值间回归方程为

$$Q = 91.42 - 1.35A + 1.77B - 0.075AB + 0.63A^2 - 0.65B^2 \tag{7-7}$$

$$C = 12.39 + 1.54A + 0.63B - 0.49AB + 0.95A^2 + 1.67B^2 \tag{7-8}$$

在作业评价指标满足精量播种要求的前提下，对各因素影响规律进行分析，根据相关回归方程和响应曲面图等高线分布密度可知，排种器前进速度和工作压强交互作用对合格指数和变异系数影响均较显著。由图 7-15a 可知，当前进速度一定时，合格指数随工作压强增加而增加；当工作压强一定时，合格指数随前进速度增加而降低；前进速度变化时，合格指数变化区间较大，因此前进速度是影响合格指数的主要因素。由图 7-15b 可知，当前进速度一定时，变异系数随工作压强先降低后增加；当工作压强一定时，变异系数随前进速度增加而增加。前进速度变化时，变异系数变化区间较大，因此前进速度是影响变异系数的主要因素。

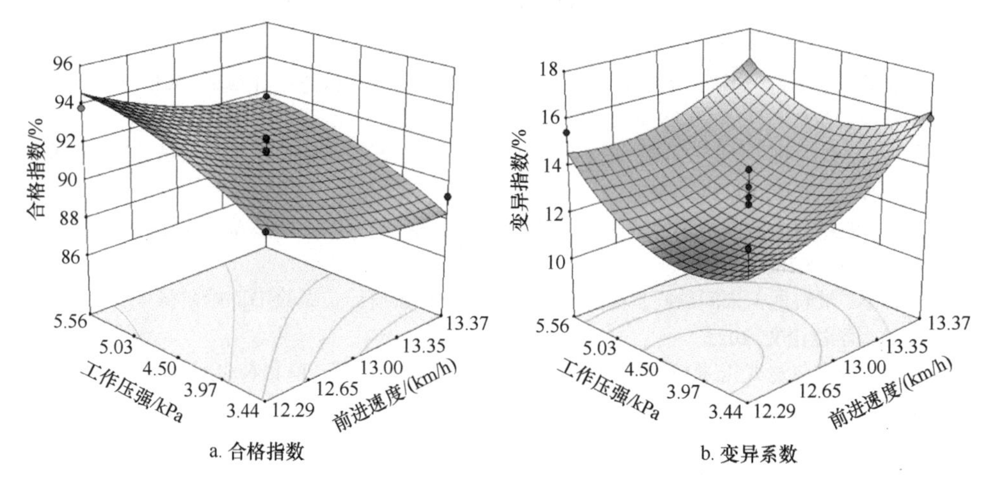

图 7-15　各因素对性能指标的响应曲面

为得到试验因素最佳工作参数组合，对其进行优化设计，建立参数化数学模型，结合因素边界条件，遵循高速精量播种作业原则，采用多目标变量优化方法，对合格指数和变异系数的回归方程进行分析，建立非线性规划参数模型为

$$\begin{cases} \max Q \\ \min C \\ \max A \\ \text{s.t} \quad 12\text{km/h} \leqslant A \leqslant 14\text{km/h} \\ \qquad 3\text{kPa} \leqslant B \leqslant 6\text{kPa} \\ \qquad 0 \leqslant Q(A,B) \leqslant 1 \\ \qquad 0 \leqslant C(A,B) \leqslant 1 \end{cases} \tag{7-9}$$

基于 Design-Expert 8.0.6 软件中的多目标参数优化模块对数学模型进行分析求解，可得当排种器前进速度为 13.10km/h、工作压强为 4.75kPa 时，排种器对玉米种子排种质量与稳定性最优，其合格指数为 91.62%，变异系数为 12.86%。根据优化结果进行台架试验验证，当前进速度为 13.10km/h、工作压强为 4.75kPa 时，其合格指数为 91.18%，变异系数为 12.32%，与优化结果基本一致。

在最佳工作参数组合工况下，以混合种子为试验对象，选用市场常用的气吸式玉米精量排种器进行性能对比试验。保证玉米种子数量混合且均匀，重复 5 次试验，进行数据处理，对比试验结果表明，当前进速度为 13.10km/h、工作压强 4.75kPa 时，所设计的内充气送式玉米精量排种器对混合种子的合格指数为 91.21%；常规气吸式玉米精量排种器对混合种子的合格指数为 88.56%。对比分析可知，内充气送式玉米精量排种器播种质量高于现有气吸式玉米精量排种器，合格指数提高了 2.65 个百分点，满足高速精量播种要求。

参考文献

[1] 王希英, 王金武, 唐汉, 等. 勺式精量玉米排种器取种凹勺改进设计与试验[J]. 东北农业大学学报, 2015, 46(12): 79-85.

[2] 赵淑红, 陈君执, 王加一, 等. 精量播种机 V 型凹槽拨轮式导种部件设计与试验[J]. 农业机械学报, 2018, 49(6): 146-158.

[3] 唐汉. 波纹曲面指夹式玉米精量排种器设计及其机理研究[D]. 哈尔滨: 东北农业大学博士学位论文, 2018.

[4] 王梓名. 坡耕地玉米间歇同步充补鸭嘴式精量排种器设计与试验[D]. 哈尔滨: 东北农业大学硕士学位论文, 2022.

[5] 齐鑫. 内充气送式玉米精量排种器设计与试验[D]. 哈尔滨: 东北农业大学硕士学位论文, 2022.

第 8 章　玉米免耕精量播种装备集成与田间试验

东北地区保护性耕作技术可有效减少田间作业工序，降低生产成本，改良土壤结构且增加土壤有机质，有效减少土壤风蚀及水蚀等自然灾害，提高作物产量与品质，有利于农业可持续发展[1]。目前东北地区玉米保护性耕作主要存在秸秆量大且种植模式差异大，传统精量播种机具作业适应性差、作业效率低及易堵塞等问题，在此背景下，基于前期开展的典型玉米种子物料测定、系列精量排种器优化设计、智能监测系统开发、排种性能虚拟试验、高速摄像轨迹规律测定及台架性能试验等系列研究，为进一步验证系列精量排种器田间应用作业质量及可靠性，本章以指夹式玉米精量排种器为例[2]，运用保护性耕作技术设计思想，配置系列玉米精量播种开沟施肥总成、对置分草破茬机构、同步限深双圆盘开沟总成和 V 型镇压机构等关键部件，集成设计可一次性完成开沟深施肥、拨草破茬、精量播种、覆土镇压等多项作业的玉米免耕精量播种机，并开展田间性能检测试验，直观有效地分析其在复杂难控环境下的适应性与稳定性，与前期研究内容形成完整系统的精准排种机理研究体系。

8.1　指夹式玉米免耕精量播种机集成要求

玉米精量播种及保护性耕作农艺模式是集成设计指夹式玉米免耕精量播种机的有效依据，对其进行整体配置及确定主要技术参数具有重要指导意义。目前东北地区玉米精量播种农艺方式主要推行等行距单株种植、大垄双行种植及垄侧宽窄行种植等 3 种技术模式，适用于耐密型品种，实施免耕精量播种，中耕化学除草，同步侧位深施肥为 600～1000kg/hm^2，高留茬还田作业，三年一次秸秆粉碎还田覆盖。

具体玉米精量播种农艺技术模式如图 8-1 所示，详细亦可参见 1.2 节主粮作物精量播种农艺模式概况。其中等距单株种植行距相等且每穴单株，行距 500～650mm，株距 200～300mm，植株分布均匀，可充分利用地力及光照，但后期行间通风透光较差；大垄双行种植将常规垄距增加至 1100mm，垄内双行行距 400mm，垄间相邻苗行间大行距 700mm，形成大垄内适当加密、大垄间便于耕作、利用通风透光的良性田间态势；宽垄窄行种植宽行行距 800～950mm，窄行行距 350～500mm，株距 250～360mm，窄行以三角错位留苗，有效增加种植密度，保证单位面积内总株数；上述多种农艺种植模式在不同地区实施开展。

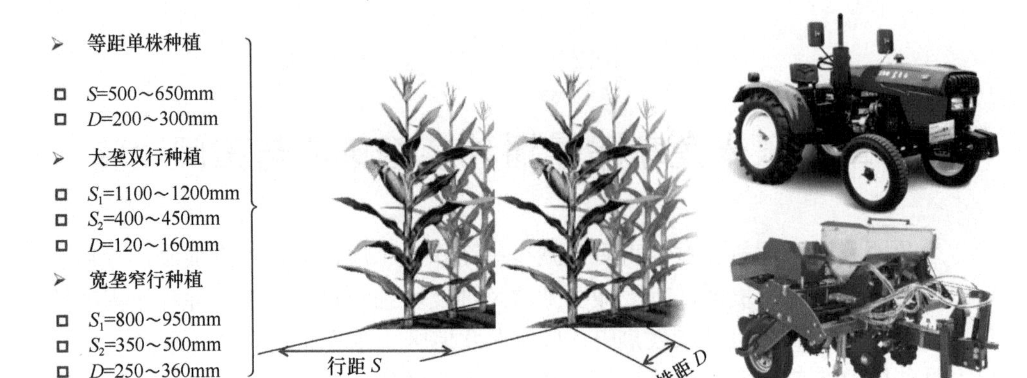

图 8-1　玉米精量播种农艺技术模式

基于上述玉米免耕精量种植模式研究，集成设计的指夹式玉米免耕精量播种机应满足多种农艺要求，多组播种装置并联安装于轻简化机架，在具有足够刚度和强度要求下，保证其作业深度、株距、播种量和施肥量皆可进行较大范围调整[3]；各部件标准化程度高且结构紧凑，便于维修、更换及保养；机组挂接合理，适合不同型号驱动机具挂接要求；可在未整地地块一次完成侧深施肥、开沟播种、覆土镇压等联合高速免耕播种作业。

8.2　精量播种装备总体结构与技术参数

指夹式玉米免耕精量播种机主要由轻简化机架、前置主肥箱、种箱、后置种肥箱、V 型镇压机构、行走地轮、对置拨茬分草机构、波纹破茬圆盘、开沟施肥总成、播种单体、平行四杆仿形牵引机构、同步限深轮、指夹式玉米精量排种器及多级传动变速系统等部件组成，其整体结构如图 8-2 所示。本装置通过中马力轮式拖拉机牵引式悬挂，双行中间对称布局，开沟施肥总成与播种单体分置固定于轻简化前后梁体，且开沟施肥总成与播种单体中心位置相错 70～100mm，实现侧深施肥，同时避免肥料烧苗问题；行走地轮配置于播种单体两侧且结构紧凑；后置种肥箱配置于种箱后侧，将种肥与种子同步施于种沟，且避免导肥管随镇压机构运动对施肥均匀性造成影响。对置拨茬分草机构与波纹破茬圆盘位于播种单体前侧，增设定位卡板及防缠草护罩，提高苗床清理效果。

在正常作业过程中，驱动机具牵引指夹式玉米免耕播种装置高速前进，平行四杆仿形牵引机构保证播种装置整体平稳运动，避免因地形变化及振动对机具作业质量造成影响，行走地轮通过链条传动将动力分别传至排种器及前后排肥器，

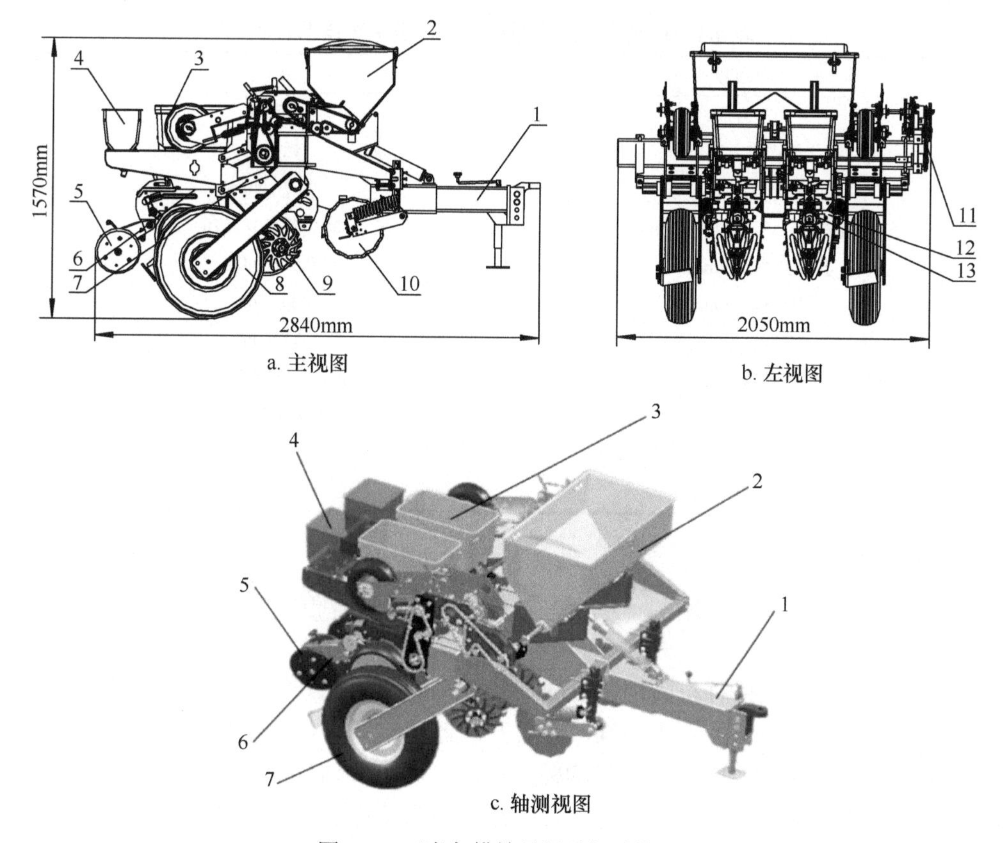

图 8-2　玉米免耕精量播种机结构图

1. 轻简化机架；2. 前置主肥箱；3. 种箱；4. 后置种肥箱；5. V 型镇压机构；6. 传动系统；7. 行走地轮；8. 对置拨茬分草机构；9. 波纹破茬圆盘；10. 开沟施肥总成；11. 播种单体；12. 平行四杆仿形牵引机构；13. 同步限深轮

开沟施肥总成随动开沟保证侧深施肥作业正常进行，避免后部双圆盘开沟器堵塞问题。对置拨茬分草机构高速旋转将垄间根茬及秸秆拨分至两侧，波纹破茬圆盘将残余杂草切断并开出“Y”形种沟，同时双圆盘开沟器在“Y”形种沟基础上进行二次开沟，保证苗带清理及开沟作业的稳定性。指夹式玉米精量排种器在传动地轮驱动下进行精量播种，后侧螺旋槽轮式排肥器将种肥同步施于种沟，保证玉米种子养分吸收。V 型镇压机构可根据作业要求对种沟进行覆土，并对其两侧进行有效镇压，保证玉米种子两侧与土壤充分接触的同时种子上部土壤松软，便于后期玉米种子出苗生长。各个环节共同作用，一次性完成开沟深施肥、拨草破茬、精量播种及覆土镇压等联合高速免耕播种作业，有效提高整体作业质量与稳定性。其主要技术参数如表 8-1 所示。

表 8-1　指夹式玉米免耕精量播种机主要技术参数

主要参数	指标
型号	2BZM-2
配套形式	悬挂式
配套动力/kW	25.7～40.5
外形尺寸（长×宽×高）/mm	2840×2050×1570
作业效率/（km/h）	0.88～9.00
行距范围/mm	400～700
株距范围/cm	12～40
排种器形式	指夹式玉米精量排种器
排肥器形式	槽轮式/绞龙式
播种深度/mm	50～80
覆土深度/mm	30～60

8.3　关键部件设计与配置

玉米免耕精量播种机采用圆盘缺口式开沟施肥总成开沟深施肥，对置分草破茬机构清除苗带杂草，同步限深双圆盘开沟器稳定开沟，所设计的指夹式玉米精量排种器精量播种，V 型镇压机构覆土镇压，可在有秸秆残茬覆盖的未耕地表上一次性完成侧深施肥、开沟播种、覆土镇压等多项作业。本研究重点对开沟施肥总成、对置分草破茬机构、同步限深双圆盘开沟总成和 V 型镇压机构等关键部件进行配置设计，提高机具整体作业质量及适应性能。

8.3.1　开沟施肥总成

开沟施肥总成是播种装置主要触土部件之一，与播种单体中心位置相错配置，随机具运动开出肥沟保证侧深施肥作业正常进行，同时避免肥料烧苗问题。在开沟施肥过程中，需保证开沟直且宽度及深度满足要求，保证土壤回流未堵塞导肥管，开沟入土性能良好，可切开垄中秸秆杂草等，具有一定覆土能力，可将肥料覆盖，以及整体结构简单、工作可靠、工作阻力小且土壤适应性好等优点。本研究结合东北地区玉米免耕精量播种农艺要求、土壤特性（湿度大且黏附性强）及田间秸秆量较大等特点，选型配置设计了开沟施肥总成。开沟施肥总成通过 U 型螺栓固定于播种装置机架前梁，主要由悬挂连接架、旋转接头、仿形弹簧、开沟器架体、斜置刮板、导肥管及缺口开沟器等部件组成，如图 8-3a 所示。

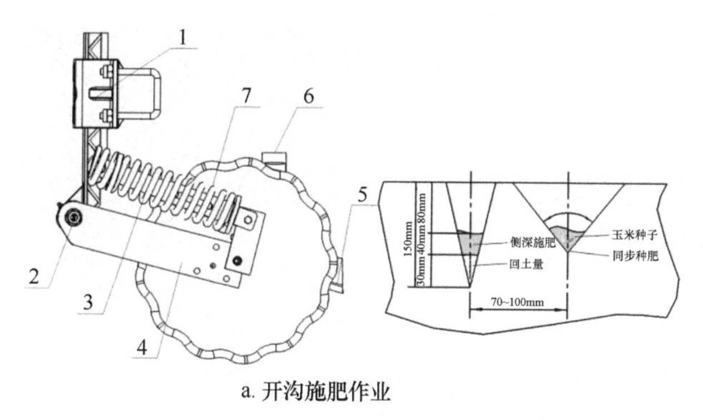

a. 开沟施肥作业

b. 实体部件

图 8-3　开沟施肥总成

1. 悬挂连接架；2. 旋转接头；3. 仿形弹簧；4. 开沟器架体；5. 斜置刮板；6. 导肥管；7. 缺口开沟器

由于东北地区玉米种子化肥施用量较大，黑龙江、吉林等地区最大施肥量可达 1000kg/hm^2，为保证施肥量充足，设计开沟施肥总成最大开沟宽度 60～70mm，最大施肥深度 150mm。为避免侧深施肥作业过程中对种苗造成烧伤等问题，开沟施肥总成与播种单体分置固定于轻简化前后梁体，且开沟施肥总成与播种单体中心位置相错 70～100mm。其关键作业部件缺口开沟器采用直径为 450mm 直面缺口圆盘制成，侧部配置与前进方向呈 5.5°夹角斜置刮板，保证开沟宽度并刮除清理黏重土壤。为保证合理的开沟深度，设计直面缺口圆盘与斜置刮板啮合点夹角为 50°。为提高开沟施肥作业可靠性与稳定性，设计开沟施肥总成缺口为喇叭口开刃形式，深度为 28mm，最大宽度为 620mm，并采用高强度 30CrMnB 材料制成，调制处理 50～52HRC，保证大部分秸秆进入缺口并被夹持切断。在工作过程中，直面缺口圆盘切入土壤开沟，斜置刮板辅助开沟同时保证土壤不堵塞导肥管。为保证施肥深度一致和防止石头等杂物撞击，设计开沟施肥总成采用单体仿形配置，开沟器架体可通过转轴旋转及三通接头预紧仿形弹簧实现仿形功能，最大仿形量可达 100mm，同时可调节弹簧压力控制单组开沟施肥总成的仿形能力。其实体部件如图 8-3b 所示。

8.3.2　对置分草破茬机构

指夹式玉米免耕精量播种机在秸秆覆盖条件下进行精量播种作业，当垄台内秸秆柔性及韧性较强时，播种开沟器无法完全切断秸秆，易造成玉米种子播至秸秆上且后期无法发芽的问题，因此本研究将对置齿形分草拨盘与波纹破茬圆盘组合搭配，设计了一种对置分草破茬机构。如图 8-4a 所示，对置分草破茬机构主要由悬挂连接架、防缠草护罩、波纹破茬圆盘、齿形分草拨盘、轴承体及定位卡盘等部件组成。

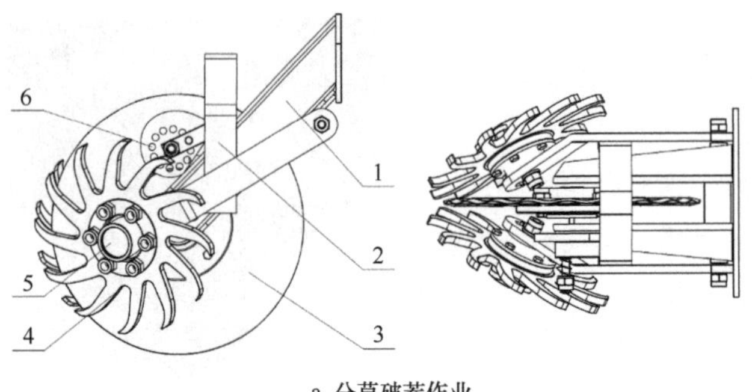

a. 分草破茬作业

b. 实体部件

图 8-4　对置分草破茬机构

1. 悬挂连接架；2. 防缠草护罩；3. 波纹破茬圆盘；4. 齿形分草拨盘；5. 轴承体；6. 定位卡盘

对置分草破茬机构配置于播种开沟器前侧，将一组齿形分草拨盘对置交叉安装，形成相对旋转趋势，其空隙部分配置波纹破茬圆盘。在作业过程中，对置齿形分草拨盘将垄台地表覆盖根茬及秸秆拨开，波纹破茬圆盘将残余杂草切断并开出“Y”形种沟，保证苗带区域内干净，为后续播种开沟器创造良好开沟环节，同时有效防止开沟器堵塞及玉米种子裸露于秸秆上等情况发生。其中设计齿形分草拨盘直径为 330mm，12 齿开刃，安装角度为 26°，拨茬分草最大工作宽度为 1000mm。定位卡盘采用半圆孔结构，通过定位销调节拨茬分草机构相对于地表的高度，定位销设计为 6 挡位，齿形分草拨盘相对于最低地表以下为 20mm，最高地表以上为 50mm。波纹破茬圆盘上部配置防缠草护罩，防止杂草秸秆堵塞作业区域。当垄台地表覆盖根茬、秸秆及杂草量较多时，调整齿形分草拨盘至最低位置，保证根茬从土壤中分离拨离苗带，同时将秸秆杂草分离至苗带两侧。当秸秆杂草进入齿形分草拨盘的齿槽时，类渐开线齿形分草拨盘将秸秆杂草呈八字抛开或者齿形刃口将秸秆杂草切断抛向后方。其实体部件如图 8-4b 所示。

8.3.3　同步限深双圆盘开沟总成

免耕播种开沟是玉米精量播种的重要条件，保证单粒玉米种子可稳定落入种沟内并完成后续覆土镇压，其作业质量直接影响整体播种质量及后续种子发芽生长情况。在播种开沟作业过程中，需保证所开沟形平直、沟底平整且深度一致，未对土层造成扰动作用，避免土层内秸秆杂草对开沟器造成堵塞。其中双圆盘开沟器是目前免耕播种应用最为广泛的部件之一，通过土壤反力作用滚动前进，切开土壤并向两侧推挤形成种沟，双圆盘作业后沟壁下层湿土先塌落覆盖种子，再覆盖上层干燥土壤，具有较强的切土能力及土壤适应能力。本研究结合东北地区土壤特性及整机配置要求，将双圆盘开沟器与同步限深轮组合，设计了同步限深双圆盘开沟总成。如图 8-5a 所示，同步限深双圆盘开沟总成主要由压力调控手柄、防堵挡板、双圆盘开沟器、同步限深轮和限深控制机构等部件组成。

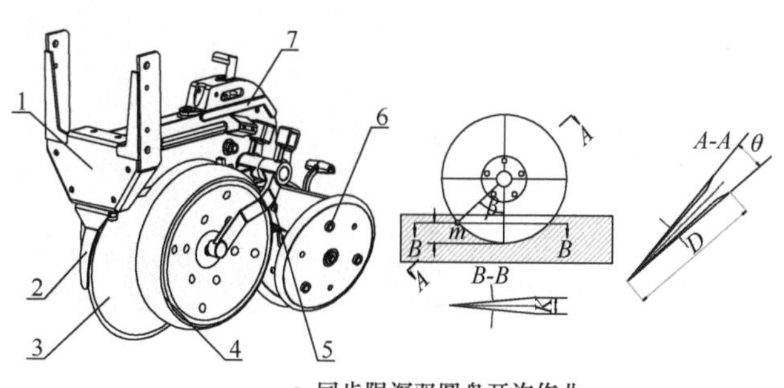

a. 同步限深双圆盘开沟作业

b. 实体部件

图 8-5　同步限深双圆盘开沟总成

1. 机架；2. 防堵挡板；3. 双圆盘开沟器；4. 同步限深轮；5. 限深控制机构；6. V 型镇压机构；7. 压力调控手柄

双圆盘开沟器采用国标部件选型配置，通过经典作图法确定其相关结构参数，其中圆盘直径过小易造成转动不灵活及壅土等问题，且增加工作阻力。综合分析设计其圆盘直径 D 为 381mm。双圆盘聚点位置 m 通过其夹角 β 表示，其中夹角 β 越大，所开种沟越宽；夹角 β 过小，聚点位置 m 过低，易造成土壤从聚点上部进入双圆盘间，出现圆盘夹土和堵塞等问题，综合分析设计其夹角 β 为 45°。双圆盘夹角 θ 对其作业阻力具有重要影响，双圆盘夹角 θ 越小，所开种沟越小，且作业阻力越小；但双圆盘夹角 θ 过小，将造成两圆盘间无法容纳导种管，综合分析设计其双圆盘夹角 θ 为 10°。综合上述计算分析，双圆盘开沟器所开沟宽度 K 为 35mm，可满足东北旱作地区玉米免耕精量播种作业要求。为保证所开种沟平稳性且沟深一致，在双圆盘开沟器左右两侧配置设计了同步限深轮，可通过压力手柄及限深机构共同控制所开种沟深度，所配置的同步限深轮结构宽度为 113mm，直径为 385mm，设计 6 个挡位，单次调节播种深度变化 8mm。其实体部件如图 8-5b 所示。

8.3.4　V 型镇压机构

免耕播种镇压作业可有效降低土壤孔隙度，减少水分蒸发，提高土壤毛细管作用，实现调水保墒目的。在作业过程中，要求镇压机构压紧土壤，保证种子与土壤接触严密，同时镇压机构不黏土、转动灵活、镇压力可调且镇压后地表平整。本研究结合东北地区土壤特性及整机配置要求，配置设计了一种 V 型镇压机构。如图 8-6a 所示，V 型镇压机构主要由压力调控手柄、橡胶镇压轮、轴承体及悬挂连接架等部件组成。

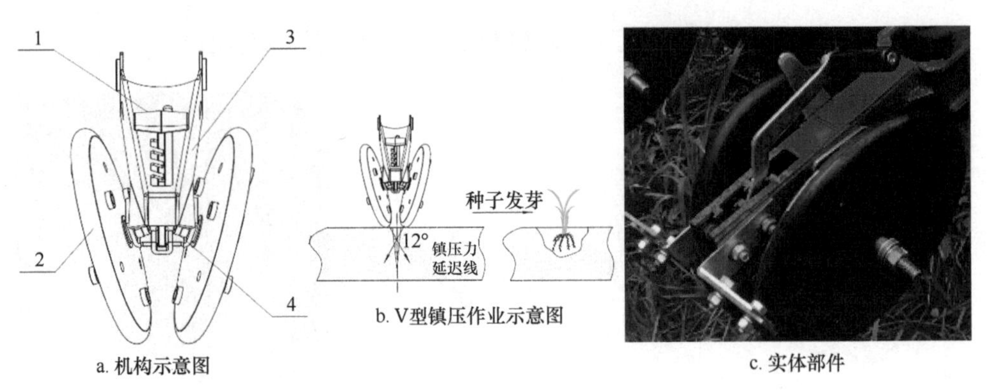

a. 机构示意图

b. V型镇压作业示意图

c. 实体部件

图 8-6　V 型镇压机构

1. 压力调控手柄；2. 橡胶镇压轮；3. 轴承体；4. 悬挂连接架

V 型镇压机构主要作业部件为可滚动的橡胶镇压轮，两组镇压轮对置装配且与地面呈一定倾角，同步完成覆土、镇压及限深等多项作业，且有效防止土壤拖堆，主要依靠自身重力的垂直方向分力对土壤进行挤压和覆土，使玉米种子两侧与土壤充分接触的同时，保证种子上部土壤松软，便于后期玉米种子出苗生长。为保证 V 型镇压机构可根据土壤不同条件控制其镇压轮作用力，设置螺旋压力调控手柄调节其作业压力，压力调控 4 个挡位，也可通过改变弹簧垫片调整镇压轮间距以调节种子的镇压力。在其悬挂连接架配置左右偏心对正结构，通过调节偏心机构避免焊接安装等误差造成镇压偏置问题。其实体部件如图 8-6b 所示。

通过配置系列玉米精量播种开沟施肥总成、对置分草破茬机构、同步限深双圆盘开沟总成和 V 型镇压机构等关键部件，集成设计了可一次性完成开沟深施肥、拨草破茬、精量播种、覆土镇压等多项作业的指夹式玉米免耕精量播种机，如图 8-7 所示。

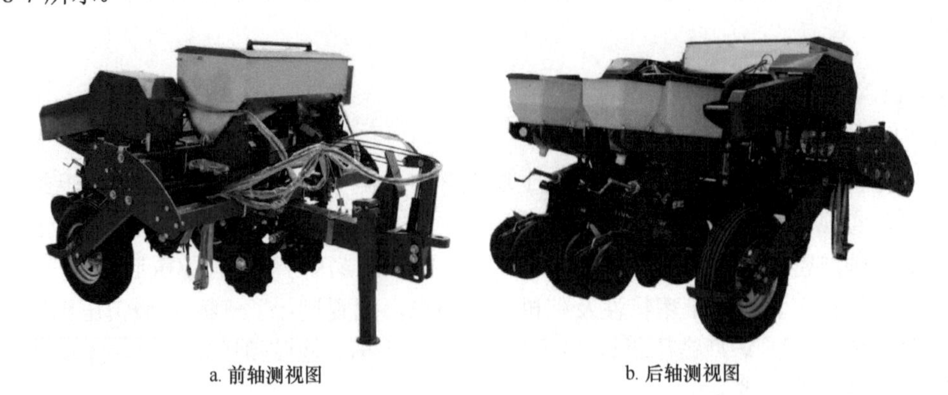
a. 前轴测视图

b. 后轴测视图

图 8-7　指夹式玉米免耕精量播种机试验样机

8.4　田间综合性能试验

为进一步考察在田间实际作业条件下所设计指夹式玉米精量排种器及基于此排种器集成配置的玉米免耕精量播种机工作性能及田间可靠性，本研究开展整机播种均匀性试验研究，重点对排种器进行田间性能检测试验，直观有效地分析其在复杂难控环境下的适应性与稳定性，以期对后续机具改进优化提供重要参考，形成完整系统的精准排种机理研究体系。

田间试验分别于 2015～2020 年在黑龙江省哈尔滨市香坊区向阳农场及绥化市庆安县玉米种植基地开展玉米免耕精量播种田间试验作业。试验田地皆为一年一熟垄作地，前茬作物为玉米作物，前一年 9～10 月进行机械化收获，收获后对秸秆进行还田覆盖处理，粉碎后秸秆长度为 60～100mm，秸秆覆盖量为 2.08～3.16kg/m^2，秸秆留茬高度为 130～150mm，前茬玉米种植行距为 600mm，测定土壤含水率为 18%～22%，土壤坚实度为 16.05～20.41MPa。

玉米种植品种为黑龙江省寒区广泛种植的德美亚 1 号，测定其千粒重为 331.08g，含水率为 11.6%。配套动力为约翰迪尔 454 型拖拉机（功率 33kW），试验样机为装配所设计的指夹式玉米精量排种器的 2BZM-2 型玉米免耕精量播种机。试验测定仪器主要包括：卷尺（量程：10.00m，精度：1mm）、盘式皮尺（量程：50.00m，精度：1mm）、刚性直尺（量程：50.0cm，精度：1mm）、秒表、记号标杆若干、相机及机务工具等。

8.4.1　试验内容与方法

结合玉米等行单株种植农艺要求，设定播种装置作业速度为 5～9km/h，播种行距为 600mm，播种株距为 220mm，播种深度为 50mm。在试验过程中，分别设定播种机具以 5km/h、6km/h、7km/h、8km/h 和 9km/h 进行免耕精量播种作业（通过调节传动比控制排种器工作转速分别对应为 25r/min、30r/min、35r/min、40r/min 和 45r/min），保证机具运行状况良好，且操作人员技术熟练。

将试验作业区域划分为启动区、测试区及停止区，其中测试区长度为 200m，前后启动区和停止区为 30m。在各作业速度工况下，重复 3 次田间播种试验，随机选取样本，每次试验测定不低于 250 粒，数据处理取平均值作为田间试验结果，田间作业状态及效果如图 8-8 所示。参考国家标准 GB/T 6973—2005《单粒（精密）播种机试验方法》和 JB/T 10293—2001《单粒（精密）播种机技术条件》，选取粒距合格指数、重播指数、漏播指数及变异系数为试验指标，综合考察其田间播种均匀性及稳定性。其中在播种作业后需人工扒开土层测定玉米种子间距，且尽量避免人为因素造成玉米种子异位等误差，影响田间数据采集与分析。

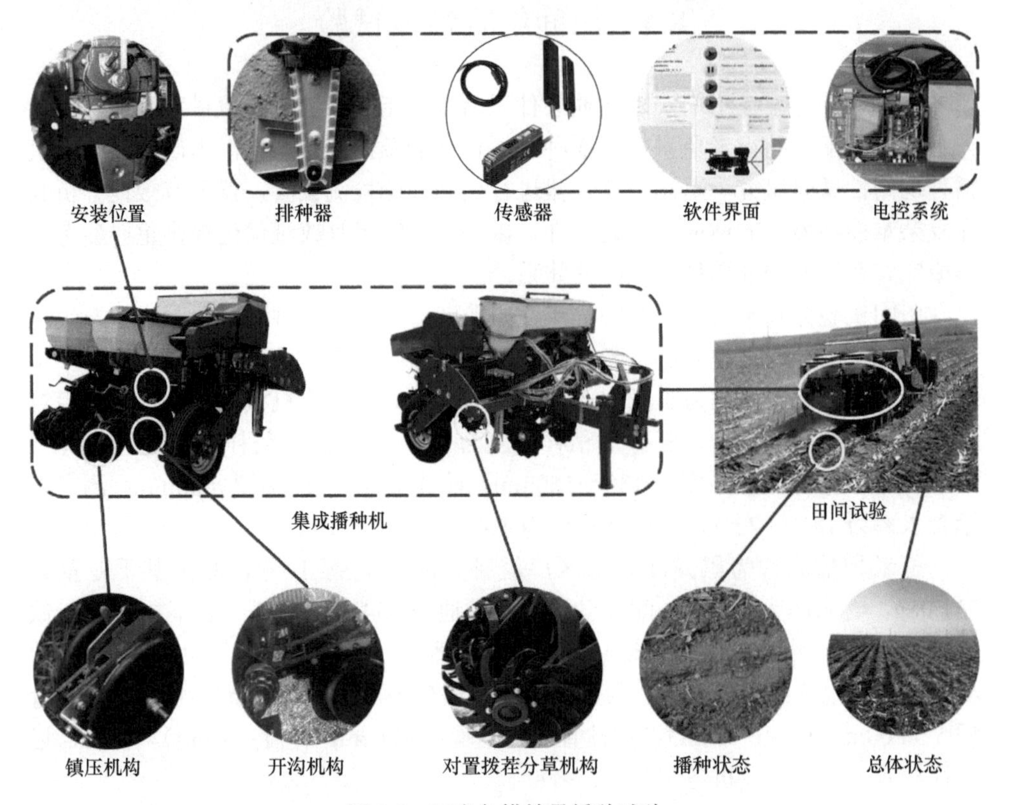

图 8-8 玉米免耕精量播种试验

8.4.2 试验结果与分析

在播种机具前进速度为 5km/h、6km/h、7km/h、8km/h 和 9km/h 的工况条件下进行免耕播种作业，选取粒距合格指数、重播指数、漏播指数为性能评价指标，选取变异系数为播种均匀性评价指标，并测定其播种深度。随机选取 40m 进行测定作为样本，每次试验测定不低于 250 粒，重复测定 5 次，数据处理取平均值作为试验结果。播后试验状态及指标测定如图 8-9 所示，试验结果如表 8-2 所示。

通过分析相应试验现象及结果可知，所集成配置的指夹式玉米免耕精量播种机在秸秆量覆盖较大的情况下，可一次性较好地完成开沟深施肥、拨草破茬、精量播种、覆土镇压等多项作业，在各前进速度工况下其播种均匀性及稳定性较优。机具前进速度为 5～9km/h 的工况条件下，播种装置性能指标随前进速度增加而呈降低的趋势；其中机具前进速度对播种深度影响较小，说明所配置的同步限深双圆盘开沟总成可有效保证播种深度一致；所设计的指夹式玉米精量排种器可有效

a. 播后地表

b. 株距测定

图 8-9　田间试验播种效果

表 8-2　田间播种试验方案与结果

前进速度/（km/h）	工作转速/（r/min）	性能指标/%				播种深度/mm
		合格指数	重播指数	漏播指数	变异系数	
5	25	90.01	6.62	2.37	13.98	5.2
6	30	88.25	8.15	2.90	15.62	5.0
7	35	87.12	9.80	3.08	16.45	6.2
8	40	83.55	12.45	4.00	18.64	4.2
9	45	80.95	14.56	4.49	20.14	6.4

提高田间作业播种质量。在机具前进速度为 5～7km/h 的工况条件下，机具并未发生堵塞现象，对置分草破茬机构可有效将种床杂草分拨至垄沟或切断，形成整洁种带以利于同步限深双圆盘开沟总成顺利通过；当机具前进速度为 8～9km/h 时，机具出现轻微堵塞现象，发生短距离种子晾晒或断条（长度皆小于 2m）。

为进一步分析田间试验过程中各性能指标随机具前进速度的变化趋势，运用统计分析软件 Design-Expert 8.0.6 对试验数据进行处理分析，绘制出性能指标与前进速度间的关系变化曲线，如图 8-10 所示。

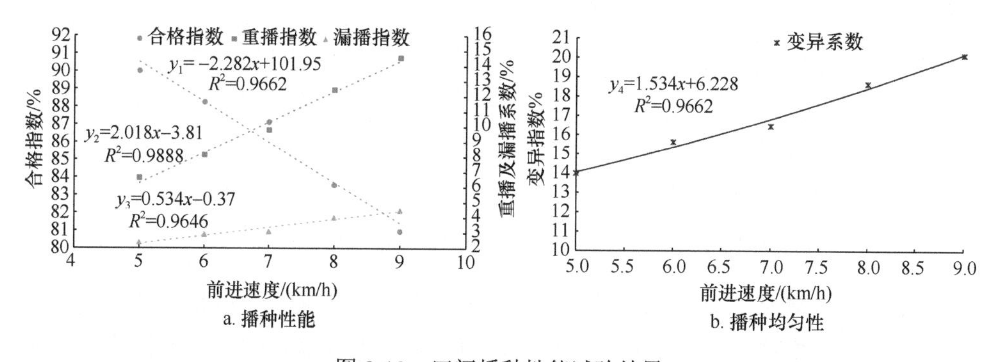

图 8-10　田间播种性能试验结果

由表 8-2 可知，在播种机具前进速度为 5～9km/h 时，其性能指标均随前进速度增加而呈降低趋势（合格指数逐渐降低，重播指数、漏播指数及变异系数逐渐增加）；当前进速度最低为 5km/h 时，其合格指数为 90.01%，重播指数为 6.62%，漏播指数为 2.37%，变异系数为 13.98%；当前进速度最高为 9km/h 时，其合格指数为 80.95%，重播指数为 14.56%，漏播指数为 4.49%，变异系数为 20.14%；当机具前进速度≤9km/h，所设计指夹式玉米免耕精量播种机具有良好的作业效果，其合格指数大于 80.95%。综合田间试验性能分析，本研究集成设计的指夹式玉米免耕精量播种机具有较优作业质量及适应性能，可满足玉米免耕精量播种作业要求。

为了探讨排种盘转速对传感器监测精度的影响，将传感器监测合格数、多次播种数、漏播数和播种数与手动测量得到的数据进行了比较。合格指数、重播指数、漏播指数和播种量的相对误差随排种盘转速的变化规律如图 8-11 所示。

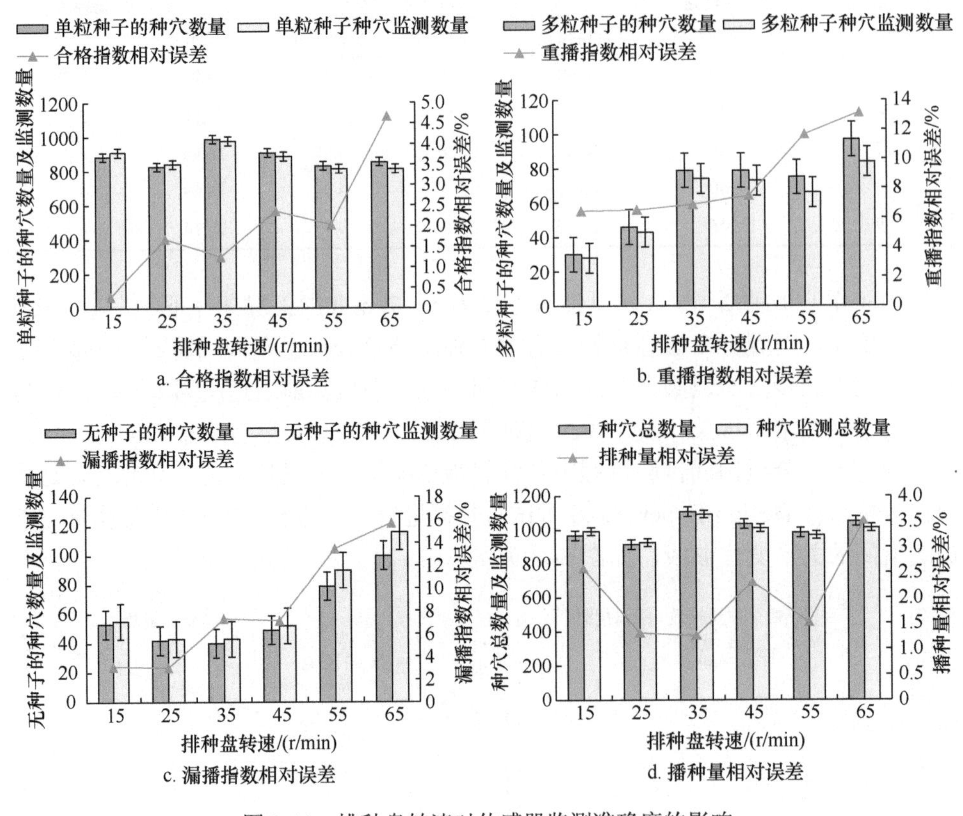

图 8-11　排种盘转速对传感器监测准确度的影响

如图 8-11 所示，在田间试验过程中，随工作转速增加，其合格指数、重播指数、漏播指数相对误差逐渐增大。结果表明，随工作转速增加，传感器监测精度逐渐降低。由指夹式玉米精量排种器及监测系统台架试验与田间试验对比可知，在田间试验中性能略低于台架试验，但监测系统获得数据与台架试验数据差异较小，性能相对稳定。

本章将所研制系列玉米精量排种器集成配置，以指夹式玉米精量排种器为例，开展田间综合性能试验，探究了系列玉米精量排种器田间作业性能，并在多地区进行推广作业，具有良好的田间作业效果，均满足玉米精量播种要求，验证系列精量排种器田间应用作业质量及可靠性，直观有效地分析其在复杂难控环境下适应性与稳定性，与前期研究内容形成了完整系统的精准排种机理研究体系。

参 考 文 献

[1] 王庆杰, 曹鑫鹏, 王超, 等. 东北黑土地玉米免少耕播种技术与机具研究进展[J]. 农业机械学报, 2021, 52(10): 1-15.

[2] Tang H, Xu C S, Wang J W, et al. Design and experiment of finger-clip maize no-tillage precision planter[J]. International Agricultural Engineering Journal, 2020, 29(1): 86-97.

[3] 张昆, 衣淑娟. 玉米精量播种装置的研究进展[J]. 农机化研究, 2018, 40(7): 257-262.

第9章　水稻精量穴直播技术及装备研究现状

9.1　水稻精量穴直播技术及研究方法

机械化精量穴直播是目前水稻种植最主要的方式之一，具有高效、轻简且符合可持续发展等优点，亦是国内外水稻机械化生产应用最广泛的技术，具有不可替代性，对保障世界粮食生产安全具有重要贡献[1]。本章重点分析机械化精量穴直播技术、农艺方法、配套机具及核心部件排种器研究现状，探讨未来机械化精量穴直播核心系统发展趋势。

国外农业发达国家对水稻机械化直播技术进行了深入研究和广泛应用。以美国和澳大利亚为代表的水稻机械化生产以直播为主，即采用飞机撒播和机械旱条播等作业方式，实现大型化、高效化、智能化的高产高效水稻机械化生产；以日本和韩国为代表的水稻机械化生产以栽植为主、直播为辅，随着其优质稻作环保体系的不断发展，提出了多种集约化、轻简化的绿色优质水稻机械化直播技术。相对而言，国内水稻机械化直播技术发展与应用推广较为迅速，南北方水稻种植区域十分广阔，各区域水稻种植条件、种植制度及土壤环境特点等皆具有较大差异，根据种植环境特点可分为机械水直播和机械旱直播[2]。其中机械水直播以稻种条播或穴播为主，将稻种直接播至湿润土壤表面，后期恢复水层灌溉实施高效田间管理；机械旱直播以条播为主，将未发芽稻种直接播至未灌水土壤并覆土/膜镇压。针对人工撒播和条播存在的有序生长性差、扎根浅且易倒伏、田间通风差且水肥利用率不高等问题，国内外学者提出了精量穴直播技术，即将一定粒数稻种以所需穴行距成行成穴有序播入种床土壤预定位置，以实现水稻高产高效与田间资源利用率最大化的目标，已成为水稻机械化直播技术体系中最重要的核心技术，亦是目前国内大力推广的农业生产技术。在此背景下，本节结合不同区域、不同熟制、不同品种水稻成行成穴有序直播农艺要求，重点对适于中国水稻机械化精量穴直播技术及配套农艺方法应用概况进行梳理阐述分析。

国内多采用模块化思想提高水稻机械化精量穴直播作业的集成性与高效性，即单次作业同步完成多项工序，但因区域环境及品种等差异，各种精量穴直播技术特点及配套农艺方法亦有所不同。目前，应用较广的水稻机械化精量穴直播方式主要包括：水直播环境下的同步开沟起垄穴播、同步开沟起垄条施肥穴播、同步开沟起垄穴播喷药/覆膜和同步开沟起垄穴施肥穴播等，旱直播环境下的同步平整开沟起垄施肥穴播覆土、同步平整开沟穴播覆膜滴灌和同步破茬免耕开沟施肥穴播覆土等，各作业方式皆根据区域、熟制及品种特性，配套相应农艺流程、管理方法及多功能机具开展精量穴直播作业。部分典型水稻机械化精量穴直播技术特点如表 9-1 所示。

表 9-1　部分典型水稻机械化精量穴直播技术

类型	作业方式	工作原理	技术特点	应用机型
水直播	同步开沟起垄穴播		在田间种床同步开设蓄水沟和种沟，种沟位于两蓄水沟间垄台上，将定量粒数稻种穴播于种沟内	
	同步开沟起垄条施肥穴播		在两蓄水沟间垄台上两种沟间侧位开设施肥沟，将定量粒数稻种穴播于种沟内，将肥料条深施于肥沟内	
	同步开沟起垄穴播喷药/覆膜		在开沟起垄成穴播种同时，喷施液体地膜或对稻种安全的除草剂，推迟苗期漫水灌溉和施用除草时间	
	同步开沟起垄穴施肥穴播		在两蓄水沟间开设施肥沟与种台，将定量粒数稻种穴播于种台上，后期漫水灌溉，将肥料穴施于肥沟内	
旱直播	同步平整开沟起垄施肥穴播覆土	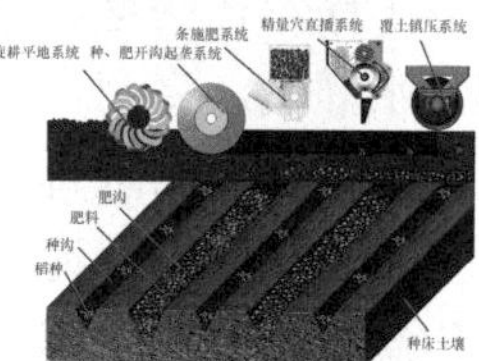	采用旋耕、犁耕或搅动等方式平整土地，同步开设种沟与侧位肥沟，将定量粒数稻种穴播于种沟内，底肥侧位条深施于肥沟内	

续表

类型	作业方式	工作原理	技术特点	应用机型
旱直播	同步平整开沟穴播覆膜滴灌		结合地膜覆盖、滴灌、穴播及水肥一体化等技术，为旱作稻种输送水分和养分，增加地表温度并提高水稻生长期积温	
	同步破茬免耕开沟施肥穴播覆土		采用少耕免耕方法对种床留茬秸秆破茬或清除，并完成种床平整、开沟侧深施肥、精量穴播及覆土镇压等工序	

在水直播复杂环境条件下，华南农业大学罗锡文等[3]根据不同区域水稻直播农艺要求，提出了“三同步”精量穴直播技术，即“同步开沟起垄穴播、同步开沟起垄条施肥穴播、同步开沟起垄穴播喷药/覆膜”，重点探索了南方典型区域水稻精量穴直播生长发育规律、需水需肥特性和杂草生长特点等，配套了精播全苗、基蘖肥深施、播喷同步杂草防除等农艺方法。其中同步开沟起垄水稻精量穴直播技术，即在田间种床土壤同步开设蓄水沟和种沟（种沟位于两蓄水沟间垄台上），将定量粒数稻种穴播于种沟内，有效增加水稻根系入土深度，避免倒伏情况发生，节约用水并减少甲烷排放；同步开沟起垄条施肥水稻精量穴直播技术，即在两蓄水沟间垄台上两种沟间侧位开设施肥沟，将定量粒数稻种穴播于种沟内，将肥料条深施于肥沟内，有效提高肥效利用率；同步开沟起垄喷药/膜水稻精量穴直播技术，即在开沟起垄成穴播种同时，喷施液体地膜或对稻种安全的除草剂，减省播前除草并便于施肥，推迟苗期漫水灌溉和施用除草时间，利于水稻根系入土，提高抗倒伏能力。东北农业大学王金武等根据北方一季稻作区寒地水稻种植农艺要求，提出了同步开沟起垄穴施肥水稻精量穴直播技术，研发了多种配套排种器及施肥部件，集成创制系列寒地水稻精量穴直播机具，一次作业完成开沟起垄、侧位穴深施肥、穴直播及播种质量动态监测等工序，在两蓄水沟间开设施肥沟与种台，将定量粒数稻种穴播于种台上，后期漫水灌溉，将肥料穴施于肥沟内，最终构建适于寒地稻种生长的高质种床。上述具有代表性的水直播环境下机械化精量穴直播技术已在北方乃至全国多地区应用推广，但北方寒地水稻直播环境复杂多样，机具作业质量及适应性有待提高，多积温带各品种水稻播种量、穴行距及种床构建模式等具有显著差异，配套农艺方法及标准有待明确，且并未深入探析寒

地水稻机械化精量穴直播与作物产量间多效应机制，急需进一步开展农艺农机融合深入研究。

相对而言，旱直播作业方式主要借鉴小麦、油菜及棉花等旱田作物播种方法，采用平地、开沟、起垄、施肥、穴播、覆土及镇压等工序以实现定量粒数稻种有序播种，不同区域及作业环境下所对应各工序流程与方法具有较大差异，如留茬田块需增设破茬免耕等环节，干旱田块需增设覆膜滴灌等环节。同步平整开沟起垄施肥水稻精量穴直播技术是目前应用较广的旱直播方法，采用旋耕、犁耕或搅动等方式平整土地，同步开设种沟与侧位肥沟，将定量粒数稻种穴播于种沟内，底肥侧位条深施于肥沟内，最终覆土镇压形成高质种床作业环境，亦可采用肥料覆盖方式提高稻种耐旱、耐病及耐冷等能力。石河子大学康建明等[4]针对新疆干旱地区农艺环境特点提出了同步平整开沟膜下滴灌水稻精量穴直播技术，此种方式将地膜覆盖、滴灌、穴播及水肥一体化等方式相结合，省去中耕除草环节，可为旱作稻种种植精准输送水分和养分，减少地表蒸发和水肥流失，增加地表温度并提高水稻生长期积温。随着国家可持续农业快速发展，国内学者将保护性耕作思想与精量穴直播技术相结合提出了同步破茬免耕开沟施肥水稻精量穴直播技术，采用少耕免耕方法对种床前茬水稻秸秆进行破茬或清除，并完成种床平整、开沟起垄、侧位深施肥、精量穴播及覆土镇压等工序，但仍存在因稻茬秸秆量过大导致机具易堵塞、因秸秆无法完全腐解或残茬处理不净影响后续穴播质量等问题。上述具有代表性的旱直播环境下机械化精量穴直播技术多适于某一特定区域作业环境，对配套机具通过性及适应性有待提高，需构建较高田间平整环境以保证精量穴播作业环节顺利开展，但北方寒地水稻种植环境复杂，膜下滴灌穴直播后期残膜利用难度大，田间土壤积温较低且秸秆量大，田间水稻秸秆腐解缓慢，一定程度影响后续作业效果，现有技术缺乏系统性梳理与改进，无法直接移植于北方寒地水稻机械化精量穴直播作业。

总体而言，目前适于东北典型稻作区复杂环境下的寒地水稻机械化精量穴直播技术及栽培农艺模式要求仍不明确，配套机具作业质量及适应性有待提高，急需开展具有代表性及普适性的北方寒地水稻机械化精量穴直播关键技术研究，探析寒地水稻精量穴直播作业模式，建立绿色优质寒地水稻高产高效栽培模式及作业标准。

9.2　水稻精量穴直播装备研究及应用现状

结合不同区域、不同熟制及多品种水稻机械化精量穴直播农艺要求，国内外高校院所及企业采用先进制造、计算机虚拟仿真及智能控制等多种技术相继研制了多种机械化精量穴直播关键部件，并以模块化思想配置轻简化机架、仿形开沟系统、侧深施肥系统、精量排种器、播种监测系统及无人驾驶系统等，集成创制系列多功能作业机具，部分代表机型于国内外多地区开展试验示范与应用推广。

国外以欧美及澳大利亚为代表的规模化农业生产模式，其水稻直播机具通常与小麦通用，整体以高效智能为主要发展方向。美国约翰迪尔（John Deere）公司系列稻麦兼用高速直播机是机械式播种机的典型代表，采用地轮或配套电机驱动槽轮式排种器和排肥器运转，稻种及颗粒肥料在螺旋槽轮及自身重力的共同作用下，通过种肥管投送至种床土壤并覆土镇压，因槽轮结构特性，其播种均匀性较好但成穴性有待提高。德国阿玛松（Amazone）公司 Cirrus 系列稻麦兼用气吹集排式高速直播机是气力式播种机的典型代表，采用大直径槽轮式排种器将稻种连续排入输种管，以气流输送方式将种群混合进入分种器均匀分种，由排种管投送至种床土壤并覆土镇压。以日韩为代表的集约化农业生产模式，其水稻直播机具可与乘坐式插秧机动力底盘配套使用，便于不同环境下水稻栽植与直播等模式间转换，整体以轻简高效为主要发展方向。日本久保田株式会社 BD/BDZ 系列精量穴直播机采用变容量外槽轮排种结构精准便捷调节播种量，一次作业完成平地、开沟、起垄、播种、施肥及喷药等工序，实现种床表面穴播且可保证高速工况下作业指标以满足农艺要求。韩国大同株式会社 DXZ/DXD 系列精量穴直播机采用型孔滑动式排种结构实现了多挡位播种量调节，配套种箱余量监测系统和残留余种快速清理装置提高了田间作业效率。部分国外典型水稻机械化精量穴直播机具特点如表 9-2 所示。其中部分机型已于国内多地区应用示范，其整体结构较为复杂且材料工艺先进，但因国外水稻规模化种植方式、土地资源、生产规律及稻种品种皆与国内具有较大差异，无法完全适应中国特别是北方一季稻作区寒地水稻精量穴直播农艺模式及作业要求。

随着轻简高效水稻生产模式不断推广，国内高校院所及企业亦对水稻精量穴直播机具及其关键部件开展了深入研究，部分成熟机型已联合农机企业于国内多地区开展试验示范。华南农业大学罗锡文等结合多地区农艺模式，结合机械与气力方法相继研发了组合型孔式、同步侧深施肥式、气吸式、中央滚筒气送式、杂交稻制种同步插秧式、宽幅折叠式、气吹集排式及留茬免耕式等系列水旱精量穴直播机具，实现了杂交稻与超级稻精量穴直播过程中行距可选、穴距可调且播种量可控等功能，部分典型代表机具如图 9-1a～d 所示。华中农业大学翟建波等[5]结合长江中下游稻麦油轮作模式研发了气力式精量旱穴直播机，并优化设计其穴直播排种器以满足杂交稻精量旱直播农艺要求，如图 9-1e 所示。安徽农业大学曹成茂等[6]研发了气吹辅助勺轮式水稻精量穴直播机，配套于轻简化乘坐式动力底盘开展田间试验以验证整机综合性能，如图 9-1f 所示。农业农村部南京农业机械化研究所张文毅等基于气力集排均匀分配原理研发了宽幅精量穴直播机，配套智能化控制系统和折叠机架可完成 33 行高效作业，以满足水稻规模化生产要求，如图 9-1g

表 9-2　部分国外典型水稻机械化精量穴直播机具

代表机型	总体结构	工作原理
BD 系列稻麦兼用机械式精量直播机［美国约翰迪尔（John Deere）公司］		采用地轮或电机驱动槽轮式排种器及排肥器，稻种及肥料在螺旋槽轮及自身重力作用下，通过种肥管投送至种床土壤并覆土镇压，其工作幅宽达 7.0m，播种行距 170～200mm
Cirrus 系列稻麦兼用气吹集排式精量直播机（德国 Amazone 公司）		采用大直径槽轮式排种器将稻种连续排入输种管，通过高速气流将种群混合输送至分种器均匀分种，由排种管投送至多行种床土壤进行覆土镇压，配备变量播种控制系统及种肥播施监测系统等
BD/BDZ 系列精量穴直播机（日本久保田株式会社）		采用变容量外槽轮排种结构精准调节播种量以满足多地区不同品种水稻穴播要求，一次作业完成平地、开沟、起垄、播种、施肥及喷药等工序，其作业速度达 1.85m/s，穴距范围 100～240mm，播种量 18～474kg/hm^2
YR 系列侧深施肥精量穴直播机（日本洋马株式会社）		采用槽轮式排种结构实现种床表面的穴阵集播，配套风送式侧深施肥装置送肥，同步实现穴播与施肥作业，其作业速度达 1.65m/s，穴距范围 100～220mm，播种量 15～75kg/hm^2
SYG 系列精量穴直播机（日本矢崎株式会社）		采用滑动滚轮齿型式排种结构精准调节播种量，配套弧形整地装置实现深浅排水沟、播种沟及施肥沟的合理布置，其作业速度达 1.40m/s，穴距范围 150～400mm，播种量 15～225kg/hm^2
DXZ/DXD 系列精量穴直播机（韩国大同株式会社）		采用型孔滑动式排种结构实现多挡位播种量调节，配套种箱余量监测系统和残留余种快速清理装置提高田间作业效率，其作业速度达 1.70m/s，穴距范围 100～220mm，播种量 22.5～150kg/hm^2

所示。中国农业机械化科学研究院梁宝忠等[7]研发了多功能覆土式水稻精量穴直播机，采用双向螺旋机构实现田块平整，采用全液压驱动槽轮式排种器实现均匀排种，一次作业完成平地、穴播、施肥及覆盖等工序，如图 9-1h 所示。

a. 组合型孔式　b. 气吸式　c. 中央滚筒气送式　d. 气吹集排式
e. 气力式　f. 气吹辅助匀轮式　g. 宽幅高效气力集排式　h. 多功能覆土式

图 9-1　部分国内典型水稻精量穴直播机具

华中农业大学张国忠等[8]研发了双腔气力式水稻精量穴直播机，优化其排种性能并分析造成双腔空穴的主要原因，以实现杂交稻 3～5 粒/穴精量穴播要求。此外，南通富来威农业装备有限公司、南通丰盈机械有限公司及上海青育农机服务有限公司等农机企业亦研发了多种类型水稻精量穴直播机，但整体作业质量、适应性及稳定性仍有待提高。上述具有代表性的精量穴直播机多针对某区域农艺要求进行开发设计，其对复杂环境作业质量及适应性仍有待提高，特别是无法完全满足北方一季稻作区寒地复杂环境水稻精量穴直播要求，急需开展农艺农机高度融合的具有精准控制功能和高质种床构建功能的寒地水稻精量穴直播机具创制与应用研究。

总体而言，目前对适于北方一季稻作区寒地水稻精量穴直播机研究较少，其核心部件排种器设计体系并未健全且机具配套盲目性较大，急需从“品种-模式-机具-部件”农艺农机融合的思路出发，构建寒地水稻精量穴直播基础理论及现代设计方法，创制与高产优质栽培农艺模式相配套的高性能且精准可控的寒地水稻精量穴直播机具。

9.3　国内外水稻精量穴直播排种器研究现状

水稻机械化精量穴直播排种器作为实现精量穴直播最核心的工作部件，直接影响水稻种植质量及作物产量，亦是目前国内外研究的热点与重点。在实际作业过程中，水稻机械化精量穴直播排种器直接与复杂稻种群体接触互作，以机械或气力等方式将定量粒数种群有效分离并以一定时空运移规律精准投送至种床土壤，构建成行成穴有序的高质种床环境。根据其工作原理可分为机械式和气力式，目前应用较广的代表机型包括拨齿式、组合型孔式、机械弹射式、螺旋槽式、垂直圆盘气吸式、中央滚筒气送式及气吹集排式等，其同类别部分精量穴直播排种原理类似，但最终皆以实现高精准、高效率及精准可控为目标。部分典型水稻机械化精量穴直播排种器特点如表 9-3 所示。

国内外高校院所及企业在综合玉米、大豆及小麦等作物所配套的较为成熟的精量排种技术基础上，采用多种机械学原理对精量穴直播排种器开展创新研究，

表 9-3　部分典型水稻机械化精量穴直播排种器

类型	典型代表	总体结构	工作原理	同类原理机型
机械式	拨齿式水稻精量穴直播排种器		通过交叉对置拨齿轮旋转作用完成充种与排种，调控拨齿长度及转速调节播种量，播种均匀性较好，但成穴性较差	伸缩拨齿式、圆弧齿轮式、双齿轮式
	螺旋槽式水稻精量穴直播排种器		通过螺旋槽旋转作用完成充种，可调控槽轮工作长度和转速调节播种量，满足旱直播高速工况大播量要求，解决常规直槽轮脉动问题	螺旋槽轮式、变容量槽轮式
	组合型孔水稻精量穴直播排种器		采用瓢形型孔轮、双侧充种室及弹性随动护种带等结构满足多地区多品种穴直播播种量要求，调节范围可达 3～10 粒/穴或 10～20 粒/穴	滑片型孔轮式、摩擦复充种型孔带式、双腔侧充式
	弹射式耳勺型水稻精量穴直播排种器		通过取种凹勺充种、复合清种及弹射投种等方式实现精量穴播，可通过更换不同型号种勺实现寒地水稻播量要求，调节范围可达 8～30 粒/穴	异型舀勺式、稻麦兼用螺旋勺式、稻油兼用勺式
	内充鸭嘴式水稻精量穴直播排种器		结合膜下滴灌穴直播原理，通过内部取种勺定量填充取种，并由成穴鸭嘴对膜上打孔挤压实现精量穴播	间歇同步鸭嘴式、滚筒成穴式、免耕滚筒式
气力式	垂直圆盘气吸式水稻精量穴直播排种器		采用吸种、清种、携种及投种等环节实现精量穴播，提高排种器吸附能力及精度，解决杂交稻和超级稻精少量播种问题	嵌入旋转气腔式、气力式、U 型腔道式、气吹辅助勺轮式

续表

类型	典型代表	总体结构	工作原理	同类原理机型
气力式	中央滚筒气送式水稻精量穴直播排种器		采用排种滚筒负压与正压转换实现多行精量取种，可改变型孔尺寸和吸种气压，满足不同品种杂交稻和超级稻精量穴播要求	气力滚筒式、气吸滚筒式、振动供种气吸滚筒式
	气吹集排式水稻精量穴直播排种器		通过分种器形成的气流域场均匀分种，由气吹方式将稻种送入各分种口，解决旱直播播种量调节范围局限和高速工况均匀性有待提高等问题	稻油兼用集排离心式、稻油兼用气压集排式、气送集排式
	非接触式气力射播式水稻精量穴直播排种器	作业方向 旋转方向 高压气流 均匀种粒流 垂直射播 土壤 播种带	采用螺旋排种、定点打穴、气流射种等方式实现精量穴播，提高免耕环境下精准穴播播种量范围及均匀性，被应用于水稻及小麦等作物	电控气力吹射式、针孔管式、机械射播式

保证稻种定量有序播入种床土壤，其整体结构简单、可靠性较好且制造工艺要求不高，多被广泛应用于高效水稻精量穴直播机具。美国 John Deere、德国 Amazone 和意大利 MaterMacc 等企业所研发的飞机撒播和机械条播机具以拨齿式或直槽轮式水稻直播排种器为主，其播种均匀性较好，但成穴性较差；日本久保田、洋马和韩国大同等企业所研发系列穴直播机具以变容量外槽轮式水稻直播排种器为主，其播种量可调且通过加大槽轮取种槽间距将条播变为穴播。

相对而言，国内对机械式水稻精量穴直播排种器研究较多。华南农业大学陈雄飞等[9]提出了适合中等播种量且播量可控的组合型孔式排种方案，采用瓢形型孔轮、双侧充种室及弹性随动护种带等结构满足多熟制区多品种水稻精量穴直播要求。华南农业大学王在满等[10]、张明华等[11]采用高速摄像技术分析了组合型孔式排种器充种过程中的稻种流动状态，为排种器结构参数优化提供参考。华中农业大学张国忠等[8]提出了双腔垂直圆盘侧充种式排种方案，优化其关键部件充种腔体及清种护种系统，实现单腔排种杂交稻 2～4 粒/穴和双腔排种常规稻 5～8 粒/穴目标。

安徽农业大学朱德泉等[12]针对杂交稻旱直播精少量播种农艺要求，提出了滑片型孔轮式排种方案，分析了充种性能与排种参数及稻种尺寸相关性。新疆农垦科学院王士国等[13]根据干旱地区膜下滴灌穴直播农艺要求，提出了内充鸭嘴式排种方案，由内部取种勺定量填充取种并通过成穴鸭嘴对膜上打孔挤压实现精量穴播。中国农业大学刘彩玲等[14]从增加充种区域提高充种性能角度出发，提出了摩擦复充种型孔带式排种方案，对其充种过程进行机理分析与离散元仿真研究。东北农业大学田立权等[15,16]根据北方一季稻作区寒地水稻精量穴直播农艺要求，分别提出了螺旋槽式排种方案、弹射式耳勺型排种方案和内充滚筒式排种方案，对其关键部件螺旋槽轮、弹射取种勺体及内充滚筒进行结构优化设计，有效改善寒地水稻播种量调节范围，提高整体作业质量与效率。上述机械式水稻精量穴直播排种方案多集中于结构形式改进优化，且对不同区域多品种水稻播种量调节具有较大差异。在实际应用过程中，各类排种器播量调节难度大，存在对黏附种群特别是稻种机械损伤程度较高且高速工况排种均匀性有待改善等诸多问题及其内在科学机理急需解决。

随着高速精量播种技术发展和轻简高效水稻机械化精量穴直播技术应用推广，国内外高校院所及企业采用流体力学及机械学原理对精量穴直播排种器开展创新研究，通过气流域场作用对稻种群体进行定量吸附或吹送，其整体对稻种机械损伤较小、适应性较好且可适应高速精量成穴投送，亦是目前高效水稻精量穴直播机具主要发展方向。法国学者 Yatskul 和 Lemiere[17]提出了气送集排式高速播种机改进方案，探讨了各工况下稻种群体聚集扩散规律及均匀分配机理，为分配系统节能降耗增效提供了有效参考。日本 NARO 北陆农业研究中心提出了气力水稻输送式排种方案，通过气流风送原理在投种末端逐步增加气压将稻种喷射入种床土壤实现精量穴播。华南农业大学臧英等[18]提出了垂直圆盘气吸式排种方案，采用吸种、清种、携种及投种等串联环节实现精量穴播，解决了杂交稻和超级稻的精少量播种精度问题，后续亦基于稻种导流原理改进优化了适于包衣杂交稻单粒气力式排种方案。华南农业大学邢赫等[19]对垂直圆盘气吸式排种方案进行优化，改进设计了分层充种室、挡种装置和播量调节装置，有效改善了稻种流动性、排种器吸附能力及精度。黑龙江八一农垦大学万霖等[20]提出了嵌入旋转气腔式排种方案，分析其腔体内部流场规律以提高排种性能，解决了常规气吸式排种器存在气压利用不充分、种盘旋转与橡胶垫摩擦及穴播均匀性差等问题。安徽农业大学张顺等[21]提出了 U 型腔道式排种方案，设计了充种与投种分开且相通的腔道排种盘，通过腔道旋转运动规律辅助携种并缩短稻种与护种装置接触时间，有效避免了稻种机械损伤。中国农业大学王超等[22]提出了非接触式气力射播式排种方案，采用螺旋排种、定点打穴及气流射种等方式实现精量穴播，提高免耕环境下穴播均匀性，已应用于水稻及小麦等作物。华中农业大学王磊等[23,24]提出了稻油兼用集排离心式和气压集排式排种方案，探讨了复杂种群有效充种控制方法及稻种与机械系统互作关系，通过虚拟仿真与台架试验验证了方案可行性与合理性。华南农业大学王宝龙等[25]提出了适合精量少播的中央集排气吸滚筒式排种方案，通过改变内外型孔、排种气压及楔形搅种性能以满足不同杂交稻和超级稻精量穴播要求。华南农业大学戴亿政等[26]提出了气吹集排式排种方案，探讨了气流域场内稻种群体均匀分种特征下穴播适应性及稳定性等规律，解决了水稻精量旱直播播种量调节范围局限和高速作业均匀性有待提高等问题。上述气力式水稻精量穴直播排种方案多集中于结构特性、影响因素及性能分析的深入研究，且主要针对杂交稻或超级稻开展配套排种器优化，对复杂气域交叉互馈耦合场稻种-机械系统互作机理、稻种时空演化机制、具有精准控制特征的排种器基础设计理论还需有所突破。

综上所述，目前所提出的各类机械式与气力式水稻精量穴直播排种方案多以单类稻种为对象，开展其关键部件结构设计与参数优化，对多品种稻种适应性相对局限（杂交稻精量直播 3～10 粒/穴，而寒地稻种精量直播 10～30 粒/穴），同时各类排种器研究方法较常规且关联性不高，并未深入研究复杂环境种群时空演化精准控制机理，急需提出系统完整的精量穴直播排种器基础设计理论，建立具有代表性和普适性的精量穴直播排种器多目标优化方法，创制适于多品种、多工况、多模式的系列精量穴直播排种器。

参考文献

[1] Zhang M H, Wang Z M, Luo X W, et al. Review of precision rice hill-drop drilling technology and machine for paddy[J]. International Journal of Agricultural and Biological Engineering, 2018, 11(3): 1-11.

[2] 朱德峰, 张玉屏, 陈惠哲, 等. 中国水稻高产栽培技术创新与实践[J]. 中国农业科学, 2015, 48(17): 3404-3414.

[3] 罗锡文, 王在满, 曾山, 等. 水稻机械化直播技术研究进展[J]. 华南农业大学学报, 2019, 40(5): 1-13.

[4] 康建明, 王士国, 陈学庚, 等. 同步铺膜管旱作水稻播种机的设计与试验[J]. 中国农业大学学报, 2016, 21(2): 124-131.

[5] 翟建波, 夏俊芳, 周勇. 气力式杂交稻精量穴直播排种器设计与试验[J]. 农业机械学报, 2016, 47(1): 75-82.

[6] 曹成茂, 秦宽, 王安民, 等. 水稻直播机气吹辅助勺轮式排种器设计与试验[J]. 农业机械学报, 2015, 46(1): 66-72.

[7] 梁宝忠, 赵永亮,赵金英等. 2BD-11 型多功能水稻覆土直播机设计与试验[C]//中国农业机械学会. 2012 中国农业机械学会国际学术年会论文集. 2012: 5.

[8] 张国忠, 张沙沙, 杨文平等. 双腔侧充种式水稻精量穴播排种器的设计与试验[J]. 农业工程学报, 2016, 32(8): 9-17.

[9] 陈雄飞, 罗锡文, 王在满, 等. 水稻穴播同步侧位深施肥技术试验研究[J]. 农业工程学报, 2014, 30(16): 1-7.

[10] 王在满, 黄逸春, 王宝龙, 等. 播量无级调节水稻精量排种装置设计与试验[J]. 农业工程学报, 2018, 34(11): 9-16.

[11] 张明华, 王在满, 罗锡文, 等. 组合型孔排种器双充种室结构对充种性能的影响[J]. 农业工程学报, 2018, 34(12): 8-15.

[12] 朱德泉，李兰兰，文世昌，等. 滑片型孔轮式水稻精量排种器排种性能数值模拟与试验[J]. 农业工程学报, 2018, 34(21): 17-26.
[13] 王士国，牛琪，陈学庚. 膜下滴灌水稻穴直播机的研究设计与试验[J].农业机械，2016, 828(12): 112-117.
[14] 刘彩玲，王亚丽，都鑫，等. 摩擦复充种型孔带式水稻精量排种器充种性能分析与验证[J]. 农业工程学报, 2019, 35(4): 29-36.
[15] 田立权，唐汉，王金武，等. 弹射式耳勺型水稻精量穴直播排种器设计与试验[J].农业机械学报, 2017, 48(4): 65-72.
[16] 田立权，王金武，唐汉，等. 螺旋槽式水稻穴直播排种器设计与性能试验[J]. 农业机械学报, 2016, 47(05): 46-52.
[17] Yatskul A, Lemiere J P. Establishing the conveying parameters required for the air-seeders[J]. Biosystems Engineering, 2018, 166(2): 1-12.
[18] 臧英，何思禹，王在满，等. 气力式包衣杂交稻单粒排种器研制[J]. 农业工程学报，2021, 37(1): 10-18.
[19] 邢赫，臧英，王在满，等. 水稻气力式排种器分层充种室设计与试验[J]. 农业工程学报, 2015, 31(4): 42-48.
[20] 万霖，王洪超，车刚. 嵌入旋转气腔式水稻穴直播排种器设计与试验[J]. 农业机械学报, 2019, 50(11): 74-84.
[21] 张顺，李勇，王浩宇，等. U 型腔道式水稻精量穴播排种器设计与试验[J]. 农业机械学报, 2020, 51(10): 98-108.
[22] 王超，李洪文，何进，等. 入射角度对气力射播小麦种粒入土参数影响的试验研究[J]. 农业工程学报, 2019, 35(16): 32-39.
[23] 王磊，舒彩霞，席日晶，等. 小麦气送集排器等宽多边形槽齿轮式供种装置研究[J]. 农业机械学报, 2022, 53(8): 53-63.
[24] 王磊，廖宜涛，万星宇，等. 油麦兼用型气送式集排器分配装置设计与试验[J]. 农业机械学报, 2021, 52(4): 43-53.
[25] 王宝龙，王在满，罗锡文，等. 杂交稻气力滚筒集排式排种器楔形搅种装置设计与试验[J]. 农业工程学报, 2019, 35(23): 1-8.
[26] 戴亿政，罗锡文，王在满，等. 气力集排式水稻分种器设计与试验[J]. 农业工程学报，2016, 32(24): 36-42.

第 10 章　典型稻种物料特性测定与虚拟标定

10.1　典型稻种物料特性测定与主成分评价

农业物料学是伴随着农学及农业工程的发展而形成的，农业物料特性测定可为农业机械设计与性能分析提供重要参考，同时亦为虚拟仿真模拟分析边界条件提供基础数据支撑[1]。目前，国内外学者已对各类作物物料特性进行了测定分析，但对于中国东北地区各类型寒地水稻品种物料特性测定及虚拟标定研究尚未报道，亦未建立其科学有效的物料特性测定方法与评价体系，一定程度限制了其配套农机核心部件的改进优化及作业效果。

在此背景下，本章重点参照第 3 章典型玉米物料特性测定与虚拟标定方法，以中国北方寒地单季稻种区种植的典型水稻品种为试验材料，自主搭建多种农业物料试验台测定稻种千粒重、含水率、三轴算术平均粒径、静摩擦因数、滚动摩擦因数、自然休止角、碰撞恢复系数及刚度系数等物料特性参数，运用主成分评价与聚类综合分析方法，简化特性参数指标，判断样本综合得分，进行聚合分类研究，根据试验结果初步确定了 12 种寒地稻种物料特性评价等级划分标准[2-4]。本章旨在为农业物料物料特性评价分析提供新思路，对选育优良水稻品种及创制具有代表性及普适性的水稻机械化种植关键部件具有重要作用。

10.1.1　典型稻种供试品种选取

本章重点对典型寒地稻种物料特性参数开展测定研究，通过调研黑龙江地区各积温带广泛种植的水稻品种，采集并选取主导种植的 12 种单季稻种为供试品种，部分水稻品种如图 10-1 所示。即第一积温带 2700℃以上：龙稻 18、松粳 22 和五优稻 4 号；第二积温带 2500～2700℃：绥粳 18、垦稻 12 和东农 428；第三积温带 2300～2500℃：龙庆稻 3 号、龙粳 31 和龙粳 46；第四积温带 2100～2300℃：龙庆稻 5 号、龙庆稻 2 号和龙盾 106。各积温带分布及品种类型如表 10-1 所示。上述供试水稻品种由东北农业大学、黑龙江省农业科学院及北大荒种业集团有限公司提供。

10.1.2　物料特性及力学性能测定

参照本书第 3 章典型玉米物料特性测定与虚拟标定方法，综合分析稻种各物

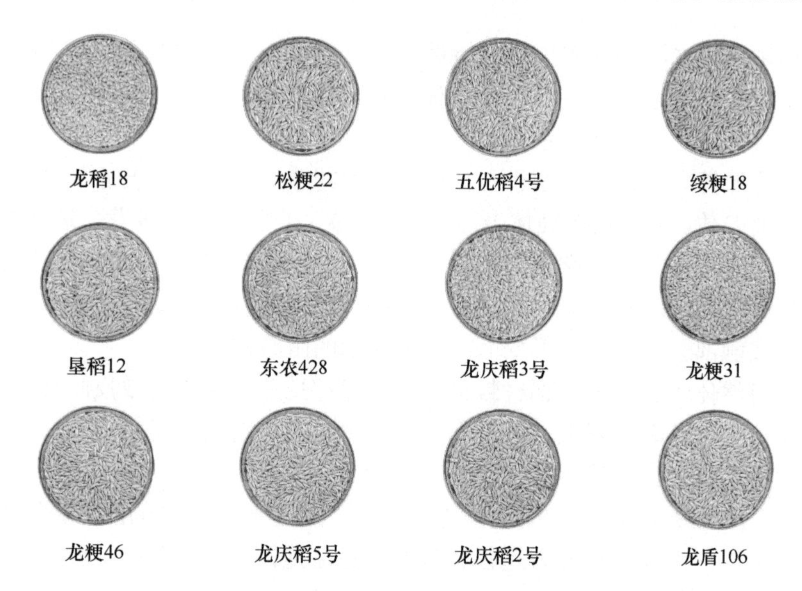

图 10-1　北方寒地广泛种植的各类型水稻供试品种

表 10-1　典型寒地单季水稻品种选取及编号

编号	寒区积温带	品种名称	平均生长天数	水稻类型
1	第一积温带（≥2700℃）	龙稻 18	135	粳稻
2		松粳 22	144	香稻
3		五优稻 4 号	147	粳稻
4	第二积温带（2500～2700℃）	绥粳 18	134	香稻
5		垦稻 12	133	粳稻
6		东农 428	138	粳稻
7	第三积温带（2300～2500℃）	龙庆稻 3 号	127	香稻
8		龙粳 31	130	粳稻
9		龙粳 46	127	粳稻
10	第四积温带（2100～2300℃）	龙庆稻 5 号	125	香稻
11		龙庆稻 2 号	127	粳稻
12		龙盾 106	134	粳稻

理特性，选取千粒重、含水率、三轴算术平均粒径、静摩擦因数、滚动摩擦因数、自然休止角、碰撞恢复系数及各向算术平均刚度系数等 8 个物料特性指标进行测定，具体测定方法在此不进行过多赘述。具体如下。

（1）千粒重：1000 粒稻种绝对质量，是检验稻种质量与颗粒饱满程度的重要指标，亦是影响物料力学特性的重要因素，主要与品种、形状、尺寸、饱满度、容重及含水率等有关，以 g 表示。

（2）含水率：稻种水分所占质量比，采用湿基表示法，以%表示。

（3）三轴算术平均粒径：稻种多为细长纺锤状，其三轴几何尺寸相差较大，主要采用轴向尺寸法确定稻种形状特性，建立稻种三维空间坐标系，定义稻种长、宽和厚并进行测定，统计各向平均值计算其三轴算术平均粒径，其为稻种长、宽和厚的综合体现，以 mm 表示。

（4）静摩擦因数：反映稻种与接触体表面间摩擦特性，是表征其摩擦和散落特性的主要参数，主要与接触体表面粗糙度相关，直接影响稻种发生运动的趋势。采用斜面法自主搭建滑动摩擦因数测定试验台，重点探究稻种间静摩擦因数。

（5）滚动摩擦因数：反映稻种相对接触体表面进行无滑动滚动或有滚动趋势时，由于接触部分受压发生形变而产生对滚动的阻碍作用。

（6）自然休止角：反映稻种粒群间内在摩擦性质，也是有效反映种群流动特性的重要参数。其数值越大，种群间摩擦阻力越大，自由散落趋势越小。主要采用注入法测定稻种自然休止角，以（°）表示。

（7）碰撞恢复系数：反映稻种碰撞形变后恢复至初始形态的能力。数值越大，稻种接触碰撞后恢复变形能力越强。自主搭建碰撞恢复系数测定试验台，测定稻种间碰撞恢复系数。

（8）各向算术平均刚度系数：受外力作用下稻种发生弹性形变形态基本参数，反映其抵抗弹性变形能力，亦是稻种机械损伤极限表征。主要采用电子质构分析仪测定稻种平放、侧放及立放的静刚度系数，以 N/mm 表示。

在进行物料测试过程中主要试验仪器包括电子分析天平、卤素水分测定仪、微型电脑自动数粒仪、高速摄像机、数显倾角仪、PC、游标卡尺、电热鼓风干燥箱、微型物料粉碎机、微机控制电子质构分析仪、自主搭建滑动摩擦试验台、滚动摩擦试验台、碰撞恢复试验台及自由堆积试验台等。其中稻种物料特性指标测定原理、方法及配套仪器等如表 10-2 所示。

表 10-2　稻种物料特性指标测定原理、方法及配套仪器

序号	物料特性	测试原理与方法	配套仪器及台架	计算公式
1	千粒重	将稻种散放在成像盘上，并置于带 RS232 通信线的电子天平上，待稳定后即将质量数据送至计算机分析系统中，同步自动拍照分析出视区内种粒数量，即可得出该品种的千粒重		/
2	含水率	选取定量稻种测定其烘干前总质量，并采用微型物料粉碎机稻种进行高速粉碎和研磨筛选，将粉碎后稻种放入电热鼓风干燥箱，并平稳调至 103℃烘干 3～4h，待重新称重测定其烘干后总质量		$Q=\frac{m_1-m_2}{m_1}\times 100\%$ 式中，Q 为稻种含水率，%；m_1 为烘干前稻种质量，g；m_2 为烘干后稻种质量，g

续表

序号	物料特性	测试原理与方法	配套仪器及台架	计算公式
3	三轴算术平均粒径	随机取 500 粒以上稻种，采用游标卡尺分别对稻种几何尺寸(长、宽及厚)进行测定，精度保持于 0.01mm	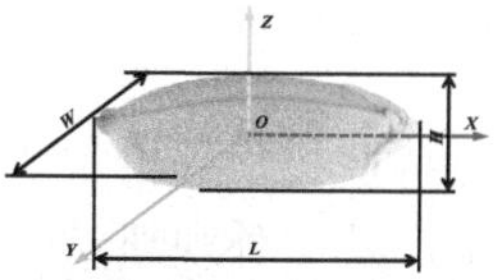	$D = \frac{L + W + H}{3}$ 式中，L、W 和 H 分别为稻种长、宽和厚三轴尺寸平均值，mm；D 为稻种三轴算术平均粒径，mm
4	静摩擦因数	制作稻种材料壁面，调节壁面至水平位置，将单粒稻种放置于稻种材料壁面，保证其定点朝向相同，缓慢抬起壁面至稻种具有滑动趋势，记录斜壁面倾斜角度	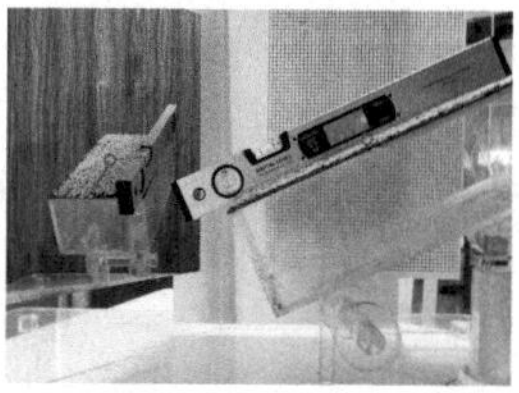	$\mu = \tan\theta$ 式中，μ 为稻种间静摩擦因数；θ 为单粒稻种发生滑动趋势时的壁面倾斜角度，(°)
5	滚动摩擦因数	制作水稻材料圆辊和壁面，减少相对滑动或摩擦造成的能量损失，近似其进行纯滚动调整稻种材料壁面至 45°，通过高速摄像试验采集运动过程中稻种圆辊中心点坐标值及其瞬时速度		$f = \tan\theta - \frac{v_t^2(2R_2^2 + R_1^2)}{2gLR_2^2\cos\theta}$ 式中，f 为稻种间滚动摩擦因数；θ 为稻种壁面倾斜角度，(°)；L 为稻种圆辊沿斜面有效滚动位移，mm；v_t 为稻种圆辊中心点瞬时速度，m/s；R_1 和 R_2 分别为稻种圆辊内外层半径，mm；g 为重力加速度，m/s^2
6	自然休止角	取圆筒体竖直平放于平板上，圆筒内放入稻种，圆筒以缓慢速度向垂直于平板正向移动，对三维空间内稻种堆积体进行摄像，拟合轮廓曲线方程		$\varphi = \frac{\varphi_{xz} + \varphi_{yz}}{2}$ 式中，φ 为三维空间 xyz 内平均自然休止角，(°)；φ_{xz} 和 φ_{yz} 分别为 xOz 平面和 xOy 平面平均自然休止角，(°)，通过拟合轮廓曲线方程求解
7	碰撞恢复系数	制作稻种材料壁面，调节其与水平面呈 45°，将单粒稻种以一定高度自由落体至材料壁面，与壁面发生碰撞，经反弹后做抛物线运动，最终落到地面，测定稻种落至地面水平及竖直位移等参数		$e = \sqrt{\frac{(x_n - x_0)^2 + (y_n - y_0)^2 + (z_n - z_0)^2}{2gHt_n^2} + \frac{z_n - z_0}{2H} + \frac{gt_n^2}{8H}}$ 式中，e 为稻种间碰撞恢复系数；(x_0, y_0, z_0)为碰撞前稻种空间坐标，mm；(x_n, y_n, z_n)为碰撞后稻种空间坐标，mm；H 为稻种下落高度，mm；t_n 为稻种下落时间，s
8	各向算术平均刚度系数	将稻种以各方向放置于金属载物台，保证其中心与质构分析仪平板压头中心对正，设定压头匀速稳定下降，采集记录各时刻载荷及位移参数，实时绘制稻种压缩载荷-位移关系曲线		/

10.2 稻种物料特性主成分分析与聚类评价

10.2.1 稻种物料特性参数测定结果

目前，对农业物料物料特性科学评价主要以常规外观质量与感官评价、化学成分评价及单因素评价为主，其中外观质量与感官评价易受主观影响，推广运用性较差，单因素评价易受单一指标影响降低整体评价准确性，无法进行系统全面的量化评价，急需开展客观科学、实施有效的评价方法研究。相对而言，主成分分析法具有可减少原始数据信息损失，简化数据结构，且避免主观随意性等优点，虽在各领域综合评价中广泛应用，但对水稻特别是北方寒地单季稻种物料特性的主成分分析评价尚未见报道。

基于主成分分析稻种物料特性评价的基本思路主要通过构造各物料特性参数适当的线性组合，并产生互不相干且可包含原变量信息的新变量，通过确定少数影响显著的新变量，代替繁杂的原始变量以分析和解决问题，实现对复杂问题的简化处理。其具体步骤如下。

（1）开展物料特性测定试验，获取各物料特性参数指标试验数据，需对所试验数据进行标准化处理，即

$$x_i' = \frac{x_i - \overline{x}}{\sqrt{\frac{1}{n-1}\sum_{i=1}^{n}\left(x_i - \overline{x}\right)^2}} \tag{10-1}$$

式中，$\overline{x}$——指标 x 的均值；

x_i——指标 x 的第 i 个测定值；

n——试验次数。

（2）开展相关物料特性参数指标相关性分析和初步评价。在开展相关性分析过程中，需求解其相关系数矩阵 R，各指标 x 和 y 间相关系数采用 Pearson 积矩相关公式为

$$r_{xy} = \frac{\sum_{i=1}^{n}(x_i - \overline{x})(y_i - \overline{y})}{\sqrt{\sum_{i=1}^{n}(x_i - \overline{x})^2 \sum_{i=1}^{n}(y_i - \overline{y})^2}} \tag{10-2}$$

式中，r_{xy}——x、y 相关系数；

$\overline{y}$——指标 y 的均值；

y_i——指标 y 的第 i 个测定值。

（3）开展相关物料特性参数指标主成分分析。

（4）通过主成分累计指标贡献率和崖底碎石图选取合适的主成分个数，实现数据降维。

所求解相关系数矩阵 R 特征值与相应单位化特征向量。在步骤（3）和步骤（4）开展主成分分析及个数筛选过程中，需将其特征值由小到大顺序排列 $\{\lambda_1, \lambda_2, \lambda_3, \ldots\}$，选取若干个较大特征值并计算其贡献率 $\mu_{(p)}$，即

$$\mu_{(p)} = \frac{\lambda_1 + \lambda_2 + \ldots + \lambda_p}{m} \tag{10-3}$$

式中，m——主成分分量数量。

（5）将物料特性参数指标试验数据代入各主成分表达式中求解主成分得分，再以各主成分贡献率为权重值求解其综合得分，进而对所研究问题最终定量评价。

在试验过程中，采用表 10-2 中的方法及仪器对 12 种稻种物料特性参数指标进行测定分析，各项参数重复测量 3 次，取其平均值作为测定结果。所选取 12 种寒地单季稻种供试品种的千粒重、含水率、三轴算术平均粒径、静摩擦因数、滚动摩擦因数、自然休止角、碰撞恢复系数及各向算术平均刚度系数 8 个物料特性参数指标如表 10-3 所示。

表 10-3　典型寒地直播水稻物料特性参数指标

指标参数	统计分析	典型寒地直播水稻品种											
		1	2	3	4	5	6	7	8	9	10	11	12
千粒重/g	标准差	1.12	0.59	1.36	0.45	0.56	1.58	0.23	0.78	0.65	0.54	0.15	1.23
	变异系数%	4.13	2.19	5.07	1.73	2.08	5.41	0.84	2.99	2.42	2.00	0.56	4.35
	均值	27.10	27.00	26.80	26.00	26.90	29.20	27.40	26.10	26.90	27.00	26.70	28.30
含水率/%	标准差	0.68	0.45	0.12	0.34	1.28	1.69	0.56	0.48	0.33	0.42	0.99	0.70
	变异系数/%	2.64	1.79	0.47	1.44	5.18	6.33	2.15	1.87	1.35	1.76	4.13	2.81
	均值	25.80	25.10	25.50	23.60	24.70	26.70	26.10	25.70	24.50	23.80	24.00	24.90
三轴算术平均粒径/mm	标准差	0.35	0.20	0.23	0.24	0.12	0.35	0.45	0.06	0.56	0.21	0.45	0.19
	变异系数/%	7.88	4.56	5.29	5.69	2.83	7.73	9.98	1.42	13.08	4.69	10.42	4.30
	均值	4.44	4.39	4.35	4.22	4.24	4.53	4.51	4.23	4.28	4.48	4.32	4.42
静摩擦因数	标准差	0.03	0.01	0.09	0.03	0.05	0.08	0.03	0.03	0.05	0.05	0.02	0.07
	变异系数/%	5.25	2.14	14.83	4.46	8.36	15.00	4.19	5.83	9.57	9.31	3.60	12.07
	均值	0.61	0.56	0.60	0.56	0.55	0.52	0.62	0.48	0.47	0.58	0.50	0.58
滚动摩擦因数	标准差	0.01	0.02	0.01	0.03	0.02	0.03	0.01	0.01	0.01	0.03	0.02	0.01
	标准差/%	5.56	11.76	5.56	21.43	12.50	15.79	6.25	9.33	6.67	17.65	13.33	5.56
	均值	0.18	0.17	0.18	0.14	0.16	0.19	0.16	0.15	0.15	0.17	0.15	0.18
自然休止角/(°)	标准差	0.62	0.75	1.36	1.25	2.12	1.69	1.08	1.65	0.99	0.72	1.12	1.56
	变异系数/%	1.40	1.71	3.20	2.98	5.07	3.76	2.37	3.90	2.33	1.64	2.50	3.55

续表

指标参数	统计分析	典型寒地直播水稻品种											
		1	2	3	4	5	6	7	8	9	10	11	12
自然休止角/(°)	均值	44.39	43.95	42.50	41.90	41.80	44.96	45.60	42.30	42.50	43.83	44.85	44.00
碰撞恢复系数	标准差	0.01	0.01	0.02	0.03	0.01	0.01	0.01	0.02	0.01	0.01	0.02	0.04
	变异系数/%	2.08	0.86	4.17	5.36	1.00	1.79	2.33	4.44	2.17	1.96	4.26	7.55
	均值	0.48	0.58	0.48	0.56	0.50	0.56	0.43	0.45	0.46	0.51	0.47	0.53
各向算术平均刚度系数/(N/mm)	标准差	0.21	0.12	0.09	0.08	0.12	0.31	0.12	0.17	0.09	0.08	0.22	0.34
	变异系数/%	5.01	3.26	2.47	2.13	2.76	6.71	3.41	3.84	2.27	2.02	4.76	7.62
	均值	4.19	3.68	3.65	3.75	4.35	4.62	3.52	4.43	3.97	3.96	4.62	4.46

从表 10-3 可知，各品种稻种千粒重平均值为 27.12g，稳定于 26.00～29.20g，整体变幅较大；含水率平均值为 25.03%，稳定于 23.60%～26.70%，整体变幅较小；三轴算术平均粒径平均值为 4.37mm，稳定于 4.22～4.53mm，整体变幅较大；静摩擦因数平均值为 0.55，稳定于 0.47～0.61，整体变幅较大；滚动摩擦因数平均值为 0.17，稳定于 0.14～0.19，整体变幅较大；自然休止角平均值为 43.55°，稳定于 41.90°～45.60°，整体变幅较小；碰撞恢复系数平均值为 0.50，稳定于 0.43～0.58，整体变幅较小；各向算术平均刚度系数平均值为 4.10N/mm，稳定于 3.65～4.62N/mm，整体变幅较大。

10.2.2 稻种物料特性主成分分析

在此基础上，采用 SPSS 22.0 软件进行稻种物料特性参数主成分分析研究，得到各指标参数间相关系数矩阵、方差贡献分析表、主成分载荷矩阵和相应特征向量，如表 10-4～表 10-6 所示。

表 10-4 稻种物料特性参数间相关系数矩阵

指标类型	千粒重	含水率	三轴算术平均粒径	静摩擦因数	滚动摩擦因数	自然休止角	碰撞恢复系数	各向算术平均刚度系数
千粒重	1.000							
含水率	0.551^{*}							
三轴算术平均粒径	0.747^{**}	0.497						
静摩擦因数	0.143	0.164	0.512^{*}					
滚动摩擦因数	0.766^{**}	0.590^{*}	0.736^{**}	0.457				
自然休止角	0.594	0.409	0.842^{**}	0.300	0.433			
碰撞恢复系数	0.306	−0.152	0.105	0.071	0.296	1.000^{**}		
各向算术平均刚度系数	0.356	0.089	−0.060	−0.518	0.144	0.033	0.104	

注：*与**分别表示 0.05 和 0.01 水平上显著差异

表 10-5　方差贡献分析

成分	初始特征值			提取平方和载入		
	合计	方差/%	累计/%	合计	方差/%	累计/%
1	3.718	46.473	46.473	3.718	46.473	46.473
2	1.604	20.055	66.528	1.604	20.055	66.528
3	1.192	14.906	81.434	1.192	14.906	81.434
4	0.710	8.869	90.303			
5	0.409	5.111	95.414			
6	0.205	2.567	97.981			
7	0.125	1.563	99.544			
8	0.036	0.456	100.000			

表 10-6　各主成分的载荷矩阵和特征向量

类型	主成分载荷矩阵			主成分特征向量		
	Z_1	Z_2	Z_3	Z_1	Z_2	Z_3
千粒重	0.869	0.351	0.142	0.451	0.277	0.130
含水率	0.674	0.118	−0.380	0.350	0.093	−0.348
三轴算术平均粒径	0.934	−0.163	−0.061	0.484	−0.129	−0.056
静摩擦因数	0.480	−0.771	0.113	0.249	−0.609	0.103
滚动摩擦因数	0.874	0.038	0.211	0.453	0.030	0.193
自然休止角	0.773	−0.009	−0.288	0.401	−0.007	−0.264
碰撞恢复系数	0.189	0.099	0.940	0.098	0.078	0.861
各向算数平均刚度系数	0.102	0.914	−0.035	0.053	0.722	−0.032

分析可得，各品种单季稻种主要物料特性指标参数差异较明显，且存在不同程度相关性。其中各品种稻种千粒重差异较显著，含水率越高千粒重越大；三轴算术平均粒径与千粒重和含水率呈正相关；静摩擦因数与千粒重、含水率和三轴算术平均粒径呈正相关；滚动摩擦因数与千粒重、含水率、三轴算术平均粒径和静摩擦因数呈正相关；碰撞恢复系数与含水率呈负相关；各向算术平均刚度系数与三轴算术平均粒径和静摩擦因数呈负相关。稻种物料特性指标参数间存在不同程度相关性，表明各参数具有一定重叠关系，同时各单项指标参数对稻种物料特性具有不同作用，直接利用上述指标无法准确评价稻种综合物料特性。

在此基础上，对 12 种寒地单季稻种样品的千粒重、滚动摩擦因数、碰撞恢复系数等 8 个物料特性参数进行主成分分析。各主成分特征值，表示对应成分可描述原有信息多少，特征值越大，其包含信息越多，崖底碎石图如图 10-2 所示。崖底碎石图可反映样本指标相关矩阵特征值与主成分序号间的对应关系，结合主成分载荷矩阵和特征向量，其前 3 个主成分特征值均大于 1，即可代表稻种物料特性原始数据信息量。

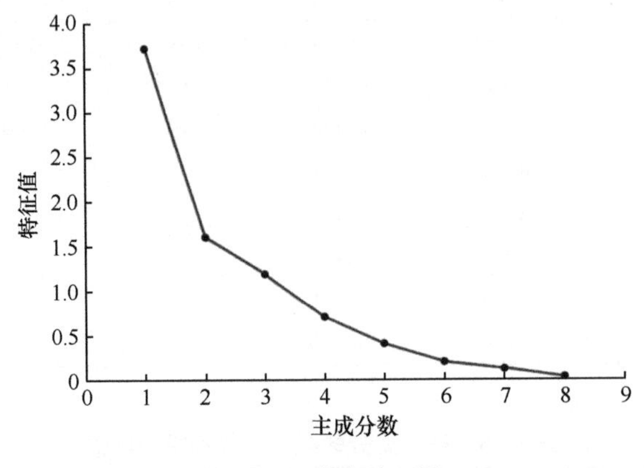

图 10-2 崖底碎石图

由图 10-2 可知，在第 3 个主成分处出现拐点，第 4 个主成分后的特征值较小且彼此大小接近；同时根据所求解的累计贡献率可知，前 3 个主成分累计贡献率已达 81.434%，因此选取前 3 个主成分对各品种单季稻种的物料特性进行综合评价。

基于上述处理与分析，结合表 10-6 的各主成分载荷矩阵和特征向量，得到以各载荷量表示的主成分与对应变量的关系，构建稻种各主成分与物料特性指标间线性关系式。

1）第一主成分

$$Z_1=0.451X_1+0.350X_2+0.484X_3+0.249X_4+0.453X_5+0.401X_6+0.098X_7+0.053X_8 \quad (10\text{-}4)$$

2）第二主成分

$$Z_2=0.277X_1+0.093X_2-0.129X_3-0.609X_4+0.030X_5-0.007X_6+0.078X_7+0.722X_8 \quad (10\text{-}5)$$

3）第三主成分

$$Z_3=0.130X_1-0.348X_2-0.056X_3-0.103X_4+0.193X_5-0.264X_6+0.861X_7-0.032X_8 \quad (10\text{-}6)$$

结合方差贡献分析可知第一主成分 46.473%，其包含信息量较大，主要提取千粒重、三轴算术平均粒径、滚动摩擦因数和自然休止角；第二主成分 20.055%，主要提取各向算术平均刚度系数和静摩擦因数；第三主成分 14.906%，主要提取碰撞恢复系数和含水率。综合主成分系数及其对应方差贡献率，得到综合评价公式为 $Z=0.465Z_1+0.201Z_2+0.149Z_3$，通过评价公式即可计算各品种寒地稻种物料特性指标综合得分。

根据综合得分值对稻种进行排序，如表 10-7 所示。结合分析结果与实际机械化种植过程中各品种稻种样品排种性能的最终表现，初步确定 12 种寒地稻种的 8 个物料特性评价等级划分标准，即综合得分≥20 为一级，综合得分 19.0～20.0 为二级，综合得分 18.7～19.0 为三级，综合得分 18.4～18.7 为四级，综合得分≤18.4 为五级。则各品种稻种排列顺序为东农 428＞龙盾 106＞龙庆稻 3 号＞龙稻 18＞龙庆稻 2 号＞松粳 22＞龙庆稻 5 号＞五优稻 4 号＞龙粳 46＞垦稻 12＞龙粳 31＞绥粳 18。

表 10-7　各主成分得分及综合得分

品种	主成分			综合得分	等级
	Z_1	Z_2	Z_3		
东农 428	43.251	12.741	−17.301	20.095	1
龙盾 106	41.776	12.190	−16.561	19.408	2
龙庆稻 3 号	42.416	11.318	−17.587	19.378	2
龙稻 18	41.704	11.719	−17.172	19.189	2
龙庆稻 2 号	41.001	11.829	−16.729	18.950	3
松粳 22	41.179	11.306	−16.717	18.930	3
龙庆稻 5 号	40.732	11.358	−16.309	18.794	3
五优稻 4 号	40.631	11.249	−16.584	18.684	4
龙粳 46	40.261	11.501	−16.239	18.614	4
垦稻 12	40.080	11.758	−16.106	18.601	4
龙粳 31	40.242	11.724	−16.729	18.576	4
绥粳 18	39.287	10.973	−15.799	18.120	5

10.2.3　稻种物料特性聚类分析

在此基础上，对 12 种稻种进行聚类综合分析，其结果可根据综合物料特性参数进行亲疏关系判断，更好地解读数据本质。采用离散平方和法，在欧氏距离 5.0 处将各品种寒地稻种分成 4 类，如图 10-3 所示。其中龙稻 18、龙庆稻 3 号和龙盾 106 被聚为一类，龙庆稻 2 号、松粳 22、龙庆稻 5 号、五优稻 4 号、龙粳 46、垦稻 12 和龙粳 31 被聚为一类，绥粳 18 为一类，东农 428 为一类。通过主成分分析和聚类分析，对典型寒地稻种 8 个物料特性指标进行分析，结果表明 8 个物料特性指标隶属于 3 个主成分，代表全部信息的 81.434%，12 种寒地稻种被聚合为 4 类，由于各类群间在物料特性和欧氏距离方面具有较大差异，在物料特性评价过程中，应充分考虑主成分互补和欧氏距离的选择。

随着现代绿色优质水稻产业的发展，选育适宜于北方寒地单季稻种区种植的优质品种并创制系列配套高质高效机械化装备尤为重要。由于对于水稻种植及机械化实施人员的目标不同，通常关注稻种单个物料特性表现，而忽略其他特性对全程作业的影响，造成对稻种评价分析片面，本研究采用主成分分析将多个指标

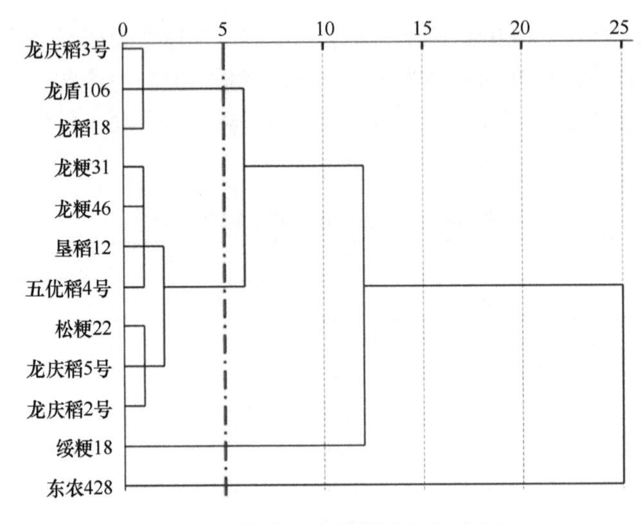

图 10-3 各类型稻种聚类分析树状图

合并为少数综合指标，各主成分间可反映原始变量的绝大部分信息，且所含信息互补重复。在后续研究应持续增加典型寒地稻种样本选取容量，完善寒地稻种样品物料特性评价依据，提高该评价标准的科学性和系统性。

10.3 稻种物料特性参数虚拟标定

为了验证前期测定准确性，同时为后期虚拟仿真奠定基础，在此开展了寒地稻种物料参数虚拟标定，即稻种螺旋输送虚拟标定、稻种自由堆积虚拟标定等相关研究。采用 EDEM 数值模拟与高速摄像台架试验相互验证思路，从稻种颗粒流速度、受力、能量和输送特征等方面探究了不同工况下颗粒群体运动规律，对稻种各向异性运动特征进行系统全面的评价，以期为农业物料高精度测定与虚拟标定提供方法借鉴。

10.3.1 稻种螺旋输送虚拟标定

以稻种螺旋输送卸料过程为研究对象，为有效评价不同卸料倾角的效率与输送特点，从颗粒的动态行为角度探究稻种在卸料绞龙内的运动特征。基于台架试验和 3D 扫描技术对离散元模型进行了精准构建并完成了数值模拟研究。结果表明，颗粒数量随轴向距离的增加逐渐降低且负向角度下降明显；不同区域颗粒流呈现不同的脉动速度特征，–30°、–15°～15°和 30°倾角下颗粒流平均速度最大值分别发生在区域Ⅰ、Ⅵ和Ⅳ内；轴向流动性能随卸料倾角的增加逐渐降低，随含水率的增加逐渐降低；不同倾角和不同含水率稻种轴向流动均符合“super”扩散特征。在此基础上，从颗粒受力和动能角度探究了颗粒流在不同区域内的运动特征变化，并讨论了评价指标与现代工业应用联系，旨在有效拓展不同卸料方式下颗粒流运动特征研究，利于农业工程领域与食品工程领域对粮食生产效率提高、产品品质控制及农机部件关键参数的优化。

1. 稻种输送过程数值模拟

稻种在卸料输送时与机械部件相互作用。设置机械接触材料为 Q235 钢，其物理属性为：密度为 7850kg/m^3，弹性模量为 212MPa，泊松比为 0.31。以中国稻种主产区广泛种植的龙稻 18 水稻为试验样本，通过对 1000 粒无损稻种进行人为标定处理，设置稻种含水率为 10%、14%、18%，并测定密度、弹性模量、静摩擦因数、动摩擦因数、碰撞恢复系数等参数，每组参数重复测定 3 次，结果取平均值。通过 SPSS 22.0 评估不同水分含量对物料特性的影响。采用 Duncan 多重比较进行方差分析（ANOVA），以评估阈值为 $P<0.05$ 的显著性水平。

为了真实模拟卸料绞龙的工作状态，分别设定卸料绞龙与水平面夹角为–30°、–15°、0°、15°和 30°，采用相似理论等比缩小卸料绞龙尺寸。内部的稻种离散元模型选取三轴尺寸近似平均值的稻种（5.58mm、2.05mm 和 1.83mm），采用 Reeyee X5 三维激光扫描仪（南京威布三维科技有限公司，南京，中国）提取其三维几何特征参数。依次进行着色、除噪、点云注册、点云三角片化、合并和模型修正操作，利用自动化逆向工程软件将扫描数据转换成精确的数字模型并将三维激光扫描的稻种模型导入 EDEM 软件中，最终所建立的卸料绞龙和稻种离散元模型如图 10-4 所示。

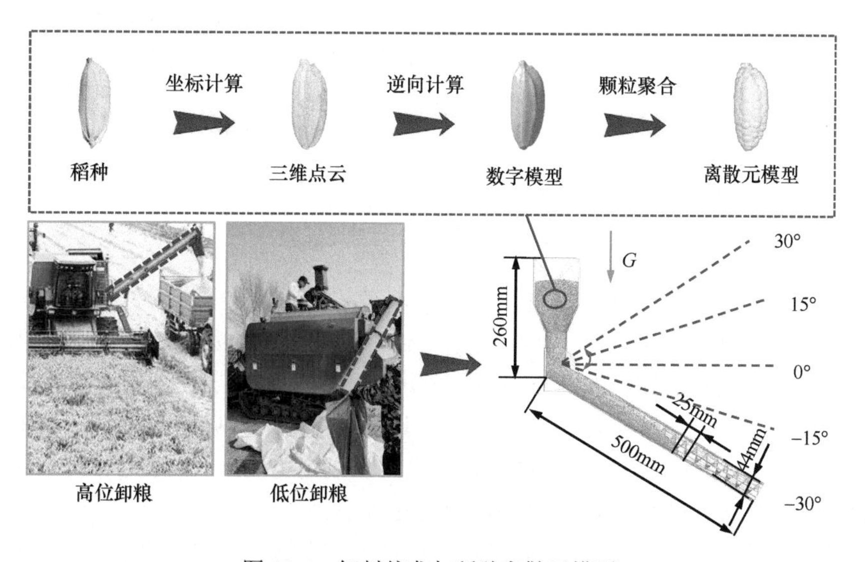

图 10-4　卸料绞龙与稻种离散元模型

为验证稻种离散元模型的准确性，采用EDEM仿真与台架试验对自然休止角进行对比测定。将圆柱筒竖直放置在平面上（圆柱筒与平面皆为有机玻璃），其圆筒直径为稻种最大粒径的4～5倍，高度与圆筒直径之比为3∶1。在圆柱筒内放入一定数量的稻种，将圆柱筒垂直于平面以0.3m/s的速度缓慢提升，待稻种停止堆积滑移翻滚后处理测定，保证EDEM仿真与台架试验的一致性。试验重复3次结果取平均值。为准确测定稻种自然休止角，对三维空间内稻种种群堆积体进行摄像，运用Matlab软件进行图像噪声、灰度和二值化处理，提取稻种堆积单侧轮廓曲线，结果如图10-5所示。随着含水率的增加，自然休止角逐渐增加。主要原因是含水率越高，其稻种间的摩擦力越大，导致种群的流动性变差。不同含水率稻种自然休止角台架试验与仿真试验对比结果整体存在一定的误差，最大误差为2.45%。台架试验中的稻种形状总体呈现一定的差异性是造成误差的主要原因。在误差允许的范围内表明建立的稻种离散元模型准确有效，为输送绞龙内稻种的动态特性研究奠定基础。

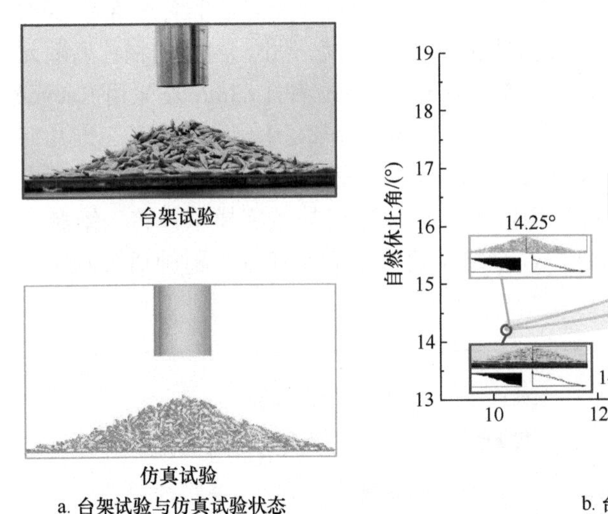

a. 台架试验与仿真试验状态

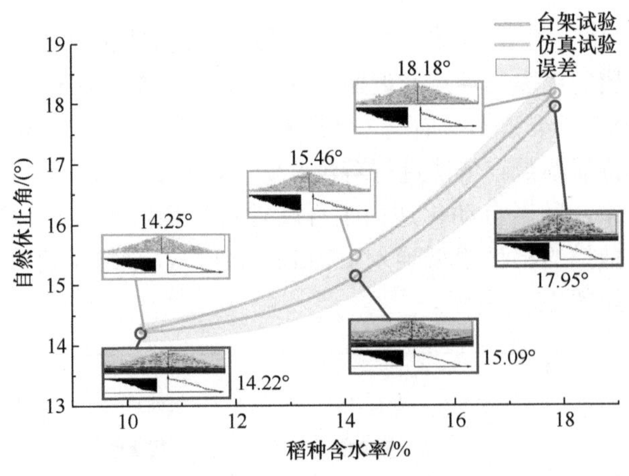

b. 台架试验与仿真试验结果

图10-5　自然休止角对比试验

在仿真过程中参照图10-5重力方向，其值设置为9.81m/s^2。采用“落雨法”使稻种在仓体内自然堆积，其初速度为1m/s。设置稻种总数为20 000粒。当稻种在仓体内完全沉降后卸料绞龙开始以1000r/min的速度旋转运动。Rayleigh时间步长由软件根据设定稻种半径和密度等参数共同决定，最终确定Rayleigh时间步长为20%，0.05s保存一次数据，每组总仿真时长设定为12s。本节对不同含水率稻种的5组角度进行仿真，每组设置均采用此方法。

对卸料绞龙内稳定流动的稻种流进行分区处理，如图10-6所示。其中X轴表示轴向，Y 和 Z 轴表示端面径向。整个轴向等分为 6 个区域，从坐标零点位置依次划分为区域Ⅰ、区域Ⅱ、区域Ⅲ、区域Ⅳ、区域Ⅴ和区域Ⅵ。

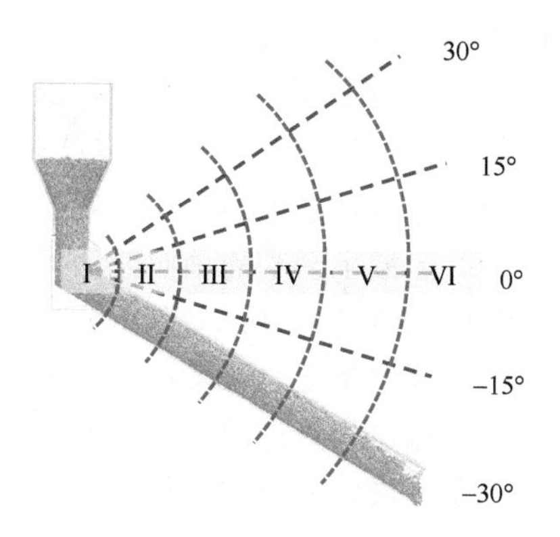

图 10-6　分区图

u_i 表示卸料绞龙内第 i 个稻种速度，则该时刻卸料绞龙内所有稻种的平均速度 $\overline{u}$ 可表示为

$$\overline{u}=\frac{1}{n}\sum_{1}^{n}u_i \tag{10-7}$$

一定时间段 t 内卸料绞龙稻种的平均速度 $\overline{u'}$ 可表示为

$$\overline{u'}=\frac{1}{t}\sum_{0}^{t}\overline{u} \tag{10-8}$$

稻种平均速度的标准偏差 σ 计算方程可表示为

$$\sigma=\sqrt{\sum_{j=1}^{t}\frac{(\overline{u_j}-\overline{u'})^2}{t-1}} \tag{10-9}$$

式中，t——采样总时长，s；

$\overline{u_j}$——在卸料 j 时刻的平均速度，m/s。

采用变异系数 c_v 定量地评价平均速度的波动程度，计算方程可表示为

$$c_v=\frac{\sigma}{\overline{u'}}\times 100\% \tag{10-10}$$

式中，c_v——变异系数，%。

用单层颗粒的轴向运动均方偏差来表征稻种在卸料绞龙内的输送特征。

$$\frac{1}{n}\sum_{k=1}^{n}\left[X_k(t)-X_k(0)\right]^2=2D_{\mathrm{ax}}t \tag{10-11}$$

式中，D_{ax}——轴向扩散系数；

$\frac{1}{n}\sum_{k=1}^{n}\left[X_k(t)-X_k(0)\right]^2$——轴向均方偏差（MSD）。

为了从宏观角度分析稻种在稳定输送状态下10.0～11.0s各区域的分布，本研究以14%含水率稻种和–30°卸料绞龙倾斜角度为例，探究稻种数随时间的变化，如图10-7a所示。在该区域内稻种将沿轴向流动，在该方向颗粒数量分布不均匀，区域Ⅰ内的稻种数最多，随划分区域的增加，颗粒数逐渐降低，颗粒层变稀疏；其中区域Ⅵ中的颗粒数最少。区域Ⅰ～Ⅴ的颗粒数呈稳定状态，随时间的增加颗粒数基本不变；区域Ⅵ的颗粒数波动明显。主要由于卸料绞龙呈螺旋状，在区域Ⅰ～Ⅴ，颗粒与颗粒之间相互摩擦挤压，颗粒流被源源不断地输送并补充，卸料绞龙始终处于充满状态，呈现输送与补充的稳定平衡状态；在区域Ⅵ末端并无颗粒的挤压作用，导致颗粒流在区域Ⅵ内靠重力与螺旋状卸料绞龙强制推送作用下落，呈现周期性波动状态。

由于不同区域内的颗粒数呈现一定的稳定性或规律性，本研究进一步探究不同倾角下的颗粒数量，结果如图10-7b所示。在区域Ⅰ内，颗粒数量随倾角的增加逐渐降低，主要由于在区域Ⅰ内稻种依靠重力自由堆积下落，倾角越大，越容易阻止稻种自由堆积。0°～30°倾角的颗粒数量在区域Ⅰ～Ⅴ基本不变；在区域Ⅵ内逐渐降低，倾角越大，颗粒数量越大。–30°和–15°倾角的颗粒数量在区域Ⅰ～Ⅵ逐渐降低；在区域Ⅴ和Ⅵ内，–30°倾角的颗粒数量大于–15°倾角的颗粒数量，主要由于在–30°倾角时稻种的重力分量对整体流动的影响较大，在区域Ⅴ和Ⅵ末端颗粒的挤压作用降低，卸料绞龙内部的螺旋结构对整体颗粒流存在一定的阻隔作用，导致–30°倾角的颗粒数量大于–15°倾角的颗粒数量。

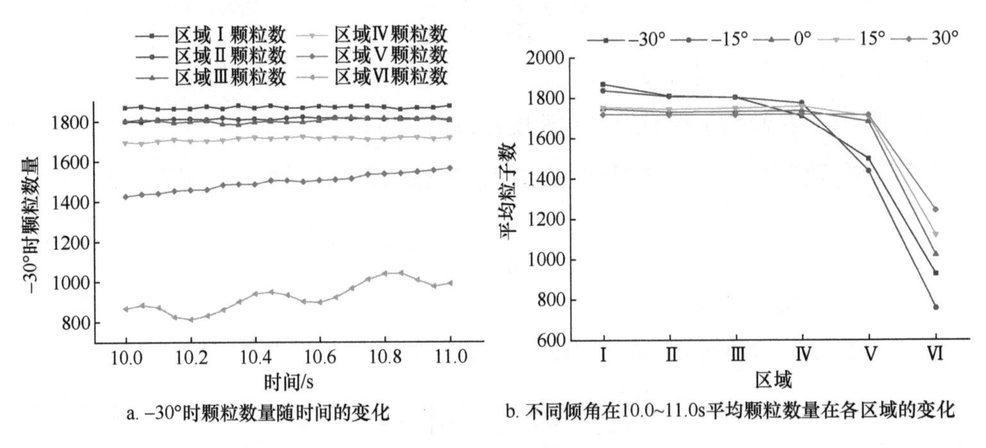

a. –30°时颗粒数量随时间的变化　　b. 不同倾角在10.0~11.0s平均颗粒数量在各区域的变化

图10-7　颗粒数量

2. 输送过程运动特征分析

颗粒数量不能全面表征卸料过程中稻种的流动状态。为了探究不同区域的颗粒流速度分布，截取 10.5s 时刻–30°倾角时各个区域层中间的横断面进行直观分析，如图 10-8 所示。由图 10-8a 和 b 可知，在区域Ⅰ和区域Ⅱ内，颗粒速度呈典

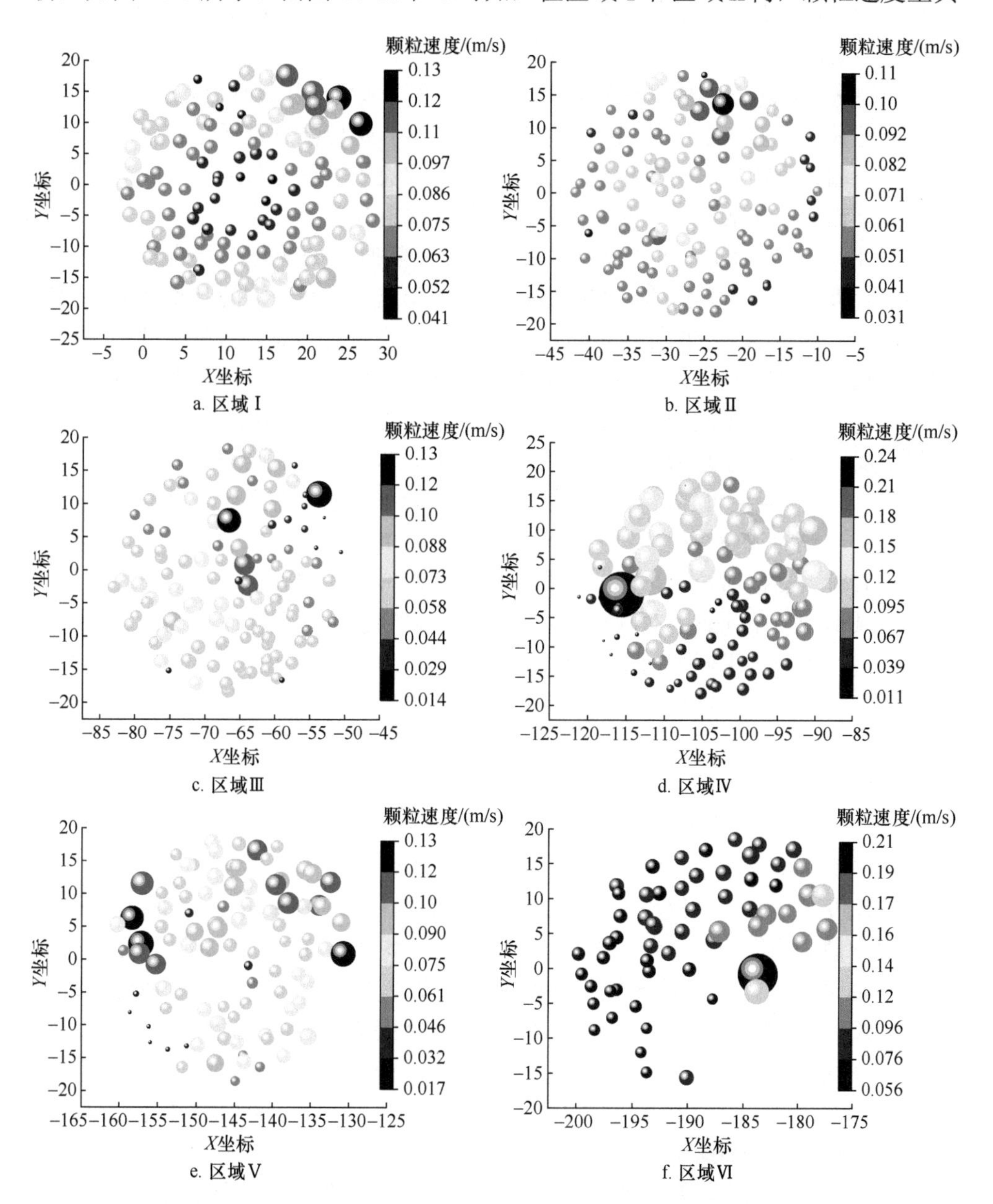

图 10-8 –30°倾角各区域中部截面在 10.5s 时的稻种速度分布

型的“外高内低”环状特征，即外缘速度大，内部速度小。主要由于在区域Ⅰ和Ⅱ内颗粒数量较大，颗粒与颗粒之间挤压力与摩擦力大，卸料绞龙对内部颗粒之间的扰动直接通过外缘颗粒表现出来。随着轴向距离的增加，颗粒数量逐渐降低，区域Ⅲ～Ⅴ的颗粒速度呈“半大半小”的分布特征，即卸料绞龙内的稻种速度大小在直径部位处具有明显的分界。主要由于螺旋式卸料绞龙内部采用脉动式推运，稻种在一定时刻上会出现输送与待输送两种状态，在区域Ⅲ～Ⅴ颗粒数量逐渐降低，此种状态在速度上被逐渐放大表现出来。在区域Ⅵ内颗粒速度呈“弧线上升”的分布特征，主要由于区域Ⅵ处在稻种自由下落与螺旋强制推送相结合的分区，区域Ⅵ末端没有颗粒流间的相互挤压作用，颗粒流依靠重力与卸料绞龙间的摩擦力被螺旋输送，在某一时刻的界面表现出“弧线上升”的特征。

对不同倾角内的所有区域内颗粒平均速度随时间的变化趋势进行分析，如图 10-9 所示。不同倾角的所有区域内颗粒平均速度呈现一定的脉动特征。由图 10-9a 可知，–30°倾角的颗粒随轴向距离的增加，平均速度逐渐降低。其中区域Ⅰ中的颗粒速度波动最大，主要由于–30°倾角有利于稻种自由下落，而区域Ⅰ处于稻种自由下落与绞龙强制推运的交叉阶段，速度变化较大。由图 10-9b～图 10-9d 可知，随着倾角的逐渐增加，区域Ⅰ颗粒的平均速度最小，区域Ⅵ颗粒的平均速度最大。由图 10-9e 可知，当倾角为 30°时，颗粒平均速度在各区域整体呈现波动幅值较为一致的脉动特征。主要由于颗粒流在 30°的倾角位置的重力分量对整体的流动有较大的作用效果，而此效果与螺旋式卸料绞龙向外输送的效果相反，因此各区域稻种在相同螺距对应速度由卸料绞龙强制输送导致。

为进一步分析不同倾角下各区域的稻种平均速度的波动特征，以区域为横坐标，颗粒平均速度为纵坐标绘制平均速度变化特征图，并对比统计不同倾角的平均速度变异系数，如图 10-10 所示。–30°倾角的稻种平均速度随轴向距离的增加逐渐降低，其中在区域Ⅰ内平均速度分布相对分散，在区域Ⅵ内平均速度分布相对集中；–15°～15°倾角的稻种平均速度随轴向距离的增加而逐渐升高，其中在区域Ⅰ内平均速度分布相对集中，在区域Ⅵ内平均速度分布相对分散；30°倾角的稻种平均速度在区域Ⅰ～Ⅳ呈小幅增加，在区域Ⅳ～Ⅵ逐渐降低，平均速度整体分布相对分散。由图 10-10f 可知，–30°倾角的平均速度变异系数在区域Ⅰ内值为 1.3%，达最大值，表明在区域Ⅰ内的速度波动最大，在区域Ⅱ～Ⅵ速度波动先增加后降低；–15°～15°倾角的平均速度变异系数随轴向距离的增加而逐渐升高，即速度在区域Ⅰ内波动最小，在区域Ⅵ内波动最大；30°倾角的平均速度变异系数整体趋势平缓，基本稳定在 0.4%，从侧面验证了在此倾角内整体速度呈现较强的一致性和规律性。

以区域为横坐标，颗粒平均受力为纵坐标，绘制平均受力变化特征图，并对比统计不同倾角的平均受力变异系数，如图 10-11 所示。–30°倾角的稻种平均受

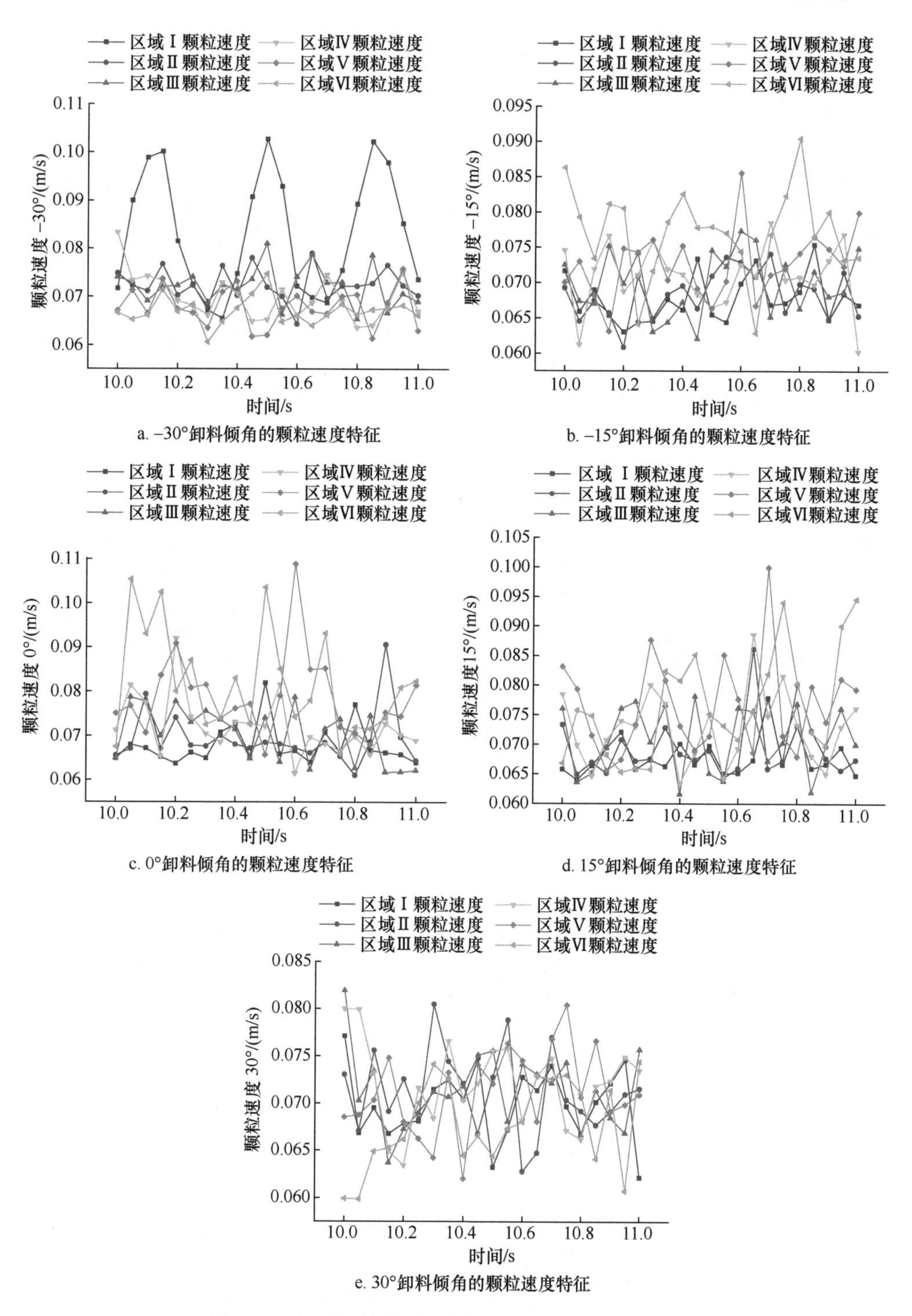

a. −30°卸料倾角的颗粒速度特征

b. −15°卸料倾角的颗粒速度特征

c. 0°卸料倾角的颗粒速度特征

d. 15°卸料倾角的颗粒速度特征

e. 30°卸料倾角的颗粒速度特征

图 10-9　各区域稻种平均速度随时间变化的特征分布

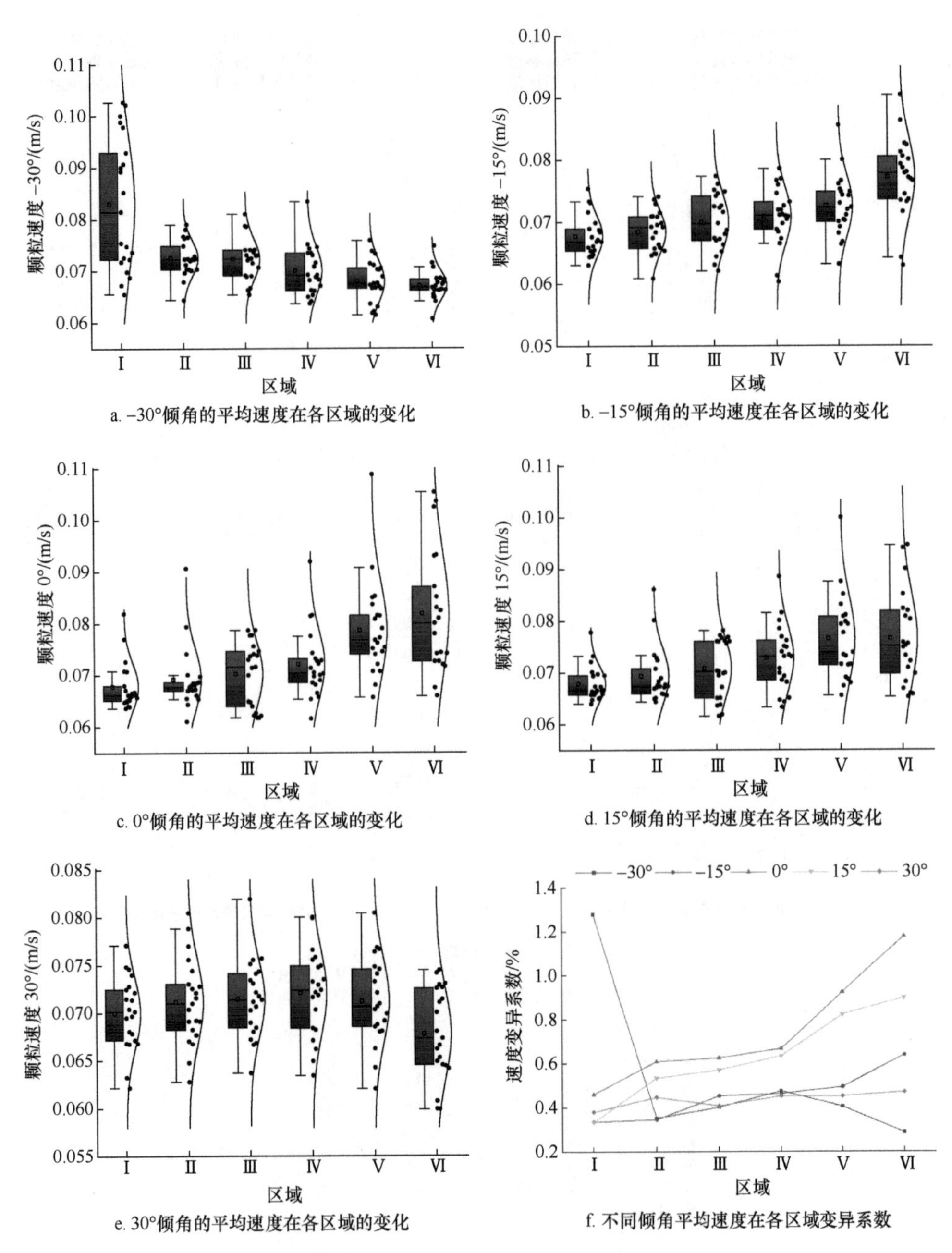

a. −30°倾角的平均速度在各区域的变化

b. −15°倾角的平均速度在各区域的变化

c. 0°倾角的平均速度在各区域的变化

d. 15°倾角的平均速度在各区域的变化

e. 30°倾角的平均速度在各区域的变化

f. 不同倾角平均速度在各区域变异系数

图 10-10　不同倾角在 10.0～11.0s 平均速度在各区域的变化特征

力随轴向距离的增加逐渐升高，其中在区域Ⅰ内平均受力分布相对集中，在区域Ⅵ内平均受力分布相对分散；−15°倾角的稻种平均受力随轴向距离的增加逐渐降低，在区域Ⅰ内的值为 2.7×10^{-3}N；0°和 15°倾角的稻种平均受力随轴向距离的增

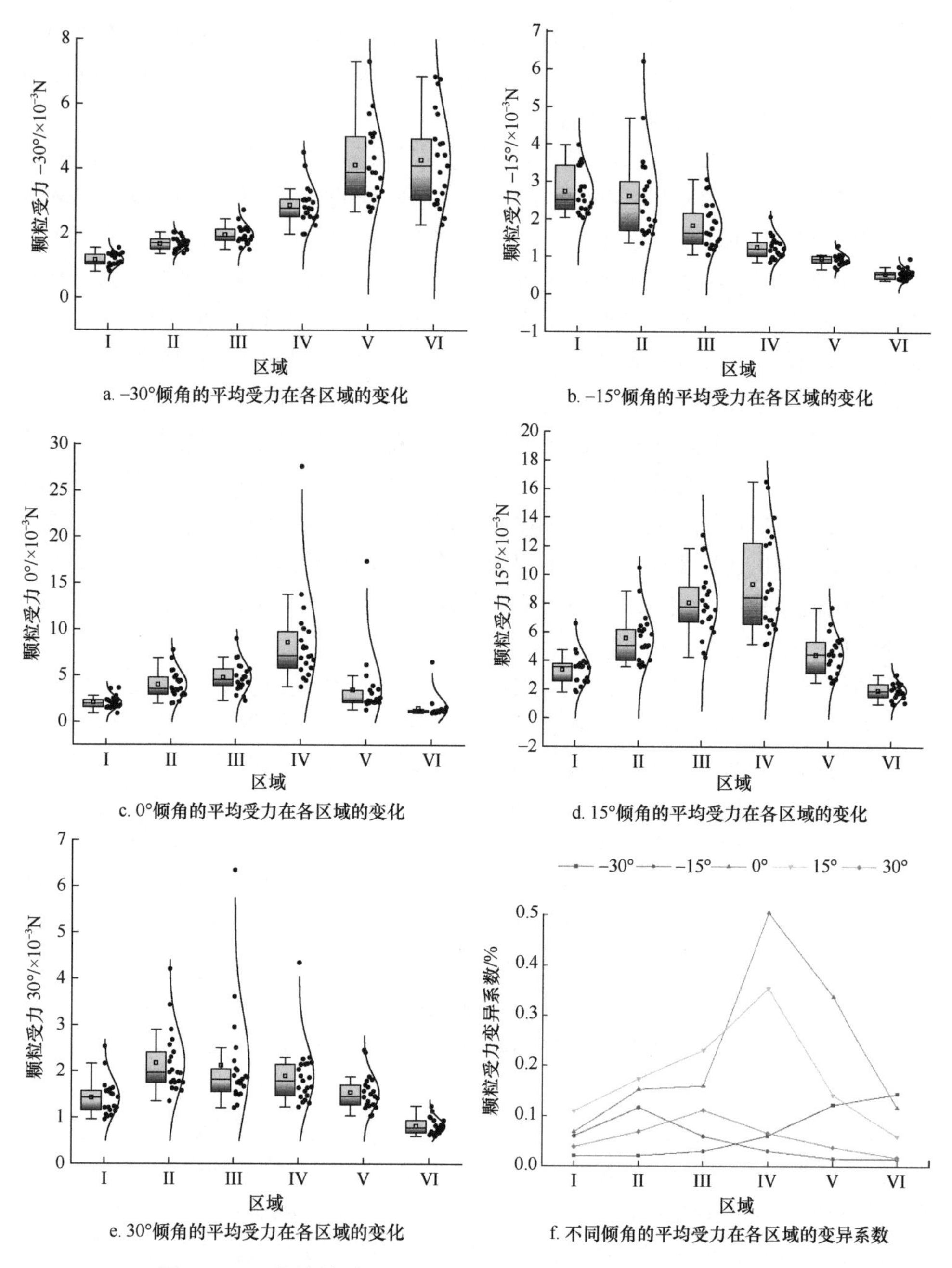

图 10-11　不同倾角在 10.0～11.0s 平均受力在各区域的变化特征

加呈先升高后降低的趋势，均在区域Ⅳ内达最大值，最大值分别为 8.6×10^{-3}N 和 9.3×10^{-3}N，而这两个倾角内平均受力的最大值是本研究中 5 个倾角内所有区域的最大值。而平均受力分布均表现出受力越小，分布越集中，受力越大，分布越分散的规律。30°倾角的稻种平均受力随轴向距离的增加呈先升高后降低的趋势，其中在区域Ⅱ内平均受力达最大值。

由图 10-11f 可知，–30°倾角的平均受力变异系数随轴向距离的增加逐渐升高，其余倾角的平均受力变异系数均呈现先升高后降低的趋势，但出现的区域并不相同。其中–15°倾角的平均受力变异系数最大值出现在区域Ⅱ；0°和 15°倾角的稻种平均受力变异系数最大值出现在区域Ⅳ内，且变异系数高于其他倾角各区域的变异系数，表明 0°和 15°倾角的平均受力在区域Ⅳ内的大小和波动均具有较大的幅值。30°倾角的平均受力变异系数最大值出现在区域Ⅲ，其大小与–15°和 0°倾角的平均受力变异系数最大值基本一致。

进一步探究了颗粒流在不同区域的运动特征，分析了不同倾角的平均转动动能与平均平动动能的变化趋势，如图 10-12 所示。颗粒的平均平动动能比平均转动动能高一个数量级，表明在螺旋输送过程中平动是颗粒的主要运动状态，在平动发生过程中也会发生转动。在不同卸料倾角内，颗粒的平动动能与颗粒的平均速度变化趋势基本一致，进一步验证了颗粒平均速度的变化是导致颗粒平均平动动能变化的原因。

当倾角为–30°时，平均转动动能在区域Ⅰ～Ⅴ 范围内基本不变，稳定在 1.4×10^{-8}J，在区域Ⅵ内转动动能下降。主要由于区域Ⅵ的颗粒数量显著降低，同时颗粒与颗粒之间的摩擦不足以带动颗粒自身持续转动，在此倾角内重力的分量沿轴向较大，驱使颗粒流向端部平动。当倾角为–15°时，平均转动动能随轴向距离的增加呈先增加后降低的趋势，其中最大平均转动动能为 0.75×10^{-8}J，发生在区域Ⅲ内，表明在区域Ⅲ内的颗粒流发生转动动能比其他区域更大；在–15°倾角的各区域平均转动动能要小于–30°倾角的各区域的平均转动动能。当倾角为 0°和 15°时，平均转动动能随轴向距离的增加而逐渐增加，在区域Ⅵ内均达到平均转动动能的最大值，分别为 2.12×10^{-8}J 和 2.02×10^{-8}J。当倾角为 30°时，平均转动动能随轴向距离的增加呈先增加后降低的趋势，其中最大平均转动动能为 0.93×10^{-8}J，发生在区域Ⅱ内。

以上研究从颗粒流的密度、平均速度和受力等角度对各区域中稻种的流动特性进行了分析，颗粒的一些微观运动属性可以作为宏观介质流动研究的评价指标，但最终影响的是各倾角卸料绞龙下的输送效率。以稳定流动 8.0s 时为初始零时刻进行分析，追踪区域Ⅰ内的颗粒流动状态。Third 等[5]研究旋转滚筒内颗粒的轴向扩散时发现，滚筒中心位置单层颗粒的轴向运动符合“normal”扩散模型，即单层颗粒轴向均方偏差与运动时间呈线性变化，即遵循式（10-8）的规律。为了探究螺旋式卸料绞龙轴向均方偏差与运动时间的变化关系，以轴向均方偏差（MSD）为纵坐标，运动时间为横坐标绘制曲线，如图 10-13a 所示。单一倾角下的轴向均方偏差呈现扩张增加的趋势，随倾角的增加，轴向均方偏差在同一时刻上逐渐降低。不同倾角的颗粒 MSD$\propto t_2$，轴向流动属于“super”扩散。其中–30°、–15°和0°倾角的轴向流动最快，当大于 0°倾角，轴向流动虽有一定的差别，但整体流动趋势相似。

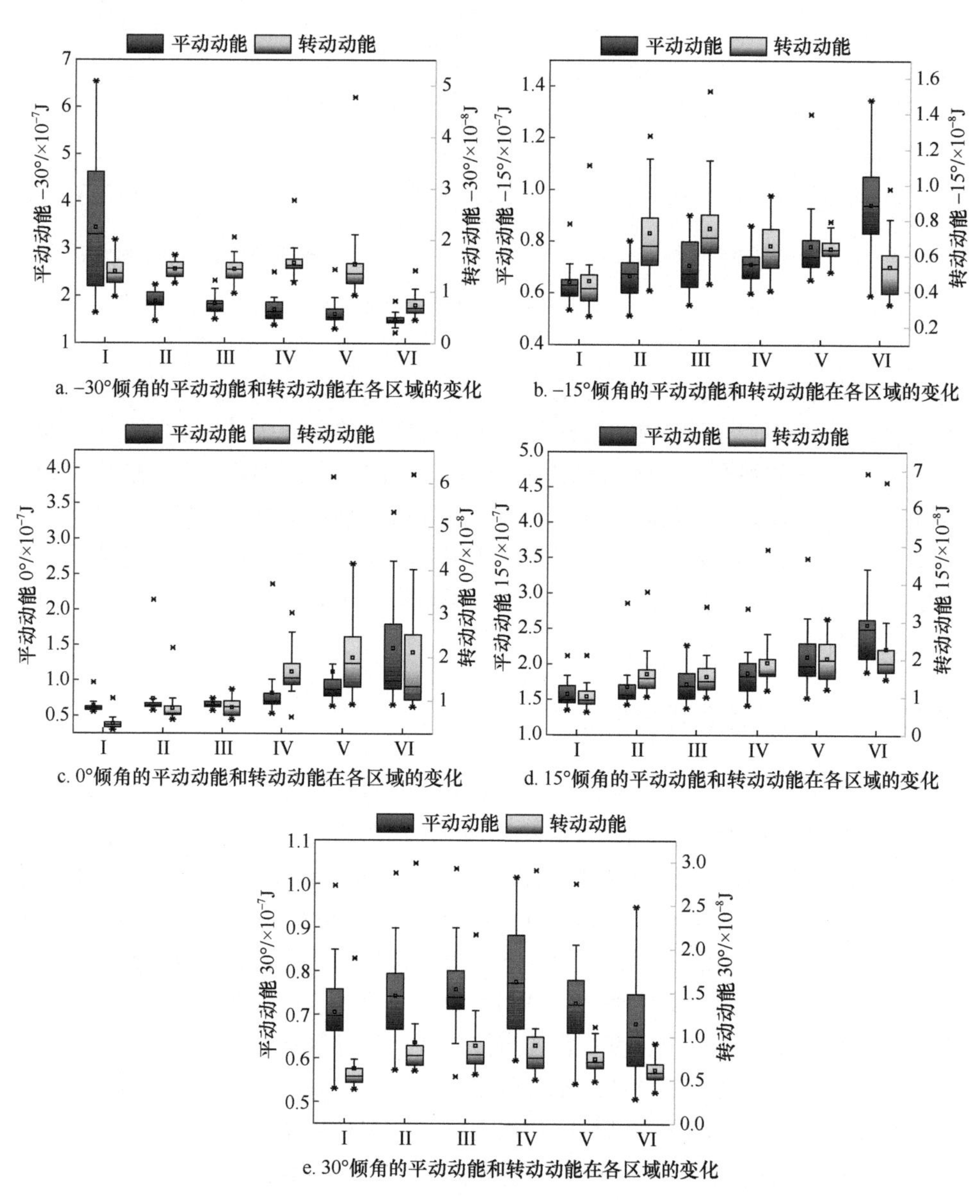

图 10-12　不同倾角在 10.0～11.0s 平动动能和转动动能在各区域的变化特征

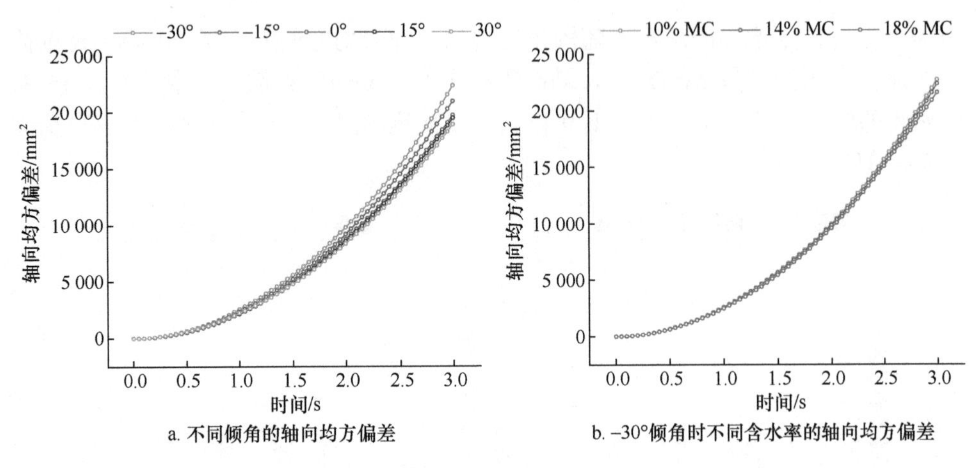

a. 不同倾角的轴向均方偏差

b. –30°倾角时不同含水率的轴向均方偏差

图 10-13 轴向均方偏差

MC：含水率

在稻种播种、收获及不同阶段加工过程中，稻种含水率往往不是确定的值，而是存在于一定区间范围内。为探究不同含水率稻种在输送过程中的变化，绘制了不同含水率稻种在–30°倾角下的轴向均方偏差与运动时间的变化趋势，如图 10-13b 所示。对于同一轴向位置，若该位置处所有颗粒保持整体轴向运动，宏观流动则不会呈现颗粒疏密变化。不同区域颗粒轴向运动能力的差异，造成相对集中的颗粒层逐渐开始疏散扩张，亦从侧面解释图 10-13b 中颗粒数量随轴向距离的增加而逐渐降低的原因。

10.3.2 稻种自由堆积虚拟标定

在此基础上，为进一步探究不同含水率稻种的堆积特性，基于 3D 扫描技术准确建立了稻种模型，通过配比并测定不同含水率的仿真参数，利用离散元法分析了“点源式”堆积方法的稻种堆积状态。模拟了含水率分别为 10.23%、14.09%、17.85%、21.77%、26.41%和 29.22%的堆积过程。以含水率为 29.22%的堆积过程为例直观分析了稻种的速度和受力状态，根据稻种的速度特征将堆积过程分为四个阶段，并探究了圆柱筒外稻种的平均受力和平均动能，证明圆柱筒外稻种的平均受力是导致堆积过程中速度变化的直接原因。将准静态堆积阶段的稻种分区并系统地探究了稻种的力学特性。含水率为 10.23%、14.09%、17.85%的稻种对水平面的作用出现“中心凹陷”结构的作用力分布；稻种含水率越高，越易出现典型“环形”受力结构，对水平面作用力在圆周方向上分布越均匀。

1. 稻种堆积离散元模型建立

本章以前期测定的 12 个品种中的龙稻 18 为研究对象，其相关物理参数前期已详细介绍，请参见本章表 10-3，同时建模方法请参见本章 10.3.1 节中 1.稻种输送过程模拟，在此不过多赘述。稻种表面光滑无黏结，为了准确表示稻种的接触特性，采用 Hertz-Mindlin（no-slip）模型构建稻种与稻种及稻种与钢板间的接触。

2. 离散元数值模拟方案与堆积试验对比

将圆柱筒竖直放置在水平面上（圆柱筒与水平面材料皆为 Q235 钢），其圆柱筒直径为 50mm，高度为 150mm。参考所建模型，坐标选择 Z 轴正方向为重力方向，其值设置为-9.81m/s^2。采用“落雨法”使稻种在圆柱筒内自然堆积，其初速度为零。设置稻种总数为 4000 粒。当稻种在圆柱筒内完全沉降后开始以 0.05m/s 的速度提升圆柱筒，直至圆柱筒内的稻种在重力的作用下自然散落成堆积状态，待稻种堆积状态完全静止稳定后停止仿真。Rayleigh 时间步长由软件根据设定稻种半径和密度等参数共同决定，最终确定 Rayleigh 时间步长为 20%，每组总仿真时长设定为 3s。本节进行 6 组不同含水率稻种的仿真，每组设置均采用此方法。

在模拟仿真前，为了验证建立的稻种离散元模型的准确性，采用 EDEM 仿真与台架试验对自然休止角进行对比测定。每组选取 4000 粒龙粳 29 号不同含水率的稻种为供试品种，选择相同规格和材料的圆柱筒和水平面并采用相同的速度提升圆柱筒，保证 EDEM 仿真与台架试验一致性，如图 10-14 所示。为准确测定稻种自然休止角，对三维空间内稻种种群堆积体进行摄像，运用 Matlab 软件进行图像噪声、灰度和二值化处理，提取稻种堆积单侧轮廓曲线，利用曲线竖直与水平方向像素值的比值确定自然休止角的大小，结果如图 10-15 所示。

a. 台架试验

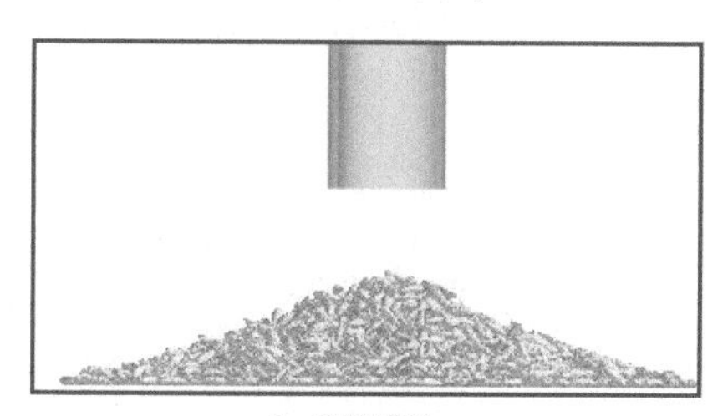
b. 模拟试验

图 10-14　自然休止角台架与仿真对比试验

由图 10-16 可知，随着含水率的增加，自然休止角逐渐增加。主要由于含水率越高，其稻种间的摩擦力越大，种群的流动性变差。不同含水率稻种自然休止角台架试验与仿真试验对比结果整体存在一定的误差，最大误差为 2.45%。主要由于稻种离散元模型由多个小球面聚集而成，增大稻种表面积，在自由堆积过程中相邻稻种各接触部位摩擦力也相应增大；同时台架试验中的稻种形状总体呈现一定的差异性。在误差允许的范围内表明建立的稻种离散元模型准确有效，为后期的稻种堆积力学特性研究奠定了基础。

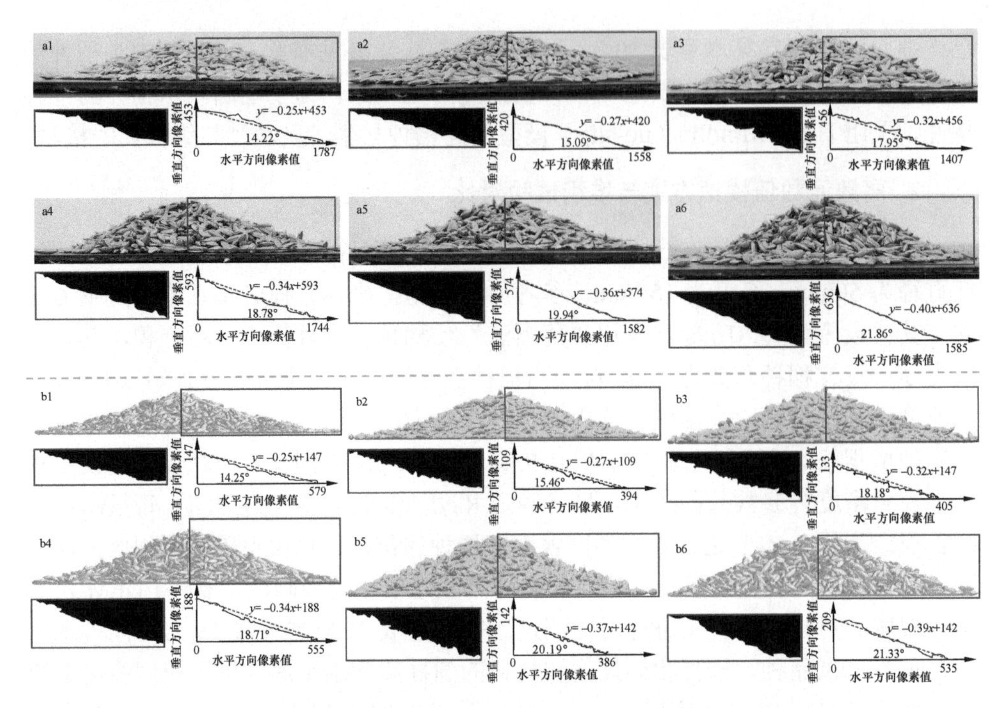

图 10-15　不同含水率稻种自然休止角台架试验与仿真试验对比结果

a1～a6 分别为测定的台架试验自然休止角结果，其含水率分别为 10.23%、14.09%、17.85%、21.77%、26.41%、29.22%；b1～b6 分别为 EDEM 仿真的自然休止角结果，其含水率分别为 10.23%、14.09%、17.85%、21.77%、26.41%、29.22%；图中红色虚线为对曲线的一次拟合曲线

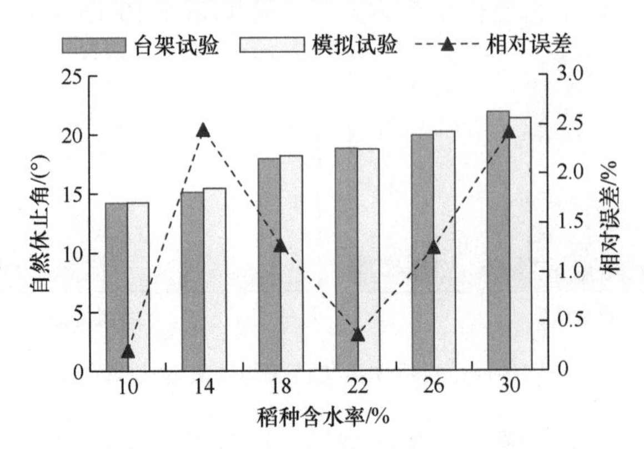

图 10-16　不同含水率稻种自然休止角结果分析

3. 堆积过程稻种力学特征分析

为了进一步探究不同时刻稻种堆积过程中的受力情况，以含水率为 29.22%的稻种堆积过程为例，沿稻种堆直径方向纵向剖切，直观分析稻种堆内层与外层的受力状态，如图 10-17 所示。

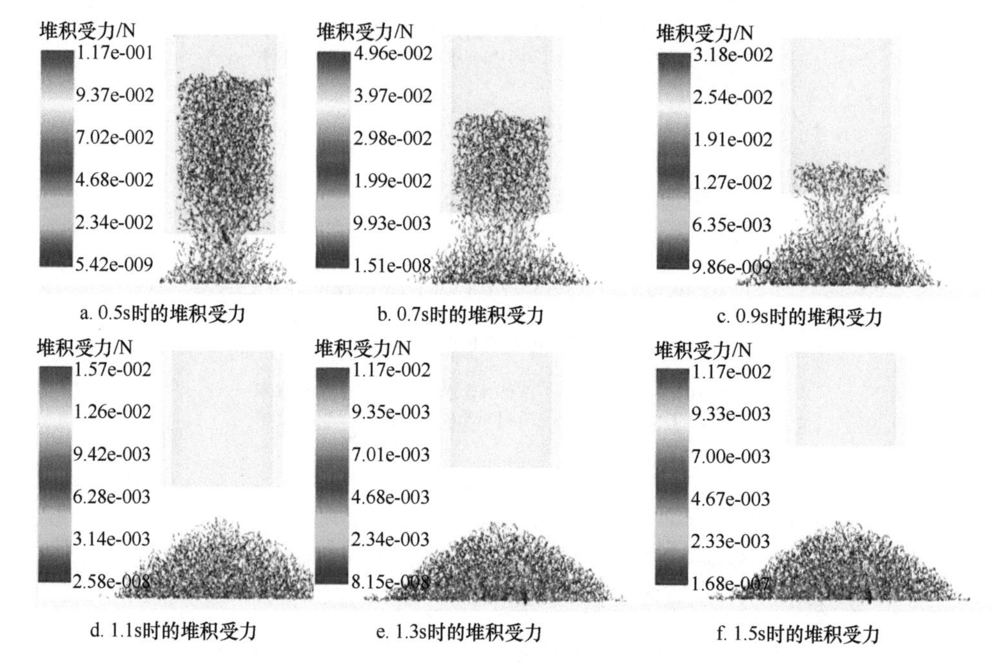

a. 0.5s时的堆积受力　b. 0.7s时的堆积受力　c. 0.9s时的堆积受力

d. 1.1s时的堆积受力　e. 1.3s时的堆积受力　f. 1.5s时的堆积受力

图 10-17　含水率为 29.22%稻种的堆积受力分布

由图 10-17 可知，在基底支撑成型阶段，在稻种堆的外层，稻种间作用力较小且较为均匀，而在稻种堆的内部，稻种间局部的作用力较大，即少数稻种在支撑着整个稻种堆的质量且逐渐形成堆积形态。当稻种进入扩充堆积阶段，稻种间的最大受力随着时间的增加而逐渐降低且依然发生在稻种堆内部，主要由于内部的稻种不仅受到自身重力的作用，同时会受到从圆柱筒内落下的稻种的压力。当稻种进入自由堆积阶段，稻种间的最大受力继续降低，但最大受力发生在稻种堆与水平面接触的内层底部区域。当稻种籽粒进入准静态堆积阶段，稻种间的最大受力不再发生变化，最大受力区域仍发生在稻种堆与水平面接触的内层底部，且受力由稻种层内层至外层呈辐射状逐渐降低。外层区域受力最小，主要由于外层稻种呈自由状态，仅受到自身重力和稻种堆的支持力。此时稻种堆整体受力达到平衡状态，堆积状态不再发生变化。

为了定量分析不同含水率稻种在堆积过程中的堆积受力分布，同时探究不同含水率稻种堆积速度变化的影响因素，以堆积时间为横坐标，稻种平均受力为纵坐标，对不同时刻圆柱筒外稻种（形成堆积的稻种）的受力进行对比分析，如图 10-18 所示。

由图 10-18a 可知，不同含水率的稻种在堆积过程中平均受力均呈现先增加后减小的趋势。含水率为 10.23%时，稻种平均受力首先升到最大值。随着含水率的增加，平均受力依次升高到最大值，即含水率越高，其平均受力升至最高值的时

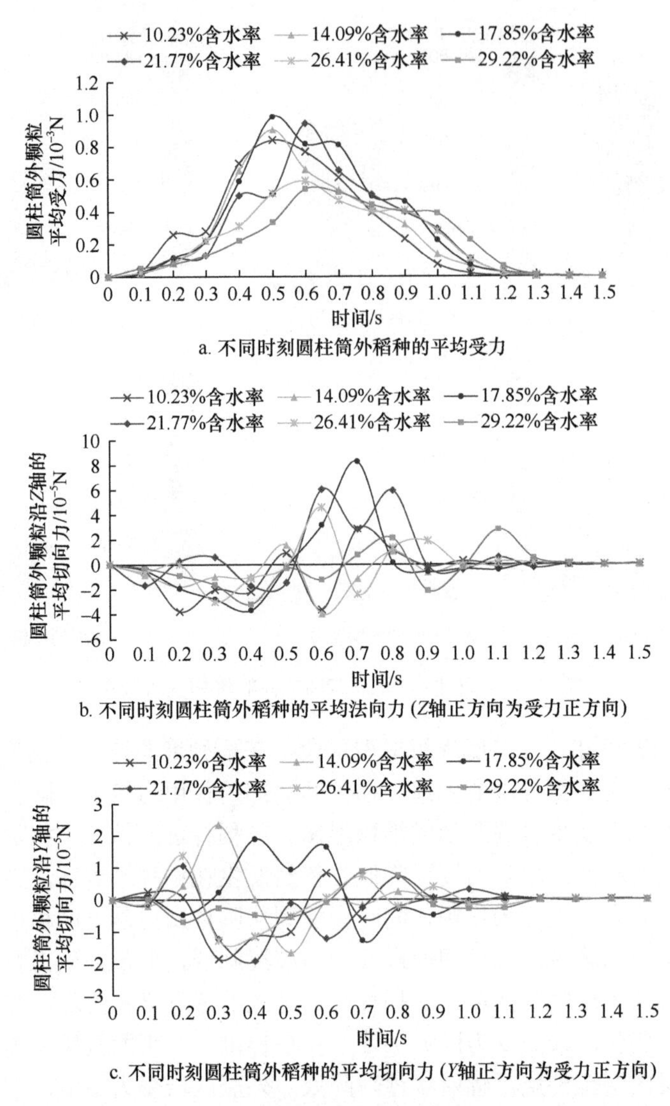

a. 不同时刻圆柱筒外稻种的平均受力

b. 不同时刻圆柱筒外稻种的平均法向力（Z轴正方向为受力正方向）

c. 不同时刻圆柱筒外稻种的平均切向力（Y轴正方向为受力正方向）

图 10-18　不同时刻圆柱筒外稻种的受力分析图

间后移。当稻种平均受力达到最大值后，含水率为 10.23%的稻种平均受力首先下降并很快降低为 0；随含水率增加，平均受力依次降低至 0，即含水率越高，其平均受力降至最低值的时间后移。不同时刻圆柱筒外稻种的平均受力变化趋势与平均速度的变化趋势一致，表明稻种堆积过程中受力是导致其速度变化的直接原因。

图 10-18b 和图 10-18c 分别表示不同时刻圆柱筒外稻种的平均法向力和沿 Y 轴平均切向力的变化趋势，其大小和方向能直接决定整个稻种堆的形态特征。在基底支撑成型阶段（0～0.5s），不同含水率的稻种受到的平均法向力基本处于负向波动，说明此阶段稻种自身的重力占主导地位。切向力随机波动且大部分呈负

向，表明大量稻种在形成堆积过程中沿径向外扩运动，但多数稻种形成基底支撑结构。随着时间的增加，稻种堆进入扩充堆积阶段（0.5～0.9s），不同含水率的稻种的平均法向力和切向力呈现正向和负向的随机波动，说明在此阶段既有大量已经形成静止支撑结构的稻种层存在，同时也有源源不断的稻种在重力的作用下从圆柱筒内落下。在自由堆积阶段（0.9～1.3s），稻种的平均法向力和沿 Y 轴的平均切向力仅有小幅度波动且基本处于稳定状态，表明大部分稻种已基本处于稳定状态，仅有外层稻种沿稻种堆在重力和稻种堆支持力的作用下自由散落。当稻种堆进入准静态堆积过程（1.3～1.5s），圆柱筒外稻种的平均法向力和沿 Y 轴的平均切向力不再发生波动且均为 0，稻种堆积过程完成且处于稳定状态。

为了从能量的角度揭示不同含水率稻种在堆积过程中的运动姿态变化，图 10-19 和图 10-20 分别表示圆柱筒外稻种的平均平动动能和平均转动动能。由图 10-19 和图 10-20 分析可知，在稻种堆积过程中，整体平动动能大于转动动能，说明滑动的运动姿态在堆积过程中所占比例较大。由图 10-19a 和 10-20a 可知，随着时间的增加，不同含水率稻种平均平动动能和平均转动动能均呈现先增加后减小的趋势，且含水率越高，平动动能和转动动能增加和减小的时间越长。

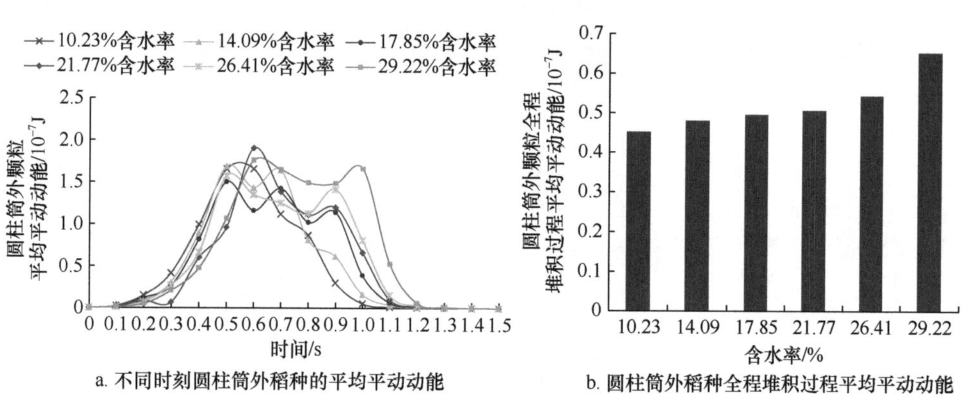

a. 不同时刻圆柱筒外稻种的平均平动动能　　b. 圆柱筒外稻种全程堆积过程平均平动动能

图 10-19　圆柱筒外稻种的平均平动动能

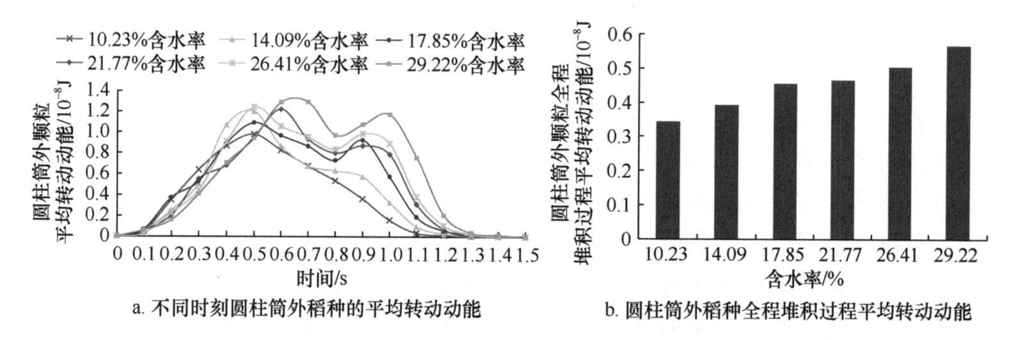

a. 不同时刻圆柱筒外稻种的平均转动动能　　b. 圆柱筒外稻种全程堆积过程平均转动动能

图 10-20　圆柱筒外稻种的平均转动动能

综合分析在稻种堆积过程中的速度和受力，产生此现象主要由于稻种在堆积初期为基底支撑成型阶段，大部分稻种作为骨架结构散落在水平面底部；随着时间的增加，大量稻种形成堆积形态且填满稻种与稻种间的空隙，稻种变得更易发生滑动或滚动；当圆柱筒内无稻种下落后，在自由堆积阶段至准静态堆积阶段，稻种无新的稻种相互碰撞压迫，稻种运动不再活跃，平均平动动能和平均转动动能逐渐降低。由图 10-19b 和图 10-20b 可知，含水率越高，稻种堆积过程中的能量越大，动能衰减的时间越长。这从侧面解释了含水率越高，平动动能和转动动能增加和减小的时间越长的原因。

4. 准静态堆积阶段稻种力学特征分析

堆积形成后稻种系统在宏观上会呈现一定的静止稳定状态，但稻种与稻种间的力学特性和稻种堆对水平面的力学特性影响规律仍不明晰。为了详细探究准静态堆积阶段的稻种力学特性，将稻种堆环形均匀分区。其中以半径为 6mm 的圆筒布置在稻种堆中心上，其范围内的稻种的受力平均值即为径向距离为 0 的数值；径向距离为 10mm 的数值代表的是以稻种堆中心为圆心，内径为 4mm，外径为 16mm 的环形圆筒范围内的稻种受力平均值，以此类推。分别划分径向距离为 0mm、10mm、20mm……140mm 径向距离的分区，如图 10-21a 所示。

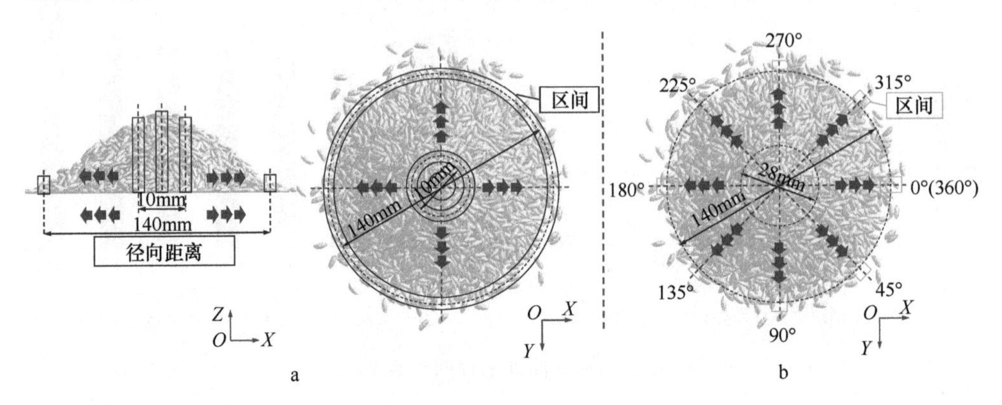

图 10-21　稻种堆分区图

a、b 分别表示两种不同的分区方式

稻种间的法向接触力沿径向距离的变化如图 10-22 所示。不同含水率稻种的法向接触力均为负值，说明接触力的方向向下。随着径向距离的增加，法向接触力逐渐降低并在径向距离为 140mm 处为 0。主要由于随着径向距离的增加，区域内的稻种量逐渐降低，从而导致稻种间相互作用的接触力逐渐降低。

准静态堆积阶段的稻种堆间的接触力会通过力链传递至稻种底部。颗粒堆底部的法向受力分布一直是散体力学研究的热点问题。Cleary[6]等研究发现，由于颗

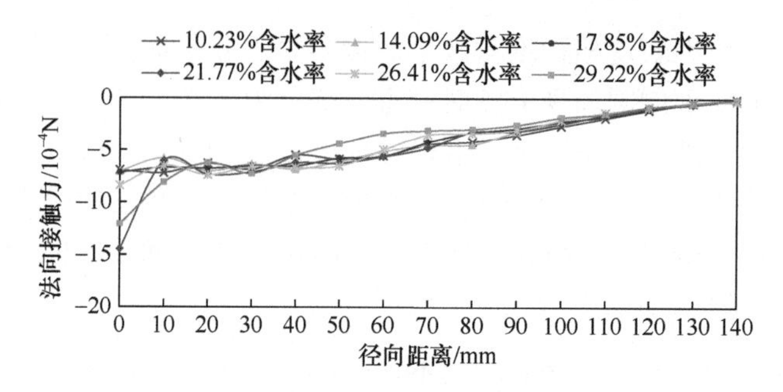

图 10-22　稻种间的法向接触力

粒的密度、摩擦力和形状的不同，准静态堆积阶段的颗粒可能会出现“中心凹陷”结构的作用力分布。本节提取不同含水率的稻种堆在径向位置对水平面的法向力作用，如图 10-23 所示。

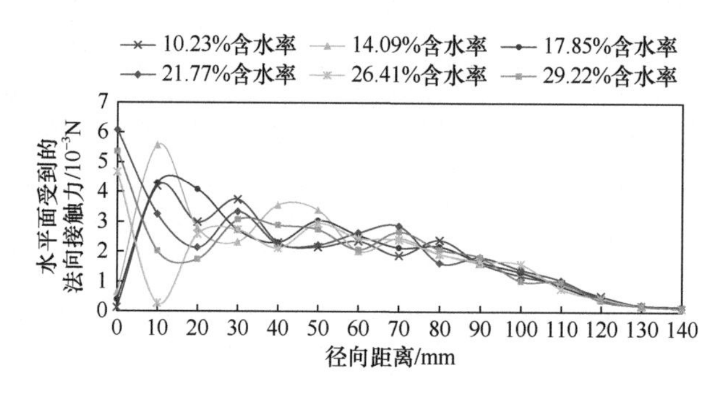

图 10-23　水平面受到的法向接触力

由图 10-23 可知，10.23%、14.09%和 17.85%含水率的稻种堆对水平面的法向接触力在中心部位（径向距离为 0）处并非最大值，而是随着径向距离的增加，对水平面的法向接触力最大值出现在径向距离为 10mm 的位置处，表明 10.23%、14.09%和 17.85%含水率的稻种堆出现了“中心凹陷”结构的作用力分布。随着径向距离的增加，对水平面的法向接触力逐渐降低，其中 10.23%含水率的稻种在径向距离为 30mm 处的法向接触力出现了第二次最大峰值；14.09%含水率的稻种在径向距离为 40mm 处的法向接触力出现了第二次峰值；17.85%含水率的稻种在径向距离为 50mm 处的法向接触力出现了第二次峰值。随含水率增加，第二次法向接触力的峰值距离中心点的位置越来越大；随径向距离增加，对水平面法向接触力逐渐降低，并在径向距离为 140mm 处降低至 0。21.77%、26.41%、29.22%含水率的稻种堆对水平面的法向接触力在中心位置出现了最大值，虽随着径向距离的增加力值出现了波动，但整体趋势逐渐降低，并在径向距离为 140mm 处降低至 0，未出现“中心凹陷”结构的作用力分布。

为了更加清晰地表现稻种堆对水平面接触力的分布状态，以仿真 X 轴为水平零点，将水平面底部的圆周受力顺时针方向等分为 8 个离散单元，每个离散单元上沿径向分别取距圆心为 14mm、28mm、42mm、56mm、70mm 的中心点，并在中心点处取长为 14mm、宽为 6mm 的单元格内的底层稻种法向受力平均值作为径向距离为 28mm、56mm、84mm、112mm、140mm 水平面的法向受力。提取水平面法向受力的分区结果如图 10-24 所示。

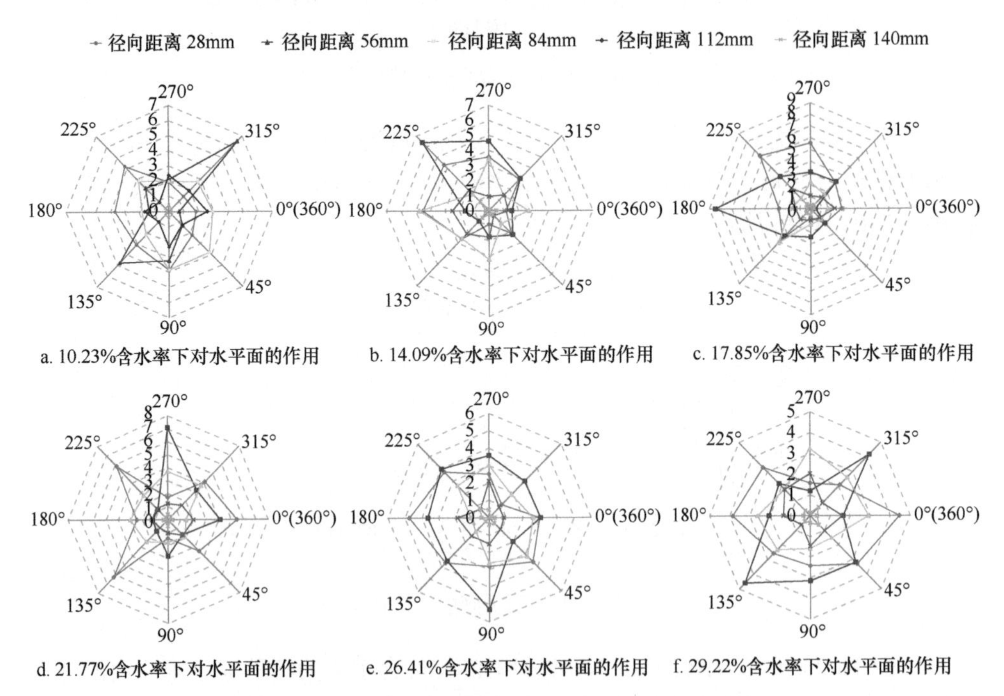

图 10-24　水平面法向受力分布图（单位：10^{-3}N）

由图 10-24 分析可知，不同含水率的稻种对水平面的作用力分布状态基本呈现相同的规律，即径向距离为 28mm、84mm、112mm 和 140mm 的受力的分布相对比较均匀，其中径向距离为 140mm 的受力最小。但在径向距离为 56mm 时受力分布波动较大，并出现极大值。随着含水率的增加，不同径向距离的受力逐渐趋于规则形状，表明稻种含水率越高，越容易出现典型的“环形”受力结构，对水平面的作用力在圆周方向上分布越均匀。主要由于稻种含水率越高，形成的自然休止角越大，在稻种堆形成的过程中稻种越容易沿堆面向下运动，使之沿四周产生一定的“拍紧”效应，最终形成层层稻种累积效果的“环形”受力结构；而当含水率较小时，稻种堆积形成的自然休止角较小，“拍紧”效应得不到充分发挥，从而“环形”受力结构不易出现。

稻种形成堆积的方式多种多样，包括“落雨式”“倾覆式”和“点源式”。本节以经典的“点源式”为例探究了不同含水率稻种在堆积过程中的速度特性和力学特性及准静态堆积阶段的力学特性，表明不同含水率稻种表现出的堆积特性并不相同，且并非所有的稻种堆积对水平面的法向作用力均会出现显著的“中心凹陷”式规律，与稻种物理属性密切相关。后期将重点研究“长粒”、“中粒”和“短粒”微观力学特性，并探究出现“中心凹陷”力学分布特征规律的主要影响因素，进一步完善稻种堆积力学特性研究的体系，以期为其他粮食作物的微观力学分析提供系统完整的研究思路，同时为稻种加工、贮藏设备的设计和研发提供指导参考。

参考文献

[1] 周韦. 基于散粒体动力学的水田侧深施肥装置的分析方法和试验[D]. 哈尔滨: 东北农业大学硕士学位论文, 2015.

[2] Wang J W, Jiang Y M, Tang H, et al. Physical characteristics determination and principal components analysis of typical single cropping rice in cold areas of north China[J]. International Agricultural Engineering Journal, 2020, 29(3): 172-182.

[3] Wang J W, Xu C S, Qi X, et al. Discrete element simulation study of the accumulation characteristics for rice seeds with different moisture content[J]. Foods, 2022, 11(3): 295.

[4] Wang J W, Xu C S, Xu Y N, et al. Influencing factors analysis and simulation calibration of restitution coefficient of rice grain[J]. Applied Sciences, 2021, 11(13): 5884.

[5] Third J R, Scott D M, Scott S A. Axial dispersion of granular material in horizontal rotating cylinders[J]. Powder Technol, 2010, 203: 510-517.

[6] Cleary P W. DEM prediction of industrial and geophysical particle flows[J]. Particuology, 2010, 8: 106-118.

第 11 章　水稻精量穴直播排种技术与系列装备

目前，种植机械化仍是水稻生产最复杂且用工量最大的环节，是全程机械化最薄弱环节之一，直接影响高产优质绿色水稻产业发展。机械化穴直播作为水稻种植技术的一种，已在国内多地区快速应用推广。但面对北方一季稻作区寒地复杂作业环境，精量穴直播栽培农艺方法仍较模糊，配套机械化技术难度较大，如何进一步推进精量穴直播技术于北方寒地应用推广是必须解决的严峻问题。在此背景下，著者团队开展了水稻机械化精量穴直播技术研究，相继研发了多种机械式水稻精量穴直播排种器和气力式水稻精量穴直播排种器，重点突破了精量穴直播种群精准控制机理探析、排种系统创新设计、高质着床方法构建等农艺农机相融合的技术瓶颈。

11.1　机械式与气力式水稻精量穴直播排种器设计规则

水稻精量穴直播是根据农艺要求在泡田耕整地或旱田平地后，通过农业机械将定量粒数稻种以所需穴行距成行成穴有序播入种床土壤预定位置的先进技术，其重点保证种床空间内播量及穴径适中且穴行距一致，以利于水稻获得合理生长空间、相近根系尺寸和充足阳光水分营养。此项技术作为水稻直播技术的一种，具有作业效率高、减少运苗及育苗等工序、节约人工及农资成本、易于秧苗根系茁壮生长且适于规模化生产等优点，可有效满足水稻高效轻简栽培需求，解决常规条播及人工撒播存在的问题，在全国多地区快速应用推广。精量排种器作为其实现穴直播作业的核心工作部件，其性能直接影响整体播种质量及效率。为进一步提高精量穴直播排种器作业质量及适播范围，其机械式精量排种器与气力式精量排种器设计规则如下。

（1）精量穴直播排种器可满足播量可控（5～30 粒/穴）、行距可选及穴距可调等功用，且稻种机械损伤程度小，可实现高精度穴直播播种作业。

（2）精量穴直播排种器通用性好，可适于不同类型稻种直播要求（杂交稻与常规稻），播量调控方便且清种快捷方便。

（3）具有轻简化、集成化等特点，可根据作业环境进行关键部件选型配套，且整体工作可靠，故障率低。

（4）精量穴直播排种器各环节共同作用，提高机具整体播种质量与适播范围，实现精密播种作业要求。

（5）各工况下所创制的精量穴直播排种器总体作业指标均应满足国家标准 GB/T 6973—2005《单粒（精密）播种机试验方法》和 JB/T 10293—2001《单粒（精密）播种机技术条件》规定要求，且优于国内市场应用较广泛的常规机型。

11.2　弹射式耳勺型水稻精量穴直播排种器设计

以突破水稻精量穴直播排种器关键核心问题为出发点，作者开展了机械式水稻精量穴直播排种技术研究；创新提出了一种弹射式耳勺型水稻精量穴直播排种方案，即采用舀取充种、柔性护种及弹射投种等作业方式，实现了精量穴直播作业功能，阐述了排种器总体结构与工作原理，建立了各环节运动学及动力学模型，分析了影响排种器性能的主要因素；结合高速摄像与图像目标跟踪技术，对充种环节种群流动特性、护种环节取种耳勺弹射过程及各工作转速下稻种投种轨迹规律进行测定分析，并开展台架及田间试验验证其各项作业指标，以期为机械化种植机具的创新研发与改进优化提供理论支撑和技术参考[1]。

11.2.1　总体结构与工作原理

弹射式耳勺型水稻精量穴直播排种器主要由取种耳勺、扭转弹簧、旋转种勺盘、柔性护种辊、清种毛刷、卸种塞、导种管、容种箱、护种辊轴、排种轴、销轴、挡杆及护种辊安装架等部件组成，如图 11-1 所示。其中 6 个取种耳勺通过销轴均匀圆周排列配装于旋转种勺盘上，整体随排种轴转动的同时自身亦可绕销轴

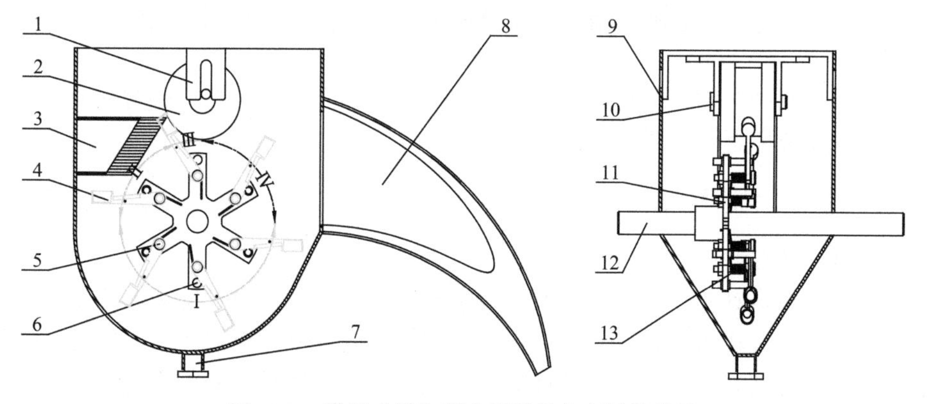

图 11-1　弹射式耳勺型水稻精量穴直播排种器

1. 护种辊安装架；2. 柔性护种辊；3. 清种毛刷；4. 取种耳勺；5. 销轴；6. 挡杆；7. 卸种塞；8. 导种管；9. 容种箱；10. 护种辊轴；11. 旋转种勺盘；12. 排种轴；13. 扭转弹簧；Ⅰ. 充种区；Ⅱ. 清种区；Ⅲ. 护种区；Ⅳ. 投种区

旋转；扭转弹簧配装于旋转种勺盘和取种耳勺间并通过挡杆固定，保证取种耳勺可产生均匀弹射力；柔性护种辊通过护种辊安装架配置于容种箱顶部，可绕护种辊轴灵活转动；清种毛刷安装于容种箱前壁内侧，其细毛端面与取种耳勺接触清除多余水稻稻种；导种管安装于容种箱后壁外侧，避免稻种与管壁的碰撞弹跳；卸种塞安装于容种箱底部，防止作业后水稻稻种残留于容种箱内。

排种器工作过程分为充种、清种、护种及投种 4 个串联环节。正常作业时，水稻种群在重力作用下填充至容种箱充种区内，通过种箱壳体物料防架空限位结构控制种群流动状态，避免种群结拱状态，保证充种区内种群流动的动态平衡。动力由机具行走轮通过链传动传至排种轴，带动旋转种勺盘及取种耳勺整体进行顺时针转动，当取种耳勺进入充种区内，对种群进行均匀搅动，形成速度不等的圆周种群层，降低种群内部水稻稻种绒毛间摩擦及黏结作用，稻种在自身重力、种群碰撞摩擦力及取种耳勺舀取力共同作用下进行充种，完成充种环节；取种耳勺舀取稻种进入清种区，在稻种自身重力及清种毛刷共同作用下，处于取种耳勺边缘且非稳定状态的稻种回落至容种箱，保证取种耳勺内舀取 5～8 粒水稻稻种，完成清种环节；取种耳勺转至护种区与护种辊柔性接触，在护种辊压动作用下取种耳勺绕销轴逆时针转动，与挡杆脱离并带动扭转弹簧单侧力臂变化，存储一定弹性势能，同时产生旋转回弹力，使取种耳勺紧贴柔性护种辊整体旋转，完成护种环节；当取种耳勺转动至一定角度脱离护种辊压动作用，扭转弹簧复位释放弹性势能，带动取种耳勺顺时针快速回转，并与挡杆复位接触，将所舀取的稻种以抛物线轨迹弹射投入导种管，完成投种环节；通过各环节共同作用提高机具播种质量，实现水稻精量穴直播作业[2]。

11.2.2 弹射式耳勺型水稻精量穴直播排种器关键部件设计与分析

弹射式取种耳勺作为精量穴直播排种器关键部件，其舀种功能对提高排种器作业质量及效率具有重要作用。

1. 弹射式取种耳勺

1）耳勺数量

水稻播种机具在作业速度和穴距确定的条件下，相同直径的旋转盘上取种耳勺数量越多，旋转盘线速度越低。较低的旋转盘线速度，能够延长耳勺通过舀种区的时间，有利于提高耳勺舀种性能。因此，在排种器结构允许条件下，旋转盘上应尽可能多地设计取种耳勺数量。耳勺在旋转盘上采用均布形式，设取种耳勺数量为 Z，则有

$$Z = \frac{6 \times 10^4 v}{nS} \tag{11-1}$$

式中，Z——取种耳勺数量，个；

v——试验台架种床带速度，m/s；

S——穴距，mm；

n——旋转盘转速，r/min。

播种机具前进速度为 0.52m/s，设计旋转盘及其上的取种耳勺旋转直径为 200mm；根据农艺要求水稻播种穴距取 150mm，旋转盘工作转速取 34r/min，根据式（11-1）确定取种耳勺数量 Z 为 6 个。

2）取种耳勺结构

为保证取种耳勺顺利舀取定量稻种，设计时应考虑稻种参数。浸种催芽后，稻种长、宽、厚差别较大。本研究选取前期测定的 12 种稻种几何尺寸为基础数据进行结构参数测定，其具体数据请参见 10.2.1 稻种物料特性参数测定结果。

在舀取充种过程中，取种耳勺盛种部舀入的稻种姿态可能是平躺、竖立或侧卧。有研究表明，稻种稳定舀入盛种部状态概率与其本身平躺、竖立或侧卧状态的截面积呈正相关。

$$\begin{cases} S_t = \dfrac{\pi l w}{4} \\ S_w = \dfrac{\pi t l}{4} \\ S_l = \dfrac{\pi w t}{4} \end{cases} \tag{11-2}$$

式中，l——浸种催芽后稻种平均长度，mm；

w——浸种催芽后稻种平均宽度，mm；

t——浸种催芽后稻种平均厚度，mm；

S_t——稻种平躺姿态截面积，mm^2；

S_w——稻种侧卧姿态截面积，mm^2；

S_l——稻种竖立姿态截面积，mm^2。

即

$$\begin{cases} \dfrac{P_t}{P_w} = \dfrac{S_t}{S_w} \\ \dfrac{P_t}{P_l} = \dfrac{S_t}{S_l} \\ \dfrac{P_w}{P_l} = \dfrac{S_w}{S_l} \end{cases} \tag{11-3}$$

其中

$$
\begin{cases}
P_t = \dfrac{S_t}{S_t + S_w + S_l} \times 100\% \\
P_l = \dfrac{S_l}{S_t + S_w + S_l} \times 100\% \\
P_w = \dfrac{S_w}{S_t + S_w + S_l} \times 100\%
\end{cases}
\tag{11-4}
$$

式中，P_t——稻种平躺姿态概率，%；

P_w——稻种侧卧姿态概率，%；

P_l——稻种竖立姿态概率，%。

稻种囊入盛种部姿态概率为互不相容的事件，3 种姿态的概率总和为 1，即

$$
P_t + P_w + P_l = 1 \tag{11-5}
$$

根据式（11-4）和式（11-5）分别得到稻种囊入盛种部姿态概率，见表 11-1。

表 11-1　稻种囊入盛种部概率

品种	平躺概率/%	侧卧概率/%	竖立概率/%
龙稻 18	49.91	38.05	12.04
龙庆稻 3 号	51.15	34.86	13.99
龙庆稻 2 号	47.90	34.21	17.89

由表 11-1 可知，稻种主要以平躺和侧卧的姿态被舀入取种耳勺盛种部，二者概率之和占 80%以上。考虑到浸种催芽后稻种尺寸及流动性，本节设计取种耳勺盛种部在旋转盘径向截面为椭圆形，该盛种部椭圆长轴 D 与旋转盘回转方向相切，取种耳勺结构如图 11-2 所示。

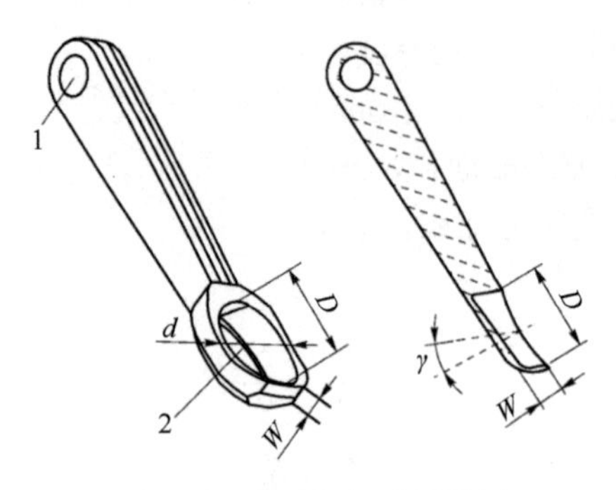

图 11-2　取种耳勺结构简图

1. 勺轴孔；2. 盛种部；d 为盛种部椭圆短轴；W 为盛种部深度；γ 为盛种部倾角

为了提高取种耳勺舀种、投种性能，同时保证每个耳勺盛种部舀取 5～8 粒稻种，

参照经验公式，耳勺盛种部椭圆长轴 D、盛种部椭圆短轴 d 和盛种部深度 W 分别为

$$\begin{cases} D = k_l l_{\max} \\ d = k_w \omega_{\max} \\ W = k_t \omega_{\max} \end{cases} \tag{11-6}$$

式中，$l_{\max}$——稻种长度最大值，mm；

$\omega_{\max}$——稻种宽度最大值，mm；

k_l——盛种部椭圆长轴调节系数；

k_w——盛种部椭圆短轴调节系数；

k_t——盛种部深度调节系数。

3）取种耳勺盛种部倾角

排种器作业时，由于稻种在舀种区以散粒体方式运动，图 11-3b 为在取种耳勺带动下稻种形成强制运动的弧形种群。

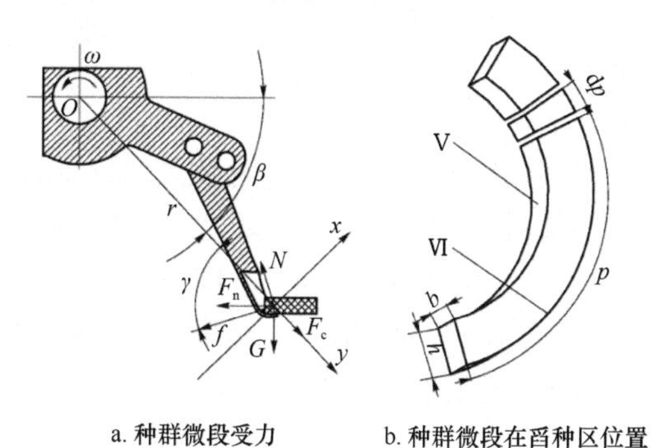

图 11-3　稻种群在舀种区受力分析图

V. 耳勺接触面；VI. 种群接触面

为简化分析过程，将弧形种群视为矩形截面 $h \times b$（h 为稻种群接触面与取种耳勺间距，b 为厚度）的稻种流。选取舀种区内种群微段 dp 为研究对象，受力分析如图 11-3a 所示，建立平衡方程为

$$\begin{cases} N\cos\gamma - F_{\mathrm{n}}\sin\beta - f\sin\gamma = G\cos\beta \\ F_{\mathrm{n}}\cos\beta + f\cos\gamma + N\sin\gamma - G\sin\beta \geqslant F_{\mathrm{c}} \\ f = \mu N \\ F_{\mathrm{n}} = \mu G \\ F_{\mathrm{c}} = m\omega^2 r \\ G = mg \end{cases} \tag{11-7}$$

式中，m——稻种质量，kg；

F_{n}——种群对稻种流微段的侧向压力，N；

β——y 轴与水平面的夹角，(°)；

G——稻种自身重力，N；

f——稻种流微段与取种耳勺摩擦力，N；

F_c——稻种流微段惯性离心力，N；

μ——稻种流微段与取种耳勺摩擦因数；

N——取种耳勺对稻种流微段支持力，N；

ω——取种耳勺角速度，rad/s；

r——取种耳勺旋转半径，mm；

γ——取种耳勺盛种部倾角，(°)；

g——重力加速度，m/s^2。

由式（11-7）得

$$\beta \geqslant \pi\text{-arcsin}\frac{\omega^2 r}{g\sqrt{1+\mu^2}\sqrt{1+K^2}} - \arctan\frac{1}{\mu} - \arctan\frac{1}{K} \quad (11\text{-}8)$$

式中，$K=\dfrac{\mu\cos\gamma+\sin\gamma}{\cos\gamma-\mu\sin\gamma}$。

由式（11-8）可以得到，取种耳勺有效舀种位置角即 y 轴与水平面的夹角 β，与稻种物料特性 μ、耳勺盛种部倾角 γ、取种耳勺角速度 ω 有关。根据排种器工作原理可知，有效舀种位置角不大于 90°，即 $\beta \leqslant 90°$，取种耳勺角速度取 ω=3.35rad/s，稻种流微段与取种耳勺摩擦因数取 μ=0.78，耳勺旋转半径 r 为 100mm，取整求得耳勺盛种部倾角 γ 为 17°。

4）取种耳勺优化

根据以上结构参数，进一步优化取种耳勺形状，确保耳勺结构具有最佳工作性能。盛种部内边缘上沿和下沿为平滑过渡，侧壁厚度越薄越好，但是如果太薄，舀种过程中容易损伤种芽，而且加工精度难以保证。综合考虑水稻种芽长度，在样机试制过程中，确定加工厚度为 2mm。耳勺柄端面采用平滑圆角结构，确保在排种器舀种过程中，能够减小稻种种群对耳勺柄阻挡，降低耳勺柄对稻种种群的冲击作用，减轻由于取种耳勺脱离种群时的回弹，导致舀种部内稻种被抛离，从而无法保证精量取种，倒角结构在投种过程中，有利于降低耳勺柄与挡杆接触处存留稻种，从而造成稻种损伤的概率，优化后结构如图 11-4a 所示。为了适应不同农艺条件下穴直播播种量要求，试制了不同结构参数的系列取种耳勺，如图 11-4b 所示。

2. 投送导种管

为了减少稻种与投种管碰撞产生的损伤，降低稻种与投种管摩擦，及时抛投到水田田面，应研究投种过程中稻种弹射轨迹，根据轨迹线设计投种管。

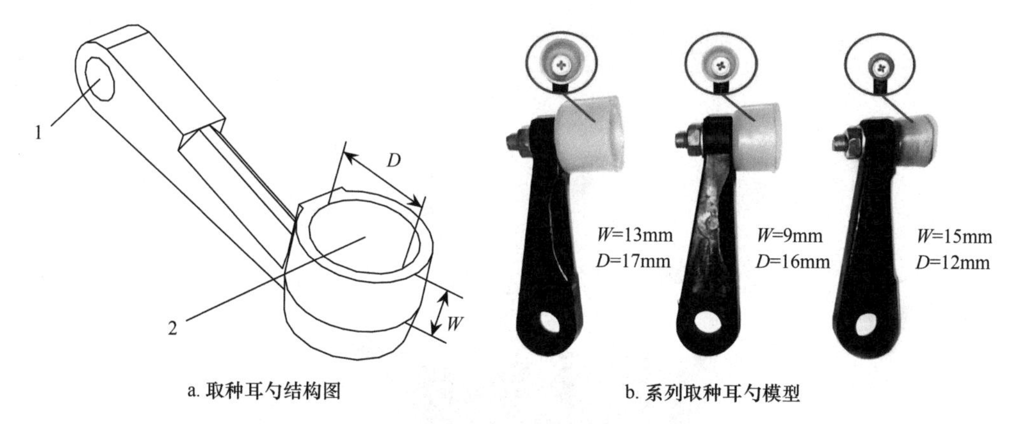

a. 取种耳勺结构图　　b. 系列取种耳勺模型

图 11-4　优化后系列取种耳勺

1. 勺轴孔；2. 盛种部

由弹射式耳勺型水稻精量穴直播排种器工作原理可知，取种耳勺随旋转底座做圆周运动，当其运动到圆周最高点时，取种耳勺脱离柔性护种辊的压制，扭转弹簧复位释放角能量产生旋转力，带动取种耳勺绕柱销快速旋转直至接触到挡杆，此时排种器进入投种阶段。为简化分析过程，对投种阶段稻种进行受力分析前，作如下假设。

（1）将稻种简化为规则的椭球体，其质心为椭球体的几何中心。

（2）对稻种进行受力分析时，仅考虑其在取种耳勺转动平面内的运动，不考虑沿排种轴轴线方向的运动。

由运动学分析可知，投种过程稻种下落模型可简化为平面斜下抛运动。以取种耳勺舀种部内水稻种群为研究对象，将种群视为统一质点 M，其质心作为坐标原点，分别以种群水平运动方向和竖直运动相反方向为正方向，建立 XOY 坐标系，如图 11-5 所示。

取种耳勺脱离柔性护种辊压制作用，排种器进入投种阶段，在旋转底座带动下取种耳勺绕柱销快速旋转并与挡杆碰撞，稻种被抛离出取种耳勺，则有

$$\begin{cases} v_{O'} = \omega_1 l_1 \\ v_{O''} = \omega_2 l_2 \end{cases} \tag{11-9}$$

式中，$v_{O'}$——柱销相对底座转动线速度，mm/s；

ω_1——柱销相对底座转动角速度，rad/s；

l_1——柱销相对底座等效回转半径，mm；

$v_{O''}$——种群 M 相对柱销转动线速度，mm/s；

ω_2——种群 M 相对柱销转动角速度，rad/s；

l_2——种群 M 相对柱销等效回转半径，mm。

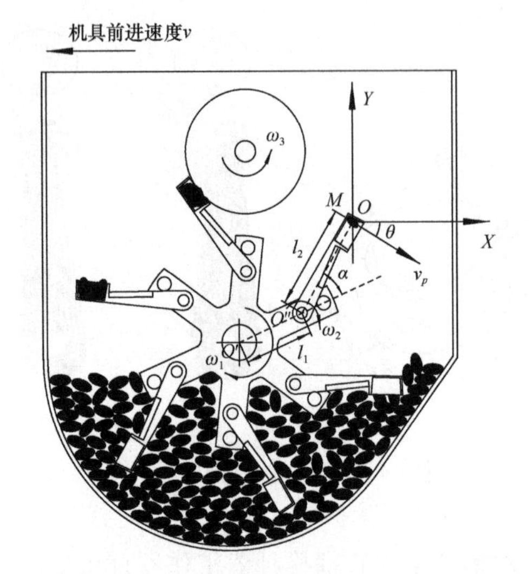

图 11-5　投种过程稻种受力分析示意图

ω_3. 柔性护种辊角速度，rad/s；其他字母见式（11-9）～式（11-13）中注释

种群M被抛离出取种耳勺时的瞬时速度为柱销相对旋转底座中心转动的线速度与稻种相对柱销中心转动的线速度的合速度，为简化分析，忽略空气阻力影响及种群M与取种耳勺舀种部内壁的摩擦，由余弦定理可得

$$v_{\mathrm{p}}=\sqrt{v_{O'}^{2}+v_{O''}^{2}-2v_{O'}v_{O''}\cos(\pi-\alpha)} \tag{11-10}$$

式中，v_{p}——种群M被抛离出取种耳勺的瞬时速度，mm/s；

α——取种耳勺与挡杆接触时，取种耳勺与旋转底座安装臂夹角，(°)。

将式（11-9）代入式（11-10），得

$$v_{\mathrm{p}}=\sqrt{\omega_1^2 l_1^2+\omega_2^2 l_2^2+2\omega_1\omega_2 l_1 l_2\cos\alpha} \tag{11-11}$$

由于种群M被抛离出取种耳勺后做平面斜下抛运动，分析可得

$$x=v_{\mathrm{p}}t\cos\theta \tag{11-12}$$

$$y=-v_{\mathrm{p}}t\sin\theta-\frac{1}{2}\times 1000gt^2 \tag{11-13}$$

式中，x——种群M在水平方向位移，mm；

y——种群M在竖直方向位移，mm；

θ——种群M被抛离出取种耳勺舀种部瞬时速度与水平方向夹角，(°)；

t——种群M下落时间，s；

g——重力加速度，9.8m/s^2。

将式（11-11）代入式（11-12），解得种群M下落时间为

$$t=\frac{x}{\sqrt{\omega_1^2 l_1^2+\omega_2^2 l_2^2+2\omega_1\omega_2 l_1 l_2\cos\alpha}\cos\theta} \tag{11-14}$$

将式（11-14）代入式（11-13），整理得种群 M 的轨迹方程为

$$y = -x\tan\theta - \frac{500gx^2}{\left(\omega_1^2 l_1^2 + \omega_2^2 l_2^2 + 2\omega_1\omega_2 l_1 l_2 \cos\alpha\right)\cos^2\theta} \tag{11-15}$$

其中，由文献[2]可知，柱销相对底座等效回转半径 l_1=40mm，种群 M 相对柱销等效回转半径 l_2=60mm，取种耳勺与挡杆接触时，取种耳勺与旋转底座安装臂夹角 α=36°。利用数学软件 Matlab R2014a 的 plot 函数编写绘图程序，通过对变量 ω_1、ω_2 与 θ 的不同取值，绘制不同工作转速下水稻种群的投种轨迹，如图 11-6 所示。

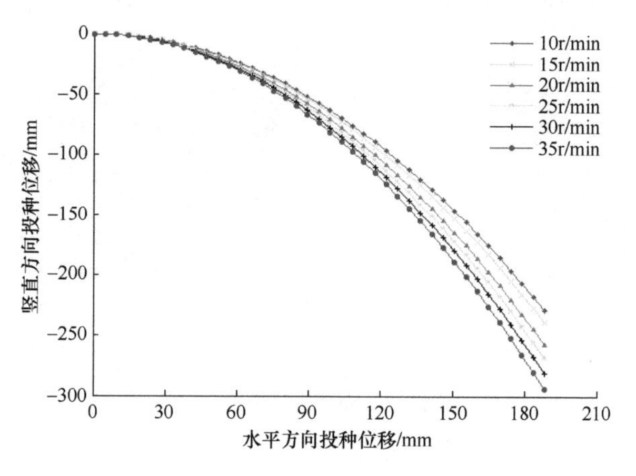

图 11-6 水稻种群投种轨迹示意图

根据弹射轨迹确定投种管结构曲线，即将弹射轨迹最大限度包络于投种管范围。稻种在所优化设计的投种管内运动，可有效降低稻种与投种管碰撞，减少稻种机械损伤，降低稻种与投种管摩擦，顺利成穴投落至种床土壤，有效满足精量穴直播穴径及穴距等农艺指标。

11.2.3 弹射式耳勺型水稻精量穴直播系列环节机理分析

1. 充种环节排种机理

充种过程是系列作业过程中最关键的环节之一，精准连续且稳定的舀取稻种是提高排种器作业质量的重要保证。根据取种耳勺作业状态将充种环节分为两个阶段，即取种耳勺转入充种区在复合填充力作用下舀种，取种耳勺舀取稻种平稳转出充种区。本节分别以两个阶段的稻种为研究对象，对舀入过程和舀出过程进行动力学分析，研究影响整体充种性能的主要因素。

当取种耳勺转入充种区与种群接触时，搅动种群发生相对运动，由于稻种形状不规则且表面绒毛使其流动性较差，在种群内部运动稻种与静止稻种间将形成分界层，即稻种相对于取种耳勺外滑移层，同时取种耳勺内壁与所舀取的稻种间

也将形成分界层，即稻种相对于取种耳勺内滑移层，两分界层间所舀取的稻种滑移体即为所研究重点。根据取种耳勺舀取稻种实际运动状态抽象模型，如图 11-7a 所示，以旋转种勺盘旋转中心为坐标原点 O，建立静态直角坐标系 xOy；以所舀取稻种群体为坐标原点 O'，建立动态直角坐标系 $x'O'y'$，其中沿取种耳勺端部运动轨迹切线方向为 y'轴，沿取种耳勺端部运动轨迹法线方向为 x'轴。

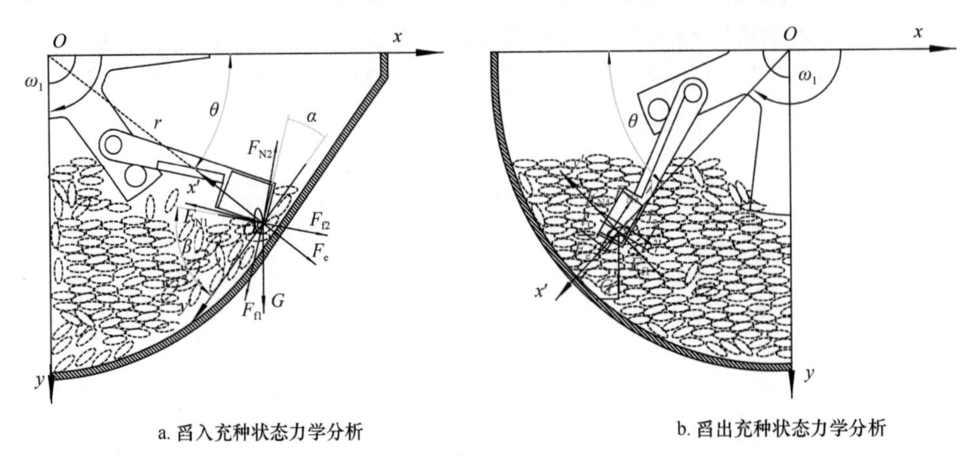

a. 舀入充种状态力学分析　　b. 舀出充种状态力学分析

图 11-7　充种环节机理分析

ω. 排种盘角速度，rad/s，图中其他字母见式（11-16）、式（11-19）中的注释

为简化分析过程，假设内外滑移层与滑移体的自由接触表面为平面，两接触表面与所舀取稻种群体 O'处运动轨迹切线夹角分别为 α 和 β，舀种过程中在复合填充力作用下，稻种滑移体将进入耳勺底部，滑移角 α 随稻种填充量增加而增大，滑移角 β 随稻种填充量增加而减小。当取种耳勺填充率较高时，滑移角 β 近似为 0°，即充种性能较好，此时稻种将停止进行填充。因此重点对填充至耳勺底部处于相对静止状态的稻种进行力学分析，假设稻种为形状规则椭球体，其质心为几何中心，稻种受到内滑移层支持力 F_{N1}、外滑移层压力 F_{N2}、内滑移层摩擦力 F_{f1}、外滑移层摩擦力 F_{f2}、惯性离心力 F_e 和自身重力 G，在保持相对静止状态下进行力学平衡分析，其各力间应满足：

$$\begin{cases} F_{N1}\cos\alpha + F_{N2}\cos\beta - F_e - F_{f1}\sin\alpha - F_{f2}\sin\beta - G\sin\theta = 0 \\ F_{N1}\sin\alpha + F_{f1}\cos\alpha + G\cos\theta - F_{f2}\cos\beta - F_{N2}\sin\beta = 0 \\ F_e = mr\omega_1^{\ 2} \\ G = mg \\ F_{f1} = \mu_1 F_{N1} \\ F_{f2} = \mu_2 F_{N2} \end{cases} \tag{11-16}$$

式中，m——稻种质量，g；

r——取种耳勺有效旋转半径，mm；

α——内滑移层与所舀取稻种运动轨迹切线间夹角，(°)；

β——外滑移层与所舀取稻种运动轨迹切线间夹角，(°)；

θ——舀取稻种起始位置角，(°)；

μ_1——稻种间摩擦因数；

μ_2——稻种与取种耳勺间摩擦因数；

ω_1——旋转种勺盘旋转角速度，rad/s。

为简化计算近似假设 μ_1=μ_2=μ，对式（11-16）进行整理可得

$$\begin{cases} F_{\mathrm{N1}} = \dfrac{m\left(r\omega_1^2 + g\sin\theta\right)\left[\left(\mu\cos\beta + \sin\beta\right) - mg\cos\theta\right]}{\left(1-\mu^2\right)\sin(\alpha+\beta) + 2\mu\cos(\alpha+\beta)} \\ F_{\mathrm{N2}} = \dfrac{m\left(r\omega_1^2 + g\sin\theta\right)(\sin\alpha + \mu\cos\alpha)}{\left(1-\mu^2\right)\sin(\alpha+\beta) + 2\mu\cos(\alpha+\beta)} \end{cases} \tag{11-17}$$

取种耳勺舀取稻种的填充力 F_c 可表示为

$$F_c = F_{\mathrm{N2}} - \mu F_{\mathrm{N1}} - G\sin(\beta+\theta) - F_e\cos\alpha \tag{11-18}$$

由式（11-17）和式（11-18）分析可知，在稻种临界平衡状态下取种耳勺舀取填充力 F_c 主要与旋转种勺盘旋转角速度 ω_1 和取种耳勺舀取稻种起始位置角 θ 等因素有关，而取种耳勺舀取稻种起始位置角主要由容重箱容种高度决定。

在此基础上，对取种耳勺舀取稻种平稳转出过程进行分析，研究影响平稳填充的主要因素。根据取种耳勺舀取稻种转出实际运动状态抽象模型，如图 11-7b 所示，此时稻种受到内滑移层摩擦力 F_{f1}、取种耳勺侧壁支持力 F_{N3}、取种耳勺底壁支持力 F_{N4}、惯性离心力 F_e 和自身重力 G，保证取种耳勺平稳转出且不甩离稻种的临界状态为

$$\begin{cases} F_{\mathrm{N3}}\sin\lambda + F_{\mathrm{N4}}\cos\gamma - F_{\mathrm{f1}} - G\cos\theta = 0 \\ F_e + G\sin\theta + F_{\mathrm{N4}}\sin\gamma - F_{\mathrm{N3}}\cos\lambda = 0 \\ F_{\mathrm{N3}} l_1 - F_{\mathrm{N4}} l_2 = 0 \end{cases} \tag{11-19}$$

式中，l_1——取种耳勺侧壁支持力力臂，mm；

l_2——取种耳勺底臂支持力力臂，mm；

λ——取种耳勺侧壁支持力与 x' 轴间夹角，(°)；

γ——取种耳勺底壁支持力与 x' 轴间夹角，(°)。

将式（11-16）和式（11-19）合并可得

$$F_{\mathrm{f1}} = \frac{l_2\sin\lambda\left(r\omega_1^2 + g\sin\theta\right)}{l_2\cos\lambda - l_1\sin\gamma} + \left[\frac{l_1\left(r\omega_1^2 + g\sin\theta\right)}{l_2\cos\lambda - l_1\sin\gamma}\right]\cos\gamma - g\cos\theta \tag{11-20}$$

由式（11-20）分析可知，在取种耳勺舀取稻种平稳转出过程中，稻种处于平稳运移状态时内滑移层摩擦力 F_{f1} 即稻种间摩擦力主要与取种耳勺有效旋转半径

r、旋转种勺盘旋转角速度 ω_1 和舀取稻种起始位置角 θ 等参数有关，上述参数是影响平稳充种性能的主要因素。

2. 护种环节排种机理

经稻种自身重力及清种毛刷复合清种作用，取种耳勺舀取定量稻种转至护种区与柔性护种辊接触，在护种辊压动作用下取种耳勺绕销轴逆时针转动，与挡杆脱离并带动扭转弹簧单侧力臂变化，存储一定弹性势能，同时产生旋转回弹力，使取种耳勺紧贴柔性护种辊整体旋转，此时柔性护种辊因与取种耳勺间静摩擦力作用发生同步旋转，且两者间无相对运动，有效减少稻种因柔性护种辊与取种耳勺间相对运动造成磨损、夹种及啃种等现象，同时避免了因机具振动造成的稻种提前滑落等问题。

对有效护种的临界状态进行分析，忽略因机具振动造成稻种滑移的影响，根据取种耳勺逆时针旋转护种实际状态抽象模型（图 11-8），以护种阶段所舀取的稻种为坐标原点 Q，建立动态直角坐标系 xQy，其中沿取种耳勺端部运动轨迹切线方向为 x 轴，沿取种耳勺端部运动轨迹法线方向为 y 轴。对稻种进行力学分析，稻种受到取种耳勺侧壁摩擦力 F_{f3}、取种耳勺底壁摩擦力 F_{f4}、取种耳勺侧壁支持力 F_{N3}、取种耳勺底壁支持力 F_{N4}、惯性离心力 F_e 和自身重力 G，保证取种耳勺内稻种稳定护种的临界状态为

$$\begin{cases} G\cos\left(\vartheta-\dfrac{\pi}{2}\right)+F_{f4}\cos\zeta_1+F_{f3}\sin\zeta_2-F_{N4}\sin\zeta_1-F_{N3}\cos\zeta_2-F_e=0 \\ G\sin\left(\vartheta-\dfrac{\pi}{2}\right)-F_{N4}\sin\zeta_1-F_{f4}\cos\zeta_1-F_{f3}\sin\zeta_2-F_{N3}\sin\zeta_2=0 \\ F_{f3}=\mu_2 F_{N3} \\ F_{f4}=\mu_2 F_{N4} \end{cases} \tag{11-21}$$

式中，ϑ——旋转压动过程中取种耳勺轴线与水平线间夹角，(°)；

μ_2——稻种与取种耳勺间摩擦因数；

ζ_1——取种耳勺侧壁支持力与 y 轴间夹角，(°)；

ζ_2——取种耳勺底壁支持力与 y 轴间夹角，(°)。

当取种耳勺受到柔性护种辊同步压动时，将绕销轴逆时针转动，在取种耳勺内稻种对耳勺侧壁作用力将逐渐减小，即取种耳勺侧壁支持力 F_{N3} 和取种耳勺侧壁摩擦力 F_{f3} 趋近于 0，忽略其影响作用，对式（11-21）进行整理简化可得

$$\begin{cases} mg\cos\left(\vartheta-\dfrac{\pi}{2}\right)+F_{f4}\cos\zeta_1-F_{N4}\sin\zeta_1-mr\omega_1^2=0 \\ mg\sin\left(\vartheta-\dfrac{\pi}{2}\right)-F_{f4}\sin\zeta_1-F_{N4}\cos\zeta_1=0 \end{cases} \tag{11-22}$$

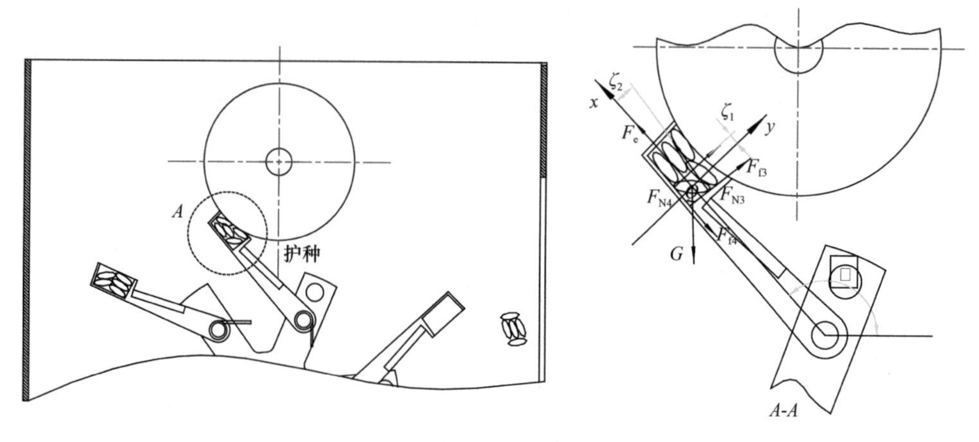

图 11-8　护种环节机理分析

由式（11-22）分析可知，当取种耳勺内稻种沿 y 轴负方向分力大于沿 y 轴正方向分力时，稻种将由相对静止状态向取种耳勺旋转方向滑动，即

$$G\sin\left(\vartheta-\frac{\pi}{2}\right)\geqslant F_{f4}\sin\zeta_1+F_{N4}\cos\zeta_1 \tag{11-23}$$

将式（11-22）和式（11-23）合并整理可得

$$\vartheta\geqslant\frac{\pi}{2}+\arcsin\left[\frac{r\omega_1^2}{g}\sin\left(\theta_g+\zeta_1\right)\right]-\theta_g-\zeta_1 \tag{11-24}$$

其中 $\theta_g=\arctan\left(\dfrac{1}{\mu_2}\right)$。

由式（11-24）分析可知，保证柔性护种辊有效压动取种耳勺进行护种作业，且耳勺内稻种相对平衡的临界旋转角 ϑ 主要与稻种与取种耳勺间摩擦因数 μ_2、取种耳勺有效旋转半径 r 和旋转种勺盘旋转角速度 ω_1 等参数有关，根据排种旋转角速度 $\omega_1\in(1.5, 4.0)$rad/s，取种耳勺有效旋转半径 r=103mm，稻种与取种耳勺间摩擦因数恒定，将上述参数代入式（11-24）中可得其临界旋转角 ϑ 应大于 118.3°，以保证柔性护种辊有效护种作业。

3. 投种环节排种机理

当取种耳勺转至一定角度脱离护种辊压动作用时，扭转弹簧复位释放弹性势能，带动取种耳勺顺时针快速回转，并与挡杆复位接触，将所舀取的稻种弹射入导种管。忽略投种过程中空气阻力影响，稻种主要进行沿水平投送方向匀速运动及沿竖直向下方向的匀加速运动，在空间中形成平稳抛物线轨迹。

对投送过程中的稻种进行运动学分析，如图 11-9 所示，当取种耳勺与柔性护种辊压动接触处于极限位置时，取种耳勺与旋转种勺盘安装臂轴线起始夹角

为 φ_1；当取种耳勺快速回弹与挡杆复位接触时，取种耳勺与旋转种勺盘安装臂轴线终止夹角为 φ_2。为简化分析过程，假设取种耳勺为均质直杆体，根据能量守恒定律分析取种耳勺与挡杆接触瞬间能量变化，取种耳勺绕销轴转动过程中的动能可表示为

$$\begin{cases} T_{o''} = \dfrac{1}{2} J_{o''} \omega_{o''}^2 \\ J_{o''} = \dfrac{1}{3} m_{o''} s_2^2 \end{cases} \tag{11-25}$$

式中，$T_{o''}$——取种耳勺转动过程中动能，J；

$J_{o''}$——取种耳勺转动惯量，kg·m^2；

$\omega_{o''}$——取种耳勺绕销轴逆时针旋转角速度，rad/s；

s_2——稻种等效旋转半径，mm；

$m_{o''}$——取种耳勺与稻种整体等效质量，g。

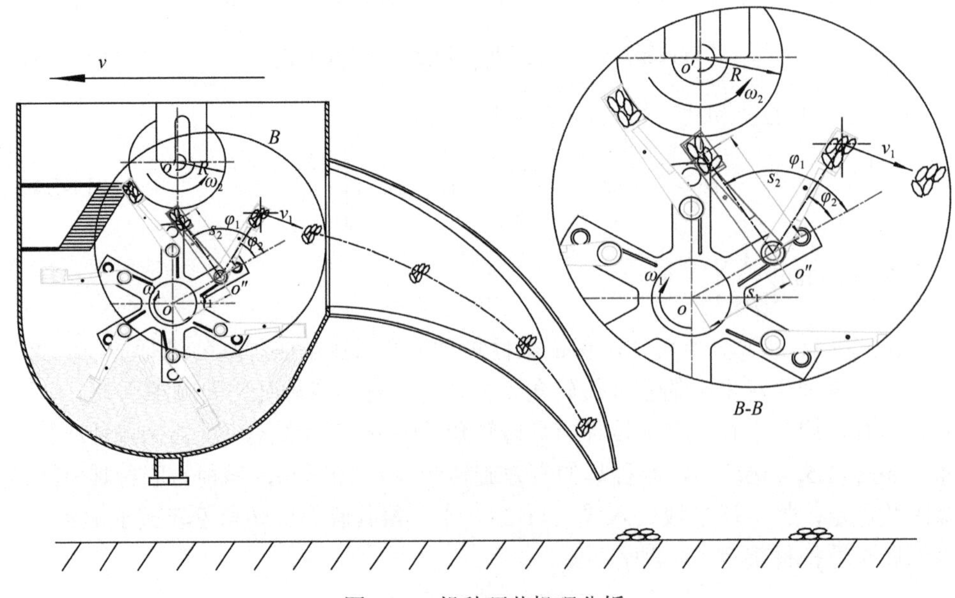

图 11-9　投种环节机理分析

字母含义见式（11-25）和式（11-26）

当取种耳勺与柔性护种辊同步转动，两者在接触点处线速度相同，将此接触点线速度近似为稻种合速度，根据速度合成定量可得

$$\omega_{o''} = \frac{\sqrt{(R\omega_2)^2 - (s_1\omega_1)^2}}{s_2} \tag{11-26}$$

式中，R——柔性护种辊半径，mm；

ω_2——柔性护种辊旋转角速度，rad/s；

ω_1——旋转种勺盘旋转角速度，rad/s；

s_1——旋转种勺盘等效旋转半径，mm。

当取种耳勺与挡杆碰撞瞬间，扭转弹簧完全复位并释放全部弹性势能，此能量可表示为

$$W = \frac{1}{2} k_o \left(\varphi_1 - \varphi_2 \right)^2 \tag{11-27}$$

式中，W——扭转弹簧弹性势能，J；

k_o——扭转弹簧刚度系数。

假设取种耳勺与挡杆复位接触瞬间，忽略碰撞过程中的能量损失，即扭转弹簧的弹性势能全部转化为取种耳勺及稻种整体动能，此时取种耳勺碰撞瞬间动能可表示为

$$T_{o'} = \frac{1}{2} J_{o''} \omega_{o'}^2 \tag{11-28}$$

式中，$T_{o'}$——取种耳勺碰撞瞬间的动能，J；

$\omega_{o'}$——取种耳勺碰撞瞬间旋转角速度，rad/s。

根据能量守恒定律可得

$$T_{o''} + W = T_{o'} \tag{11-29}$$

将式（11-25）～式（11-28）代入式（11-29）中简化可得取种耳勺与挡杆碰撞瞬间稻种速度为

$$s_2 \omega_{o''} = \sqrt{\frac{k_o \left(\varphi_1 - \varphi_2 \right)^2}{m_{o''}} + \frac{1}{3}\left[\left(R\omega_2 \right)^2 - \left(s_1 \omega_1 \right)^2 \right]} \tag{11-30}$$

忽略投送过程中稻种与取种耳勺间的摩擦作用，其瞬时速度为

$$\begin{cases} v_1 = \sqrt{v_{o''}^2 + v_o^2 - 2 v_{o''} v_o \cos\varphi_2} \\ v_{o''} = s_2 \omega_{o''} \\ v_0 = s_1 \omega_1 \end{cases} \tag{11-31}$$

式中，$v_{o''}$——稻种相对于销轴旋转线速度，m/s；

v_0——销轴相对于旋转种勺盘旋转线速度，m/s；

v_1——稻种被弹射瞬时速度，m/s。

此时稻种水平方向弹射距离可表示为

$$D = \sqrt{\left(s_2 \omega_{o''} \right)^2 + \left(s_1 \omega_1 \right)^2 - 2\left(s_1 \cdot s_2 \cdot \omega_{o''} \cdot \omega_1 \right) \cos\varphi_2} \cdot t - vt \tag{11-32}$$

式中，D——稻种水平方向弹射距离，mm；

v——播种机具前进速度，m/s；

t——稻种弹射后下落时间，s。

由式（11-32）分析可知，在投种过程中稻种水平方向距离直接影响水稻直播株距及密度，主要与播种机具前进速度v和旋转种勺盘旋转角速度ω_1等参数有关，且随旋转种勺盘旋转角速度增加，稻种水平方向距离逐渐增大。

通过对弹射式耳勺型水稻精量穴直播排种器的充种、护种及投种等环节作业机理分析可知，当排种器结构参数与稻种物料特性参数一定时，排种器作业性能主要与旋转种勺盘工作转速和容种箱容种高度等因素有关[3]。因此，在后续台架试验阶段，将结合高速摄像与图像目标跟踪技术对充种环节种群流动特性、护种环节弹射过程及各工作转速下投种轨迹规律进行测定研究，并开展多因素优化试验提高排种器整体性能。

11.3 气吸式水稻精量穴直播排种器设计

以突破气力式水稻精量排种器播量可调为出发点，对排种器关键部件创新设计并进行理论分析，提出气力式水稻精量排种器设计理论与样机试制方案。基于前期12种典型寒地单季稻种物料参数测定与主成分分析研究，采用辅助搅种充种、机械清种与精量投种等方式，设计了一种气吸式水稻精量穴直播排种器。本节介绍排种器工作原理，设计排种器关键部件的结构参数，优化排种器排种盘结构、辅助搅种充种结构及播量调节部件；对排种器充种阶段、清种阶段和投种阶段进行理论分析；构建稻种在排种过程的动力学与运动学模型，分析排种器作业机理，为排种器后续虚拟仿真分析、参数优化、样机试制及台架试验提供理论基础与借鉴参考[4]。

11.3.1 总体结构与工作原理

排种器主要由端盖、后壳体、负压气室、异型型孔排种盘、搅种毛刷、清种毛刷、传动轴、种箱等部件构成，其结构如图 11-10 所示。其中排种盘嵌套在传动盘上，传动盘由异形定位孔固装于传动轴，传动轴由驱动链轮驱动转动，在传动轴带动下逆时针转动。传动轴与后壳体由深沟球轴承进行定位并保证其自由转动，在主要承受径向载荷的同时也承受部分轴向载荷。排种盘与后壳体间安装有负压气室，其通过后壳体表面的凹槽进行定位，由排种盘提供预紧压实力。排种盘与稻种接触一侧留有与播量调节盘配合的凹槽，可与播量调节盘配合使用进行每穴播种粒数的调节。排种盘与前壳体间装有搅种毛刷，通过球轴承安装在前壳体上，搅种毛刷轴为锥齿轮轴，通过与安装在传动轴上的锥齿轮配合实现搅种运动，毛刷材质为猪鬃，可通过插装不同长度的毛刷进行搅动效果的调节。前壳体上安装有清种毛刷。为简化排种器结构，种箱与前壳体为一体式设计。

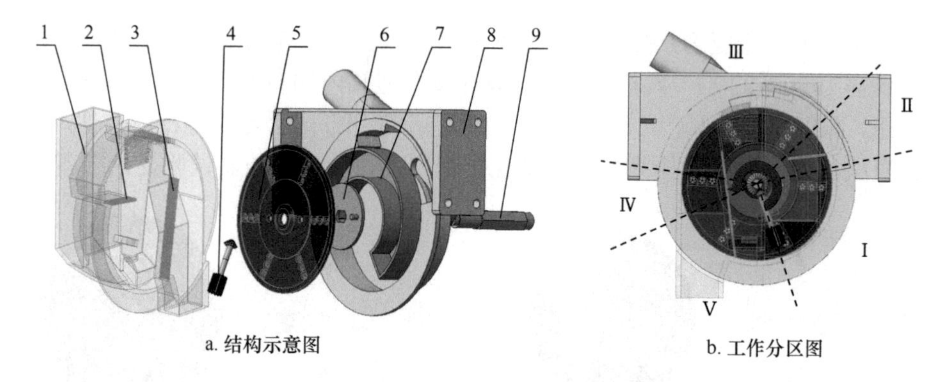

a. 结构示意图　　b. 工作分区图

图 11-10　气吸式水稻精量穴直播排种器

1. 前壳体；2. 清种毛刷；3. 卸种毛刷；4. 搅种毛刷；5. 异型型孔排种盘；6. 传动盘；7. 负压气室；8. 后壳体；9. 传动轴；Ⅰ. 充种区；Ⅱ. 清种区；Ⅲ. 携种区；Ⅳ. 卸种区；Ⅴ. 过渡区

将排种器按不同功能和作业顺序分为充种区、清种区、携种区、卸种区和过渡区 5 个区域。排种器工作时，进气口连接负压，稻种从种箱底部进入充种区，在负压及搅种毛刷扰动作用下吸附在型孔内随种盘进行转动。在清种区，多余的稻种被清种毛刷清除。吸附力具有优势的稻种随排种盘继续转动，经过携种区后，在卸种区处阻断负压，稻种在重力和离心力的共同作用下离开型孔掉入投种口，完成排种作业。

11.3.2　气吸式水稻精量穴直播排种器关键部件设计与分析

气吸式水稻精量穴直播排种器主要由异型型孔排种盘、播量调节装置和搅种装置等关键部件共同配合完成水稻精量播种。其中，排种盘主要通过负压作用，由排种盘上的异型型孔与吸孔吸附满足农艺要求数量的稻种实现稻种的定量有序运移；播量调节装置配合排种盘实现不同水稻品种的播量调节，满足不同农艺要求的播种量；搅种装置可提高种箱内种群的流动性，辅助充种，进而提高充种能力。本节主要对排种盘、播量调节装置、搅种装置和其他部分关键部件进行优化与设计，以期为后续虚拟仿真模型建立、样机试制与台架试验研究提供理论基础。

1. 异型型孔排种盘

排种盘的作用是将稻种从种群中分离并携带稻种至投种区，是排种器的重要部件，其参数对排种器的结构设计尤为重要。本研究以前期测定的稻种物料特性为基础，优化排种盘结构参数，可有效提高每穴较多稻种的充种能力，改善排种器的排种适应性。

排种盘的主要结构包括型孔和型孔内的吸孔。其结构如图 11-11 所示，左侧为结构图，右侧为 3D 打印实物图。为保证水稻产量，综合考虑北方寒地直播稻稻种出苗率和分蘖能力，排种盘的基本形式为保证分蘖能力弱的水稻品种（每穴播种量需为20～22粒）穴直播粒数。设计每个型孔内均布5个吸孔，每三个型孔为一组，即每组型孔吸附21粒稻种。由于型孔排列方式会影响排种成穴性，因此设计直线排列型和三角排列型两种型孔排列方式，为后期仿真试验提供准备。

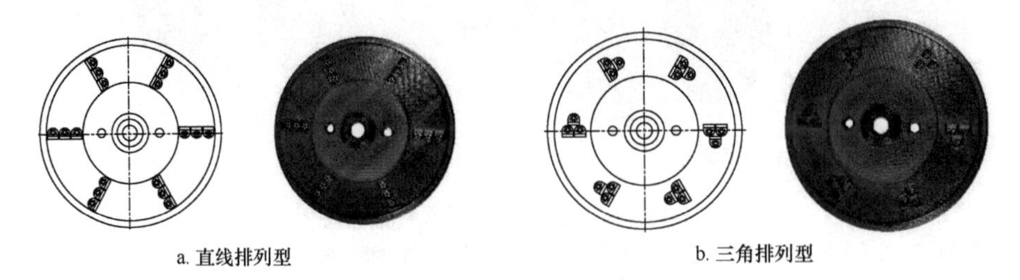
a. 直线排列型　　b. 三角排列型

图 11-11　异型型孔排种盘

在吸种区，建立吸种力学模型，当排种盘为平面时，如图 11-12a 所示。在排种盘吸附稻种并匀速圆周运动时，建立稻种平衡方程为

$$\begin{cases} F_S = F_N \\ F_f - G = m\omega^2 R \end{cases} \tag{11-33}$$

$$F_f = \mu_f F_N \tag{11-34}$$

式中，F_S——无型孔排种盘稻种受到排种盘的吸附力，N；

F_N——无型孔排种盘稻种受到排种盘的支持力，N；

F_f——无型孔排种盘稻种受到排种盘和种群的内摩擦力，N；

m——稻种质量，g；

G——稻种所受重力，N；

ω——排种盘转速，rad/s；

R——吸孔所在半径，mm；

μ_f——滑动摩擦因数。

当排种盘设计有异型型孔时，吸种力学模型如图 11-12b 所示。此情况下重新建立稻种平衡方程为

$$\begin{cases} F_S' = F_N' \\ F_f' + N_0 - G = m\omega^2 R \end{cases} \tag{11-35}$$

式中，F_S'——异型型孔排种盘稻种受到排种盘的吸附力，N；

F_N'——异型型孔排种盘稻种受到排种盘的支持力，N；

F_f'——异型型孔排种盘稻种受到排种盘和种群的内摩擦力，N；

N_0——稻种受到型孔的支持力，N。

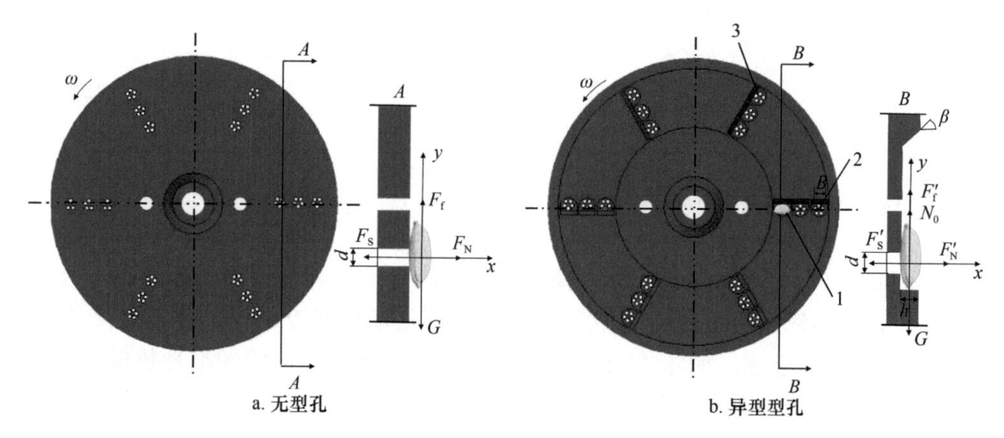

图 11-12　稻种吸附过程受力示意图

1. 稻种；2. 吸孔；3. 异型型孔；*h*. 型孔深度，mm

对比式（11-33）与式（11-35）可知，异型型孔会对稻种产生支撑作用，可部分抵消稻种受到的摩擦力 F_f。在此基础上，建立排种盘吸附稻种所需的压强模型公式为

$$P = \frac{4}{\pi d^2} F_S = \frac{4}{\pi d^2 \mu_f}\left(m\omega^2 R + G\right) \tag{11-36}$$

$$P' = \frac{4}{\pi d^2} F_S' = \frac{4}{\pi d^2 \mu_f}\left(m\omega^2 R + G - N_0\right) \tag{11-37}$$

式中，P——无型孔排种盘工作压强，Pa；

ω——排种盘转速，rad/s；

N_0——稻种受型孔的支持力，N；

P'——异型型孔排种盘工作压强，Pa；

d——吸孔直径，mm。

对比式（11-36）与式（11-37）可知，异型型孔排种盘可使得对负压气室的相对工作压强要求降低，即在同等压力条件下，更容易吸附稻种，降低漏播率，同时达到节约能源的效果。在携种区，吸种力学模型与吸种区相似，此时，稻种受到内凹型孔侧壁或同型孔内稻种的支撑作用，可同样部分抵消稻种受到的摩擦力，进而降低负压区真空度要求，提高排种精度。因此，将排种盘设计为内凹式型孔。

综合考虑排种器工作效率、工作转速、整体结构和相关经验等因素，选取排种盘直径为 170mm。排种盘圆周上的型孔组数对排种精度有较大影响，在排种盘直径确定的前提下，型孔组越多，排种器角速度越低，有利于提高充种率、降低稻种破损率。但型孔组数并非越多越好，对于水稻直播，每穴稻种数量较多，较多的型孔组数会导致播种的成穴性差。因此，周向型孔组数的原则是，在保证水稻直播成穴性的基础上尽可能地设计较多的型孔组数。排种盘型孔组数的计算公

式为

$$Z=\frac{2\pi v_m}{\omega s} \tag{11-38}$$

式中，Z——型孔数，组；

v_m——播种机作业速度，m/s；

s——水稻播种穴距，m。

根据式（11-38），结合水稻直播农艺要求，确定排种盘周向型孔组数 Z=6。型孔深度 h 需满足为稻种提供支持力的同时降低清种难度，设计型孔深度 h 为 2.6mm，型孔宽度 B，如图 11-13a 所示，需满足每个型孔吸附的稻种数量，设计型孔宽度 B 为 12mm。当稻种转至卸种区，为保证稻种可以顺利排出，结合稻种自然休止角，型孔卸种一侧角度设计为 β=45°，如图 11-13b 所示。

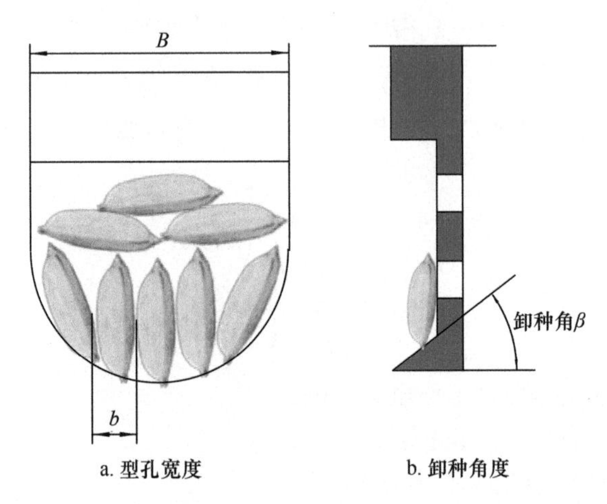

图 11-13　异型型孔形状

b. 稻种宽度，mm

型孔内的吸孔直径是保证负压能顺利通过吸孔吸附稻种的重要参数，吸孔吸附稻种主要有两种形式。若吸孔直径过大，稻种将通过吸孔进入负压气室，进而对排种器乃至风机造成损坏；若稻种无法完全封闭吸孔，易出现吸附不牢的现象，进而降低吸附效果，导致漏播率增加。但吸孔直径过小会阻碍气流通过吸孔，降低吸附能力。因此，结合前期典型稻种物料特性测定，确定吸孔直径为 2mm。不同吸孔形状对流场稳定性有较大影响，本研究选取了常见的直筒型、倒角型、锥型和沉头型 4 种不同吸孔形状的种盘为流场仿真分析提供准备，以期探寻最佳吸孔形状。4 种吸孔的有效吸附面积（即与稻种接触一侧的面积）、所在种盘型孔位置及型孔数量均一致，其具体尺寸参数如图 11-14 所示。

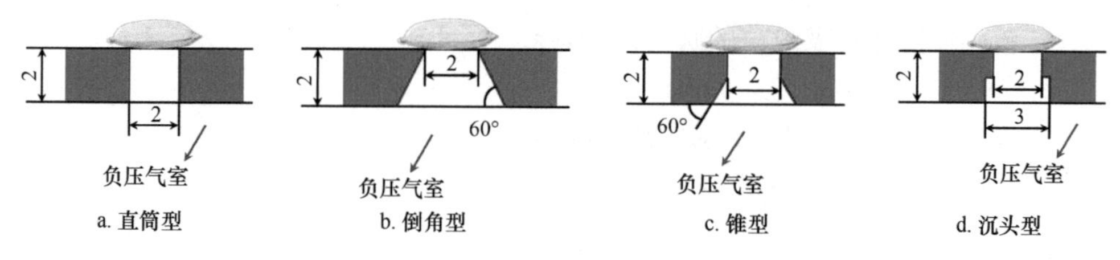

图 11-14　不同形状吸孔尺寸（单位：mm）

2. 搅种装置

稻种在被完全吸附在型孔之前的瞬间，其运动可看作是相对排种盘的直线运动，速度方向为任意方向。稻种运动的绝对加速度 a_a 由牵连加速度 a_e、相对加速度 a_r 和科氏加速度 a_c 合成，如图 11-15 所示。

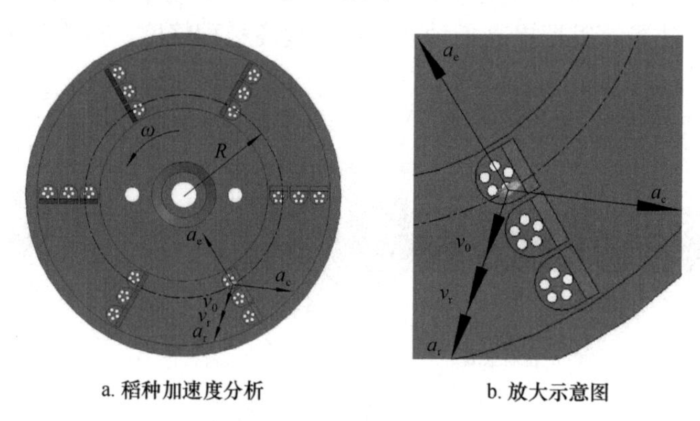

图 11-15　稻种加速度分析图

R. 吸孔所在半径，mm

结合图 11-15 稻种加速度分析并由运动学关系可得

$$\begin{cases} v_r = v_0 + a_r t_1 \\ a_e = \omega^2 R \\ a_r = \dfrac{2L}{t_1{}^2} \\ a_c = 2\omega v_r \sin 90° = 2\omega\left(v_0 + \dfrac{2L}{t_1}\right) \end{cases} \tag{11-39}$$

式中，v_r——稻种相对速度，m/s；

v_0——稻种进入充种区前的瞬时初速度，m/s；

a_r——稻种相对加速度，m/s^2；

a_e——稻种牵连加速度，m/s^2；

a_c——稻种科氏加速度，m/s^2；

t_1——稻种被吸附前的瞬时时间，s；

ω——排种盘转速，rad/s；

L——稻种被吸附前运动距离，mm。

稻种绝对加速度 a_a 可由以下方程得

$$a_a = a_e + a_r + a_c \tag{11-40}$$

将式（11-39）代入式（11-40）可得

$$a_a = \left\{ \left(\omega^2 R\right)^2 + \left(\frac{2S}{t_1^2}\right)^2 + \left[2\omega\left(v_0 + \frac{2S}{t_1}\right)\right]^2 \right\}^{\frac{1}{2}} \tag{11-41}$$

由式（11-41）可以看出，a_a 随 v_0 的增加而增加，a_a 越大，稻种运动状态越"活跃"，使得稻种更易吸附在型孔上，从而降低漏播率。基于此原理，本研究创新设计了一种搅种装置，以期提高稻种初速度，提高播种精度。所设计的搅种装置如图 11-16 所示。

a. 搅种装置

b. 搅种装置安装示意图

图 11-16　搅种装置结构图

搅种装置主要由传动机构和搅种毛刷两部分构成。搅种毛刷动力由传动轴端侧的圆锥齿轮传递至搅种毛刷轴，带动搅种毛刷转动。由于排种器前壳体与排种盘之间可利用空间较小，因此搅种毛刷轴尺寸较小，故将搅种毛刷轴设计为齿轮轴，通过前壳体上的轴承支座固装在前壳体上。搅种毛刷轴在一端周向上均布开设 12 个毛刷固定凹槽，将配合不同长度的毛刷进行后期台架试验分析。搅种装置充分利用了排种器传动轴的动力，在实现搅种功能的前提下，合理简化了排种器结构。

3. 其他部件

1）种箱

种箱是排种器进行均匀连续排种工作的前提，其设计的合理性直接影响排种器进种的质量和效率。种箱的工作要求首先是尽可能盛装更多数量的稻种并保证一次填装可维持较长时间的播种作业，但种箱尺寸过大会增加排种器总体尺寸，影响排种器在播种机上的装配，同时容纳更多稻种的大容量种箱会使稻种内部存在较大的内摩擦力，影响吸种效果。其次种箱还需保证进入充种区的稻种连续且不发生阻塞。其中种箱的形状和尺寸是保证上述要求的关键因素。本研究为简化排种器结构，种箱与排种器前壳体为一体式设计，种箱的位置与结构如图 11-17 所示。

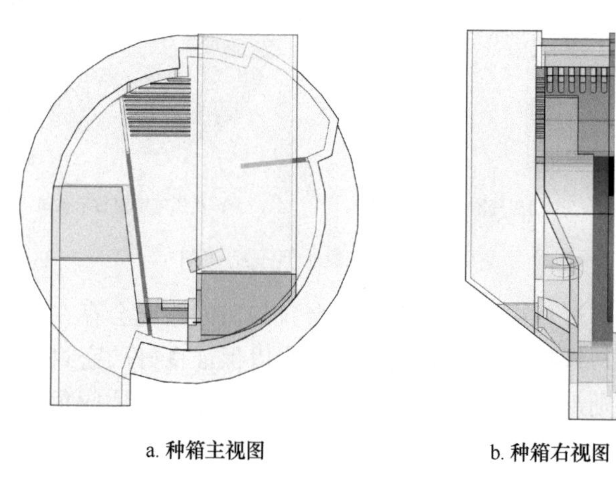

a. 种箱主视图　　b. 种箱右视图

图 11-17　种箱结构示意图

稻种作为典型的离散型农业物料，其流动特性主要分为整体流动和中心流动两种方式。处于整体流动时，稻种流动状态顺畅，靠近边缘部分的边界层和中心部分的中心层都能充分流动；处于中心流动时，稻种会发生中心层先行流出，形成漏斗状通道，流动速度不均匀，当种箱出口小到某一临界值时，会出现出料口的堵塞结拱现象。

结合上述分析，种箱与充种区的连接处采取矩形口，以期实现种群的整体流动。根据排种器前壳体尺寸，矩形口长 L 设计为 60mm，矩形口应保证流入充种区的稻种高度处在清种区以下，故矩形口宽度 W 设计为 40mm。为保证种箱内种群顺利进入充种区，种箱底部角度以第 10 章中所测定的自然休止角为参考，设计为 45°。

2）排种箱体及气室

排种器其他部件主要包括负压气室、密封胶圈、清种毛刷、前后壳体、传动轴及轴承等。其中负压腔为保证气吸式排种器工作的关键部件，其主要由负压气室和密封胶圈组成。

（1）负压气室：负压气室位于后壳体和排种盘之间，材料为铸铁，固定在后壳体上的凹槽内，其覆盖角度由充种区至卸种区（240°），如图 11-18 所示。

（2）密封胶圈：当排种器工作时，负压气室固定不动，排种盘高速旋转。为确保排种盘吸孔有持续稳定的压力，负压气室和排种盘之间必须有较好的密封性。

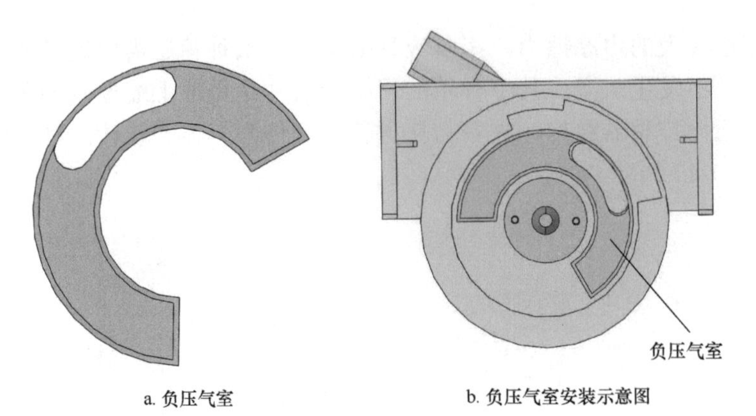

a. 负压气室　　b. 负压气室安装示意图

图 11-18　负压气室结构图

排种器在实际工作过程中，由于播种机自身和田间路况会存在一定频率的振动，仅依靠负压气室与排种盘之间的刚性连接难以保证良好的密封性，因此针对上述问题，设计不规则形状的密封胶圈，以柔性连接方式自适应负压气室与排种盘之间的空隙，提高负压腔的压力稳定性，进而提高吸种效果。

11.4　系列排种器试制

基于前期排种器排种过程理论分析与关键部件的仿真优化设计，确定排种器关键部件的结构参数，将理论分析与三维建模设计相结合，运用多种技术手段进行结构创新、样机数字制造和关键部件改进优化。在此基础上，依托黑龙江省农业机械制造企业对弹射式耳勺型水稻精量穴直播排种器与气吸式水稻精量穴直播排种器系列样机进行试制，所试制的实体样机，如图 11-19 所示。系列精量排种器已与国内多家企业合作生产销售，在黑龙江多地区推广应用，产生了较为显著的经济社会生态效益。

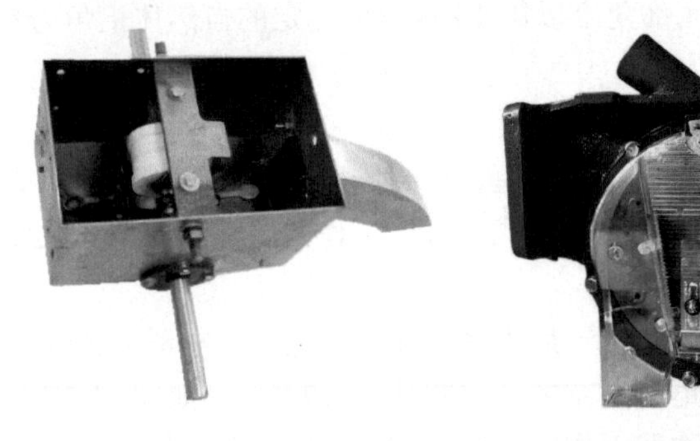

a. 弹射式耳勺型水稻精量穴直播排种器　　b. 气吸式水稻精量穴直播排种器

图 11-19　系列排种器实体样机

参 考 文 献

[1] 田立权. 弹射式耳勺型水稻芽种播种装置机理分析与试验研究[D]. 哈尔滨: 东北农业大学博士学位论文, 2017.

[2] 田立权, 唐汉, 王金武, 等. 弹射式耳勺型水稻精量穴直播排种器结构设计与试验[J]. 农业机械学报, 2017, 48(4): 65-72.

[3] Wang J W, Tang H, Sun X B, et al. Mechanism analysis and performance optimization of rebound dipper rice precision hill-drop drilling seed metering device[J]. International Agricultural Engineering Journal, 2018, 27(2): 197-212.

[4] 姜业明. 气吸式水稻精量穴直播排种器设计与试验[D]. 哈尔滨: 东北农业大学硕士学位论文, 2021.

第 12 章　水稻精量穴直播排种智能监测系统开发

在实际作业过程中，稻种在精量穴直播机中保持封闭状态进行机械互作运动，人工无法直接监视其充种、清种及导种性能，进而无法预测单个循环下排种作业质量，若机具出现重播或漏播现象，则将直接造成植株通风性差、成苗率低，影响农业生产成本与收益[1]。因此，有必要对水稻精量穴直播作业过程进行实时监测及故障报警，以便作业人员及时发现并解决问题，提高作业质量及效率。在此背景下，著者团队以所开发的弹射式耳勺型水稻精量穴直播排种器为研究载体，开发了一种集精准实时监测、同步导种成穴和高效无线通信于一体的具有高通用性且适用于不同类型排种器的水稻精量穴直播排种智能监测系统，以满足水稻精量穴直播作业质量的设计要求。本章主要基于弹射式耳勺型水稻精量穴直播排种器开展监测系统开发与验证，所设计的监测系统具有代表性及普适性，亦可应用于气吸式水稻精量穴直播排种器及其他类型排种机构，以期为高速高精度精量排种部件的实时检测提供有效借鉴参考。

12.1　水稻精量穴直播排种智能监测系统总体结构

12.1.1　智能监测系统研究载体

弹射式耳勺型水稻精量穴直播排种器作为水稻穴直播机的关键部件，同时作为本节所研制的监测系统研究载体，其主要由容种箱、取种耳勺、挡杆、扭转弹簧、卸种塞、柱销、旋转底座、导种管、柔性护种辊、护种辊轴、辊座、辊架和清种毛刷等部件构成，其结构如图 12-1 所示。在作业过程中，取种耳勺随旋转底座顺时针转动，掘入容种箱内的稻种种群，取种耳勺舀种部定量舀取稻种，完成定量舀种作业；随后在旋转底座带动下脱离稻种种群，处于取种耳勺舀种部内部非稳定状态的稻种在自身重力和清种毛刷的共同作用下回落种群，处于稳定状态的稻种留存于取种耳勺舀种部内，从而完成稳定清种作业；取种耳勺继续转动并在柔性护种辊的压制作用下绕柱销逆时针转动，脱离与挡杆的接触，同时扭转弹簧一端在取种耳勺转动下受力变形，持续存储角能量，使取种耳勺紧贴柔性护种辊，完成柔性护种作业；取种耳勺继续转动脱离与柔性护种辊的接触，同时扭转弹簧复位释放角能量产生旋转力，带动取种耳勺绕柱销快速旋转直至与挡杆碰撞，从而将取种耳勺内的稻种弹射出舀种部并抛入导种管内，通过导种管引导并成穴落至水田田面，完成成穴投种作业[2]。

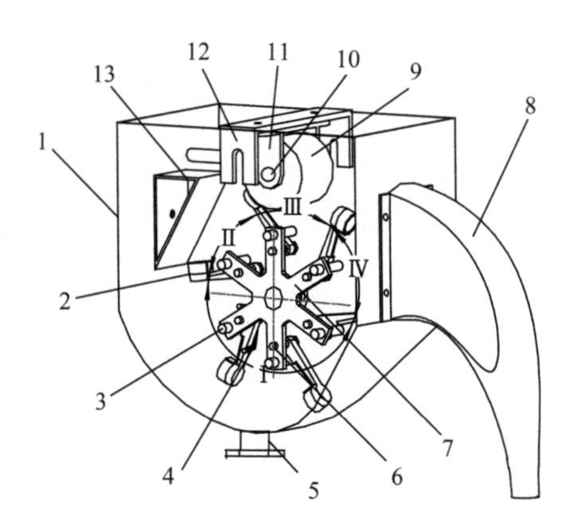

图 12-1　弹射式耳勺型水稻精量穴直播排种器结构示意图

1. 容种箱；2. 取种耳勺；3. 挡杆；4. 扭转弹簧；5. 卸种塞；6. 柱销；7. 旋转底座；8. 导种管；9. 柔性护种辊；10. 护种辊轴；11. 辊座；12. 辊架；13. 清种毛刷；Ⅰ. 舀种弧段；Ⅱ. 清种弧段；Ⅲ. 护种弧段；Ⅳ. 投种弧段

12.1.2　监测导种部件结构改进

结合第 11.2.2 节弹射式耳勺型水稻精量穴直播排种器关键部件设计与分析部分，对投送导种管结构曲线进行优化设计。分析可知，若将信息采集弧段设置在种群水平方向投种位移较小处，种群较为集中，有利于种群与传感器充分接触，但此时种群距离种床较高，致使种群接触传感器后下落时间增长，种群籽粒易分散，导致成穴性差；若将信息采集弧段设置在种群水平方向投种位移较大处，可减少种群接触传感器后的下落时间，但此时种群的速度较大，其在导种管内易反弹，造成伤种。综合以上分析，确定导种管的水平长度为 132mm，竖直高度为 260mm，弧段宽度为 55mm，下种口内径为 20mm，如图 12-2a 所示。

综合考虑 PVDF 压电薄膜具有柔软坚韧与耐冲击等特点，且不易受水影响，故采用两片长、宽和厚分别为 75mm、25mm 和 52μm 的 PVDF 压电薄膜并列贴附于导种管信号采集弧段的内壁作为传感器，位置如图 12-2b 所示[3]。

本节主要基于弹射式耳勺型水稻精量穴直播排种器投种过程研究，结合压电薄膜传感技术进行了监测导种管结构改进，并确定了压电薄膜传感器安装部位，以期在保证高质高效导种成穴效果情况下实现精量穴直播精准监测。

12.1.3　精量穴直播监测系统结构与工作原理

精量穴直播监测系统主要包括 Arduino Uno 开发板（内含 ATmega328P MCU 控制器）、导种管（内壁附着 PVDF 压电薄膜传感器）、电荷放大整形器、12V 直

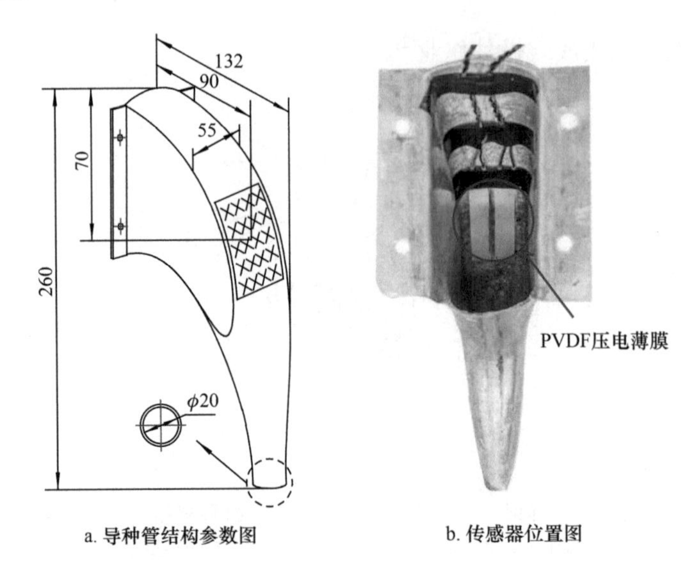

a. 导种管结构参数图　　b. 传感器位置图

图 12-2　PVDF 压电薄膜传感器安装示意图（单位：mm）

流电源、可调直流降压稳压器、I/O 传感器扩展板、红蓝 LED 报警灯、电磁式有源蜂鸣报警器、HC-05 嵌入式蓝牙无线串口通信模块和蓝牙无线串口透传 APP，监测系统整体结构如图 12-3 所示。

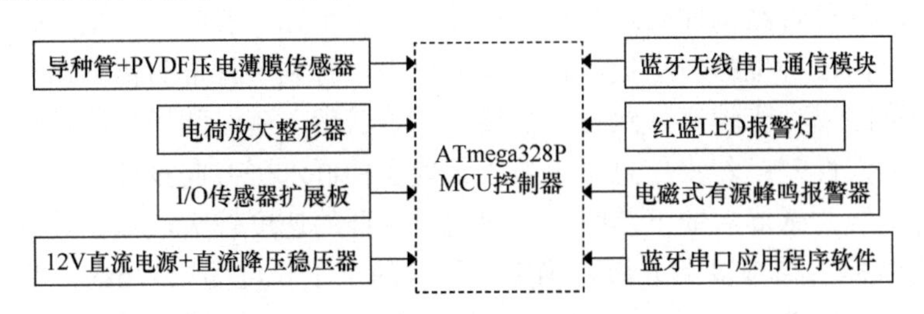

图 12-3　监测系统结构框图

在精量穴直播作业过程中，被取种耳勺弹射出的一定粒数稻种以一定初速度、在重力作用下冲击贴附于导种管内壁 PVDF 压电薄膜传感器，PVDF 压电薄膜因受冲击力而发生形变，内部产生极化现象，在其上、下表面出现正负相反电荷，从而生成电压信号。信号经放大整形电路进行放大与整形处理，形成脉冲波，经 D/A 转换器送入 ATmega328P MCU 控制器系统，形成模拟量输出。当排种器发生漏播或重播故障时，PVDF 压电薄膜传感器产生的模拟电压信号大小或时间间隔超出理论阈值范围，从而驱动报警电路工作进行声光报警，稻种冲击 PVDF 压电薄膜传感器后，沿着导种管内壁下滑成穴落至水田田面，完成精量穴直播作业的同时进行精准监测。

12.2　精量穴直播监测控制算法开发

精量穴直播监测控制算法是一系列解决问题的清晰指令，是对解题方案准确而完整的描述，代表着用系统的方法描述解决问题的策略机制，其优劣直接关系到解决问题的质量与效果。依据播种机性能评价指标，分析并设定水稻精量穴直播作业过程中可能出现的播种故障，主要分为 4 种。

（1）穴粒数重播：理论上应该播 5～8 粒稻种，实际上多于 8 粒。

（2）穴粒数漏播：理论上应该播 5～8 粒稻种，实际上少于 5 粒。

（3）穴距重播：统计计算时，实际穴距 d_i 小于或等于 0.5 倍理论穴距 $\bar{d}$。

（4）穴距漏播：统计计算时，实际穴距 d_i 大于 1.5 倍理论穴距 $\bar{d}$。

各状态下精量穴直播非正常情况如图 12-4 所示，针对以上播种故障设计监测系统监测算法，实现水稻穴直播作业的实时精准监测。

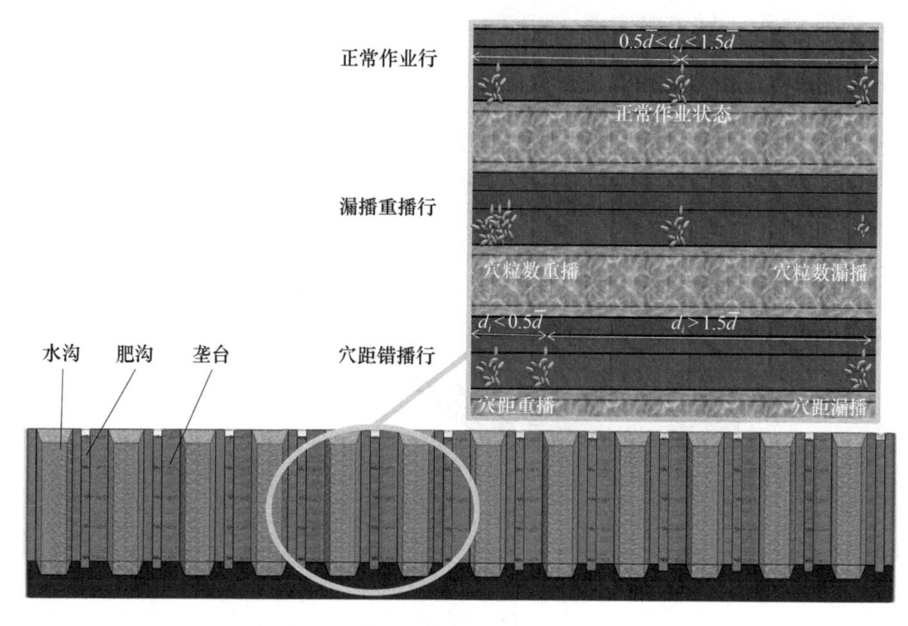

图 12-4　精量穴直播非正常情况示意图

12.2.1　穴粒数重播和穴粒数漏播监测算法

精量穴直播监测系统采用 PVDF 压电薄膜作为信号采集传感器，其晶体内部的压电效应可将稻种冲击传感器的力学量转化成电信号输出。由于压电薄膜符合机械自由、电学短路的边界条件，故其满足第一类压电方程，且压电薄膜作为传

感器时，其外界电场为 0，此时对应的第一类压电方程为

$$D = d_{ij}\sigma \tag{12-1}$$

式中，下标 i 表示产生极化电荷方向，即垂直于 X、Y、Z 轴的面法线方向，i=1、2、3；j 表示作用力方向，即沿 X、Y、Z 轴正应力方向，j=1、2、3；垂直于 X、Y、Z 轴平面内切应力方向，j=4、5、6。

对于 PVDF 压电薄膜，极化方向为厚度方向，故切应力对应的压电应变系数为 0。同时薄膜很薄，无法从侧面引出电极，通常引出的是 Z 轴方向上的电荷，如图 12-5 所示。此时压电方程可简化为

$$D_z = d_{31}\sigma_{xx} + d_{32}\sigma_{yy} + d_{33}\sigma_{zz} \tag{12-2}$$

式中，D_z——垂直于 Z 轴表面的电位移，C/m^2；

d_{31}、d_{32}——极化方向与外力方向垂直的压电应变系数，C/N；

d_{33}——极化方向与外力方向平行的压电应变系数，C/N；

σ_{xx}——沿 X 轴方向应力，N/m^2；

σ_{yy}——沿 Y 轴方向应力，N/m^2；

σ_{zz}——沿 Z 轴方向应力，N/m^2。

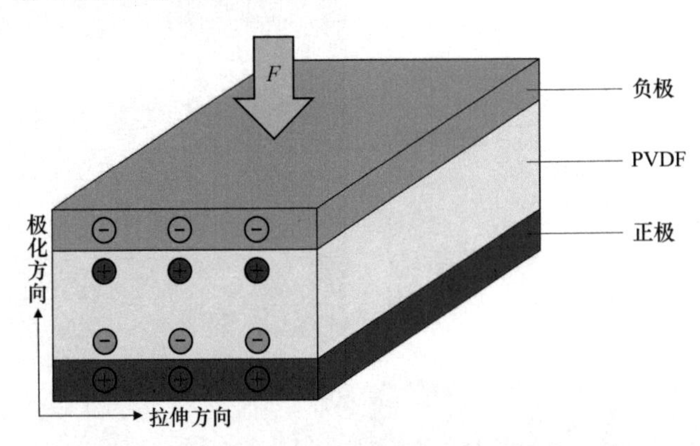

图 12-5　PVDF 压电薄膜极化示意图

由于薄膜受力主要在厚度方向，故式（12-2）可进一步简化为

$$D_z = d_{33}\sigma_{zz} \tag{12-3}$$

根据胡克定律可知，在材料的线弹性范围内有

$$\sigma=E\varepsilon \tag{12-4}$$

式中，E——PVDF 压电薄膜弹性模量，Pa；

σ——应力；

ε——压电薄膜应变。

则此时 PVDF 压电薄膜的输出电荷可以表示为

$$Q = D_z S = d_{33}\sigma_{zz}S = d_{33}E\varepsilon S \tag{12-5}$$

式中，Q——PVDF 压电薄膜输出电荷，C；

S——PVDF 压电薄膜表面积，m^2。

由于 PVDF 压电薄膜具有平板电容器结构，可得

$$U = \frac{Q}{C} = \frac{d_{33}\sigma_{zz}S}{C} = \frac{d_{33}E\varepsilon S}{C} \tag{12-6}$$

式中，U——PVDF 压电薄膜输出电压，V；

C——PVDF 压电薄膜电容，F。

由式（12-6）可知，当 PVDF 压电薄膜表面积一定时，其输出电压与应变成正比。根据弹射式耳勺型水稻精量穴直播排种器工作原理，并结合监测系统对电压信号的采集原理可知，压电薄膜应变与排种器工作转速、冲击传感器的稻种粒数及质量有关。本研究选用龙庆稻 3 号作为系统的监测对象，所选稻种品种优良，稻种质量分布几乎无差异，故每勺稻种质量差异性较小，且在含水率一定时，每勺稻种质量与粒数存在线性关系，可将稻种质量对压电薄膜输出电压的影响等效为稻种粒数对压电薄膜输出电压的影响。故针对排种器相同工作转速（10r/min）下，对不同粒数稻种冲击 PVDF 压电薄膜传感器时产生的模拟电压进行标定，所标定趋势曲线如图 12-6 所示。

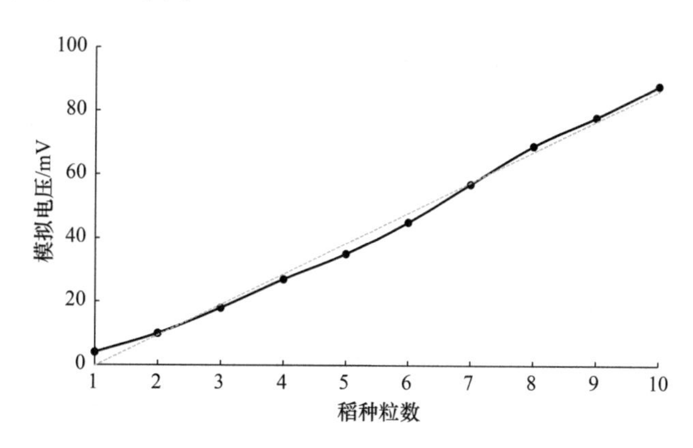

图 12-6　相同转速下不同稻种粒数标定曲线

由图 12-6 可知，当排种器工作转速一定时，稻种冲击 PVDF 压电薄膜传感器产生的模拟电压与稻种粒数的数学模型呈单调递增变化规律。根据 12.2 小节所述，机具播种的合格穴粒数为 5～8 粒/穴间动态值，故对不同转速下合格穴粒数区间内的稻种冲击 PVDF 压电薄膜传感器产生的模拟电压进行极限阈值（$v_{\min}$和 $v_{\max}$）选定，如图 12-7 所示。

结合图 12-7 中各排种器工作转速下的模拟电压阈值，可确定监测系统针对机具发生穴粒数重播和穴粒数漏播时的监测算法为：ATmega328P MCU 控制器系统

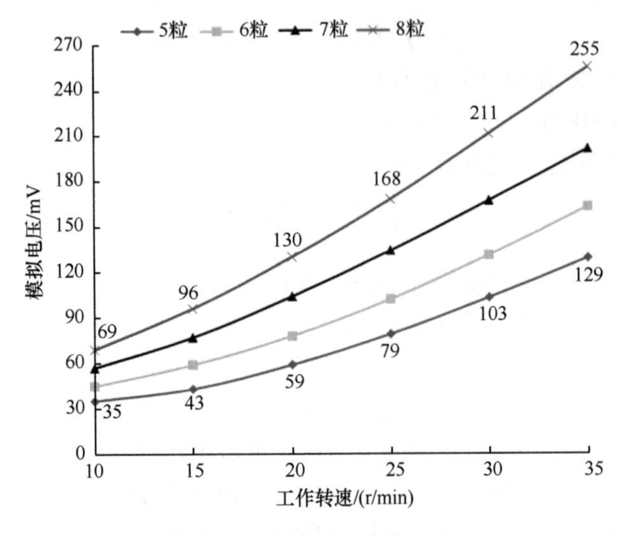

图 12-7　模拟电压阈值选定

读取每穴稻种冲击传感器产生的模拟电压信号 v_i，并与各工况下预置的两个极限阈值 v_{min} 和 v_{max} 进行比较判断。若 $v_i>v_{max}$，则判定为穴粒数重播；若 $v_i<v_{min}$，则判定为穴粒数漏播；若 $v_{min}\leqslant v_i\leqslant v_{max}$，则判定为穴粒数合格。

12.2.2　穴距重播和穴距漏播监测算法

根据水稻精量穴直播实际作业时对穴距和前进速度要求，可得

$$\overline{\Delta t}=\frac{\overline{d}}{v} \tag{12-7}$$

式中，$\overline{d}$——理论穴距，m；

v——机具前进速度，m/s；

$\overline{\Delta t}$——相邻两穴稻种理论下落时间间隔，s。

根据前期对穴距重播和穴距漏播性能指标分析可知，当实际株距小于或等于 0.5 倍理论株距时为重播；实际株距大于 1.5 倍理论株距时为漏播，介于二者之间为合格，即

$$穴距重播\quad d\leqslant 0.5\overline{d}_0 \tag{12-8}$$

$$穴距漏播\quad d>1.5\overline{d}_0 \tag{12-9}$$

$$穴距合格\quad 0.5\overline{d}_0<d\leqslant 1.5\overline{d}_0 \tag{12-10}$$

式中，$\overline{d}_0$——理论株距，m；

d——实际株距，m。

将式（12-7）～式（12-10）合并整理可得

穴距重播　$d \leqslant 0.5\overline{\Delta t} \cdot v$　（12-11）

穴距漏播　$d > 1.5\overline{\Delta t} \cdot v$　（12-12）

穴距合格　$0.5\overline{\Delta t} \cdot v < d \leqslant 1.5\overline{\Delta t} \cdot v$　（12-13）

为简化分析，将每穴稻种视为一个整体，忽略稻种冲击传感器后的下落时间，则机具在不同工况下的作业穴距为

$$d_i = \Delta t_i \cdot v \tag{12-14}$$

式中，d_i——实际穴距，m；

Δt_i——不同工况下相邻两穴稻种实际下落时间间隔，s。

将式（12-14）代入式（12-11）～式（12-13）中整理得

穴距重播　$\Delta t_i \leqslant 0.5\overline{\Delta t}$　（12-15）

穴距漏播　$\Delta t_i > 1.5\overline{\Delta t}$　（12-16）

穴距合格　$0.5\overline{\Delta t} < \Delta t_i \leqslant 1.5\overline{\Delta t}$　（12-17）

根据以上分析，监测系统在进行穴距重播和穴距漏播判定时，可将实际穴距d_i转化为相邻两穴稻种实际下落时间间隔Δt_i进行判定，由此可确定系统针对机具发生穴距漏播和穴距重播时的监测算法为：ATmega328P MCU 控制器系统读取每穴稻种冲击传感器产生的模拟电压信号，通过 Arduino 语言内置的 millis 函数计算相邻两个模拟电压信号产生的时间间隔Δt_i，并与各工况下的预置理论阈值$\overline{\Delta t}$进行比较判断。若$\Delta t_i \leqslant 0.5\overline{\Delta t}$，则判定为穴距重播；若$\Delta t_i > 1.5\overline{\Delta t}$，则判定为穴距漏播；若$0.5\overline{\Delta t} < \Delta t_i \leqslant 1.5\overline{\Delta t}$，则判定其为穴距合格。

12.3　精量穴直播智能监测系统开发

12.3.1　智能监测硬件系统开发

12.3.1.1　智能监测系统硬件设计方案

智能监测系统硬件研究是整个水稻穴直播监测系统实现规划功能的基础，主要实现物理信号的采集、放大、整形、处理、转换和计算，为进一步完成播种故障判断及声光报警提供前提支撑和可靠保障。智能监测系统的硬件模块主要包括单片机主控制模块、直流稳压电源模块、信号采集与处理模块、声光报警模块和无线串口透传模块，如图 12-8 所示。单片机主控制模块是整个监测系统的中央模块，主要完成对其他子模块的信息反馈接收与数据处理运算，并将运算结果反馈回子模块，驱动子模块进入工作状态，共同组成整个监测系统的基础核心；直流稳压电源模块的功用是使输出的直流电压稳定，不随负载的变化而发生变化；信

号采集与处理模块主要完成对播种量和稻种下落时间间隔等信息的采集，并且将这些非电量转换成模拟电压信号；声光报警模块的主要功能是当监测系统判断机具出现漏播或重播时进行声光报警；无线串口透传模块主要实现监测系统工作过程中 ATmega328P MCU 控制器系统数据的无线透传，实现高效快速无线通信。

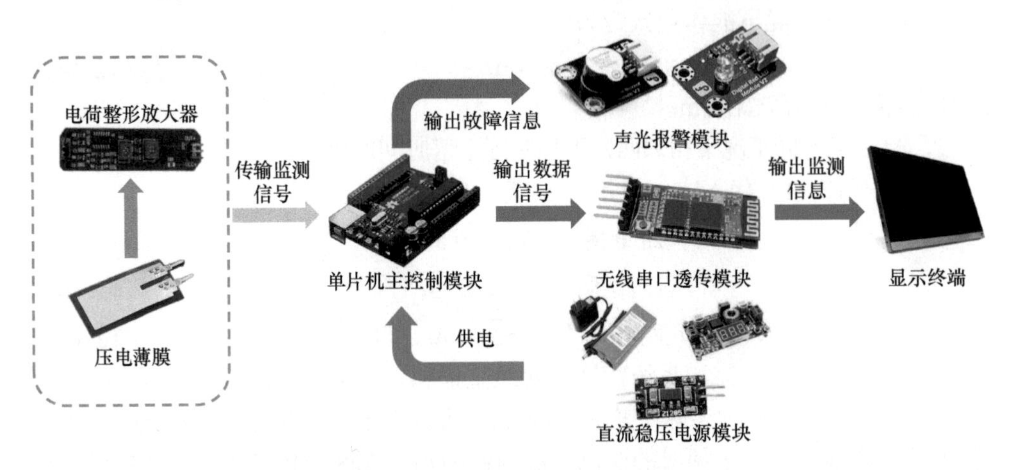

图 12-8　智能监测系统硬件设计方案

12.3.1.2　智能监测系统模块设计

智能监测系统硬件以嵌入在 Arduino Uno 开发板上的 ATmega328P MCU 控制器为单片机主控制模块，外围子模块主要由直流稳压电源模块、信号采集与处理模块、声光报警模块和无线串口透传模块构成。在此基础上，采用模块化处理方法对监测系统各模块进行电路集成设计，以提高电路设计质量，集成电路主要由单片机主控制电路、直流稳压电源电路、信号采集与处理电路、声光报警电路和无线串口透传电路构成。监测系统总电路图如图 12-9 所示。

12.3.1.3　单片机主控制模块设计

智能监测系统采用嵌入在 Arduino Uno 开发板上的 ATmega328P MCU 控制器作为微处理器，如图 12-10a 所示，图 12-10b 为 ATmega328P MCU 引脚图。

1. 时钟电路设计

单片机在运行时，需以时钟电路所产生的时钟信号为基准，并在其驱控下，有条不紊地按照代码指令完成相应工作，故时钟信号的频率对单片机的运行速度具有较大影响，时钟电路设计的质量会影响单片机运行的稳定性。

智能监测系统采用内部振荡方式，通过内部石英晶体振荡器产生时钟信号。采用 12MHz 石英晶体振荡器和 22pF 微调电容 C1 和 C2 构成稳定的自激振荡器，

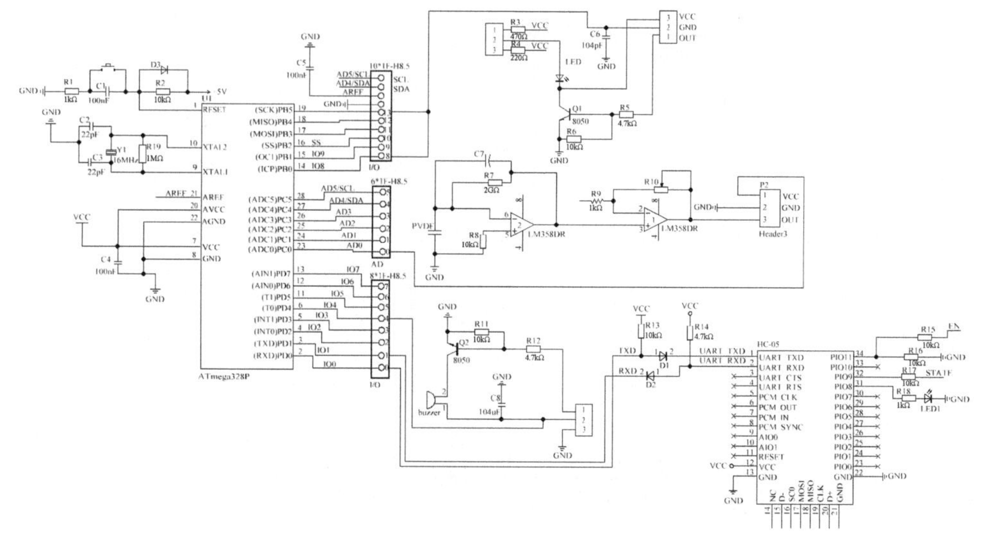

图 12-9　智能监测系统总电路原理图

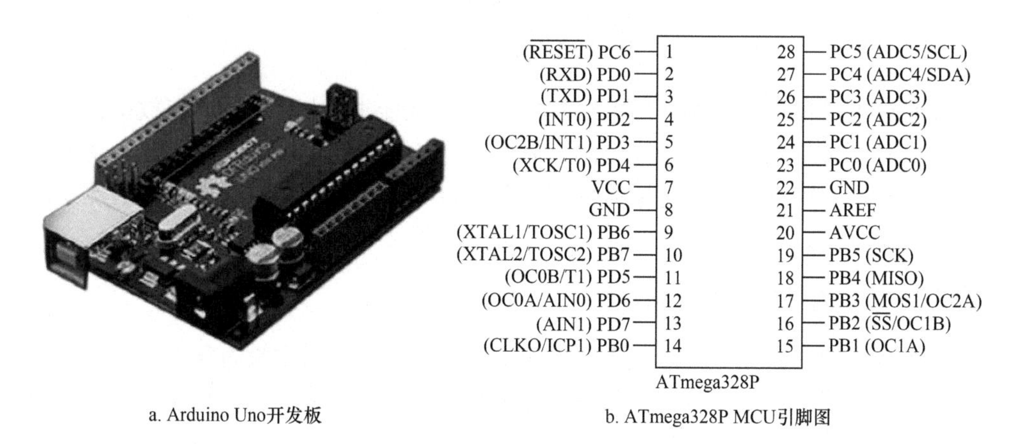

a. Arduino Uno开发板　　b. ATmega328P MCU引脚图

图 12-10　ATmega328P MCU 控制器

形成并联谐振电路，并跨接在 XTAL2 和 XTAL1 之间。将微调电容进行接地处理，以避免因振荡频率过高而产生干扰信号。为改善电源滤波及电路退耦，在并联谐振电路两端并联 1M 的电阻，如图 12-11 所示。

2. 复位电路设计

为保证系统复位的可靠性，并具备一定的抗干扰能力，智能监测系统采用上电复位方式对单片机系统实现复位功能。由于单片机的时钟频率为 16MHz，故利用 100nF 电容和 10K 电阻构成 RC 复位电路，如图 12-12 所示。只要保证 RST 处于高电平的时间高于 2 个机器周期，系统便能正常复位。同时在 RC 复位电路两

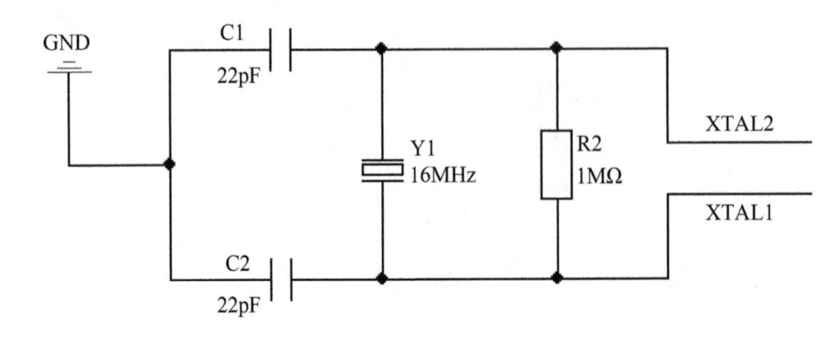

图 12-11 时钟电路原理图

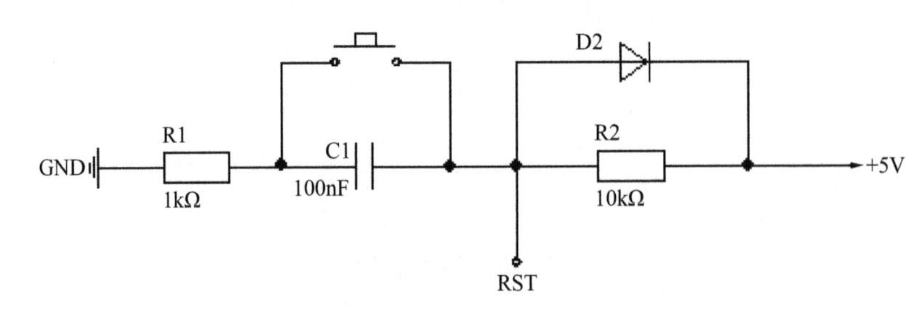

图 12-12 复位电路原理图

端并联放电二极管，可保证当电源断电后，电容通过放电二极管迅速放电，待电源恢复时便可实现上电自动复位的可靠性，避免了单片机因受某种因素干扰而瞬间断电时，电容不能迅速将电荷放掉，单片机不能上电自动复位，影响监测系统的工作稳定性。

12.3.1.4 直流稳压电源模块设计

电源模块是监测系统至关重要的组成部分，其供电稳定性直接关系到信号采集的质量与稳定性，影响监测系统的监测精度。考虑水稻穴直播机实际作业时所处的水田环境，交流电不易获取，故采用直流聚合物锂离子电池对监测系统进行供电。由于组成监测系统的各个模块所需工作电压不同，一般为 12.3V 或 5V，而市场上满足智能监测系统的电流输出及功率消耗的直流锂电池最低供电电压为 12V，若直接对系统进行供电，可能会导致主板或模块烧毁而影响使用，故须对供电电源电压进行电平转换与变压稳压处理，提供稳态的工作电压，保证监测系统稳定工作。

采用 12V 直流锂电池作为供电电源对整个监测系统进行供电，如图 12-13a 所示。降压模块选用 DC-DC 可调降压型模块，如图 12-13b 所示，内含可调版本的降压型开关电压调节芯片 LM2596S，其输出电流可达 3A，满足智能监测系统各模块对电流的输出要求。为防止断电瞬间电感线圈 L 产生的自感电动势和电源电压叠加后击穿晶体管，需在电感线圈 L 两端并联续流二极管，以吸收负载断电产生的电动势，从而保护输出点。续流二极管的最大承受电流能力要等于 LM2596S 的极限输出电流，续流二极管的反向耐压至少要为最大输入电压的 12.25 倍，应满足开关速度快、正向压降低的要求，故选用 IN5824 肖特基二极管作为续流二极管，其具有功耗低、速度快等优点。稳压模块选用固态稳压输出模块，如图 12-13c 所示，内含低压差电压调节芯片 LM1117-5，该芯片内部集成过热保护电路和限流电路，输出端接 220μF 电解电容，以改善瞬态响应和稳定性。稳压电源模块工作时，先将 12V 输入电压经开关电压调节芯片 LM2596S 降至 5V，再通过低压差电压调节芯片 LM1117-5 芯片获得 12.3V 的输出电压，以满足各个模块对系统供电电压的需求。

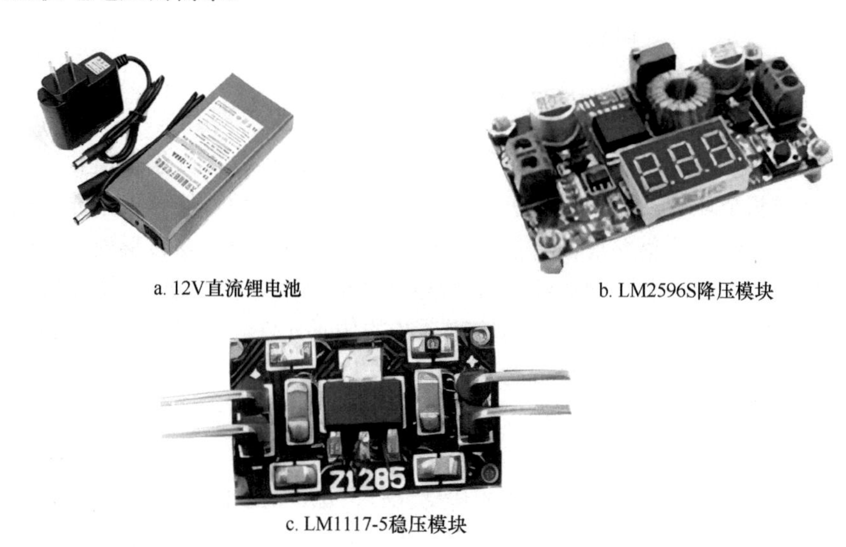

a. 12V直流锂电池　　b. LM2596S降压模块

c. LM1117-5稳压模块

图 12-13　直流稳压电源模块实物图

直流稳压电源模块电路如图 12-14 所示。

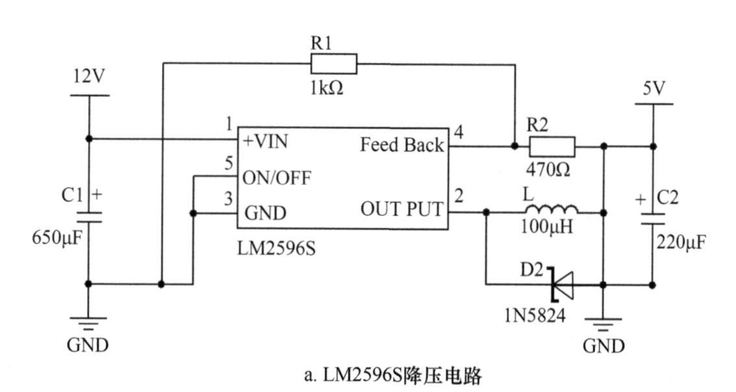

a. LM2596S降压电路

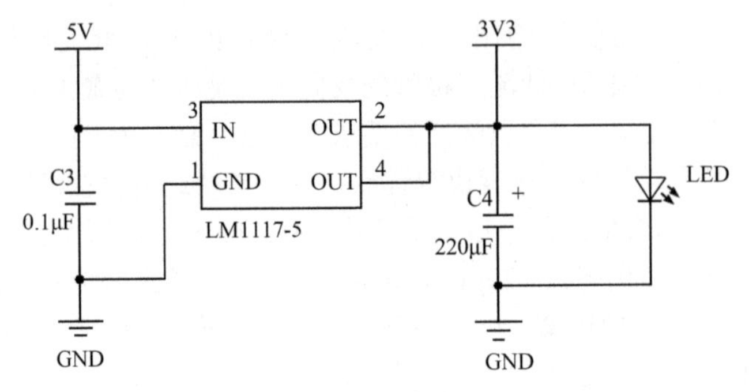

b. LM1117-5稳压电路

图 12-14　直流稳压电源模块电路原理图

12.3.1.5　信号采集与处理模块设计

信号采集与处理模块是监测系统必不可少的组成部分，其包括信号采集与反馈信号处理两个环节。对传感器进行选型并确定其在导种管信号采集弧段的安装部位，以完成信号采集并反馈给信号处理元件进行信号放大与整形处理，使之成为稳定且规整的脉冲波，为后续送入 ATmega328P MCU 控制器系统奠定基础。

本研究采用压电式传感器作为监测系统的传感元件，它是以压电材料为敏感元件，基于压电效应原理而集成的一种机电转换式传感器。

由于 PVDF 压电薄膜具有强度高、耐冲击、介电常数低、压电常数高、柔软坚韧、易于粘贴、不易受水影响等优点，并考虑水稻穴直播实际作业情况，选取 PVDF 压电薄膜作为智能监测系统的传感元件，如图 12-15 所示，其结构可以分为五层，分别为上、下塑料保护层，上、下电极层和处于中间的 PVDF 压电薄膜层。其中，上、下塑料保护层具有保护压电薄膜的作用，压电薄膜发生形变产生的电荷可由电极层导出。

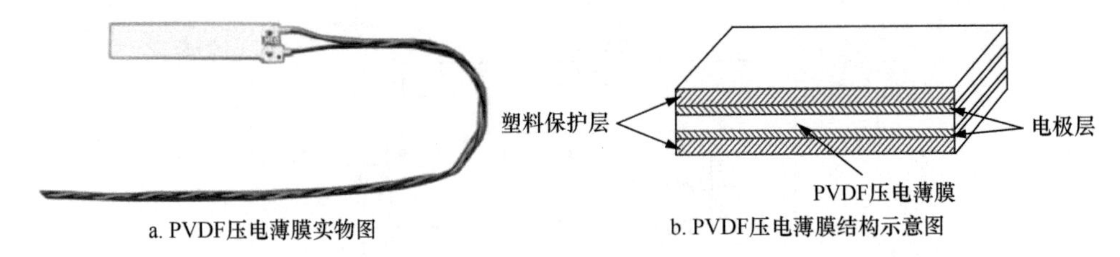

a. PVDF压电薄膜实物图　　b. PVDF压电薄膜结构示意图

图 12-15　PVDF 压电薄膜传感器

所选取的 PVDF 压电薄膜的主要性能参数如表 12-1 所示。

如图 12-16 所示，采用以 LM358 芯片为核心的电荷放大整形器对水稻种群冲击 PVDF 压电薄膜传感器产生的电压信号进行放大与整形处理，为后续 ATmega328P

表 12-1　PVDF 压电薄膜主要性能参数

参数	数值
长度/mm	75
宽度/mm	25
厚度/μm	52
压电常数/（pC/N）	18～32
介电常数/kHz	9～13
频率响应范围/Hz	10^{-5}～10^{9}
机电耦合系数/%	10～14
体积电阻率/（Ω·cm）	10^{13}
热释电系数/[C/（cm²·℃）]	40
使用温度/℃	–40～80

a. LM358芯片

b. 电荷放大整形器

图 12-16　LM358 芯片与电荷放大整形器实物图

MCU 控制器系统计算结果奠定基础。工作时，电压信号首先通过 LM358 内部的第一级即低通放大级，将所产生的低频信号进行放大。如图 12-17 所示，由电解电容 C1 与电阻 R1 组成的稳压旁路，可提高输出信号的质量，为后续的计算处理提供稳定的、静态的工作环境。通过第二级即电压比较级，将被放大的低频信号电压与同相端的参考电压进行比较，从而输出规整且稳定的脉冲波信号。此外，放大整形电路设有变阻器 R2，工作时可通过调节电阻值限制电流大小，进而抑制外部干扰信号的产生，以改善信号采集质量，保证监测系统稳定性。

12.3.1.6　声光报警模块设计

报警模块是智能监测系统不可或缺的重要组成部分，其应包括声音报警系统和灯光报警系统两部分。水稻精量穴直播机在实际作业过程中，当智能监测系统监测到机具出现播种故障时，报警模块针对不同播种故障以对应报警形式进行报警作业，提醒驾驶人员发现并解决问题，避免在播种过程中出现大量的漏播和重播现象，保证水稻穴直播作业质量。

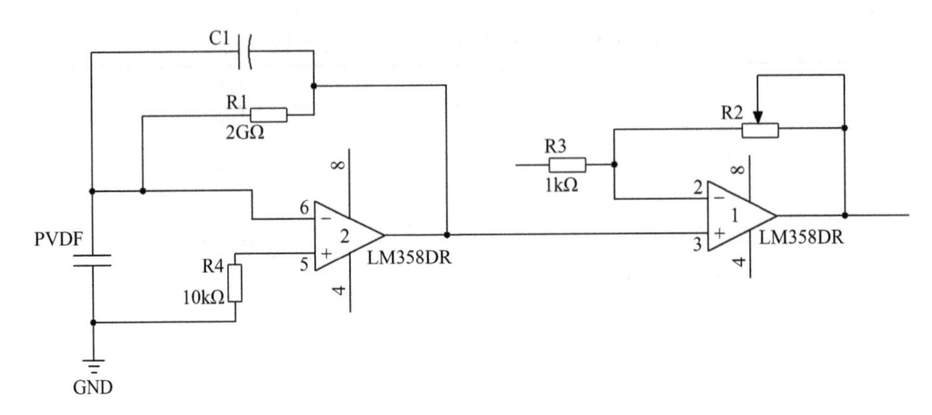

图 12-17 信号采集与处理模块电路原理图

智能监测系统选用电磁式有源蜂鸣器实现声音报警，如图 12-18a 所示。由于单片机 I/O 口输出 TTL 电平较小，不足以驱动蜂鸣器发出声音，且根据印制电路板设计规范，在数字电路设计中，一般需要把数字信号经过开关扩流器件来驱动蜂鸣器等需要较大电流的器件，应用最广泛的开关扩流器件为三极管，故采用 NPN 型晶体三极管 8050 与限流电阻构建高频放大与开关电路，蜂鸣器报警电路原理图如图 12-19a 所示。当单片机 I/O 口输出高电平时，三极管截止，线圈内部无电流，蜂鸣器不发声；当单片机 I/O 口输出低电平时，三极管导通，线圈内部形成回路电流，驱动蜂鸣器发出声音。

智能监测系统选用红、蓝 LED 发光二极管作为灯光报警器件，如图 12-18b 所示。与声音报警电路同理，需在电路中配备 NPN 型晶体三极管 8050，放大单片机 I/O 口输出的 TTL 电平，驱动并控制 LED 发光。同时，考虑到输入电压增高时电量充沛，保证 LED 正常发光，输入电压降低时节省电量，设置 10kΩ 取样电阻并联于 NPN 型晶体三极管 8050 两端，实现任意调节所需电压，进而保证电路正常工作。

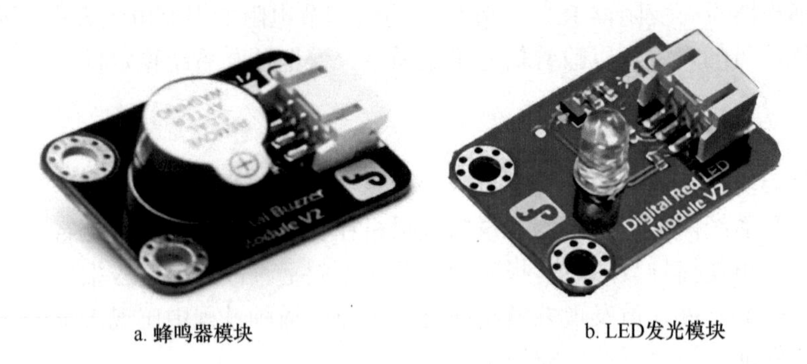

a. 蜂鸣器模块　　b. LED发光模块

图 12-18 声光报警模块实物图

为准确区分穴粒数重（漏）播和穴距重（漏）播四种播种故障，实现不同报警形式与不同故障类型相互对应，便于人工察觉并处理问题。机具在播种作业期间，当监测系统检测到故障时，通过脉冲宽度调制方式，使单片机 I/O 口持续输出占空比不同的 PWM 波，控制蜂鸣器以不同频率与强度发声；同时，单片机 I/O 口依次循环输出带有不同时间间隔与频率的高低 TTL 电平，驱动并控制红、蓝 LED 发光模块闪烁，实现不同播种故障的声光报警，声光报警电路原理如图 12-19b 所示。

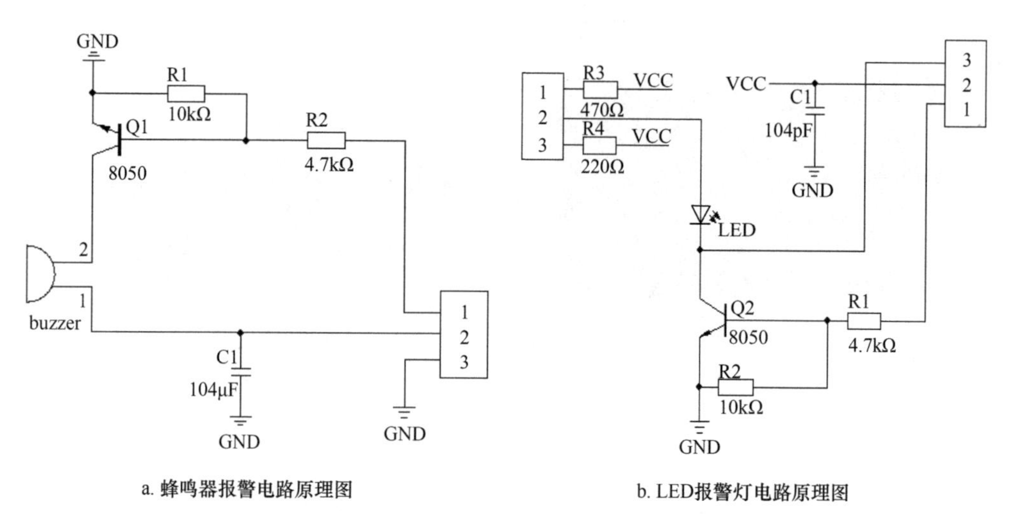

a. 蜂鸣器报警电路原理图　　b. LED报警灯电路原理图

图 12-19　声光报警模块电路原理图

12.3.1.7　无线串口透传模块设计

在实际作业过程中，智能监测系统在检测出机具出现播种故障进行声光报警的同时，需将 ATmega328P MCU 控制器系统计算的数据信息传输至显示终端，实现人机沟通与交互。在数据信息传输的过程中，应避免发生数据丢失、遗漏等现象，而数据传输技术与方式直接决定传输的质量。

由于智能监测系统的应用场合为水田环境，情况较为特殊，有线数据通信方式易受水田泥浆等因素影响，可控性低，影响传输效果与质量，增加监测系统的误差，降低监测系统的监测准确率。故应用短距离无线通信技术进行单片机与显示终端间的数据信息传输与交换，避免信号衰减，有效提高通信传输质量，实现数据的可视化与信息化。

结合实际田间作业环境，选择使用扩频和跳频技术，噪声环境下也可稳定工作的蓝牙技术实现监测系统的无线数据传输，省去了复杂烦琐的有线连接，节省成本、空间和时间。采用带有透明热缩管保护的 HC-05 嵌入式蓝牙串口通信模块，实现信号的无线传输功能，达到人机交互无缝连接，如图 12-20 所示。模块嵌有英国 CSR 公司生产的 BC417143 蓝牙芯片，波特率范围较宽，可达到 1 382 400bps，有效传输距离可达 10m，数据传输速率为 3Mbit/s。本系统通过 AT 指令将模块设置在自动连接工作模式下的从机模式来实现数据的无线传输。内置 LDO 集成低压差线性稳压器，外接旁路电解电容和使能电路如图 12-21 所示，可以起到降压稳压、负载短路保护与反接保护的作用。监测系统工作时，将 HC-05 的接收端引脚 RXD 与发送端引脚 TXD 分别对应地与 Arduino Uno 主板的发送端引脚 TXD 与接收端引脚 RXD 相连接，以完成数据的接收功能。

图 12-20　HC-05 嵌入式蓝牙串口通信模块实物图

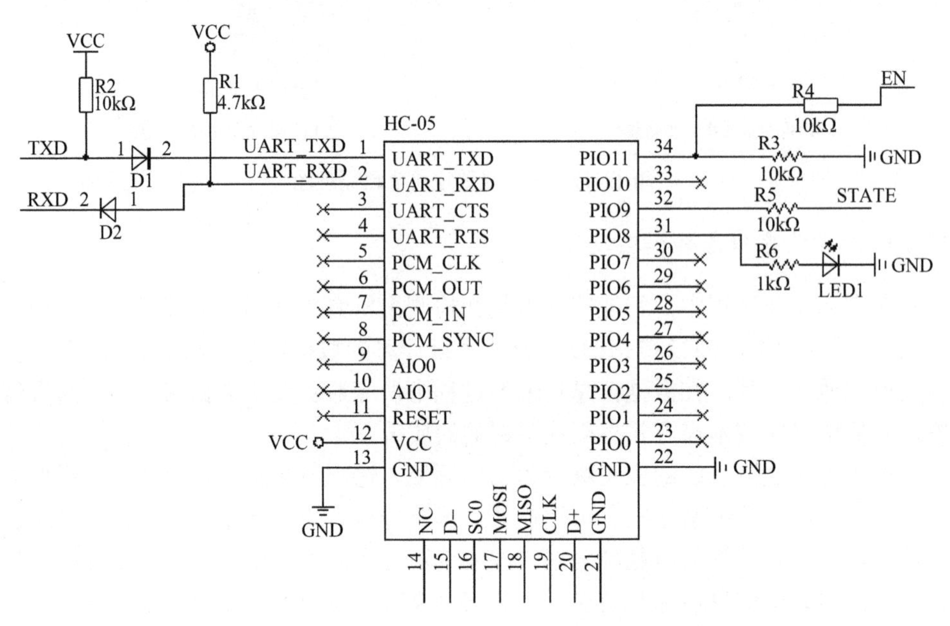

图 12-21　HC-05 嵌入式蓝牙串口通信模块电路原理图

12.3.2　智能监测系统软件设计

智能监测系统软件开发对单片机系统稳定运行至关重要，良好的软件设计既可实现用户的规划功能，还可保证系统具备一定的抗干扰能力，避免系统在复杂环境中运行时出现错误。为保证水稻精量穴直播监测系统稳定且有序运行，设计一套可靠的软件程序是必不可少的环节，本节重点对智能监测系统软件及程序设计进行详细阐述。

依据智能监测系统软件设计方案，将整体软件系统程序分为监测系统主程序、信号采集与处理子程序、故障判断及声光报警子程序和蓝牙无线串口透传子程序，程序层次分明、条理清晰、可读性强，通过系统集成开发环境将这些程序整合并稳定运行，实现信号读取与处理、故障声光报警和数据无线通信，为监测系统的性能试验奠定基础。

12.3.2.1　智能监测系统软件设计方案

为保证智能监测系统硬件精准运行，稳定可靠地实现规划功能，需为其配置相应程序软件并进行相应的程序设计。所开发的智能监测系统程序设计基于单片机系统集成开发环境，采用模块化 C 语言编程设计，将一个复杂的程序按照各自规划功能分解成主程序与若干个相对独立模块子程序，各模块可独立设计、编程和调试，具有良好的可移植性和灵活的扩展性，且程序结构清晰、可读性强、调试简便、可靠性高。本系统所设计的软件程序包括监测系统主程序、系统初始化子程序、信号采集与处理子程序、故障判断及声光报警子程序、蓝牙无线串口透传子程序。

12.3.2.2　系统集成开发环境及编程语言

1. Arduino IDE

集成开发环境（integrated development environment，IDE）是一款集成程序语言开发中所需的基本工具、基本环境和其他辅助功能的编程应用软件，用于提供程序开发环境，其可靠性优劣直接决定单片机开发的效率。IDE 具备程序代码编写功能、分析功能、编译功能、调试功能等一体化服务套，其内部主要组件包括：源代码编辑器（editor）、编译器（compiler）、调试器（debugger）、解释器（interpreter）和图形用户界面（GUI）等，开发人员可以通过 GUI 访问这些组件，实现整个程序代码的制作、修改、编译、调试、执行和发布。

2. Arduino 语言

Arduino 语言是基于 C/C++的一种参数函数化的计算机编程语言，为简化语言结构，降低编程难度，其加载库内部提供诸多极度封装好的函数供用户使用，主要包括单片机 I/O 口输入和输出模式定义、端口初始化函数、循环执行主函数、中断函数、时间函数和三角函数等，开发人员无需深入了解底层的相关知识，使开发变得更加简便和人性化，实用性远高于 C 语言。同时，仍可通过互联网免费下载 Arduino 官方库文件，比如 LCD 液晶显示屏控制文件、舵机控制文件、数字 I/O 口模拟串口文件、步进电机控制文件、TWI/IIC 总线文件等。此外，Arduino 语言具有高级编程语言的特点，程序可移植性好、可读性强、运算速度快、编译效率高、表达方式简练，可避免繁杂寄存器配置操作，提高单片机编程效率，实现对监测系统硬件控制。

12.3.2.3 智能监测系统主程序设计

智能监测系统主程序是整个压电冲击式水稻穴直播监测系统程序中最重要的主体部分，旨在实现系统中各模块初始化参数配置，连接、组织系统各模块工作子程序，并根据实际需求调用子程序，完成监测过程中的信号采集、计算、传输与反馈等功能，实现水稻穴直播精准实时监测。监测系统主程序具体功能包括以下几方面。

（1）调用系统初始化子程序。定义单片机 I/O 口与全局变量，对各模块芯片进行初始化配置，使监测系统进入准备工作状态。

（2）调用信号采集与处理子程序。稻种冲击 PVDF 压电薄膜传感器产生的信号经放大整形送入 ATmega328P MCU 控制器系统后，经信号平滑处理算法，并结合定时器中断程序得到模拟电压与相邻两穴稻种下落时间间隔，判断机具是否出现播种故障。

（3）调用故障判断及声光报警子程序。在水稻穴直播实际作业过程中，当监测系统判断机具出现重播或漏播故障时，通过声光报警子程序驱动相应的声光报警模块工作，实现监测系统的故障报警功能。

（4）调用蓝牙无线串口透传子程序。稻种冲击 PVDF 压电薄膜传感器产生的信号经单片机一系列处理计算后，通过蓝牙无线串口通信模块将所得到的数据信息传输至显示终端，建立起程序代码与显示终端桥梁，实现人机交互的目的。

12.3.2.4 智能监测系统子程序设计

智能监测系统子程序在整个监测系统程序中占据着举足轻重的地位，智能监测系统部分重要功能都是通过子程序的运行来实现的，子程序结构逻辑性与合理性影响着监测系统的工作性能。结合智能监测系统软件设计方案，设计监测系统子程序主要包括：信号采集与处理子程序、故障判断及声光报警子程序和蓝牙无线串口透传子程序，各子程序流程图如图 12-22 所示。

1. 信号采集与处理子程序设计

智能监测系统的信号采集与处理子程序主要由播种量采集子程序和稻种

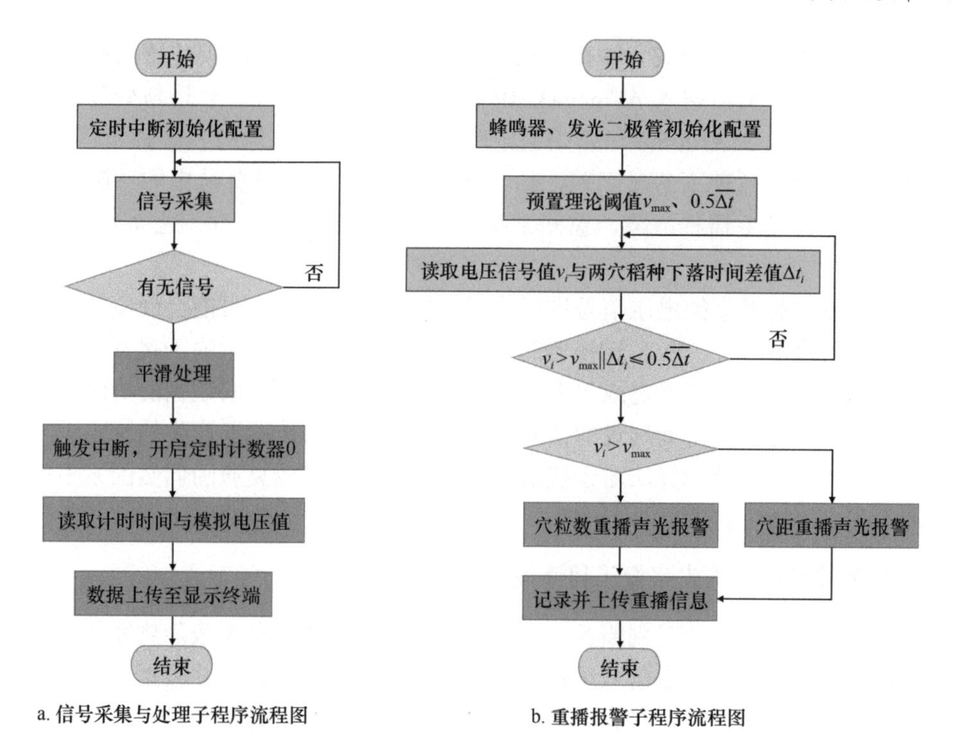

a. 信号采集与处理子程序流程图　　b. 重播报警子程序流程图

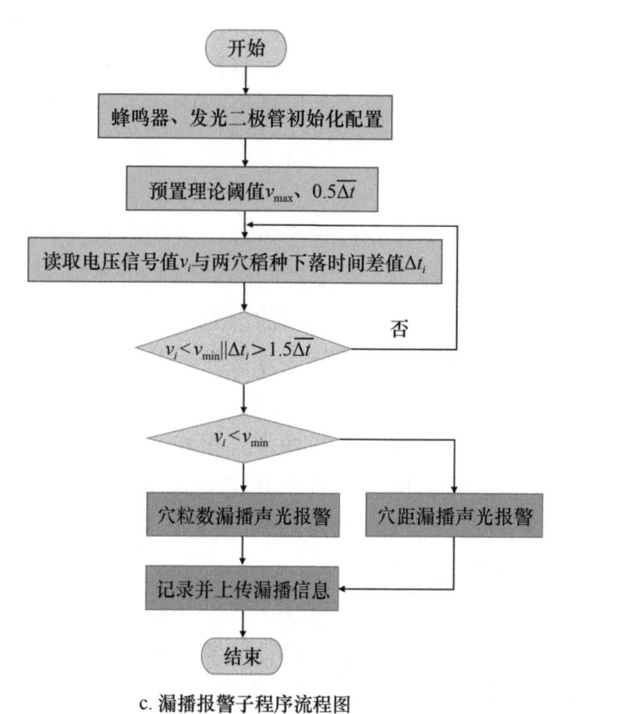

c. 漏播报警子程序流程图

图 12-22　智能监测系统软件子程序流程图

下落时间采集子程序组成。被抛射出稻种冲击 PVDF 压电薄膜传感器产生电压信号，经放大整形后送入 ATmega328P MCU 控制器系统进行分析与处理，并触发定时中断，通过 Arduino 语言中的定时中断处理函数获取每穴稻种下落时间，并计算相邻两穴稻种下落时间差，结合 12.2 节设计的监测算法中的判断条件，判断机具是否发生播种故障。监测系统信号采集与处理子程序流程如图 12-22a 所示。

单片机在对采集的电压信号进行分析与处理的过程中，可能会受电荷放大整形器的输入输出干扰、D/A 转换器的输入输出干扰、电源电压的干扰及电路连接线的影响等，产生飘忽不定或忽大忽小的模拟信号，故应采取适当的滤波算法去除这些干扰信号，使得处理过的信号更接近于稻种冲击传感器产生的稳定电压信号。采用信号平滑处理算法对干扰信号进行滤除，可有效克服因偶然因素引起的脉冲干扰，平滑度较高。

2. 故障判断及声光报警子程序设计

智能监测系统的故障判断及声光报警子程序工作流程分为故障判断和声光报警两部分。监测系统读取信号采集与处理子程序返回的信息，并根据系统监测算法判断播种情况，若判定机具出现故障，系统自动调用声光报警子程序，驱动蜂鸣器与 LED 发光二极管以不同频率及颜色鸣叫与闪烁，提示故障类型。依据水稻精量穴直播可能出现播种故障而开发的监测算法，并结合故障判断及声光报警子程序的工作流程，可将故障判断及声光报警子程序分为重播报警子程序和漏播报警子程序。

i. 重播报警子程序

依据对水稻穴直播机实际作业过程中可能出现的四种播种故障分析，重播报警子程序设计应对穴粒数重播和穴距重播同时进行判断并报警。具体工作流程为：监测系统读取信号采集与处理子程序返回的信息，即实际模拟电压与实际相邻两穴稻种下落时间差，并与预置理论阈值进行比较，若实际模拟电压大于最大理论阈值，系统判定机具发生穴粒数重播故障，同时调用穴粒数重播声光报警子程序，驱动蜂鸣器和发光二极管实现穴粒数重播声光报警；若实际相邻两穴稻种下落时间差小于或等于 0.5 倍理论时间差，系统判定机具发生穴距重播故障，则自动调用穴距重播声光报警子程序，并驱动蜂鸣器和发光二极管实现穴距重播声光报警。重播报警子程序流程如图 12-22b 所示。

结合穴粒数重播和穴距重播监测算法，以及故障判断及声光报警子程序的工作流程，参照监测系统软件设计方案，设计监测系统部分重播报警子程序。

ii. 漏播报警子程序

参照重播报警子程序的设计流程及方法，定义监测系统漏播报警子程序的具体工作流程为：智能监测系统读取信号采集与处理子程序返回的信息，即实际模拟电压与实际相邻两穴稻种下落时间差，并与预置理论阈值进行比较，若实际模拟电压小于最小理论阈值，系统判定机具发生穴粒数漏播故障，同时调用穴粒数漏播声光报警子程序，驱动蜂鸣器和发光二极管实现穴粒数漏播声光报警；若实际相邻两穴稻种下落时间差大于 1.5 倍理论时间差，系统判定机具发生穴距漏播故障，则自动调用穴距漏播声光报警子程序，并驱动蜂鸣器和发光二极管实现穴距漏播声光报警。漏播报警子程序流程如图 12-22c 所示。

3. 蓝牙无线串口透传子程序设计

蓝牙无线串口透传子程序是智能监测系统子程序中不可缺少的重要组成部分，程序设计合理性是实现高效无线通信的关键。同时，为实现监测系统输出数据的无线传输、管理与可视化操作，达到人机交互的目的，利用安卓手机应用程序开发平台设计一款蓝牙无线串口透传 APP，通过程序运行将 HC-05 嵌入式蓝牙串口通信模块与无线串口透传 APP 结合，共同建立无线串口透传系统，实现数据的实时动态传输。

i. 易安卓开发平台

易安卓开发平台简称 E4A（易语言 FOR 安卓），是一款基于谷歌 Simple 语言的编程工具，旨在通过类似易语言的 BASIC 语法实现安卓系统应用程序（Android APP）的设计与开发。

ii. 蓝牙无线串口 APP

本研究设计安卓手机端蓝牙无线串口通信软件代替传统的 PC 端通信软件作为监测系统的显示终端，实现人工与软件之间的信息交换。

基于 HC-05 嵌入式蓝牙串口通信模块的透传特性，建立蓝牙串口通信模块与安卓手机间完整的通信路径，利用 E4A 开发平台自主设计蓝牙无线串口透传 APP 作为显示终端，实时接收并显示由 HC-05 嵌入式蓝牙串口通信模块所发射的 ATmega328P MCU 控制器系统串口数据信息，并进行相关操作。图 12-23 为自主设计开发的蓝牙无线串口透传安卓 APP 界面及其程序代码。

iii. 蓝牙无线串口透传子程序开发

蓝牙无线串口透传子程序的稳定运行是保障监测系统工作过程中数据高效传输的关键，其设计的合理性直接影响数据信息的传输效率。根据 HC-05 嵌入式蓝牙串口通信模块的工作特性，利用 Arduino IDE 提供的串口监视器进入 AT 模式，通过编写 AT 指令对蓝牙名称、工作模式和匹配密码等基本参数进行设置，保证蓝牙模块的执行状态。在此基础上，通过蓝牙无线串口透传子程序中的串口通信函数实现监测数据的实时无线接收。

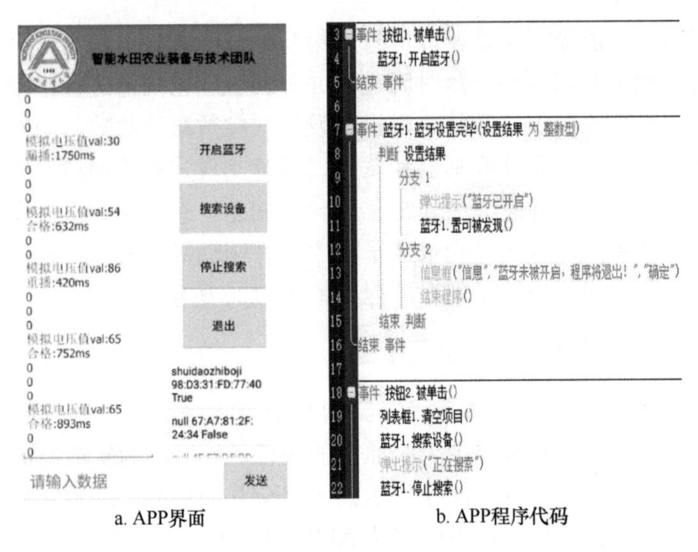

a. APP界面　　b. APP程序代码

图 12-23　蓝牙无线串口透传安卓 APP 界面与程序代码

12.4　精量穴直播智能监测系统验证分析

为验证水稻精量穴直播排种智能监测系统的工作性能及可靠性，探究排种器不同工作转速下监测系统灵敏度的变化规律，于东北农业大学排种性能实验室借助 JPS-12 型排种器性能检测试验台，以弹射式耳勺型水稻精量穴直播排种器为测试载体进行工作转速下的监测系统灵敏度测试。

12.4.1　监测系统台架试验方案

灵敏度是传感器静态特性的一项重要指标，其性质决定了传感器的优良。在智能监测系统中，PVDF 压电薄膜传感器起着至关重要的作用，其灵敏度好坏直接影响系统的监测精度。故应对 PVDF 压电薄膜传感器以灵敏度为试验指标进行测试。

监测系统台架试验基于弹射式耳勺型水稻精量穴直播排种器并围绕水稻精量穴直播排种智能监测系统展开，将排种器安装于 JPS-12 型排种器性能检测试验台，试验装置如图 12-24 所示。其中排种轴转速可通过综合操作台计算机控制面板上的“排种器性能检测程序软件”进行设定并控制。

为有效合理地测试水稻精量穴直播排种智能监测系统灵敏度的有效性及准确性，选取合理的排种器工作转速范围。通过理论分析与预试验可知，当排种器工作转速高于 40r/min 时，排种合格指数小于 75%，未达到国家标准对播种机排种合格指数的要求，无法满足监测系统灵敏度测试的要求。为模拟田间作业效果，

图 12-24　监测系统灵敏度台架测试装置

1. 弹射式耳勺型水稻精量穴直播排种器；2. 监测系统；3. 计算机；4. 驱动电动机；5. 安装台架

结合实际田间作业速度情况，综合考虑，取排种器工作转速范围为 10～35r/min，对各工况下的监测系统灵敏度进行台架测试。首先探究排种器高速作业条件下 PVDF 压电薄膜传感器与第 *N* 穴稻种冲击后的稳态恢复情况。取排种器最优工作转速范围内的最大工作转速 35r/min 并使排种器转动一圈进行测试，选取 120 穴作为被测目标进行试验，并记录监测系统中蜂鸣器的响应次数。

12.4.2　智能监测系统试验结果与分析

在此重点探究排种器高速作业条件下 PVDF 压电薄膜传感器与第 *N* 穴稻种冲击后的稳态恢复情况，通过 LabVIEW 虚拟仪器输出得到稻种冲击传感器产生的模拟电压随时间变化的脉冲波形图，如图 12-25 所示。

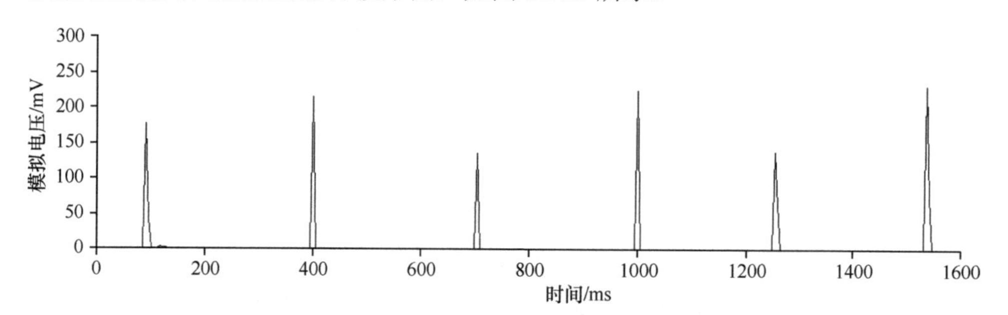

图 12-25　稻种冲击 PVDF 压电薄膜传感器输出波形图

由传感器输出波形图可知，相邻两脉冲之间无明显干扰信号，表明 PVDF 压电薄膜传感器与第 *N* 穴稻种冲击后可迅速恢复至稳定状态，可对第 *N*+1 穴稻种冲击信号进行有效采集，且所选用 PVDF 压电薄膜传感器频率响应宽，在 1×10^5～1×10^9Hz 范围内响应平坦，可采集连续冲击信号。

通过在水稻精量穴直播排种智能监测系统灵敏度测试台架试验中对蜂鸣器的响应次数进行记录，整理数据结果如表 12-2 所示。

表 12-2 监测系统灵敏度测试结果

工作转速/（r/min）	检测结果				灵敏度/%
	平均穴粒数	标准差/粒	实际穴数	响应穴数	
10	8	0.2	120	119	99.17
15	7	0.3	120	117	97.50
20	7	0.3	120	115	95.83
25	7	0.4	120	112	91.23
30	6	0.5	120	111	92.50
35	5	0.6	120	109	90.83

为直观分析不同排种器工作转速下监测系统灵敏度的变化规律，根据测试结果利用 Excel 软件绘制不同排种器工作转速下监测系统灵敏度、平均穴粒数和标准差之间的关系曲线，如图 12-26 所示。

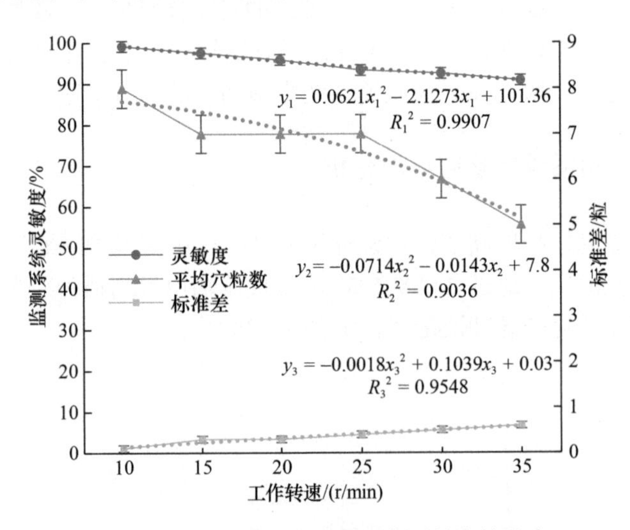

图 12-26 工作转速对监测系统灵敏度的影响

由表 12-2 和图 12-26 可知，所选取的 120 穴稻种的平均穴粒数在 5～8 粒动态区间内，符合水稻穴直播农艺要求，在此条件下，各工况下系统灵敏度均不小于 90.83%，表明穴粒数对系统灵敏度影响较小。通过台架预试验可知，在适宜寒地水稻直播作业的合理含水率范围内（25%～30%），稻种含水率对系统灵敏度无任何影响。综合分析可知，该系统可对冲击到 PVDF 压电薄膜传感器的稻种进行信号采集，可靠性较高，可实现作业条件下精准实时排种效果监测，有效提高水稻穴直播作业效率与效果。

参考文献

[1] 祁兵, 张文毅, 余山山, 等. 气力集排式水稻排种系统播量控制模型研究[J]. 农业机械学报, 2018, 49(S1): 125-131.

[2] 张曌. 压电冲击式水稻穴直播精准实时监测系统设计与试验[D]. 哈尔滨: 东北农业大学硕士学位论文, 2019.

[3] 王金武, 张曌, 王菲, 等. 基于压电冲击法的水稻穴直播监测系统设计与试验[J]. 农业机械学报, 2019, 50(6): 74-84.

第 13 章　系列水稻精量穴直播排种器数值模拟与性能优化

本章将以前期所设计的机械式和气力式水稻精量穴直播排种器为研究载体，以所测定典型稻种物料特性参数为边界条件，重点开展数值模拟与性能优化分析。以弹射式耳勺型水稻精量穴直播排种器为研究载体，建立不同品种稻种颗粒数值模型，利用离散元法及其仿真软件 EDEM，对排种器舀种过程进行虚拟仿真[1,2]，解析排种器舀种阶段稻种运动规律，并开展单因素虚拟试验，分析舀种阶段不同尺寸等级稻种对舀种性能的影响。以气吸式水稻精量穴直播排种器为研究载体，结合 CFD-DEM 耦合仿真与单因素试验方法开展排种器单因素虚拟仿真性能试验，分析工作参数对排种性能影响规律，旨在为精量穴直播排种器结构改进优化及台架试验研究提供理论依据。

13.1　弹射式耳勺型水稻精量穴直播排种性能数值模拟研究

弹射式耳勺型水稻精量穴直播排种器是水稻精量穴直播机具的核心工作部件，直接影响整体工作质量与效率。本章重点对精量穴直播排种舀种过程进行分析，在舀种过程中，取种耳勺在旋转底座带动下掘入稻种种群，舀种部舀取定量稻种，其稻种群体间动力学与运动学关系复杂，不仅包含取种耳勺的机械运动，而且包含取种耳勺与稻种种群、旋转底座与稻种种群的相互作用，种群内部稻种间的接触、碰撞、摩擦、黏结等相互作用更为复杂。排种器舀种阶段、清种阶段、护种阶段和投种阶段紧密衔接，构成了完整排种工作体系，而排种器的舀种性能直接决定了后续三个阶段的工作质量，但无法完全通过理论研究揭示各因素间相互作用，急需开展精量穴直播虚拟仿真试验研究[3]。

13.1.1　几何模型与边界条件确定

1. 几何模型建立

根据前期理论分析可知，排种器取种耳勺工作转速与排种器舀种性能存在直接关系。本节将以取种耳勺工作转速为试验因素，取种耳勺舀种合格率为试验指标，利用 EDEM 进行单因素仿真试验同时分析不同尺寸等级稻种对舀种合格指数影响的内在机理，检验所设计排种器舀种适应范围。

排种器的三维几何模型是 EDEM 软件仿真中稻种颗粒所接触到的机械实体，为了便于 EDEM 软件仿真研究，除去与稻种运动过程接触无关的部件[4]，应用三维制图软件 CATIA 进行实体建模，以.stp 格式导入 EDEM 软件 Geometry 模块 Cylinder，以确定好的参数及将排种器材质选为不锈钢，建立排种器离散元模型。为提高 EDEM 软件仿真计算速度，将旋转底座与取种耳勺设置为转动件，设定其转动初速度、转动开始和结束时间，其余部件设置为固定件。在此基础上，根据排种器容种箱内实际情况，设置虚拟工厂即稻种模型生成区域，设定生成区域中心坐标、长边尺寸和短边尺寸，虚拟工厂的大小为排种器容种箱内截面积大小，形状为四边形，如图 13-1 所示。

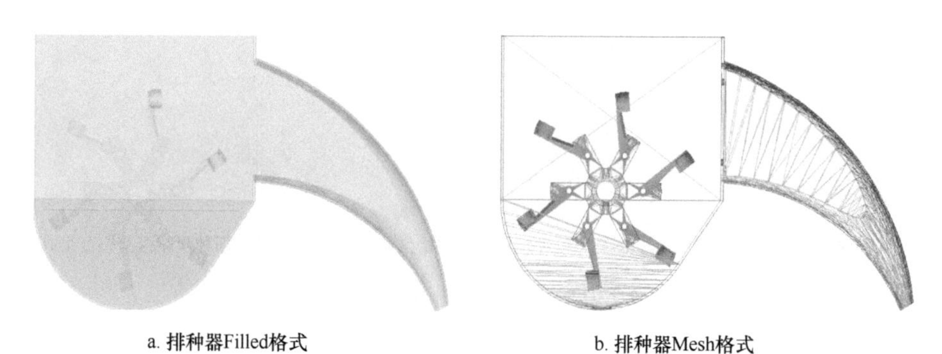

图 13-1　弹射式耳勺型水稻精量穴直播排种器虚拟仿真模型

2. 稻种离散元模型建立

以前期所选取的北方寒地广泛种植的 12 种类型供试水稻种子为参考，根据其几何尺寸进行分类，采用三维激光扫描方法进行各尺寸等级玉米种子原型提取、着色、除噪、点云注册、点云三角片化、合并和模型修正操作，最终得到各尺寸等级稻种理想三维扫描模型，详细方法请参见本书 10.3.1 节稻种螺旋输送虚拟标定。所建立的稻种离散元模型如图 13-2 所示。

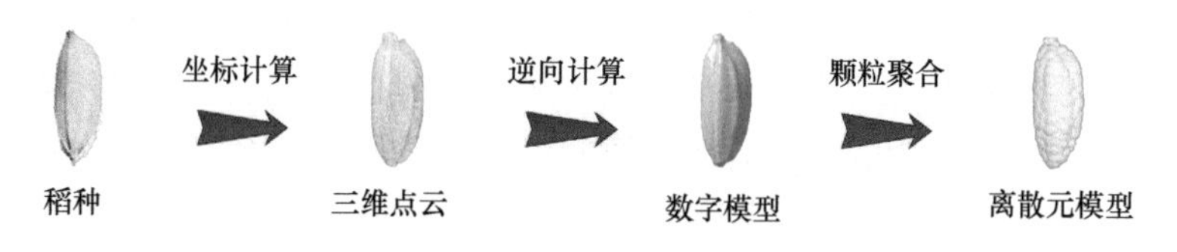

图 13-2　稻种离散元模型

3. 边界参数设定

为便于 EDEM 软件仿真和运算，不考虑其他杂质对仿真过程的影响，亦忽略稻种间的黏附力。根据 10.2.1 节稻种物料特性参数测定结果设定材料接触参数，虚拟仿真过程中选取 Hertz-Mindlin 无滑动模型为计算稻种间作用关系的接触模型。

根据排种器容种箱实际情况，保证排种器舀种弧段内有足够数量稻种进行仿真，设置 EDEM 虚拟工厂生成稻种颗粒总数量为 20 000 粒，稻种颗粒生成速度为 15 000 粒/s。在仿真过程中，设置仿真固定时间步长为 Rayleigh 时间步长的 24%，仿真总时间设置为 1.8s，仿真设置时间与排种器转动件结束时间相同，数据保存时间为 0.01s 迭代保存一次。仿真参数设置完成后，创建排种器虚拟工厂生成稻种颗粒。稻种颗粒生成后落至容种箱底部，EDEM 软件自动对 20 000 粒稻种进行编号。EDEM 颗粒工厂虚拟仿真过程如图 13-3 所示。

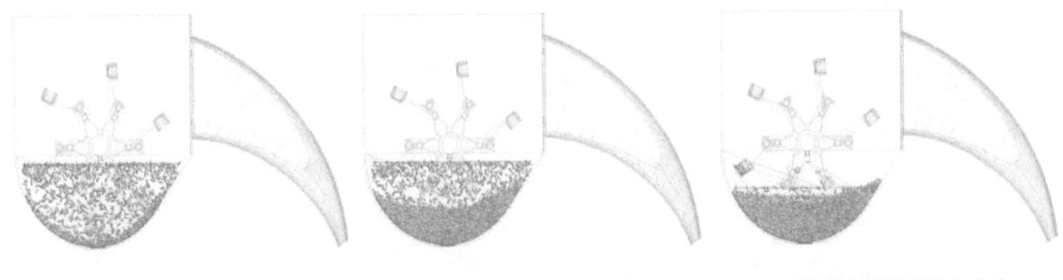

a. 稻种颗粒模型初始生成　　b. 稻种颗粒模型初始生成中　　c. 稻种颗粒模型完全生成

图 13-3　EDEM 排种运动仿真过程

13.1.2　弹射式耳勺型水稻精量穴直播排种仿真分析

通过排种器舀种过程力学分析可知，在排种器结构参数和稻种籽粒参数一定时，被舀取稻种所受充填力与取种耳勺角速度和起始位置角等因素有关。而容种箱内起始位置与稻种容种高度相关，通过控制容种高度即可调整取种耳勺与稻种种群接触的起始位置角。因此为了方便操作，在单因素仿真试验中，选取排种器工作转速和容种高度为因素，探究排种器舀种性能。

13.1.2.1　舀种阶段稻种颗粒运动仿真

排种器舀种过程仿真时仅考虑取种耳勺不同工作转速，其他参数为定值，运用 EDEM 软件对排种器舀种过程中稻种颗粒的运动进行仿真。同时，利用 EDEM 软件 Analyst 模块的 Clipping 后期图像处理技术，通过平面剖切操作将容种箱模型与取种耳勺模型沿中线截断并移除一半的结构。但稻种颗粒模型间、稻种颗粒模型与取种耳勺间，以及稻种颗粒模型与容种箱间的接触与黏结等虚拟关系不受任何影响，在此基础上开展后续分析。仿真计算过程中，可以将每个稻种颗粒模型的运动以流线型显示，用不同的颜色表示不同的运动速度，由速度流分布图可以清晰地看到每个稻种颗粒模型运动轨迹，如图 13-4 所示。其中蓝色稻种颗粒模

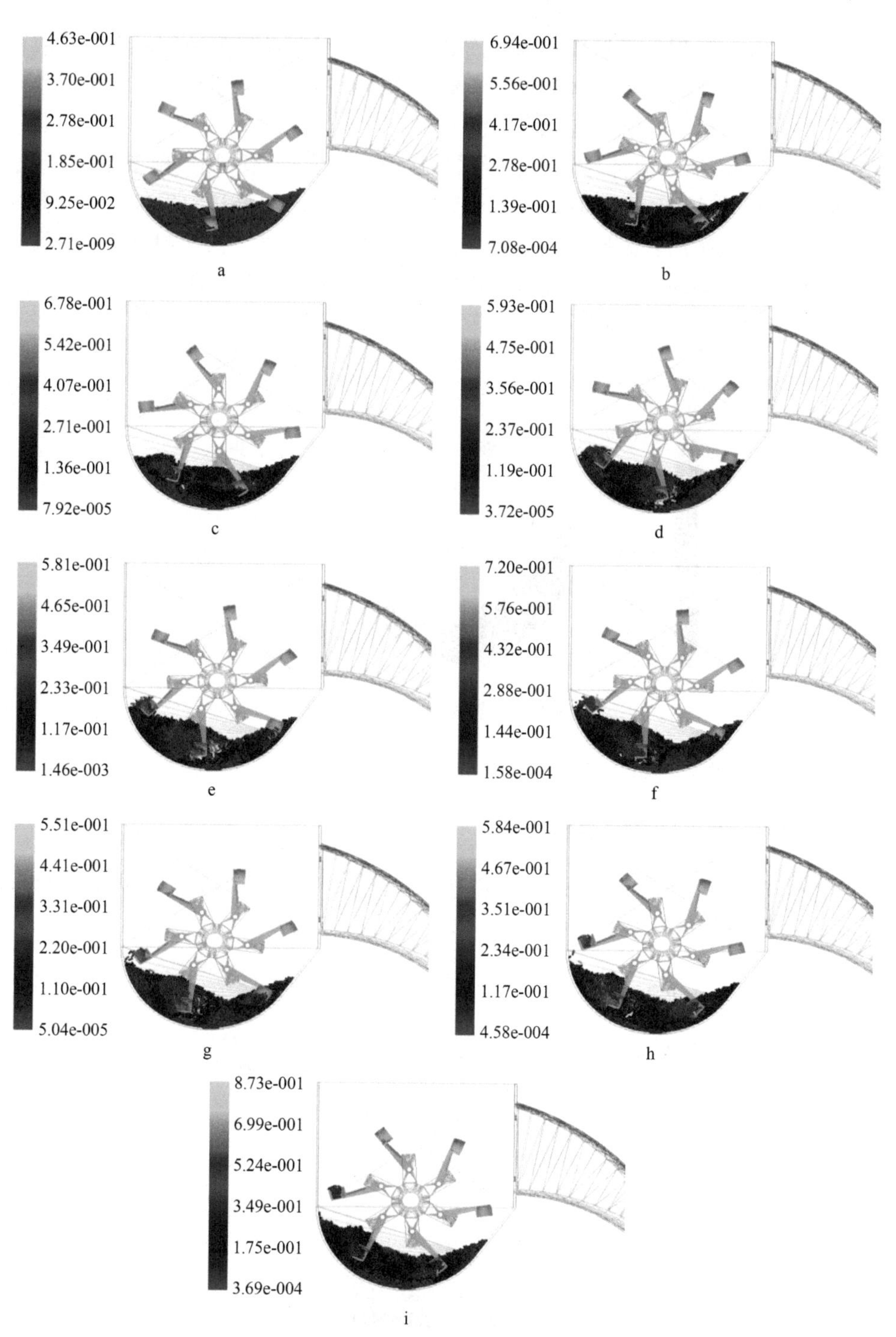

图 13-4　排种器舀种时稻种颗粒运动仿真

型速度最小、红色稻种颗粒模型速度次之，绿色稻种颗粒模型速度最大。对取种耳勺舀种过程各时间点稻种颗粒模型运动形态进行截图，展示稻种颗粒在充填入取种耳勺过程中运动形态的变化[5]。

由图 13-5 可知，取种耳勺未进行舀种作业时，所有稻种颗粒模型保持静止；随着取种耳勺转动掘入稻种种群，稻种颗粒模型首先沿取种耳勺舀种部侧壁向内滑移，可一直抵达舀种部底部，直到受舀种部底部限制时，稻种颗粒模型继续沿稻种种群内滑移面向舀种部内充填。EDEM 软件仿真舀种过程中，稻种颗粒模型运动形态与取种耳勺舀种过程动力学模型分析结果趋势一致。

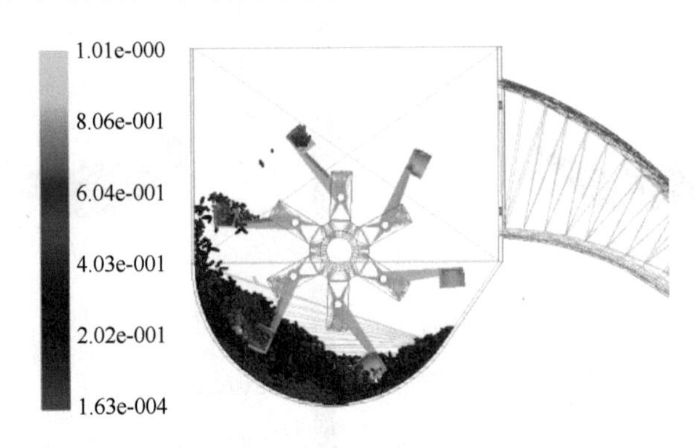

图 13-5　稻种颗粒运移状态

13.1.2.2　仿真结果分析

1. 相同转速不同颗粒运移状态

分别导出被标记稻种颗粒模型，仿真过程中速度与时间关系数据，应用 Matlab 软件绘制关系曲线，如图 13-6 所示。

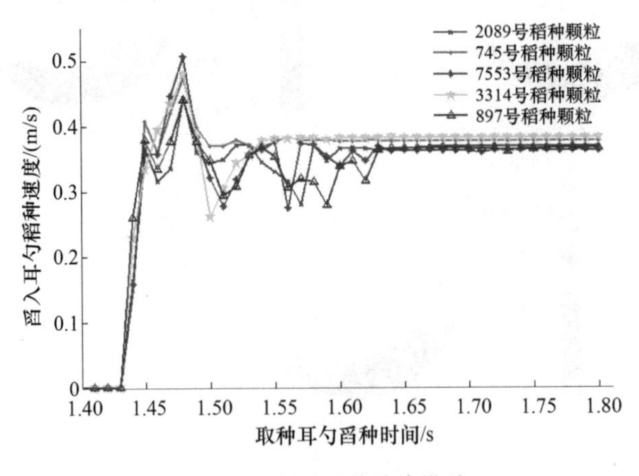

图 13-6　稻种颗粒速度曲线

由图 13-6 可知，被标记稻种颗粒模型速度随时间变化的趋势基本一致。1.43s 前为稻种颗粒模型生成时段，虚拟工厂生成颗粒模型落入容种箱底部并逐渐堆积；1.43s 后为取种耳勺舀种开始时段，被标记稻种颗粒模型被舀入取种耳勺内，取种耳勺旋转带动其周围稻种颗粒模型运动，稻种颗粒模型速度不断增大；1.48s 左右稻种颗粒模型速度达到最高值，此后速度起伏产生波动；1.63s 后被标记稻种颗粒模型完全进入取种耳勺内，随取种耳勺同步运动，其速度变化趋于平缓。

2. 不相同转速相同颗粒运移状态

选取已标记的 3314 号稻种颗粒模型，分别仿真其在取种耳勺工作转速为 20r/min、30r/min、40r/min、50r/min、60r/min 和 70r/min 条件下，稻种颗粒模型的速度和充填力的变化趋势。提取取种耳勺在不同工作转速下，3314 号稻种颗粒模型速度和充填力与时间关系数据，应用 Matlab 软件绘制关系曲线，如图 13-7 所示。

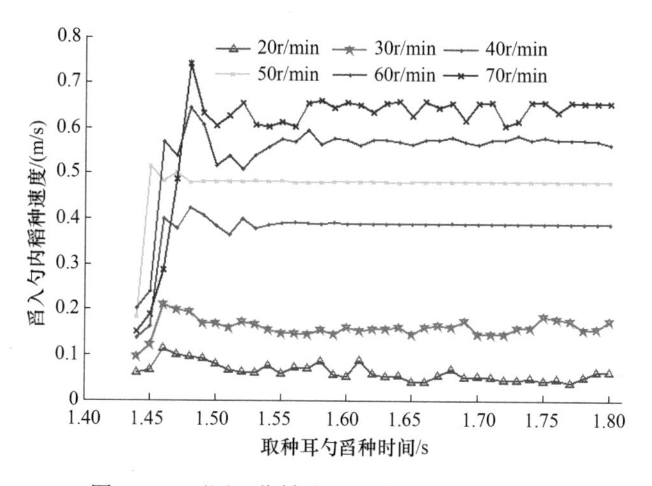

图 13-7　不同工作转速下稻种速度与时间关系

由图 13-7 可知，被标记的 3314 号稻种颗粒模型速度与时间的关系曲线随着取种耳勺工作转速的增加，稻种颗粒模型被舀入取种耳勺内并处于相对稳定状态所需的时间减少；但随着工作转速的继续增加，稻种颗粒模型所受离心力增大，颗粒间及颗粒与取种耳勺壁碰撞加剧，导致部分稻种颗粒模型产生弹跳，速度变化明显，不利于稻种颗粒模型在取种耳勺内处于相对稳定状态。

对被标记的 3314 号稻种颗粒模型所受充填力随时间变化关系进行分析，如图 13-8 所示。分析可知，编号 3314 号稻种颗粒模型充填力随时间变化关系比较复杂，随着取种耳勺工作转速增加，稻种颗粒模型充填力均出现了先上升后下降、变化幅度渐平缓的变化趋势。纵向比较发现，不同工作转速下，3314 号稻种颗粒模型受到的充填力最大值间出现了较大的差距，其大小依次为 F_c（40r/min）、F_c

（50r/min）、F_c（30r/min）、F_c（60r/min）、F_c（70r/min）、F_c（20r/min）。分析原因为，当取种耳勺工作转速较低时，取种耳勺对容种箱内稻种种群的扰动强度较低，种群压应力对稻种颗粒滑移体充填力影响显著，可以得到较大的充填力，稻种颗粒利用充填力充入到取种耳勺内；当取种耳勺工作转速较高时，耳勺对稻种种群的扰动强度增大，而且较大的扰动强度降低了稻种种群内的摩擦阻力，同时稻种滑移体所受离心力增大，从而减小了压应力对稻种颗粒滑移体充填力的影响，导致部分稻种颗粒由取种耳勺内弹跳出去，对取种耳勺定量舀种产生影响。

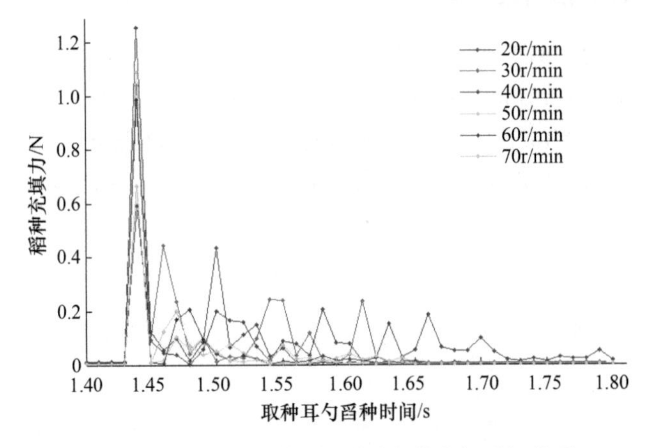

图 13-8　不同工作转速下稻种充填力与时间关系

13.2　气吸式水稻精量穴直播排种性能数值模拟研究

在气吸式水稻精量穴直播排种器工作过程中，在负压作用下稻种群体被吸附于排种盘，并通过后续系列环节完成精量穴直播排种作业。排种器内部气流流场对稻种的作用直接影响排种效果。排种器内稻种处于机械-气力复杂耦合环境下，稻种将受自身重力、颗粒间或颗粒与部件间法向碰撞接触力、内部颗粒黏结力等复合力的共同作用。传统理论分析无法完全解决稻种复杂流动，因此，本章采用CFD-DEM 耦合方法对气吸式精量排种器工作过程进行研究分析，为后续排种器性能优化及试验验证提供参考。

13.2.1　几何模型与边界条件确定

13.2.1.1　几何模型建立

1. EDEM 仿真模型建立

在数值模拟仿真研究过程中，几何模型为颗粒体直接接触的实体，亦是流场仿真前提。为了提高仿真效率及质量，应用三维软件 Creo 3.0 对排种器进行实体建模（比例 1∶1）并对所建模型进行简化。将简化的排种器模型以.stp 文件格式导入 EDEM 软件中，为方便观察，以 Filled 格式显示排种器整体结构，以 Mesh 格式显示稻种在排种器中的作业状态，如图 13-9 所示。根据排种器实际安装位置和各部件运动状态，设置前后壳体、负压气室和卸种毛刷等为固定部件，排种盘、播量调节盘、传动盘和搅种毛刷等为圆周旋转部件（Moving plane 模型）。根据排种器加工试制要求，对排种器各部件材料进行设定。设置排种器后壳体、传动轴材料为铸铁，前壳体材料为有机玻璃，排种盘、播量调节盘材料为 ABS 塑料，搅种毛刷和清种毛刷材料为猪鬃。

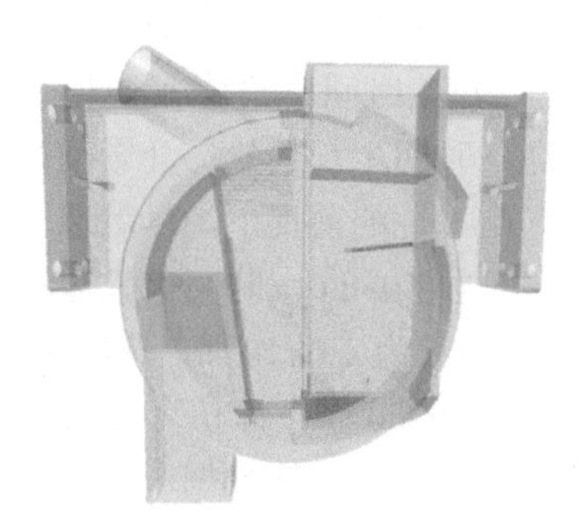

a. 排种器Filled格式

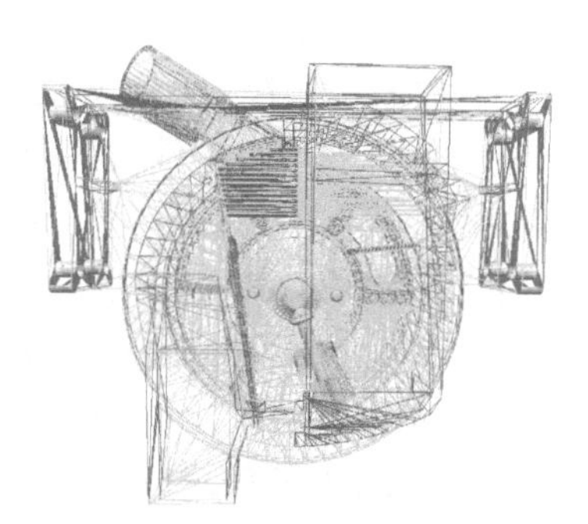

b. 排种器Mesh格式

图 13-9 气吸式水稻精量穴直播排种器仿真模型

2. 负压气室 Fluent 网格划分

为探究直筒型、倒角型、锥型和沉头型吸孔对排种性能的影响，将开展气室流场分析。排种器气室部分通过 ICEM-CFD 采用滑移网格法划分网格，将型孔部分划分为动区域，其余部分为静区域，如图 13-10 所示。

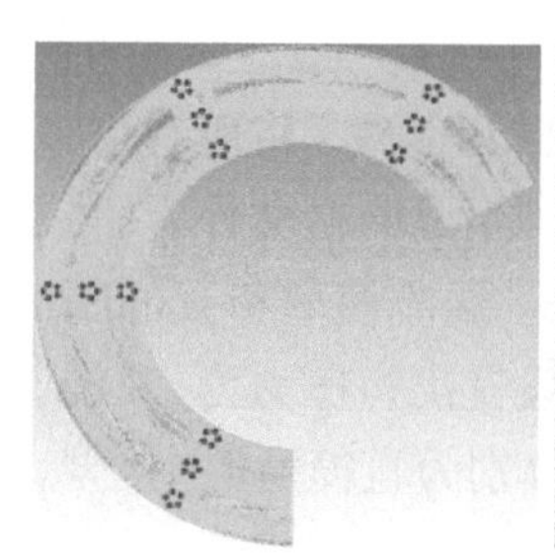

a. 网格划分

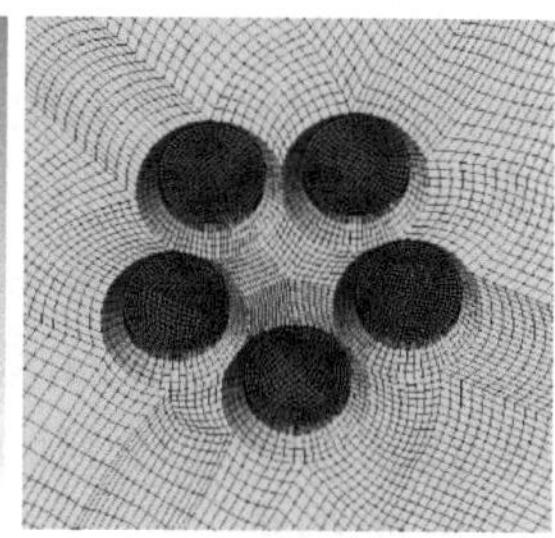

b. 局部放大

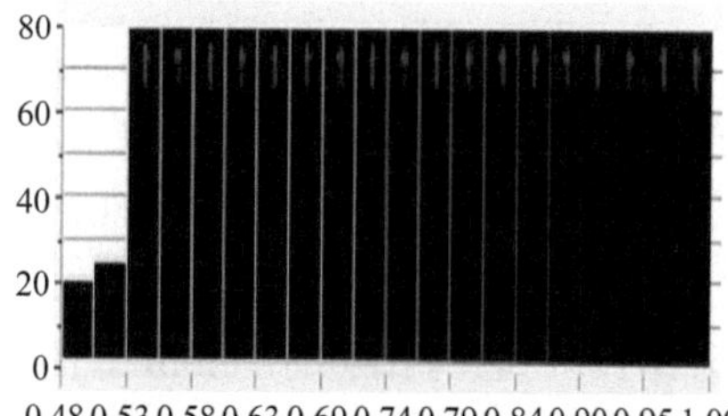

c. 网格质量

图 13-10 网格划分及网格质量

如图 13-10 所示，在 ICEM-CFD 中利用 Edit Mesh 中的 Display Mesh Quality

检查网格质量，得出四种吸孔总网格数分别为 1 071 818、3 304 440、4 564 845 和 4 028 578 个，Histogram of Quality Values 中显示出网格均大于 0.42，且平均值分别为 0.96、0.93、0.92 和 0.92，其中与颗粒相接触的网格尺寸均大于负压气室内的网格尺寸，可满足耦合仿真要求。

13.2.1.2 边界条件确定

根据排种器作业的实际特点，稻种表面及与排种器各部件无黏附作用，且排种过程中不涉及电和热交换的因素，因此虚拟仿真过程中稻种与各部件选取 Hertz-Mindlin（no slip）无滑动模型进行计算。根据 10.2.1 节稻种物料特性参数测定结果，设定排种器各关键部件属性和稻种颗粒间材料接触参数。在解决瞬态力学分析问题时，时间步长决定了计算结果的精度。时间步长越小，计算精度越高，但会导致仿真时间过长，对硬件设备要求高。时间步长越长，会影响计算精度，甚至出现错误。故应在保证计算精度和仿真准确性的前提下，尽量选取较小的时间步长。同时，在 EDEM-Fluent 耦合过程中要求 Fluent 中时间步长通常为 EDEM 的 50～100 倍。因此，在 EDEM 中设置时间步长为 1.0×10^{-5}s，选取 1.0×10^{-5}s 作为 Fluent 中时间步长。同时设置 Fluent 步数为 6000 步，即仿真时间为 3s。为节约仿真时间，在 Fluent 和 EDEM 中，每隔 0.01s 保存一次数据。

13.2.2 CFD-DEM 气吸流固耦合仿真分析

排种盘吸孔形状对吸孔表面压强有较大影响，从而影响稻种吸附效果。结合排种器工作过程中的运动学分析，针对不同吸孔形状进行基于 Fluent 的气流场单因素仿真分析，分析不同吸孔条件下，负压气室内压强和流速的分布情况，以探求适合播种的最佳吸孔形状及最佳负压。

13.2.2.1 单因素流场分析

在 ICEM-CFD 中进行非结构化网格划分，定义空气进口和出口，将所有与吸孔接触的面定义为 INTERFACE，其余边界定义为 WALL，生成网格文件。将划分好的网格以.msh 格式导入 Fluent 软件，参数设置中选择 k-ε 湍流模型和 standard 模型，在 Cell Zone Condition 选项里设置进口压力为 0kPa，设置出口压力为−5kPa。选择负压气室内距吸孔 5mm 处的平面为输出面。图 13-11 分别为直筒型、倒角型、锥型及沉头型吸孔条件下，气室内流体仿真云图。

由图 13-11 中静压云图分析可得，在各种吸孔条件下，气流进入负压气室后，均在环形区域左下方出现相对高压带，然后迅速沿环形气室向四周递减，将负压蔓延至负压气室内各处，满足负压吸种的基本要求。进一步分析可得，直

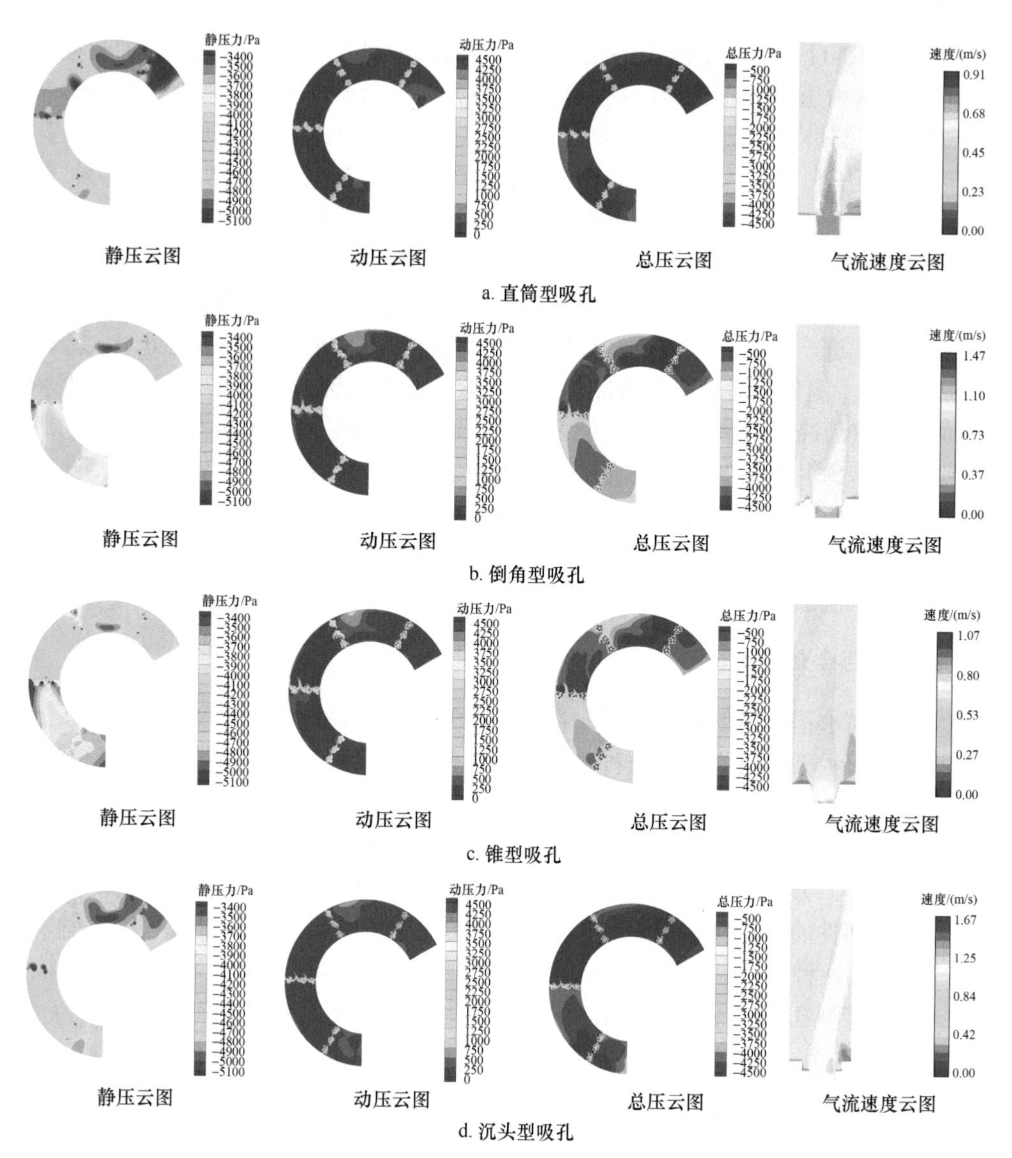

图 13-11　直筒型、倒角型、锥型和沉头型吸孔流体仿真云图

筒型和沉头型吸孔的静压绝对值较大，其最小值分别达到–4.25kPa 和–4.08kPa。倒角型和锥型的静压绝对值较小，其最小值分别达到–3.68kPa 和–3.29kPa，但锥型吸孔低压区分布较广，不利于吸种。其主要原因为，直筒型和沉头型吸孔均为直线型吸孔，其压力减弱较小；倒角型和锥型吸孔存在一定角度，当气流进入吸孔后，会迅速向周围扩散，在吸孔四周形成涡流，与进入吸孔的气流产生交叉混合作用，造成负压气室内压力减弱并产生压力分布不均的现象。

由图 13-11 动压和总压云图分析可得，直筒型对负压气室内的压力扩散程度最好，气室内压力分布均匀，在吸孔处，最大动压和最大总压分别为 1.76kPa 和–3.25kPa。倒角型对负压气室内扩散程度次之，气室内压力分布较均匀，在吸孔处，最大动压和最大总压分别为 3.87kPa 和–0.53kPa。锥角型和沉头型对压力扩散程度较差，负压气室内压力分布不均，在吸孔处，最大总压仅为–0.50kPa 且分布面积较大，可知此两种吸孔产生的吸力也较小，不利于吸种，易造成漏播现象。

由图 13-11 气流速度云图分析可得，负压气室内最大流速均处于吸孔与稻种接触一侧。进一步分析可得，沉头型吸孔对气流速度减弱较小，吸孔处最大流速为 1.67m/s。倒角型对气流速度减弱次之，吸孔处最大流速为 1.47m/s。锥角型和直筒型对气流减弱最大，吸孔处最大气流分别为 1.07m/s 和 0.91m/s。

综合考虑各吸孔的流体仿真压力云图和气流速度云图情况，发现倒角型吸孔负压气室内压力分布较为均匀，吸孔处压力相对较大，且吸孔靠近稻种一侧有较大的气流速度。因此，倒角型吸孔将作为较优的吸孔形状开展后续排种器仿真试验研究与试制加工。

13.2.2.2 耦合仿真试验

为提高水稻直播的作业质量，在前期所开展的物料特性测定及主成分分析、聚类分析、水稻气吸式精量排种器各部件优化设计及机理分析的基础上，将采用数值模拟仿真分析与单因素试验相结合的方法，以排种器转速和排种盘型孔排列方式为试验因素，选取相应试验指标，运用 EDEM-Fluent 耦合仿真进行排种器性能仿真试验。分析不同型孔排列方式及排种器转速对排种性能的影响规律，为排种器关键部件的设计优化及工作参数选取提供理论参考。对比分析型孔直线排列和三角排列两种排种盘，当调节播量至每组型孔数为 2（即对应播量为 13～15 粒/穴）时，其型孔差异不大，因此为节约仿真时间，本研究只针对每组型孔数为 3（即对应播量为 20～22 粒/穴）时开展仿真试验。耦合仿真的过程具体如下。

1. EDEM 软件设置

启动 EDEM 界面，依照相应步骤在前处理模块设置各项材料参数。生成水稻颗粒模型，并导入排种器模型。选取仿真接触模型，设置接触力学参数、环境参数，设置颗粒工厂。点击耦合按钮（Coupling Server）等待与 Fluent 耦合。

2. Fluent 软件设置

启动 Fluent，选择 3D 模型，双精度，串行求解。加载 UDF 路径文件。导入前期划分好的.msh 网格文件，设置单位为 mm。全局变量（General 模块）中重力方向与 EDEM 软件保持一致并设置数值为 9.81m/s^2。模型（Models）中选取标准

k-ε 湍流模型。材料（Materials）中流体介质设置为空气。定义边界条件（Boundary Conditions），设置进出口压力，对入口进行初始化（Solution Initialization）。对数据保存间隔进行设置（Time Steps），每 50 步保存一次。

3. EDEM-Fluent 耦合设置

在 Fluent 软件 Models 中的 EDEM 耦合设置面板中勾选拉格朗日耦合方法。在 EDEM Input Desk 选项卡读入 EDEM 文件。曳力模型选择 Ergun and Wen & Yu 模型。升力模型勾选 Saffman Lift 和 Magnus Lift 选项。其余参数保持默认。由于流体的各项参数变化没有固相各项参数变化明显，时间步长设置为：EDEM 中为 1×10^{-5}s，Fluent 中设置为 EDEM 的 50 倍，即 5×10^{-4}s。根据各组仿真试验实际需求设置 Fluent 仿真步数，最大迭代次数。CFD-DEM 气固耦合仿真需保证在 EDEM 中设置的排种盘转速与 Fluent 中设置配合流体区域的型孔转速相同。

完成上述设置后，在 Fluent 中开始计算（Calculation），通过 Fluent 的计算，软件会自动调用 EDEM，使 EDEM 开始仿真计算。EDEM 中可观测颗粒仿真进行情况，Fluent 可观测模型计算收敛情况。由于 CFD-DEM 仿真的计算量较大，耗时长，因此选取 150 组型孔的稻种进行统计。采用人工观测统计每组型孔中稻种的数量，进而计算仿真试验的各项评价指数。以期验证流场仿真的结果并通过台架试验进行对比，其仿真过程如图 13-12 所示。

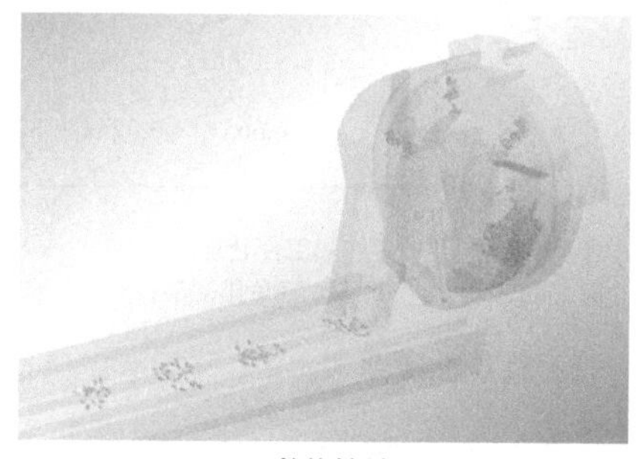

a. 整体效果

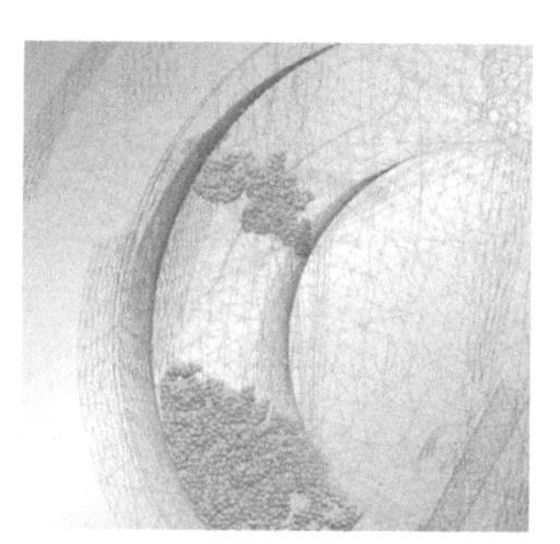

b. 局部放大

图 13-12　CFD-DEM 仿真过程

与玉米单粒精量播种不同，水稻精量直播每穴粒数应根据品种分蘖能力不同分为 13～15 粒/穴和 20～22 粒/穴，且穴径不大于 150mm 为宜，因此播种成穴性亦是衡量排种器作业质量的重要依据。本研究中成穴性由均匀性指数衡量，以标准穴距点为圆心，50mm 为直径做圆，统计在圆中稻种的数量，所有在圆中的水稻数量与排种总量的比值定义为均匀性指数。同时，参考 GB/T 6973—2005《单粒（精密）播种机试验方法》，选择合格指数、重播指数、漏播指数和均匀性指数为评价指标。每组试验选取 150 穴的仿真结果进行统计，每组仿真试验进行 3 次取均值作为试验结果，如表 13-1 所示。

表 13-1　虚拟仿真单因素试验结果

排种盘类型	工作转速/（r/min）	合格指数/%	重播指数/%	漏播指数/%	均匀性指数/%
直线排列型	18	89.11	6.45	4.44	80.00
	22	89.56	5.55	4.89	77.33
	26	88.44	6.00	5.56	71.11
三角排列型	18	89.56	5.77	4.67	79.56
	22	90.00	4.89	5.11	77.78
	26	88.89	5.33	5.78	77.33

将数据导入 Excel 中绘制排种性能曲线图，如图 13-13 所示。由图 13-13 可知，在各种作业状态下，合格指数均大于 88.44%，重播指数小于 6.45%，漏播指数小于 5.78%，各项指标均满足水稻穴直播农艺要求。

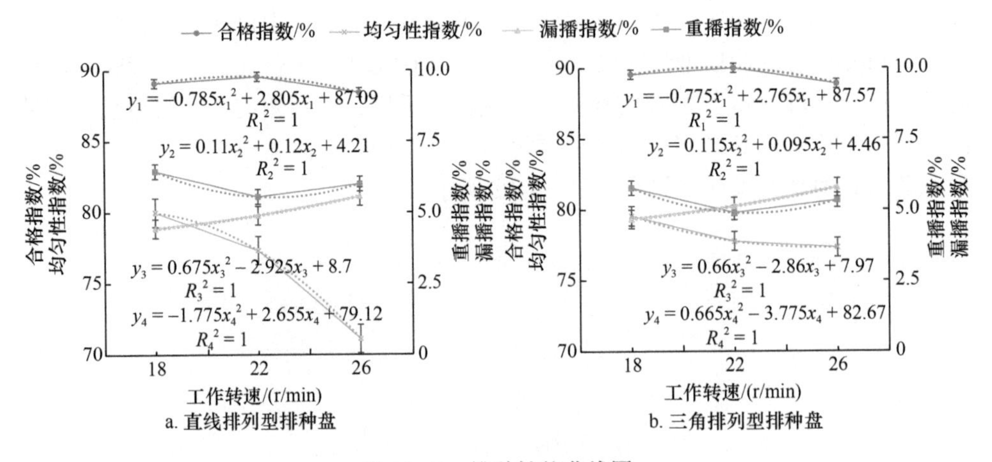

图 13-13　排种性能曲线图

由图 13-13 可知，随工作转速增加，上述各项排种性能指标变化均不显著。对比图 13-13a 和图 13-13b 中均匀性指数，当工作转速不大于 22r/min 时，两种排种盘均匀性指数较高且相差不大；当工作转速大于 22r/min 时，直线型孔排种盘的均匀性指数显著下降。经分析可得，作业速度越大，排种盘角速度越大，稻种离开排种盘时线速度受型孔所在半径影响越大。此时直线型孔排种盘的型孔所在半径之差较三角型孔排种盘大，因此稻种离开排种盘时线速度之差较大，导致较高转速作业时直线型孔排种盘的均匀性指数快速下降。综合以上分析，排种盘型孔采用三角排列型设计较优。

参考文献

[1] 刘彩玲，王亚丽，都鑫，等. 摩擦复充种型孔带式水稻精量排种器充种性能分析与验证[J]. 农业工程学报, 2019, 35(4): 29-36.
[2] 朱德泉，李兰兰，文世昌，等. 滑片型孔轮式水稻精量排种器排种性能数值模拟与试验[J]. 农业工程学报, 2018, 34(21): 17-26.
[3] Li H, Zeng S, Luo X W, et al. Design, DEM simulation, and field experiments of a novel precision seeder for dry direct-seeded rice with film mulching [J]. Agriculture, 2021, 11(5): 378.
[4] Tang H, Jiang Y M, Wang J W, et al. Numerical analysis and performance optimization of a spiral fertilizer distributor in side deep fertilization of a paddy field[J]. Proceedings of Institution of Mechanical Engineers Part C-Journal of Mechanical Engineering Science, 2021, 14(5): 63-71.
[5] Wang J W, Zhou W Q, Tian L Q, et al. Virtual simulation analysis and verification of seed-filling mechanism for dipper hill-drop precision direct rice seeder[J]. International Journal of Agricultural and Biological Engineering, 2017, 10(6): 77-85.

第 14 章　系列水稻精量穴直播排种器台架优化试验

基于前期水稻精量穴直播排种器各环节作业机理分析、虚拟仿真试验、预试验研究及实际生产作业要求等，为检验排种器作业质量及适播范围，重点开展系列水稻精量穴直播高速摄像试验、排种性能优化试验及排种性能适播试验，即采用高速摄像与图像目标跟踪技术对工况下充种环节种群流动特性、护种环节弹射过程及各工作转速下投种轨迹进行测定分析，采用单因素与多因素试验方法，建立性能指标与试验参数间数学模型，应用统计分析软件对试验结果进行处理，根据因素与指标间的回归模型进行优化验证，研究排种器关键部件结构参数与工作参数对排种性能的影响，以期得到排种器最佳工作参数组合，为水稻精量穴直播排种器的设计提供理论与数据参考[1]。

14.1　试验内容与指标

14.1.1　试验材料与设备

试验地点为东北农业大学排种性能实验室，试验材料为前期选取的黑龙江地区广泛种植的多类型寒地稻种作为供试品种，通过人工分级清选处理，保证供试种子形状均匀、饱满无损伤及虫害。试验装置主要包括所设计的系列水稻精量穴直播排种器、JPS-12 型排种器性能检测试验台（黑龙江省农业机械工程科学研究院，改造配置 LD-F 型垂直调频振动系统进行排种振动适应性试验）及高速摄像机（美国 Vision Research 公司，Nikon 镜头，图像处理程序为 Phantom 控制软件）等装置。根据不同试验要求选取的各组台架试验所需材料及设备如表 14-1 所示。整体配置状态如图 14-1 所示。

表 14-1　系列水稻精量穴直播排种器台架试验材料与设备

序号	排种器类型	试验装置	试验材料	试验条件
1	弹射式耳勺型水稻精量穴直播排种器	JPS-12 型排种器性能检测试验台	龙庆稻 3 号	将排种器固装在安装架上，由电动机控制种床带速度，模拟播种机具前进状态； 通过变频器调节排种轴在 10～150r/min 无级调速； 黏种油以一定的宽度喷涂于种床带表面，可有效对稻种进行黏附，模拟稻种播种至水田情况； 通过人工分级清选处理，保证供试稻种形状均匀、饱满无损伤及虫害
2	气吸式水稻精量穴直播排种器		绥粳 18 龙粳 31 龙庆稻 5 号 五优稻 4 号	

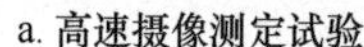
a. 高速摄像测定试验

b. 多因素优化试验

图 14-1 水稻精量穴直播排种器排种性能检测试验台

1. 排种试验控制台；2. 高速摄像机；3. 计算机；4. 精量穴直播排种器；5. 高照灯；6. 种床带；7. 喷油泵；8. 安装台架

为便于高速摄像试验分析各环节工作状态和多因素试验优化排种性能，分别试制有机玻璃材质和金属材质两类排种器壳体（容种箱及导种管）。在高速摄像试验过程中，选用可视化有机玻璃壳体，将排种器固装于安装台架上，控制台调节排种器工作转速，高速摄像机拍摄各环节工作过程，并将影像信息实时储存至计算机内，其整体连接关系及摄像界面如图 14-2 所示。为提高高速摄像过程中图片对比度，获得清晰拍摄效果，使用白色平板作为拍摄背景；为防止拍摄角度对籽粒轨迹位移数据采集造成影响，将高速摄像机固定于水平位置；为得到籽粒抛送过程中实际位移变化，应保证高速摄像机与籽粒运动平面的垂直距离一致，在背景白板粘贴单位刻度为 5mm 的坐标网格纸，以便于高速摄像对稻种位移量进行测定，提高了试验测量精确度。在多因素试验过程中，选用金属材质壳体，将排种器固装于安装台架上，种床带相对于排种器反向运动，模拟机具实际前进状态，喷油泵将黏性油液喷于种床带上，水稻稻种从导种管落至涂有油层的种床带上[2]，通过试验台图像采集处理系统进行实时检测并采集数据，以准确测定各项排种性能指标。

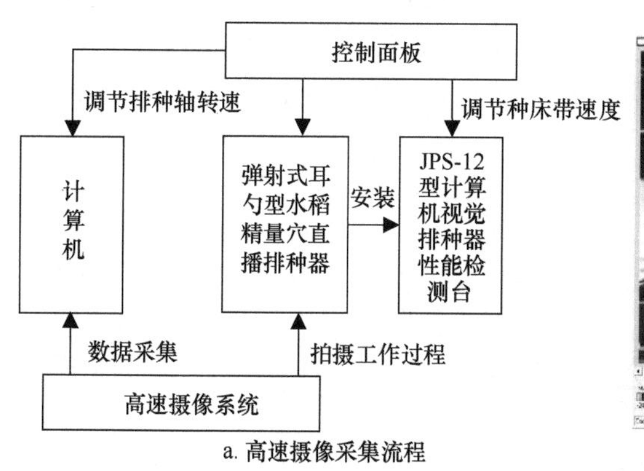

a. 高速摄像采集流程

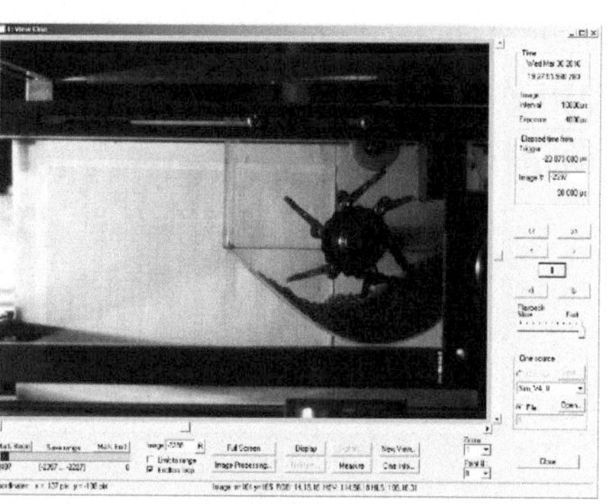

b. 高速摄像采集界面

图 14-2 高速摄像采集系统

14.1.2 试验因素与指标

根据前期排种器各环节机理分析、虚拟仿真试验、高速摄像规律分析、预试验研究及实际生产作业要求可知，影响系列精量穴直播排种器排种质量主要因素与试验指标如表 14-2 所示。开展排种性能优化试验研究，以进一步探究排种器结构参数与工作参数对其排种性能影响，得到排种器最佳运行参数组合。

表 14-2 系列水稻精量排种器试验因素与指标

序号	排种器类型	试验因素	试验指标
1	弹射式耳勺型水稻精量穴直播排种器	工作转速、容种高度	合格指数、重播指数、漏播指数
2	气吸式水稻精量穴直播排种器	工作转速、工作压强、搅种毛刷长度	合格指数、重播指数、漏播指数

为保证精量穴直播田间出苗率，分蘖能力弱的稻种需 20～22 粒/穴，分蘖力强的稻种需 13～15 粒/穴，同时要求穴径不大于 150mm。依据精量穴直播农艺要求，明确重播和漏播概念如下。

重播：分蘖能力弱的水稻品种理论上每穴播种 20～22 粒稻种，实际播种每穴粒数多于 22 粒为重播。分蘖能力强的水稻品种理论上每穴播种 13～15 粒稻种，实际播种每穴粒数多于 15 粒为重播。

漏播：分蘖能力弱的水稻品种理论上每穴播种 20～22 粒稻种，实际播种每穴粒数少于 20 粒为漏播。分蘖能力强的水稻品种理论上每穴播种 13～15 粒稻种，实际播种每穴粒数少于 13 粒为漏播。

根据东北地区水稻直播作业农艺要求，参考《单粒（精密）播种机试验方法》（GB/T 6973—2005）、《单粒（精密）播种机技术条件》（JB/T 10293—2001）和《铺膜穴播机作业质量》（NY/T 987—2006），选取稻种穴粒合格指数及穴距变异系数为试验指标。综合考虑田间稻种直播种苗成活的不稳定性和适宜的田间植株密度，设定常规水稻直播每穴 13～22 粒且穴径不大于 50mm 为穴粒合格，平均穴距为 150～180mm 为穴距合格，连续记录排种器稳定工作时每穴稻种数 x_i 和穴距 x，每 250 穴稻种为一组，记录三组，对每穴内稻种出现合格次数 x_i 进行统计[3]，各项试验指标计算公式为

$$p(i)=\frac{\sum_{j=1}^{3}x_{ij}}{750}\quad(i=0,1,2...)\tag{14-1}$$

$$S=\sum_{i=5}^{8}p(i)\times100\%\tag{14-2}$$

$$C=\sqrt{\frac{\sum(x-\overline{x})}{(n-1)\overline{x}^{2}}}\times100\%\tag{14-3}$$

式中，$p(i)$——每穴不同粒数稻种的概率；

x_{ij}——每穴排出 i 粒稻种次数；

x——稻种穴距，mm；

$\overline{x}$——稻种穴距平均值，mm；

n——稻种穴距样本总数；

S——穴粒合格指数，%；

C——穴距变异系数，%。

14.2　弹射式耳勺型水稻精量穴直播排种器

14.2.1　试验内容与方法

基于对排种器各环节作业机理研究，重点采用高速摄像与图像目标跟踪技术对工况下充种环节种群流动特性、护种环节弹射过程及各工作转速下投种轨迹进行测定分析。通过调节 JPS-12 型排种器性能检测试验台电动机变频器频率控制排种器工作转速，待排种器运转后开启高速摄像机记录工作过程（测定过程中，设定高速摄像机摄帧率为 1000 帧/s，采集域为 512mm×512mm，曝光步长为 990μs），通过摄像机所采集的图像实时储存于计算机内，待试验结束后保存为.cin 格式视频文件，利用 Phantom 控制软件主系统窗口对文件进行图像目标追踪，并绘制各工况下稻种轨迹及状态。由于两帧图片过渡时间较短，对稻种质心坐标值进行处理时存在一定误差，因此将两帧图片间距调大，减小因数据采集造成的误差。试验分别选取工作转速为 14r/min、18r/min、22r/min、26r/min、30r/min、34r/min、38r/min 开展试验，观测并分析相应状态，每组试验重复 3 次，对 100 粒以上稻种进行统计分析作为试验结果。

前期理论分析、单因素预试验及田间实际播种作业需求，在排种器结构参数一定的情况下，选取排种器工作转速和容种箱容种高度为试验因素，配合各因素可控有效范围，设定试验因素水平如表 14-3 所示。每组试验重复 3 次，其他各项参数保持恒定，数据处理取平均值作为试验结果。

表 14-3　试验因素水平编码表

编码	试验因素	
	工作转速 x_1/（r/min）	容种高度 x_2/mm
1.414	38.00	120
1	34.49	107
0	26.00	75
−1	17.51	43
−1.414	14.00	30

14.2.2 高速摄像试验结果分析

14.2.2.1 充种环节

对充种环节取种耳勺搅动作用下种群流动特性进行分析，以期为后续有效提高排种器充种性能提供参考。为便于观测搅动舀取过程中稻种运动趋势，并未安装清种毛刷及柔性护种辊，将充种箱初始舀种面近似处理为平面，并填入定量稻种，其容种高度为 75mm，将种群进行染色处理，依次形成红、绿、原色三类种群层。容种箱内稻种种群在重力及内部挤压作用下自然堆积，观察分析散粒体群运动状态。

在充种过程中，取种耳勺逆时针旋转舀取稻种，贴近耳勺端部及勺体两侧稻种在其带动下形成回流及环流，在工作转速为 26r/min 工况下进行观测，对 0～15s 图像进行提取，如图 14-3a～c 所示。由于取种耳勺端部尺寸大于勺体尺寸，因此其扰动作用较为明显，舀取过程中底部稻种被带动至一定高度，种群界面由初始水平状态至倾斜状态，当种群界面倾斜角度大于稻种休止角度时，部分稻种在翻滚、碰撞及摩擦共同作用下形成回流。

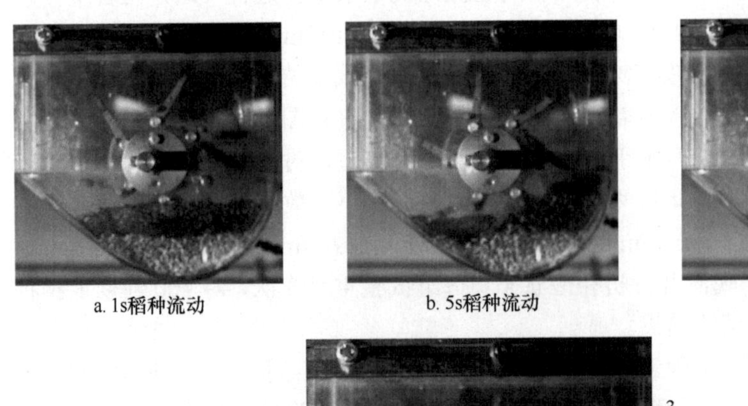

a. 1s稻种流动　　b. 5s稻种流动

c. 10s稻种流动

d. 流动趋势

图 14-3　充种环节种群运动状态

1. 外顺流区；2. 内顺流区；3. 回流区；4. 小环流区；5. 大环流区

充种箱内稻种整体流动趋势如图 14-3d 所示，取种耳勺旋转搅动时，将容种箱内种群流动区域分为外顺流区、内顺流区、回流区、大环流区和小环流区。其中内、外顺流区主要由耳勺端部及勺体逆时针带动作用形成，当顺流至顶层时种群回流，种群流动速度及高度随工作转速增加而增大。大、小环流区出现于取种耳勺后侧，主要由于耳勺转过后推动前部稻种运动，耳勺后部形成孔隙，形成大小环流区。在排种器后续改进过程中，优化取种耳勺结构形状及参数，有效利用填充回流过程中的稻种，提高整体充种性能。

14.2.2.2　护种环节

对护种环节柔性护种辊与取种耳勺压动紧密护种至弹射过程进行研究，并测定各工作转速下临界旋转角。试验过程中安装清种毛刷及柔性护种辊，并调整柔性护种辊空间位置，在工作转速为 26r/min 工况下进行观测，对 0～6s 图像进行提取，如图 14-4a～f 所示。1s 时刻，取种耳勺经清种作用舀取定量稻种与护种辊初始接触，此时接触并未完全且稻种在耳勺内易产生相对滑动，如图 14-4a 所示；2～3s 时刻，取种耳勺在护种辊压动作用下绕销轴逐渐逆时针转动，护种辊与取种耳勺发生同步旋转，耳勺内稻种紧密压实但并未发生啃种及伤种现象，如图 14-4b～c 所示；4s 时刻，取种耳勺旋转至极限位置，扭转弹簧储存弹性势能最大，耳勺端部与护种辊以面接触形式紧密压实，对此状态下取种耳勺临界旋转角进行测定，

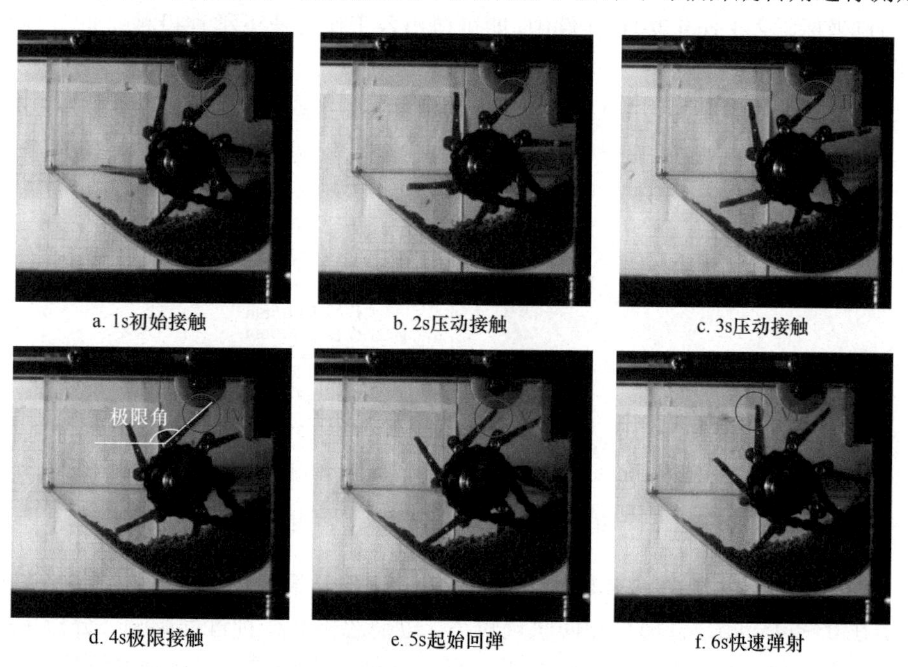

a. 1s初始接触　b. 2s压动接触　c. 3s压动接触

d. 4s极限接触　e. 5s起始回弹　f. 6s快速弹射

图 14-4　护种环节取种耳勺弹射状态

如图 14-4d 所示；5s 时刻，取种耳勺逐渐脱落护种辊压动作用并初始回弹，扭转弹簧复位带动取种耳勺以较高加速度回转，稻种与耳勺间并未滑移，如图 14-4e 所示；6s 时刻，取种耳勺与挡杆复位接触，并将所舀取的稻种弹射而出，进入投种环节，如图 14-4f 所示。

对工作转速为 14～38r/min 工况下护种环节观测分析，随工作转速的逐渐增加，取种耳勺旋转临界角逐渐增大，当工作转速为 14r/min 时，其临界旋转极限角为 132.5°；当工作转速大于 34r/min 时，取种耳勺快速回弹并与挡杆复位接触，扭转弹簧发生轻微振动，造成后续多粒稻种分散投出；当工作转速大于 38r/min 时，因护种辊与取种耳勺紧密压动作用将造成稻种轻微损伤。在排种器后续改进过程中，将重点分析扭转弹簧力学特性对护种环节影响，同时优化此类刚性接触机构，避免因机械振动影响整体排种性能。

14.2.2.3 投种环节

对各工作转速下（14～38r/min）稻种投种轨迹进行测定，并未安装导种管，在网格参照平面内以导种管上位安装点 *O* 为坐标原点，建立直角坐标系 *XOY*，在网格参照平面内记录各帧图片内稻种对应坐标值，由于多粒稻种具有一定几何尺寸，忽略稻种间空隙，记录投送质心坐标值时，以稻种群体中心点最近的网格线为标定基准，如图 14-5a 所示。将所标记种群（图 14-5a 中实线圆圈内的稻种）的中心点坐标导入 Excel 2016 软件中，即可得出各工作转速下稻种投种轨迹及规律，如图 14-5b 所示。

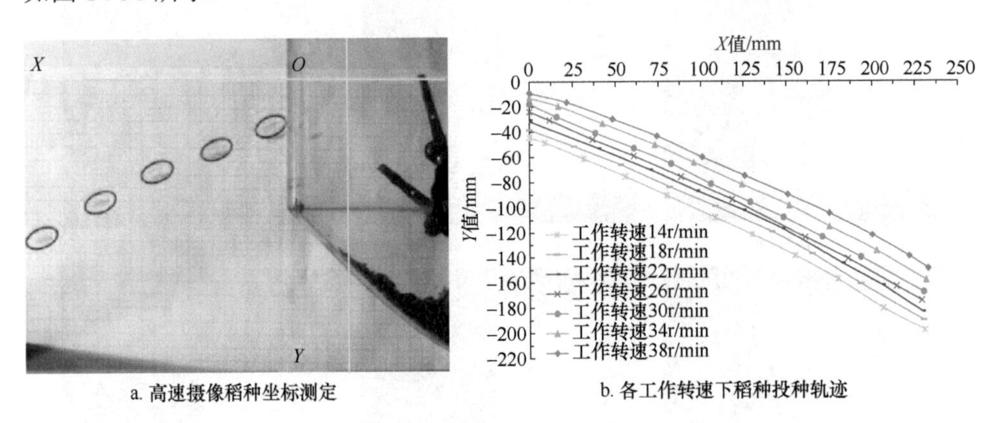

a. 高速摄像稻种坐标测定　　b. 各工作转速下稻种投种轨迹

图 14-5　投种环节稻种轨迹测定

如图 14-5 所示，在工作转速为 14～38r/min 时，稻种轨迹水平位移量（*X* 值）稳定在 0～245mm，且稻种侧向轨迹较小，近似忽略其排种过程影响。分析可知，工作转速对投种轨迹具有显著性影响，随工作转速逐渐增加，稻种抛物线轨迹开口变大，其正面水平位移随之增大，其主要原因是随工作转速增加，投送稻种水平初速度增大，投种距离随之增加。当工作转速为 14～30r/min 时，稻种投种轨迹及落点位置较集中，波动性较小；当工作转速大于 30r/min 时，稻种投种轨迹及落点位置逐渐离散，其主要原因可能是扭转弹簧发生轻微振动，造成部分稻种群体较离散地发生投送，使得其投种轨迹发生变化。在排种器后续改进过程中，将根据各工况下投种轨迹对排种器关键部件导种管进行优化，避免稻种与导种管间发生弹跳碰撞影响穴距变异系数。

14.2.3　多因素试验结果分析

在多因素性能优化试验过程中，由于人为控制容种高度，试验操作实际值与理论参数设计值存在一定误差，但其最大误差为 1.1%，在可接受范围内，对排种器工作转速及容种箱容种高度两参数设计值进行结果分析，寻求机具最佳工作参数组合。具体试验设计方案与测定结果如表 14-4 所示。

表 14-4　试验方案与结果

序号	试验因素		性能指标	
	工作转速 x_1/（r/min）	容种高度 x_2/mm	合格指数 S/%	变异系数 C/%
1	−1	−1	85.56	13.15
2	1	−1	90.15	16.89
3	−1	1	90.06	15.99
4	1	1	83.74	17.90
5	−1.414	0	84.10	10.63
6	1.414	0	88.28	16.00
7	0	−1.414	80.47	13.04
8	0	1.414	87.33	18.92
9	0	0	92.32	14.62
10	0	0	89.09	13.69
11	0	0	89.13	12.00
12	0	0	88.46	14.05
13	0	0	89.21	13.56
14	0	0	93.20	13.54
15	0	0	89.05	12.56
16	0	0	90.34	12.99

通过 Design-Expert 8.0.6 软件对试验数据回归分析，进行因素方差分析，筛选出较为显著的影响因素，得到性能指标与因素实际值间回归方程，即

$$\begin{cases} S = 90.10 + 0.52x_1 + 0.97x_2 - 1.37x_1^2 - 2.52x_2^2 - 2.73x_1x_2 \\ C = 13.38 + 1.66x_1 + 1.52x_2 + 0.30x_1^2 + 1.64x_2^2 - 0.46x_1x_2 \end{cases} \tag{14-4}$$

式中，x_1——排种器工作转速实际值，r/min；

x_2——容种箱容种高度实际值，mm；

S——穴粒合格指数，%；

C——穴距变异系数，%。

为直观地分析试验指标与因素间的关系，运用 Design-Expert 8.0.6 软件得到响应曲面，如图 14-6 所示。

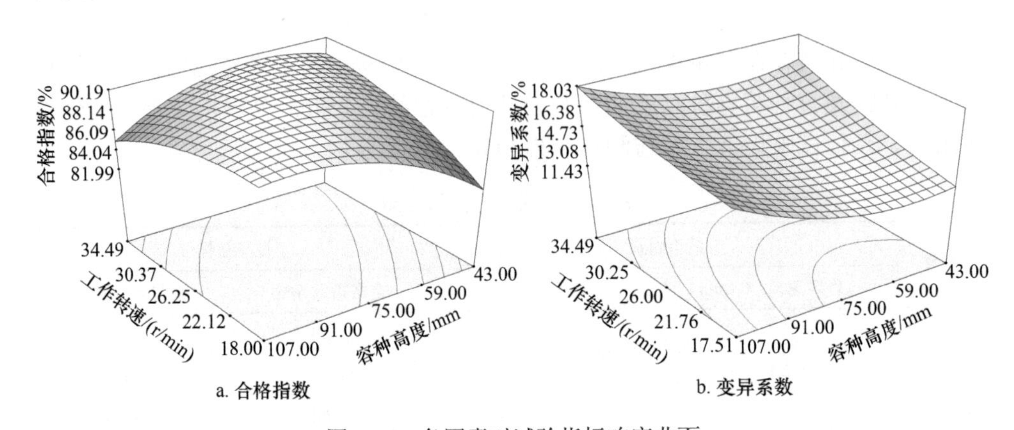

图 14-6　各因素对试验指标响应曲面

在作业评价指标满足水稻精量穴直播要求前提下，对各因素影响规律进行分析，根据相关回归方程和响应曲面图等高线分布密度可知，排种器工作转速和容种箱容种高度交互作用对合格指数和变异系数影响较显著。由图 14-6a 可知，工作转速一定时，合格指数随容种高度增加而先增加后降低；容种高度一定时，合格指数随工作转速增加而降低；容种高度变化时，合格指数变化区间较大，因此容种高度是影响合格指数的主要因素。由图 14-6b 可知，工作转速一定时，变异系数随容种高度增加而先降低后增加；工作转速一定时，变异系数随工作转速增加而增加；工作转速变化时，变异系数变化区间较大，因此工作转速是影响变异系数的主要因素。

在此基础上，为得到试验因素最佳水平组合进行优化设计，建立参数化数学模型，结合试验因素边界条件，遵循高速精量播种作业（提高作业效率与质量）原则，采用多因素变量优化方法，对穴粒合格指数与穴距变异系数的回归方程进行分析，建立其非线性规划参数模型为

$$
\begin{cases}
\max S \\
\min C \\
\text{s.t.}\quad 14\text{r/min} \leqslant x_1 \leqslant 38\text{r/min} \\
\qquad 30\text{mm} \leqslant x_2 \leqslant 120\text{mm} \\
\qquad 0 \leqslant S(x_1, x_2) \leqslant 1 \\
\qquad 0 \leqslant C(x_1, x_2) \leqslant 1
\end{cases}
\tag{14-5}
$$

基于 Design-Expert 8.0.6 软件中的多目标参数优化（optimization）模块对数学模型进行分析求解，可得当排种器工作转速为 32.17r/min、容种箱容种高度为 65.58mm 时，排种质量及稳定性最优，其穴粒合格指数为 89.83%，穴距变异系数为 14.53%。根据优化结果进行台架试验验证，其穴粒合格指数为 89.32%，穴距变异系数为 15.01%，平均穴距为 155mm，与优化结果基本一致，误差在可接受范围内，可满足水稻精量穴直播作业要求。

结合高速摄像与图像目标跟踪技术，对充种环节种群流动特性、护种环节取种耳勺弹射过程及各工作转速下稻种投种轨迹及规律进行测定分析。采用多因素二次正交旋转组合试验优化排种器最佳工作参数组合，建立排种性能指标与试验参数间数学模型，对试验结果进行分析，对回归数学模型进行优化验证。试验结果表明，当排种器工作转速为 32.17r/min、容种箱容种高度为 65.58mm 时，其排种质量及稳定性最优，穴粒合格指数为 89.32%，穴距变异系数为 15.01%，平均穴距为 155mm。

14.3　气吸式水稻精量穴直播排种器

14.3.1　试验内容与方法

为探究气吸式水稻精量穴直播排种器结构参数与工作参数对排种性能的影响，采用多因素二次正交旋转组合设计试验，建立性能指标与试验参数间数学模型，应用统计分析软件 Design-Expert 8.0.6 对试验结果进行处理，根据因素与指标间的回归模型进行优化验证。在此基础上，为进一步验证精量穴直播排种器适播范围，开展多类型稻种精量穴直播对比试验，综合评价排种器作业质量及效率。

在前期理论分析及预试验基础上，选取工作转速、工作压强和搅种毛刷长度为试验因素，以合格指数、重播指数及漏播指数为试验指标，开展三因素五水平二次正交旋转组合试验，台架试验整体布局如图 14-7 所示。根据预试验结果及可控因素变化范围设定其因素水平编码，如表 14-5 所示。

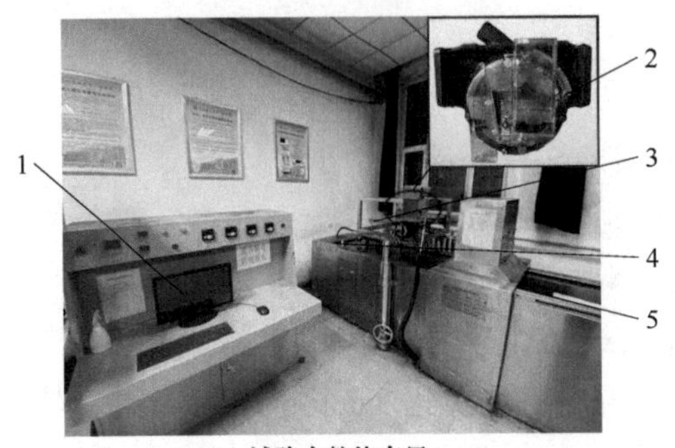

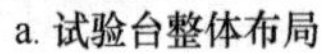
a. 试验台整体布局　　b. 精量穴直播排种效果

图 14-7　气吸式水稻精量穴直播排种器台架试验

1. 排种试验控制台；2. 气吸式水稻精量穴直播排种器；3. 安装台架；4. 喷油泵；5. 种床带

表 14-5　多因素试验因素水平编码表

水平编码	试验因素		
	工作转速 x_1/（r/min）	工作压强 x_2/kPa	搅种毛刷长度 x_3/mm
1.682	30.00	–3.00	12.00
1	26.76	–3.41	11.19
0	22.00	–4.00	10.00
–1	17.24	–4.59	8.81
–1.682	14.00	–5.00	8.00

14.3.2　多因素试验结果分析

应用 Design-Expert 8.0.6 软件对试验结果进行处理。试验过程中，每 250 穴播种记录为 1 次试验，每组试验重复 5 次，取平均值作为试验结果。依据多因素二次正交旋转组合试验方案进行 23 组试验，试验方案和结果如表 14-6 所示。

表 14-6　试验方案与结果

序号	试验因素			性能指标		
	工作转速 x_1/（r/min）	工作压强 x_2/kPa	搅种毛刷长度 x_3/mm	合格指数 y_1'/%	重播指数 y_2'/%	漏播指数 y_3'/%
1	–1（17.24）	–1（–4.59）	–1（8.81）	86.45	6.90	6.65
2	1（26.76）	–1	–1	85.69	6.41	7.90
3	–1	1（–3.41）	–1	86.32	6.66	7.02
4	1	1	–1	84.50	7.30	8.20
5	–1	1	1（11.19）	87.62	6.80	5.58
6	1	–1	1	85.59	8.51	5.90
7	–1	1	1	87.65	6.39	5.96

续表

序号	试验因素			性能指标		
	工作转速 x_1/（r/min）	工作压强 x_2/kPa	搅种毛刷长度 x_3/mm	合格指数 y_1'/%	重播指数 y_2'/%	漏播指数 y_3'/%
8	1	1	1	84.77	8.23	7.00
9	–1.628（14.00）	0（–4.00）	0（10.00）	88.00	5.80	6.20
10	1.628（30.00）	0	0	84.50	7.70	7.80
11	0（22.00）	–1.628（–5.00）	0	87.60	6.30	6.10
12	0	1.628（–3.00）	0	88.30	6.15	5.55
13	0	0	–1.628（8.00）	90.85	5.15	4.00
14	0	0	1.628（12.00）	90.82	4.98	4.20
15	0	0	0	91.02	4.05	4.93
16	0	0	0	89.97	4.80	5.23
17	0	0	0	90.56	4.23	5.21
18	0	0	0	91.25	4.60	4.15
19	0	0	0	90.56	3.94	5.50
20	0	0	0	90.33	4.79	4.88
21	0	0	0	90.25	4.05	5.70
22	0	0	0	91.02	4.60	4.38
23	0	0	0	91.33	4.23	4.44

14.3.2.1　各因素对合格指数的影响

以合格指数 y_1' 为响应函数，各因素水平实际值为自变量，拟合的回归方程为

$$\begin{aligned} y_1' = 90.68 - 0.98x_1 - 0.07x_2 + 0.19x_3 - 1.99x_1^2 \\ - 1.391.99x_2^2 - 0.24x_1x_2 + 0.07x_2x_3 \end{aligned} \quad (14\text{-}6)$$

式中，y_1'——粒距合格指数实际值，%；

x_1——排种器工作转速实际值，r/min；

x_2——排种器工作压强实际值，kPa；

x_3——搅种毛刷长度，mm。

在此基础上，应用 Design-Expert 8.0.6 软件建立工作转速、工作压强和搅种毛刷长度对合格指数影响响应曲面图，如图 14-8 所示。

根据相关回归方程和图 14-8 中响应曲面中的等高线分布密度，对各因素影响规律进行分析，工作转速、工作压强和搅种毛刷长度间存在交互作用，且工作转速与工作压强间交互作用对合格指数影响极显著，工作压强与搅种毛刷长度间交互作用对合格指数影响较显著。由图 14-8a 可知，当工作转速一定时，合格

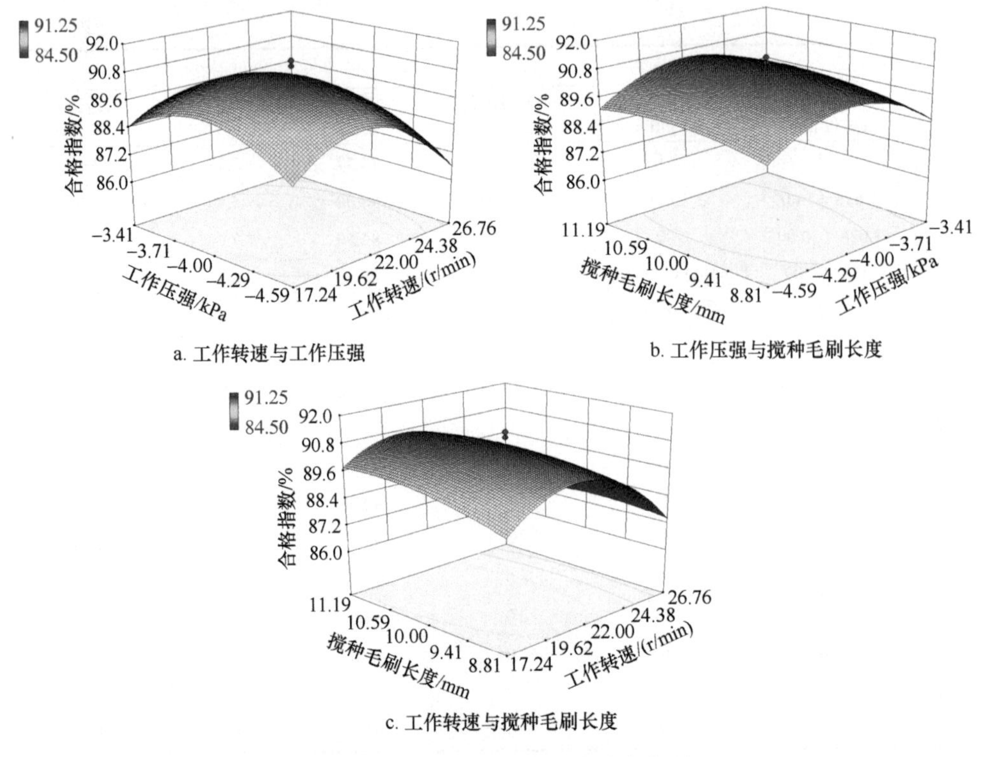

a. 工作转速与工作压强

b. 工作压强与搅种毛刷长度

c. 工作转速与搅种毛刷长度

图 14-8 各因素对合格指数响应曲面

指数随工作压强绝对值的增加而增加；当工作压强一定时，合格指数随工作转速增加而降低；当工作转速和工作压强以相同变化率变化时，合格指数随工作转速变化改变幅度较大，因此工作转速较工作压强对合格指数影响更显著。由图 14-8b 可知，当工作压强一定时，合格指数随搅种毛刷长度增加而缓慢增加；当搅种毛刷长度一定时，合格指数随工作压强绝对值的增加而快速增加；当工作压强和搅种毛刷长度以相同变化率变化时，合格指数随工作压强变化改变幅度较大，因此工作压强较搅种毛刷长度对合格指数影响更显著。由图 14-8c 可知，当工作转速一定时，合格指数随搅种毛刷长度增加而缓慢增加；当搅种毛刷长度一定时，合格指数随工作转速增加而快速降低；当工作转速和搅种毛刷长度以相同变化率变化时，合格指数随工作转速变化改变幅度较大，因此工作转速较搅种毛刷长度对合格指数影响更显著。综上分析，对排种合格指数影响显著性大小依次为：工作转速＞工作压强＞搅种毛刷长度。

14.3.2.2 各因素对重播指数和漏播指数的影响

同上述各因素对合格指数方差分析处理一样，进行各因素对重播指数及漏播指数的方差分析。由各因素对重播指数及漏播指数方差分析可知：重播指数中方

差分析因子 x_1、x_1^2 和 x_2^2 显著性水平小于 0.01，表明这些参数极显著，因子 x_1x_3 和 x_3^2 显著性水平小于 0.05，表明这些参数显著，因子 x_1x_2 和 x_3 显著性水平小于 0.1，表明这些参数较显著；漏播指数方差分析中，x_1、x_1^2 和 x_2^2 显著性水平小于 0.01，表明这些参数极显著；x_3 和 x_1x_3 显著性水平小于 0.05，表明这些参数显著；x_2 显著性水平小于 0.1，表明此参数较显著。各因素对重播指数和漏播指数的回归模型极显著，表明拟合效果较好。以重播指数和漏播指数为响应函数，各因素水平实际值为自变量，拟合的回归方程为

$$\begin{aligned} y_2' = {} & 57.26 - 2.12x_1 - 7.48x_3 + 0.05x_1^2 + 0.05x_2^2 \\ & + 0.32x_3^2 + 0.17x_1x_2 + 0.08x_1x_2 - 0.04x_1x_3 \end{aligned} \tag{14-7}$$

$$\begin{aligned} y_3' = {} & 7.43 - 0.99x_1 - 0.21x_2 + 1.23x_3 + 0.04x_1^2 \\ & + 0.03x_2^2 + 0.32x_3^2 - 0.02x_1x_3 \end{aligned} \tag{14-8}$$

式中，y_2'——重播指数实际值，%；

y_3'——漏播指数实际值，%；

x_1——排种器工作转速实际值，r/min；

x_2——排种器工作压强实际值，kPa；

x_3——搅种毛刷长度，mm。

在此基础上，应用 Design-Expert 8.0.6 软件建立工作转速、工作压强和搅种毛刷长度对重播指数及漏播指数影响的响应曲面图，如图 14-9 所示。

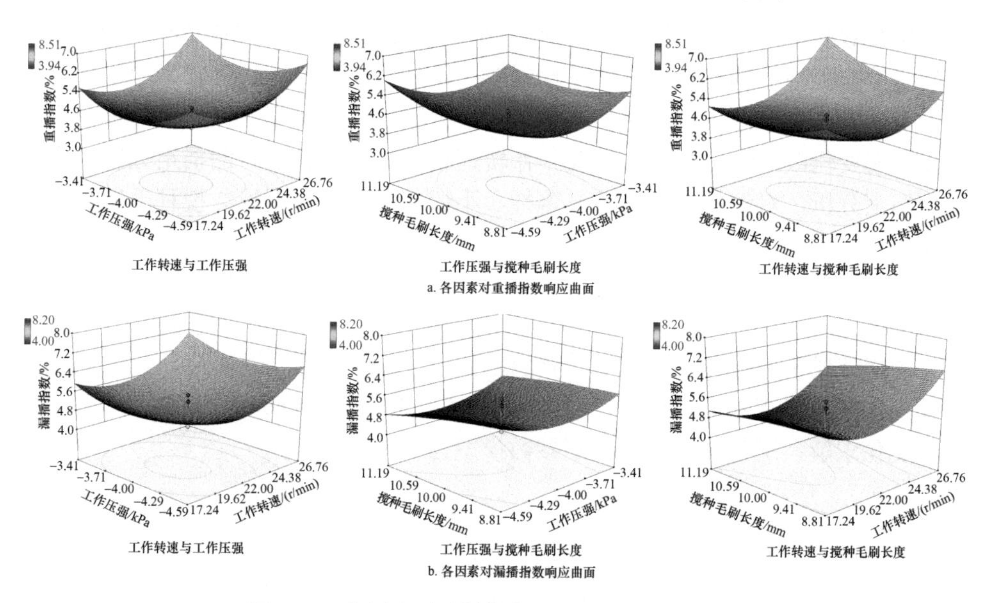

图 14-9　各因素对重播指数与漏播指数响应曲面

根据相关回归方程和响应曲面中的等高线分布密度，对各因素影响规律进行分析，排种器各影响因素间存在交互作用，且工作转速与工作压强间交互作用对重播指数影响极显著，工作转速与搅种毛刷长度间交互作用对重播指数影响较显著，工作转速与搅种毛刷长度间交互作用对漏播指数影响较显著。

由图 14-9a 所示，工作转速一定时，重播指数随工作压强绝对值的增加而增加，随搅种毛刷长度的增加而缓慢增加；当工作压强一定时，重播指数随工作转速增加而缓慢增加，随搅种毛刷长度增加变化不明显；当搅种毛刷长度一定时，重播指数随工作压强绝对值的增加而快速增加，随工作转速增加而缓慢增加。当工作转速和工作压强以相同变化率变化时，重播指数随工作转速变化改变幅度较大，因此工作转速较工作压强对重播指数影响更显著；当工作压强和搅种毛刷长度以相同变化率变化时，重播指数随工作压强变化改变幅度较大，因此工作压强较搅种毛刷长度对重播指数影响更显著；当工作转速和搅种毛刷长度以相同变化率变化时，重播指数随工作转速变化改变幅度较大，因此工作转速较搅种毛刷长度对重播指数影响更显著。综上分析，对重播指数影响显著性大小依次为：工作转速＞工作压强＞搅种毛刷长度。

由图 14-9b 所示，工作转速一定时，漏播指数随工作压强绝对值的增加而减小，随搅种毛刷长度的增加而减小；工作压强一定时，漏播指数随工作转速增加而增加，随搅种毛刷长度增加而减小；搅种毛刷长度一定时，漏播指数随工作压强绝对值的增加而缓慢减小，随工作转速增加而快速增加。工作转速和工作压强以相同变化率变化时，漏播指数随工作转速变化改变幅度较大，因此工作转速较工作压强对漏播指数影响更显著；工作压强和搅种毛刷长度以相同变化率变化时，漏播指数随搅种毛刷长度变化改变幅度较大，因此搅种毛刷长度较工作压强对漏播指数影响更显著；工作转速和搅种毛刷长度以相同变化率变化时，漏播指数随工作转速变化改变幅度较大，因此工作转速较搅种毛刷长度对漏播指数影响更显著。综上分析，对漏播指数影响显著性大小依次为：工作转速＞搅种毛刷长度＞工作压强。

14.3.2.3 试验优化与验证

为保证排种器排种性能指标符合农艺要求，进行性能优化试验。以合格指数、重播指数和漏播指数为目标建立数学模型，应用 Design-Expert 8.0.6 软件对各参数进行优化求解，所建立非线性规划参数模型为

$$
\begin{cases}
\max\ y_1 \\
\min\ y_2 \\
\min\ y_3 \\
\text{s.t.}\quad 14\text{r/min} \leqslant x_1 \leqslant 30\text{r/min} \\
\qquad -5\text{kPa} \leqslant x_2 \leqslant -3\text{kPa} \\
\qquad 8\text{mm} \leqslant x_3 \leqslant 12\text{mm} \\
\qquad 0 \leqslant y_1 \leqslant 1 \\
\qquad 0 \leqslant y_2 \leqslant 1 \\
\qquad 0 \leqslant y_3 \leqslant 1
\end{cases}
\tag{14-9}
$$

通过 Design-Expert 8.0.6 的曲面优化功能对各参数组合进行优化，当工作转速、工作压强和搅种毛刷长度分别为 20.70r/min、–4.0kPa 和 10.50mm 时，排种性能最优，合格指数为 90.85%，重播指数为 4.41%，漏播指数为 4.74%。根据优化结果对排种器进行台架试验验证，得到合格指数为 91.26%，重播指数为 4.50%，漏播指数为 4.24%，台架验证结果与优化结果基本一致，可满足水稻精量穴直播要求。

14.3.3 排种性能适播试验

为验证前期气吸式水稻精量排种器排种性能多因素优化试验的准确性，检验排种器对不同品种稻种的适播范围，选取龙粳 31、龙庆稻 5 号和五优稻 4 号稻种，以上述各品种指数为试验指标，进行排种性能验证试验。

基于前期台架试验研究结论，在排种器工作转速为 20.70r/min，工作压强为 –4.0kPa 和搅种毛刷长度为 10.50mm 的工况条件下，开展排种性能验证试验，检验排种器总体性能。试验过程中，分别对 3 种稻种进行 5 次试验，试验方案及结果如表 14-7 所示。

表 14-7　排种性能验证试验方案与结果

序号	龙粳 31			龙庆稻 5 号			五优稻 4 号		
	合格指数/%	重播指数/%	漏播指数/%	合格指数/%	重播指数/%	漏播指数/%	合格指数/%	重播指数/%	漏播指数/%
1	91.00	4.60	4.40	90.25	4.45	5.30	88.63	5.85	5.52
2	90.85	4.50	4.65	89.27	5.43	5.30	89.27	5.13	5.60
3	90.85	4.70	4.45	89.06	6.35	4.59	90.25	3.65	6.10
4	89.20	4.50	6.30	90.25	5.20	4.55	90.85	4.40	4.75
5	90.56	4.94	4.50	88.79	4.91	6.30	89.75	4.85	5.40

为直观分析所设计排种器对稻种适应性，运用统计分析软件 Excel 2016 对数据进行统计并得出相应评价指标柱状图，如图 14-10 所示。

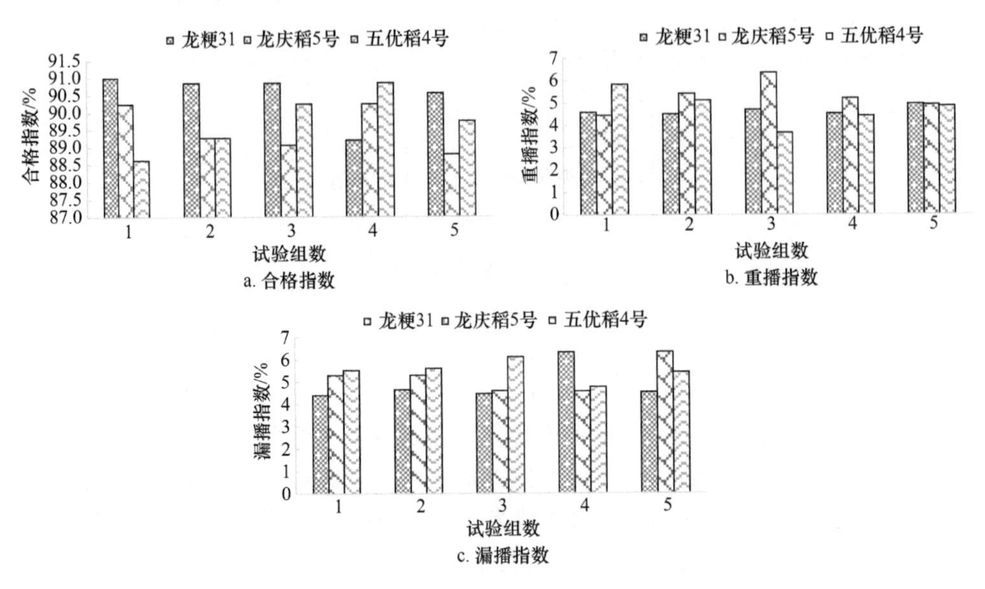

图 14-10 气吸式水稻精量穴直播排种器适播规律

由图 14-10 可知，各品种水稻适播合格指数范围为 88.63%～91.00%，重播指数范围为 3.65%～6.35%，漏播指数范围为 4.50%～6.30%，试验结果与多因素优化结果基本相同，误差在可接受范围内，证明多因素试验优化结果的可靠性，同时验证了所设计排种器可满足分蘖能力相似的多品种水稻穴直播要求。

本章重点采用高速摄像与图像目标跟踪技术、单因素与多因素试验方法，研究了排种器关键部件结构参数与工作参数对排种性能的影响，得到排种器最佳工作参数组合，检验了排种器作业适播范围及优越性能，为水稻精量穴直播装备集成及田间试验提供了理论参考与数据支撑。

参考文献

[1] Wang J W, Li Q C, Zhou W Q, et al. Optimal design and experiment of spoon-disc type rice precision hill-direct-seed metering device[J]. International Agricultural Engineering Journal, 2020, 29(2): 113-126.

[2] 田立权, 王金武, 唐汉, 等. 螺旋槽式水稻穴直播排种器设计与性能试验[J]. 农业机械学报, 2016, 47(5): 46-52.

[3] 张国忠, 张沙沙, 杨文平, 等. 双腔侧充种式水稻精量穴播排种器的设计与试验[J]. 农业工程学报, 2016, 32(8): 9-17.

第 15 章　弹射式耳勺型水稻精量穴直播装备集成与田间试验

水稻机械化精量穴直播主要通过播种机具将定量粒数稻种以所需穴行距成行成穴有序播入种床土壤预定位置，其重点保证种床空间内播量及穴径适中且穴行距一致，以利于水稻获得合理生长空间、相近根系尺寸和充足阳光水分营养，具有作业效率高、减少运苗及育苗等工序、节约人工及农资成本、易于秧苗根系茁壮生长且适于规模化生产等优点。目前，北方一季稻作区寒地复杂作业环境，精量穴直播栽培农艺方法仍较模糊，配套机械化技术难度较大，如何进一步推进精量穴直播技术于北方寒地应用是必须解决的严峻问题[1]。在此背景下，基于前期开展的典型稻种物料测定、系列精量穴直播排种器设计、智能监测系统开发、排种性能虚拟试验及高速性能试验等系列研究，为了进一步验证系列精量穴直播排种器田间应用作业质量及可靠性，本章将以弹射式耳勺型水稻精量穴直播排种器为例，配置轻简化水平高程仿形机构、开沟起垄装置、侧深施肥装置等关键部件，集成设计了可一次完成开沟、施肥、播种、覆泥等多项作业的寒地水稻机械式精量穴直播机，并开展田间性能检测试验，直观有效分析其在复杂难控环境下的适应性与稳定性，与前期研究内容形成完整系统的精准排种机理研究体系。

15.1　弹射式耳勺型水稻精量穴直播机集成要求

水稻精量穴直播农艺模式是集成设计寒地水稻机械式精量穴直播机的有效依据，对其整体配置及主要技术参数具有重要指导意义。结合现阶段东北地区的应用及推广装备，本章以弹射式耳勺型水稻精量穴直播排种器为例，开展精量穴直播机具集成配置。在设计配置过程中注意以下准则。

（1）保证整机轻简，可根据田间实际要求进行部件选配和调整。

（2）选配的精量穴直播排种器应具有播量可控且播量范围大（5～30 粒/穴）等特点，以满足不同地区水稻精量穴直播农艺要求。

（3）配备水平及高程仿形机构、开沟起垄装置及侧深施肥机构。

（4）各排种单体可简易进行行距调整。

（5）各部件结构紧凑，标准化程度高，且便于维修、更换与保养。

（6）保证机组挂接合理，适合不同型号驱动机具挂接要求。

15.2 精量穴直播装备总体结构与技术参数

寒地水稻机械式精量穴直播机主要由精量排种系统（弹射式耳勺型水稻精量穴直播排种器、容种箱、输种管及排种轴）、电动穴施肥系统（电驱式外槽轮排肥器、排肥管、施肥沟开沟器、肥料箱及输肥管）和组合式辅助系统（轻简化机架、悬挂架、传动箱体、船底托板、高程仿形机构、水平仿形机构、侧向防泥滑板及蓄水沟开沟器）等部件组成，整机结构如图 15-1a 所示。其主要通过乘坐式高速插秧机动力底盘牵引悬挂，6 行中间对称布局；悬挂架、船底托板、侧向防泥滑板及蓄水沟开沟器配置于轻简化机架，实现平压水田轮痕、开沟及垄台成型；高程仿形机构与水平仿形机构铰接于船底托板，实现全方位仿形以适应复杂多变作业环境；传动箱体安装于船底托板中间，电动穴施肥系统和精量排种系统依次前

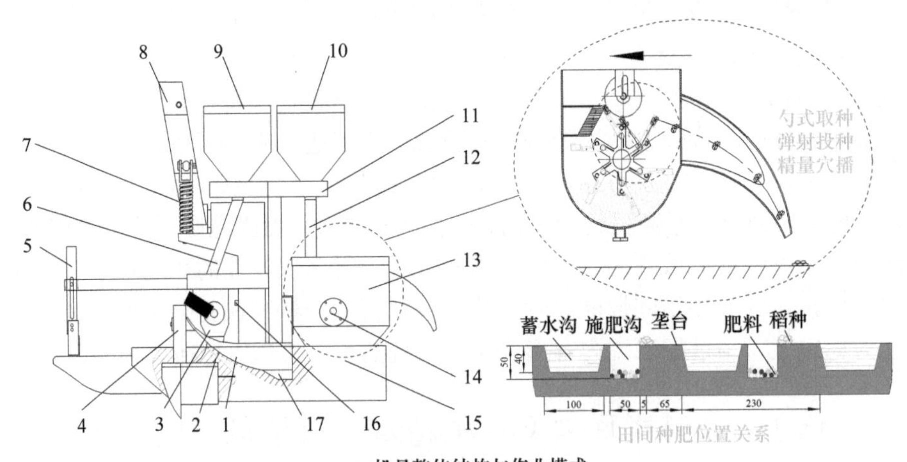

a. 机具整体结构与作业模式

b. 试验样机及排种器实体

图 15-1　寒地水稻机械式精量穴直播机

1. 船底托板；2. 施肥管；3. 电驱式外槽轮排肥器；4. 施肥沟开沟器；5. 高程仿形机构；6. 排肥管；7. 水平仿形机构；8. 三点悬挂架；9. 肥料箱；10. 容种箱；11. 轻简化机架；12. 输肥管；13. 弹射式耳勺型水稻精量穴直播排种器；14. 排种轴；15. 侧向防泥滑板；16. 传动箱体；17. 蓄水沟开沟器

后配置于机架，通过电控驱动和链条传动实现侧深施肥与精量穴播[2]，试验样机如图 15-1b 所示。其中船底托板底部蓄水沟开沟器同步平行开出蓄水沟，蓄水沟截面为梯形，上下沟宽为 100mm 和 80mm，沟深 40mm，相邻蓄水沟间形成垄台；施肥沟开沟器平稳开沟，沟宽 50mm 且沟深可调，由船底托板抹平；排肥器间距固定，施肥行距 230mm 固定，施肥穴距 100～250mm 可调，施肥量 1.8～6.0g/穴；排种器间距固定，播种行距 230mm 固定，播种穴距 130～220mm 可调，播量 6～20 粒/穴可调；肥料位于稻种一侧 30mm，并在垄台下方 50mm，可适应中国北方寒地单季稻作区水稻直播农艺模式，便于后续田间管理及收获等作业要求[3]。

在精量穴直播作业过程中，机具挂接于高速插秧机动力底盘，根据作业地形及田间泥面状态通过仿形机构调节高度及水平位置，保证机体于田面平稳滑行，其底部蓄水沟开沟器开出蓄水沟，施肥开沟器开出施肥沟，构筑较为湿润且适于直播施肥的作业环境；动力由输出轴、传动箱体及链传动传至排种轴，各排种器间由联轴器连接保证同步转动，进行勺式取种和弹射投种，可通过调节动力输出轴工作转速实现穴距调整，通过更换排种器各型号取种耳勺实现播种量调整；由动力底盘 12V 直流蓄电池提供动力，带动各行排肥器电动机，驱动外槽轮排肥器进行侧位穴施肥，可通过调节排肥器转速控制施肥穴距，通过调节排肥器排肥舌张口实现施肥量调整，实现精量穴直播与侧深穴施肥匹配。各个部件共同作用串联系列环节，一次性完成开沟、施肥、播种、覆泥等联合作业，有效提高整体作业质量与稳定性。

寒地水稻机械式精量穴直播机由轻简化集成组装配置，结构紧凑简单且质量轻，可根据实际直播要求增设排种系统及施肥系统，改善机具作业通用性及灵活性，提高整体作业效率及质量，其主要技术参数如表 15-1 所示。

表 15-1　寒地水稻机械式精量穴直播机主要技术参数

项目	参数
配套动力/kW	≥12.3
外形尺寸（长×宽×高）/mm	1600×1100×750
作业效率/（km/h）	1.0～3.6
作业行数	6
播种方式	勺式取种，弹射投种，精量穴播
施肥方式	螺旋槽施肥，侧深穴施
种植行距/mm	230
种植穴距/mm	130～220
播种量/（粒/穴）	6～20
施肥行距/mm	230
施肥穴距/mm	100～250
施肥量/（g/穴）	1.8～6.0

15.3 关键部件设计与配置

寒地水稻机械式精量穴直播机采用轻简化仿形机构实现不同区域平稳作业，开沟起垄装置实现同步起垄开肥沟，侧深施肥装置实现肥料减量穴施肥，精量穴排种器实现高精度排种，各个部件共同作用一次完成开沟、施肥、播种、覆泥等多项作业[4]。本研究重点对相关配套部件进行优化设计及选型配套，有效提高机具整体作业质量及适应范围。

15.3.1 轻简化仿形机构

15.3.1.1 水平仿形机构

如图 15-2 所示，水平仿形机构由弹簧、导杆和连杆组成，其中连杆与悬挂架固结，导杆安装座和连杆通过销钉连接，弹簧套装在导杆上，位于安装座和机架之间。机具作业时，由于播种装置、施肥装置、船底托板和机架固定，当田间泥脚高低不平时，动力底盘会发生左右倾斜情况，此时船底托板会受到土壤的反作用力，仿形弹簧可以通过实际伸缩量驱动机体绕着连接销轴回转，达到机具作业横向水平的对应平衡，避免作业时出现机具两侧上悬下沉，使机具适应作业环境，保证播种和施肥作业质量。

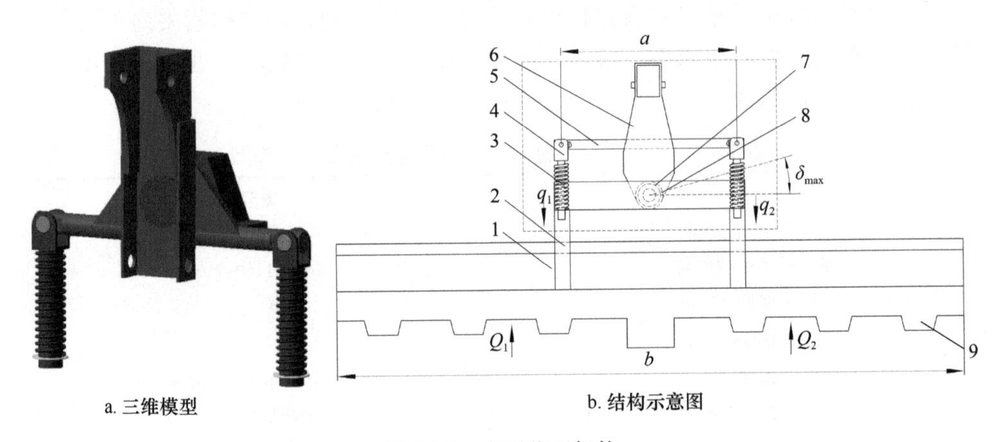

图 15-2 水平仿形机构

1. 船底托板；2. 机架；3. 弹簧；4. 导杆；5. 连杆；6. 悬挂架；7. 轴承；8. 连接销轴；9. 蓄水沟开沟器

仿形弹簧是水平仿形机构的主要工作部件。在机具作业过程中，对船底托板力矩平衡分析可得

$$\begin{cases} Q_1 = \sum P_1 s_1 + \sum P_2 s_2 \\ Q_2 = \sum P_1' s_1 + \sum P_2' s_2 \\ \Delta q = q_1 - q_2 = 2k\Delta l = ka\sin\delta_{\max} \\ M_1 = \dfrac{1}{2} b(Q_1 - Q_2)\cos\delta_{\max} \\ M_2 = \dfrac{1}{2} a\Delta q\cos\delta_{\max} \\ \sum M_1 = \sum M_2 \end{cases} \tag{15-1}$$

式中，Q_1、Q_2——左、右侧船底托板受到的合力，N；

$\sum P_1$、$\sum P_2$——泥面对左侧船底托板、左侧蓄水沟开沟器的压强，Pa；

$\sum P_1'$、$\sum P_2'$——泥面对右侧船底托板、右侧蓄水沟开沟器的压强，Pa；

s_1、s_2——左（右）侧的船底托板、蓄水沟开沟器的有效面积，m^2；

a——连杆长度，m；

b——船底托板宽度，m；

k——弹簧劲度系数，N/m；

δ_{max}——连杆最大倾斜角度，(°)；

q_1、q_2——左、右侧弹簧对船底托板的作用力，N；

Δq——左右侧弹簧的压力差，N；

Δl——弹簧最大压缩量，m；

$\sum M_1$——泥面对船底托板反作用力产生的合力矩，N·m；

$\sum M_2$——左右侧弹簧产生的合力矩，N·m。

由田间生产经验可知，当插秧机底盘左右倾斜角度为 12°～15°时，机具塌陷发生的可能性较大。为了便于分析，设定连杆最大倾斜角度 δ_{max} 为 15°，此时船底托板倾斜角度取极限角为 15°。根据水田土壤不同深度下的承压特性，代入机具尺寸：连杆长度 a 为 0.47m，船底托板宽度 b 为 1.60m，左（右）侧船底托板有效面积 s_1 为 $4.60\times10^{-2}m^2$，左（右）侧蓄水沟开沟器有效面积 s_2 为 $2.60\times10^{-2}m^2$，弹簧最大压缩量 Δl 为 0.06m，求得弹簧劲度系数 k 为 1.33×10^5N/m，选取弹簧的劲度系数应大于此值，以满足机具在实际作业过程的需求。

15.3.1.2　高程仿形机构

如图 15-3 所示，高程仿形机构由固定滑道、滑块和仿形浮块组成。该机构与插秧机底盘匹配，可实现插秧机底盘液压系统与机具工作装置的实时调节。通过对田间作业时地形的检测，当田面高凸时，仿形浮块上摆，带动滑块在固定滑道中顺时针摆动，使相连接线打开滑阀，液压油缸进油，播种、施肥装置提升，这样仿形浮块会与机具渐渐达到之前的平衡状态；同理，当田面坑洼时，仿形浮块下摆，使播种、施肥装置下降，机具恢复平衡。田间作业时，依靠仿形浮块与插秧机底盘液压实时连通，实现船底托板的接地压力在小范围波动，使机具适应作业环境，播种、施肥作业在稳定的条件下进行，以及保证施肥深度的一致性。

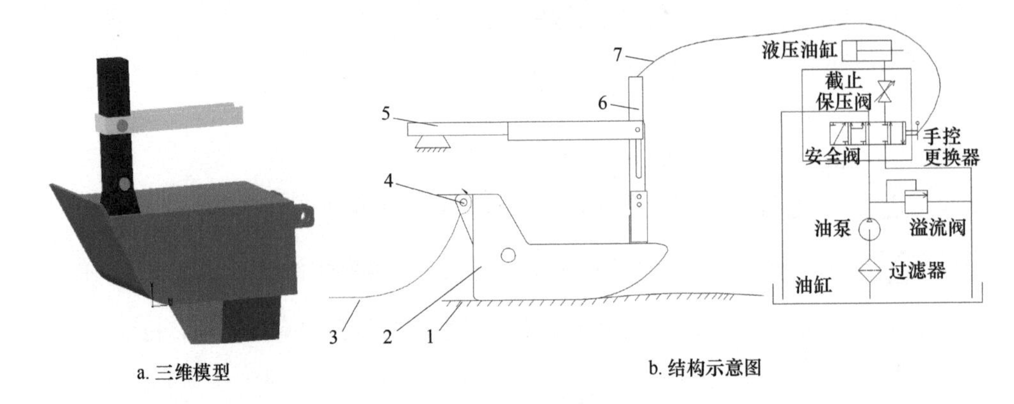

图 15-3　高程仿形机构

1. 种床土壤；2. 仿形浮块；3. 船底托板；4. 铰链点；5. 固定滑道；6. 滑块；7. 接线

15.3.2　侧深施肥装置电驱式排肥器

15.3.2.1　电驱式外槽轮排肥器

电驱式外槽轮排肥器由单个电动机带动外槽轮排肥器，多个协同配置直流蓄电池及调速器形成总体控制线路，驱动多个排肥器开展多行水田侧深施肥作业。其中电驱式外槽轮排肥器作为系统核心部件，其结构设计的合理性直接影响机具施肥控制精度[5]。针对常规侧深施肥作业排肥量脉动性大且排肥稳定性差等问题，以外槽轮排肥器为研究对象，重点对其结构参数进行改进优化。

如图 15-4 所示，电驱式外槽轮排肥器主要由排肥壳体、外槽轮、阻塞轮、调节套、导肥板、导肥板挡杆、清肥毛刷、肥挡板、电动机及电机安装板等部件组成。电动机与电机安装板固定配置于排肥壳体侧壁，外槽轮通过电动机花轴与其连接并安装于排肥壳体，阻塞轮与安装板可防止肥料从排肥壳体侧壁泄漏，阻塞轮与外槽轮直径相同，调节套与外槽轮轴螺纹连接并与阻塞轮相连，通过调节套使阻塞轮沿外槽轮轴轴向移动，由此调节外槽轮排肥开度以实现排肥量控制，清肥毛刷安装于排肥壳体前壁内侧，导肥板安装在清肥毛刷前端，上与毛刷紧密贴合，下与导肥板挡杆接触，肥挡板安装在排肥壳体后壁内侧。

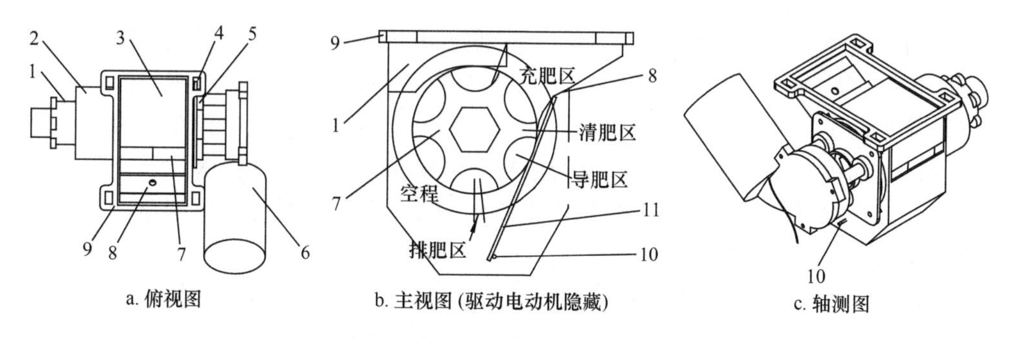

图 15-4　电驱式外槽轮排肥器

1. 调节套；2. 阻塞轮；3. 肥挡板；4. 装配孔；5. 电机安装板；6. 电动机；7. 外槽轮；8. 清肥毛刷；9. 排肥壳体；10. 导肥板挡杆；11. 导肥板

在工作过程中，主要由充肥、清肥、导肥及排肥 4 个系列串联环节组成，肥料在重力作用下进入排肥壳体，电动机稳定驱动外槽轮顺时针平稳转动，肥料受到自身重力、外槽轮壁支持力及颗粒群内部接触摩擦等共同作用，填充至外槽轮凹槽，完成充肥环节；因肥料颗粒群间接触摩擦，在外槽轮凹槽内将存在多余不稳定的肥料，由清肥毛刷进行柔性清除，保证定量肥料存留于充肥区，完成清肥环节；因外槽轮转动及清种毛刷作用，外层肥料颗粒将具有一定速度，为保证肥料排施成穴性，在导肥板支持力和肥料自身重力作用下，保证肥料颗粒沿导肥板平稳下落，完成导肥环节；肥料颗粒群脱离导肥板，成穴落至水田沟底，完成排肥环节。各个部件共同作用串联系列环节，有效提高穴施肥作业质量与稳定性。

15.3.2.2　电驱控制系统选型配置

为有效提高侧深穴施肥排肥稳定性，采用电控驱动方式通过调速器连接多个电动机及排肥器，形成总体控制线路。其中电动机及调速器等部件应用较为成熟，本研究采用集成模块理论进行选型配置，其总体线路连接如图 15-5 所示。各个排肥器动力由 12V 直流蓄电池提供，其正负极分别与直流调速器正负输入端连接，调速器输出端 6 个接线口分别与直流电动机相连，驱动外槽轮排肥器平稳运转排肥。其中直流调速器及直流电动机选型配套原则如下。

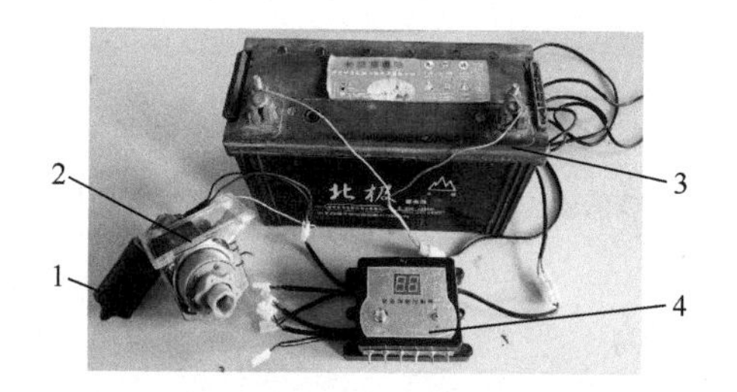

图 15-5　电驱控制系统线路

1. 直流电动机；2. 外槽轮排肥器；3. 直流蓄电池；4. 直流调速器

（1）直流电动机，其主要为外槽轮排肥器提供动力输出，通过调节排肥器工作转速完成对单位时间排肥量的调控，综合考虑其与水稻精量穴直播机弹射式耳勺型排种器工作转速的匹配性，选用转速范围为 0～60r/min 的直流电动机，单个电动机驱动单个排肥器，且其尺寸符合排肥系统整体空间配置要求。

（2）直流调速器，采用电枢供电电压可调方式进行直流电动机调速，初始供电电压为额定电压，通过降低供电电压进行平滑调速。选定六通直流无极调速器，其工作电压范围为 9～60V，作业前需手动标定调零实现多级转速控制。

15.3.2.3 施肥沟开沟器

在施肥作业中，开沟器应开出一定宽度和深度的肥沟，并将肥料导入施肥沟，设计的开沟器应满足以下技术要求：①开出的肥沟平整，深度一致，开沟深度可调，可满足不同肥料的施肥要求；②入土能力和切土性能良好，作业时阻力小，性能稳定，不易被泥土堵塞；③可引导肥料施于肥沟，有一定的覆泥能力，将肥料深埋，以达到深施的目的，提高化肥利用率。

1. 刃口曲线设计

根据施肥农艺要求，同时考虑到减少开沟阻力，开沟器采用滑切形式，刃口采用曲线更为省力。运用圆弧函数曲线设计，建立坐标系如图 15-6 所示。分别过曲线 A、B 两点作该曲线 AB 的切线开沟器的前进方向为 X 轴正方向，则 A、B 两点的滑切角为 θ_A、θ_B，记 A、B 两点分别为刃口曲线的始末两点，θ_A 为刃口曲线的初始滑切角。

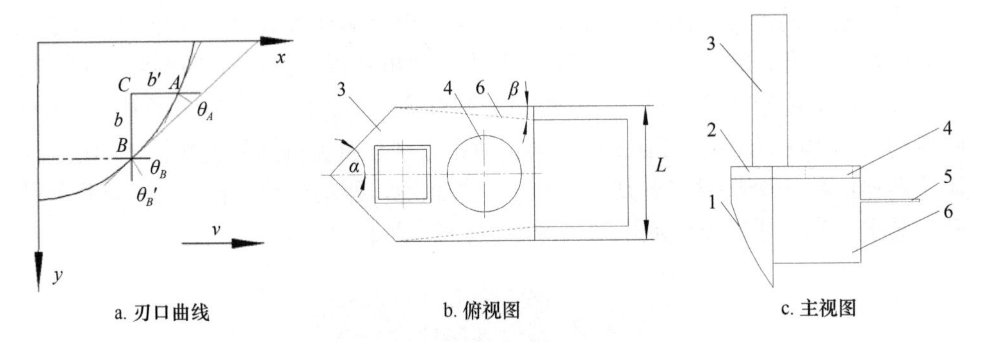

a. 刃口曲线　　b. 俯视图　　c. 主视图

图 15-6 施肥沟开沟器示意图

1. 刃口曲线；2. 安装板；3. 固定杆；4. 下肥口；5. 后挡泥板；6. 侧挡泥板

刃口曲线 AB 的方程为

$$x^2 + y^2 = a^2 \left(0 < x \leqslant a,\ 0 < y \leqslant a\right) \tag{15-2}$$

对刃口曲线 AB 的方程一阶求导得

$$y' = \frac{x}{\sqrt{a^2 - x^2}} = \frac{x}{y} \tag{15-3}$$

结合式（15-3），求得 A、B 两点一阶导数方程为

$$y_A{}' = \frac{x_A}{y_A} = \frac{\sqrt{a^2 - y_A{}^2}}{y_A} = \tan\left(\frac{\pi}{2} - \theta_A\right) \tag{15-4}$$

$$y_B{}' = \frac{x_B}{y_B} = \frac{\sqrt{a^2 - y_B{}^2}}{y_B} = \tan\left(\frac{\pi}{2} - \theta_B\right) \tag{15-5}$$

整理可得

$$a = \frac{b}{\dfrac{1}{\sqrt{1+\cot^2\theta_B}} - \dfrac{1}{\sqrt{1+\cot^2\theta_A}}} \tag{15-6}$$

求得刃口曲线 AB 方程为

$$x^2 + y^2 = \frac{b^2}{\left(\dfrac{1}{\sqrt{1+\cot^2\theta_B}} - \dfrac{1}{\sqrt{1+\cot^2\theta_A}}\right)^2} \tag{15-7}$$

2. 结构参数设计

由刃口曲线确定开沟器结构参数如图 15-6a、图 15-6b 所示，确定的开沟器如图 15-6c 所示。

滑切角：依据水田土壤的最大内摩擦角（为 17°），设定刃口曲线 A 点滑切角，初始滑切角 θ_A 为 17°，开沟器在开始作业时，垂直入土过程中同样会产生滑切作用，故 θ_B'大于 17°。其中：

$$\theta_B + \theta_B{}' = 90° \tag{15-8}$$

当滑切角在 35°～55°时，开沟器耕作阻力及入土阻力最小，经上述分析得 θ_B 小于 73°，确定 B 点滑切角 θ_B 为 35°。

刃口角 α：刃口角过大，开沟器侧壁易出现残茬、泥土黏结现象；刃口角过小，开沟器切削能力减弱。无论土壤间的摩擦角和土壤与金属间的摩擦角如何变化，最小切削阻力总是在刃口角接近 45°时出现，故确定开沟器刃口角 α 为 45°。

开沟宽度 L：由于开沟宽度对切削阻力影响较大，随着开沟宽度的增加，开沟器所受工作阻力会显著增大，因而减小开沟宽度，可以减小开沟阻力，根据施肥农艺要求，确定开沟宽度 L 为 50mm。

侧板回土角 β：开沟器侧挡泥板可防止开好沟后土壤的回落，防止干扰肥料的运动轨迹，影响排肥器排肥的成穴效果，同时应减小开沟宽度，确定侧板回土角 β 为 30°。

15.4　田间综合性能试验

15.4.1　智能监测系统田间试验

为进一步探究所开发的水稻精量穴直播智能监测系统工作性能，于 2018 年 5 月至 2020 年 5 月在黑龙江省哈尔滨市阿城区和黑龙江省绥化市庆安县等地进行田间试验示范，如图 15-7 所示。

图 15-7　监测系统田间试验

在水稻精量穴直播机作业过程中，底盘具有多个变速挡位来控制机具的前进速度，且动力输出轴转速与前进速度相互关联。由于预置阈值 $\overline{\Delta t}$ 、$V_{\min}$、$V_{\max}$ 与排种器工作转速相关，而工作转速随前进速度变化而变化。故在进行田间试验前，首先对乘坐式高速水稻插秧机底盘各挡位下的前进速度与动力输出轴转速进行标定，以设置不同工况下算法程序中的预置阈值，Ⅰ～Ⅴ挡对应的前进速度分别为 0.10km/h、0.50km/h、0.90km/h、1.28km/h、1.67km/h；对应排种器（与动力输出轴传动比为 1∶1）工作转速为 2r/min、10r/min、18r/min、26r/min、34r/min。

由于Ⅰ挡速度较低，不符合实际田间作业要求，故田间试验时，设定前进速度分别为 0.50km/h、0.90km/h、1.28km/h、1.67km/h。首先，对不同工况下监测系统灵敏度进行试验，试验方法与台架测试方法相同，在不同工况下分别选取 120 穴进行统计，得到当工作转速分别为 10r/min、18r/min、26r/min、34r/min 时，系统灵敏度分别为 99.17%、95.83%、91.67%、90%，与台架测试结果基本一致；在保证机具田间实际作业时监测系统灵敏度的前提下，进行监测系统工作性能试验。在各工况下选取 300 穴作为被测目标，统计经蓝牙串口模块传输至手机 APP 上的模拟电压、相邻两穴稻种下落时间间隔与故障判断记录等数据信息，得到并记录监测系统判断的重播穴数和漏播穴数，并与人工统计的实际重播穴数和漏播穴数进行对比，基于以上数据，计算得到不同工况下监测系统工作性能指标结果，如表 15-2 所示。其中部分指标的计算方式如下：漏播监测精度为漏播报警穴数与漏播穴数的百分比；重播监测精度为重播报警穴数与重播穴数的百分比；有效监测精度为合格穴数、漏播报警穴数与重播报警穴数之和与应播穴数的百分比；绝对误差为应播穴数、合格穴数的差值与漏播报警穴数、重播报警穴数之和的差值；相对误差为绝对误差与合格穴数、漏播报警穴数与重播报警穴数的百分比。

表 15-2　田间试验数据统计

工作转速/（r/min）	应播穴数	合格穴数	漏播穴数	重播穴数	穴径/mm	漏播报警穴数	重播报警穴数	绝对误差	相对误差/%
10	300	273	19	8	40	18	7	2	0.67
	300	275	18	7	42	17	6	2	0.67
	300	273	18	9	41	16	8	3	1.01
18	300	270	16	14	42	14	12	4	1.35
	300	267	18	15	42	16	13	4	1.35
	300	269	17	14	43	15	12	4	1.35
26	300	266	15	19	43	13	16	5	1.69
	300	266	16	18	44	13	15	6	2.04
	300	267	16	17	43	13	14	6	2.04
34	300	263	15	22	45	12	18	7	2.39
	300	264	15	21	44	12	17	7	2.39
	300	261	16	23	46	13	19	7	2.39

分析可知，监测系统的重播监测精度、漏播监测精度及有效监测精度平均值的最小值分别为 81.79%、80.42%和 97.67%，各监测指标随机具的前进速度增大而降低，分析其原因为当排种器工作转速过高时，稻种被抛离出取种耳勺舀种部的瞬时速度与水平方向夹角 θ 增大，稻种水平位移减小，竖直位移增大，部分稻种无法冲击到 PVDF 压电薄膜传感器，导致信号采集率降低，且系统灵敏度随前进速度增大而略有降低，但系统的有效监测精度仍大于 95%，满足水稻精量穴直播的监测要求。

15.4.2　排种功能田间试验

为检验排种器实际田间作业性能，验证机具各项技术参数可靠性，于 2016 年 5 月至 2021 年 5 月在黑龙江省绥化市庆安县水稻试验基地进行精量穴直播试验。试验区域为稻田种植地块，试验前进行土壤平整及筑埂处理，保证供试区域沉浆混合良好且表面细软、平整，泥面高度差低于 2～4cm。供试材料为黑龙江省广泛种植的龙庆稻 3 号，经晒种、选种、浸种催芽至破胸露白，待 80%稻种破胸露白且水稻种芽长≤2mm 待用。试验样机为水稻精量播种装置（配置 6 组弹射式耳勺型水稻精量穴直播排种器），配套驱动机具为日本久保田乘坐式高速插秧机底盘，机器运行状况良好，操作人员技术熟练，保证水稻直播作业直线行驶要求。

在田间试验过程中，将作业区域划分为启动调整区、有效试验区及停止作业区，测试总距离为 250mm，前后调整区及停止区为 10m，如图 15-8 所示。参考《铺膜穴播机作业质量》（NY/T 987—2006）、《播种机质量评价技术规范》（NY/T 1143—2006）和《水稻覆土直播机》（GB/T 25418—2010）相关试验方法，选取田间直播穴粒合格指数、穴距均匀性、稻种破损率等为试验指标，在机具前进速度为 1.3～1.5km/h，排种器工作转速为 28～35r/min 的工况下作业，同时对 6 组排种器单程直播稻种进行人工测定取平均值，以评价整体作业性能[6]，相关数据如表 15-3 所示。

图 15-8　田间试验

表 15-3　田间直播作业检测结果

测定项目	检测结果	技术指标
穴粒合格指数/%	85.33	≥85.00
穴粒重播指数/%	5.59	≤15.00
穴粒漏播指数/%	9.08	≤15.00
穴距平均值/mm	156	150～180
穴距变异系数/%	16.85	≤25.00
稻种破损率/%	0.31	≤0.5

田间试验结果表明，所优化设计的弹射式耳勺型水稻精量穴直播排种器穴粒合格指数大于 85%，穴距变异系数小于 25%，各项作业指标皆优于相关技术标准，可满足东北地区水稻精量穴直播农艺要求，为水田机械化种植机具的创新研发与优化提供技术参考，促进水稻生产规模化、标准化发展。

15.4.3　田间成苗性田间试验

为进一步验证水稻精量穴直播机播种后田间成苗效果，选取前期所测定的部分典型寒地稻种为供试品种（绥粳 18、龙稻 18、东农 428、松粳 22、龙庆稻 3

号和龙粳 31），皆为 2018～2021 年黑龙江省优质高效水稻主推品种，具有一定代表性及覆盖性。通过人工分级清选处理，保证供试稻种形状均匀、饱满无损伤及虫害。上述供试品种由东北农业大学、黑龙江省农业科学院及北大荒种业集团有限公司提供。

本研究主要开展室内发芽试验和田间成苗试验，即搭建适宜稻种生长的室内环境，获得各品种稻种理想发芽率；在此基础上，开展田间成苗试验探究各品种稻种机械精量排种、播种量与田间成苗率间相关性；对比各品种室内发芽率与田间成苗率，寻求各品种稻种机械化穴直播满足田间成苗要求的最适宜播种量条件，同时对精量穴直播排种器关键部件改进优化提供重要参考。

15.4.3.1　室内发芽试验

为探究适宜环境下典型稻种理想发芽情况，综合评价各因素对稻种田间成苗率影响，于 2020 年 4 月 15 日至 4 月 30 日在黑龙江省哈尔滨市香坊区东北农业大学（北纬 45.74°，东经 126.72°）开展室内发芽试验。将人工清选后的籽粒饱满、大小均匀且无损伤的各品种供试稻种进行试验研究，对各品种稻种挑选随机 100 粒为 1 组，各组试验重复 5 次（共 500 粒/类）。将所选取稻种浸泡至室温 20～25℃的水中，浸泡 24h。将试纸放置于培养皿，采用清水浸湿试纸，贴附于培养皿底部，形成适宜生长的纸床环境，并将浸泡后稻种取出分组放置于培养皿纸床。为减小催芽及破胸露白过程中稻种间相互影响，在摆放稻种时应尽可能均匀分散放置。

将各组培养皿放至 30℃恒温培养箱中进行发芽测试，每隔一定时间于培养皿中加入定量水，保持纸床湿润，防止稻种干燥或温度过高。每天记录培养皿各品种稻种发芽情况，并记录 1 周后其稻种发芽率，其发芽过程如图 15-9 所示，通过人工观测统计获得稻种发芽率。

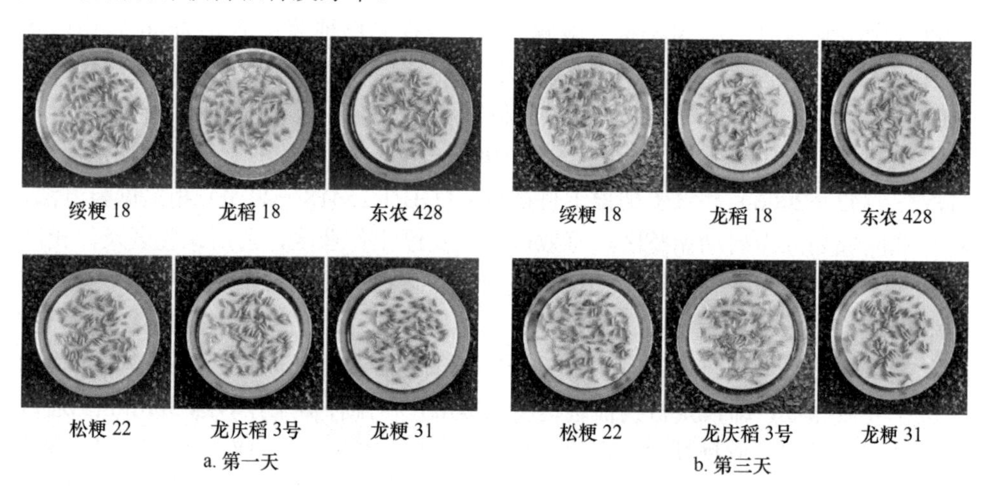

a. 第一天　　b. 第三天

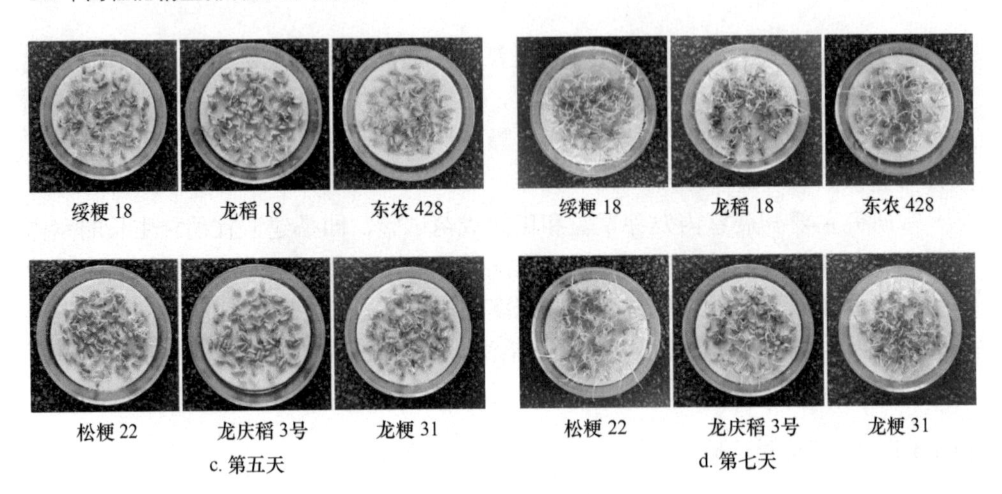

图 15-9　室内各品种供试稻种发芽过程

15.4.3.2　田间成苗试验

为准确探究各品种稻种机械化穴直播满足田间成苗要求的最适宜播种量条件，分析穴直播机械作用、播种量与田间成苗率规律，于 2019 年 5 月 1 日至 5 月 30 日在绥化市庆安县水稻种植试验基地（北纬 47.35°，东经 128.35°）开展田间成苗试验。试验区域为寒地稻田种植地块，土壤类型为黏附黑壤土，试验前期准备与 15.4.3.1 节一致，试验基地装设防鸟网全面覆盖，避免鸟类等对播后稻种产生影响。试验样机为所设计的寒地水稻机械式精量穴直播机（6 行），驱动机具为久保田 2ZGQ-6G2（SPV-6CM）型乘坐式高速插秧机动力底盘（功率 14.4kW），并配套常规田间试验仪器等。

在田间试验过程中，各品种稻种与室内发芽供试稻种为同一批次，采用清水浸泡法对稻种进行筛选，将筛选后稻种浸泡于清水中 24h 后取出，放置于室内浸种催芽至破胸露白，待 80%稻种破胸露白，且控制稻种芽长小于 2mm 待用，将稻种放置 5～10℃环境中避免其继续生长，保证稻种短而硬，且不易造成稻种机械损伤及堵塞排种系统，测定田间试验供试稻种平均含水率 22.3%（湿基）。参照国家标准《铺膜穴播机作业质量》（NY/T 987—2006）、《播种机质量评价技术规范》（NY/T 1143—2006）和《水稻覆土直播机》（GB/T 25418—2010）相关试验方法，将作业区域划分为启动调整区、有效试验区及停止作业区，前后调整区及停止区分别为 10m，采用 6 行寒地水稻机械式精量穴直播机分别对上述 6 种寒地稻种进行田间试验。

结合精量穴直播排种器理论分析及性能试验研究，选取在其作业效果较优的工况下开展作业，即设定机具前进速度 1.3km/h 和排种器工作转速 30r/min。通过更换装配系列型号取种耳勺实现机具播种量（8～10 粒/穴、18～20 粒/穴和 28～

30 粒/穴）调节，通过田间静止预试验调节排种器状态，即平稳工况下保证相同型号取种耳勺实现播种量基本一致，并进行人为检测。单次作业同时开展 6 组重复试验（6 行皆充入相同品种），通过 6 次田间穴直播试验完成 6 种稻种组间对比试验，田间试验状态如图 15-10 所示。

a. 机具精量穴直播作业过程

b. 田间稻种发芽成苗效果

图 15-10　田间试验状态

15.4.3.3　结果与分析

1. 室内发芽试验结果与分析

本研究对在适宜生长条件下的各品种稻种发芽率进行测定，将此指标作为稻种理想成苗率条件，并与后续田间成苗情况进行对比，以进一步分析取种耳勺与稻种间机械作用及穴直播播种量对各品种稻种田间成苗的影响。如表 15-4 所示，为各品种稻种室内发芽率。

表 15-4　各品种稻种室内发芽率

水稻品种	发芽率/%					平均值/%	变异系数/%
	1	2	3	4	5		
绥粳 18	97	95	96	96	95	95.80	0.80
龙稻 18	94	93	95	93	93	93.60	0.90
东农 428	93	92	94	93	92	92.80	1.00
松粳 22	91	90	93	93	94	92.20	1.70
龙庆稻 3 号	92	90	92	93	91	91.60	1.20
龙粳 31	92	90	91	90	93	91.20	1.40

注：表中 1～5 表示重复试验组序号

由表 15-4 可知，各品种稻种室内发芽率皆高于 90%，其中绥粳 18、龙稻 18、东农 428、松粳 22、龙庆稻 3 号和龙粳 31 分别为 95.80%、93.60%、92.80%、92.20%、91.60%和 91.20%；各组内绥粳 18 的发芽率稳定性最优，变异系数为 0.8%，各组内松粳22的发芽率稳定性最低，变异系数为1.70%。本研究忽略播种过程外界因素对稻种的影响，默认各品种稻种室内发芽率指标即为理想田间成苗指标，在田间试验中重点寻求各品种稻种对应机械穴直播播种量的田间成苗率最接近室内发芽率条件。

2. 田间发芽试验结果与分析

在机具较优的工况下开展田间成苗试验，单次作业完成同一品种稻种穴直播的6行重复试验，通过更换3种型号取种耳勺实现各品种稻种播种量调节（8～10粒/穴、18～20粒/穴和28～30粒/穴）。在机具精量穴直播作业后，对各品种稻种6行排种器播种量精准度进行检测，如表15-5所示。

表15-5　各行排种器播种量精准度

水稻品种	标准播种量/（粒/穴）	实际各行播种量/（粒/穴）						平均值/（粒/穴）	变异系数/%
		1	2	3	4	5	6		
绥粳18	8～10	7.11	8.32	10.43	9.87	8.78	6.76	8.55	0.17
	18～20	17.20	18.12	20.34	20.98	19.89	17.07	18.93	0.09
	28～30	26.9	28.05	29.99	30.34	28.86	27.05	28.53	0.05
龙稻18	8～10	9.97	10.67	13.71	12.62	11.29	10.08	11.39	0.13
	18～20	18.76	20.11	22.62	23.55	19.99	19.34	20.73	0.09
	28～30	28.71	30.45	33.67	32.65	30.77	29.98	31.04	0.06
东农428	8～10	6.89	8.87	9.99	10.67	8.98	7.56	8.83	0.16
	18～20	15.89	17.23	19.73	18.96	16.96	16.09	17.48	0.09
	28～30	26.01	27.32	28.76	28.94	27.18	25.06	27.21	0.06
松粳22	8～10	9.90	10.02	12.88	13.34	11.76	8.57	11.08	0.17
	18～20	19.78	21.55	24.45	23.11	22.67	19.90	21.91	0.08
	28～30	28.97	31.32	33.19	34.99	32.47	29.09	31.67	0.07
龙庆稻3号	8～10	5.92	7.13	9.22	8.99	7.45	6.89	7.60	0.17
	18～20	16.12	18.09	18.77	19.23	17.85	15.01	17.51	0.09
	28～30	26.91	27.98	28.92	30.01	28.28	24.81	27.82	0.06
龙粳31	8～10	7.07	9.76	10.03	11.21	9.93	8.61	9.44	0.15
	18～20	16.32	17.77	20.49	20.64	18.90	17.02	18.52	0.10
	28～30	25.71	28.76	28.87	29.04	27.03	26.81	27.70	0.05

注：表中1～6表示各行排种器序号，即单次作业机具各行播种量

由表15-5可知，排种器系列型号取种耳勺对各品种稻种穴直播作业适应性皆较优；小型取种耳勺对绥粳18、龙稻18、东农428、松粳22、龙庆稻3号和龙粳31的实际平均播种量分别为8.55粒/穴、11.39粒/穴、8.83粒/穴、11.08粒/穴、

7.60 粒/穴和 9.44 粒/穴；中型取种耳勺对绥粳 18、龙稻 18、东农 428、松粳 22、龙庆稻 3 号和龙粳 31 的实际平均播种量分别为 18.93 粒/穴、20.73 粒/穴、17.48 粒/穴、21.91 粒/穴、17.51 粒/穴和 18.52 粒/穴；大型取种耳勺对绥粳 18、龙稻 18、东农 428、松粳 22、龙庆稻 3 号和龙粳 31 的实际平均播种量分别为 28.53 粒/穴、31.04 粒/穴、27.21 粒/穴、31.67 粒/穴、27.82 粒/穴和 27.70 粒/穴；各型号取种耳勺对各品种稻种播种量稳定性皆依次为 28～30 粒/穴、18～20 粒/穴和 8～10 粒/穴，其相应变异系数皆依次增大。

为进一步分析影响机具穴直播作业过程中排种器播种量精度及其对各品种稻种适应性影响因素，对表 15-5 数据进行处理，结果如图 15-11 所示。由图 15-11a 可知，对各品种稻种穴直播机中间排种器（3 号和 4 号）平均播种量皆大于两端排种器平均（1 号和 6 号），且基本成对称分布。其主要由于机具悬挂中间部分稳定性最优，机架两端悬臂特点振动较大，特别在取种耳勺弹射投种阶段稻种易滑离脱落，影响排种器播种稳定性；此外清种毛刷和护种辊角度调节变化，对取种耳勺舀取、运送及清种造成一定影响，若其两者夹角及间距过小，将造成清种效果强，单穴内播种数量减少，若两者夹角及间距过大，将造成清种效果弱，单穴内播种数量较大；同时机具两次作业相邻行的水泥流动易造成稻种冲散异位，亦增加了穴粒数检测难度，但整体播种量皆满足取种耳勺设计要求。如图 15-11b 所示，排种器对绥粳 18 影响播种量适应性最优，各型号取种耳勺对各级播种量均在要求范围内；排种器对龙稻 18 和松粳 22 各级播种量均较大，略高于播种量要求范围，对东农 428、龙庆稻 3 号和龙粳 31 各级播种量均较小，略低于播种量要求范围。其主要由于各品种稻种形状尺寸具有一定差异，对形状尺寸较小的稻种其取种量相对较大，对形状尺寸较大的稻种其取种量相对较小，同时稻种表面绒毛亦将影响稻种群间的作用关系，导致串联排种环节其播种量易受其随机影响。

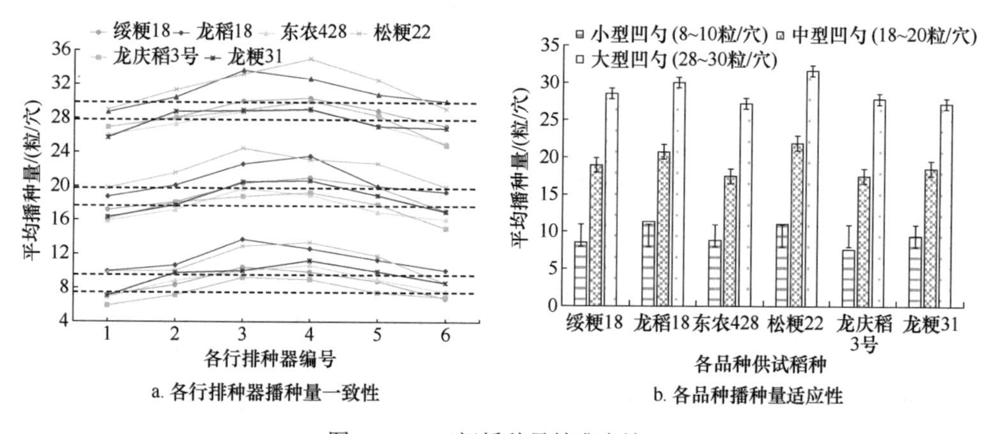

图 15-11　田间播种量精准度情况

在此基础上，对试验区域穴直播稻种进行合理水浆管理，尽量减少外界因素对稻种成苗影响，15 天后对各级播种量条件下各品种稻种田间成苗情况进行统计，其实际平均田间成苗率如表 15-6 所示。由表 15-6 可知，绥粳 18 最佳田间成苗播种量为 18～20 粒/穴，平均成苗率为 94.25%；龙稻 18 最佳田间成苗播种量为 28～30 粒/穴，平均成苗率为 91.23%；东农 428 最佳田间成苗播种量为 8～10 粒/穴，平均成苗率为 90.01%；松粳 22 最佳田间成苗播种量为 18～20 粒/穴，平均成苗率为 91.03%；龙庆稻 3 号最佳田间成苗播种量为 18～20 粒/穴，平均成苗率为 91.34%；龙粳 31 最佳田间成苗播种量为 28～30 粒/穴，平均成苗率为 90.97%。对表 15-6 中的数据进行处理以进一步分析影响各因素对稻种成苗率的影响，结果如图 15-12 所示。

表 15-6　各品种稻种田间成苗率

水稻品种	实际平均成苗率/%			理想成苗率/%	较优成苗播种量/(粒/穴)
	8～10 粒/穴	18～20 粒/穴	28～30 粒/穴		
绥粳 18	93.11	94.25	92.08	95.80	18～20
龙稻 18	89.24	88.98	91.23	93.60	28～30
东农 428	90.01	87.19	85.13	92.80	8～10
松粳 22	89.32	91.03	87.91	92.20	18～20
龙庆稻 3 号	86.52	91.34	85.68	91.60	18～20
龙粳 31	90.01	88.75	90.97	91.20	28～30

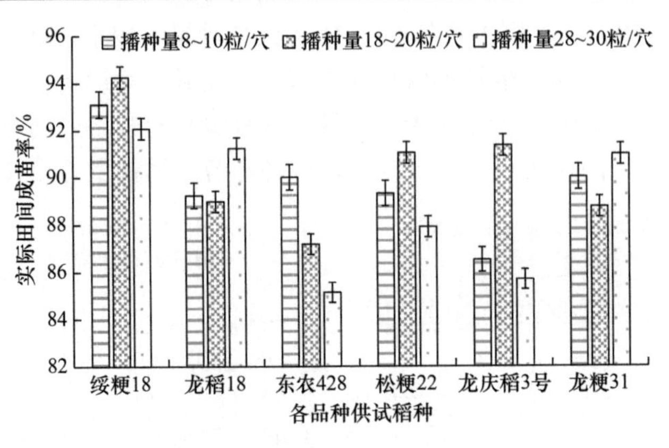

图 15-12　各品种稻种田间成苗率

由图 15-12 可知，在各级播种量条件下绥粳 18 田间成苗率皆较高，即较其他品种稻种较适宜于精量穴直播种植；6 种稻种田间实际平均成苗率均低于室内理想成苗率，但皆高于 85%，满足直播种植及稻种选育要求。其主要由于排种器取种耳勺舀种对种群进行机械搅动，机械部件-稻种及稻种群体间相互摩擦、碰撞及接触较为复杂，且在清种及弹射过程中取种耳勺内稻种将与毛刷及圆辊进行刚性摩擦，系列排种环节皆可能导致稻种短芽造成机械损伤；此外，各品种稻种皆由基体和种芽两部分组成，而两部分力学性能也具有一定差异，在排种器充种箱体内加注稻种过程中，稻种亦将受到周围稻种压力及冲击力和充种箱积压作用，若所受作用力过大，将导致稻种基体和种芽受到机械损伤，特别是种芽极易断落，影响田间整体稻种成苗率。为进一步验证稻种所受不同程度机械损伤对田间成苗率的影响，对各品种稻种随机选取 100 粒，分别按照不同长度对稻种种芽进行切断处理，每组样品切断长度差为 0.5mm，即切断 0.5～3.5mm，将截断处理后的稻种进行精量穴直播，观察分析其继续生长能力，每个品种供试样品处理 3 次重复。试验结果表明，各稻种种芽长度切断处理后继续成苗率仍在 90%以上，对继续发芽、生长能力具有一定的影响但不显著。同时寒地田间直播作业环境较室内环境更为复杂，若加大各稻种间直播播量，会导致田间总体基本苗数增加，产生稻苗间内部竞争，不利于水稻生长，种植密度过大，不利于稻苗间通风与采光。虽后期开展较为合理的田间管理，但较多自然条件如温度、湿度及病虫害等无法完全控制，上述机械作用及外界不可控因素，直接导致各品种稻种实际田间发芽率低于室内理想发芽率。

本研究重点开展了面向典型寒地水稻品种的机械式穴直播机播种量与田间成苗率相关性试验研究，以机械式精量穴直播机为研究载体，选取多种适宜于北方寒地单季稻种区种植的典型稻种为供试材料，开展室内发芽试验和田间成苗试验，分析各品种稻种机械作用、播种量与田间成苗率间影响规律，可为机械式精量排种技术在水稻精量穴直播中应用提供重要依据。

在寒地粳稻精量穴直播过程中，单穴播种量过少，易导致田间稻种群受低温及病虫鼠害影响导致生长率极低，单穴播种量过多，易导致稻种群体成苗过多，相邻苗体间内部竞争影响后续生长，且不利于后期光照及通风。因此针对各品种稻种开展播种量与成苗率相关性研究具有重要意义，在播种前可通过选取各型号取种耳勺实现最佳播量稳定条件，同时对同类排种器关键部件改进优化具有参考依据。

根据寒地水稻生长特性，为保证水稻田间种植成苗率高于 85%，从农艺种植角度出发需保证各稻种室内发芽率及田间播种量，亦需进一步改进优化排种器结构，特别是取种舀勺、清种毛刷、导种辊和箱体形状。若精量穴直播播种量过少，精度较低，当稻种发芽率不高时，将出现较高空苗率；若精量穴直播播种量过大，不仅造成稻种浪费，而且影响整体田间播种质量，主要由于寒地稻种分蘖量较强，过大的播种量，将导致稻种田间总体苗数过多，苗体间内部竞争加大，种植密度过大，不利于田间通风与采光。但寒地水稻有较强的自适应能力，如出现空穴，空穴周围稻种的分蘖与结实效果会好于其他区域稻种，故较小的空苗率出现不会对最终的产量产生较大的影响。为有效提高各品种稻种田间成苗率，在实际穴直播过程中可采用选种机进行智能筛选，在浸种时亦可加入适量药剂进行泡种，提高稻种发芽率及排种器适应性。同时田间成苗率仅是稻种生长初级阶段，其产量及品质仍受后续中耕除草、施肥喷药等影响。

在后续研究中，将进一步开展机械式与气力式穴直播作业条件下典型品种稻种播种量、成苗情况、田间管理及产量间影响，探究最适宜农机农艺融合的机械穴直播作业标准及规程，为适于寒区种植典型直播稻种品种选育、机械化精量穴直播关键部件改进优化及其农艺模式推广提供参考。

参考文献

[1] 唐汉, 王金武, 徐常塑, 等. 化肥减施增效关键技术研究进展分析[J]. 农业机械学报, 2019, 50(4): 1-19.

[2] 李树伟. 水稻精量穴直播机电驱式侧深穴施肥装置设计与试验[D]. 哈尔滨: 东北农业大学硕士学位论文, 2018.

[3] Tang H, Jiang Y M, Xu C S, et al. Experimental study on correlation between hill direct seeding rate and field seedling rate of typical rice varieties in cold areas[J]. International Journal of Agricultural and Biological Engineering, 2021, 14(5): 63-71.

[4] 杨欣伦. 水田侧深施肥装置的优化设计与试验[D]. 哈尔滨: 东北农业大学硕士学位论文, 2015.

[5] 王金武, 李树伟, 张塁, 等. 水稻精量穴直播机电驱式侧深穴施肥系统设计与试验[J]. 农业工程学报, 2018, 34(8): 43-54.

[6] 牛琪, 王士国, 陈学庚. 膜下滴灌水稻穴直播机研究[J]. 农业机械学报, 2016, 47(S1): 90-95, 102.